在党的二十大精神的指引下,我国正迎来一个科技创新与产业升级的新时代。二十大报告强调,要深入实施科教兴国战略、人才强国战略、创新驱动发展战略,完善国家创新体系,加快建设科技强国。这一宏伟蓝图为我们指明了前进的方向,也为机械设计与制造领域的教育与实践提出了新的更高要求。

本书正是在这样的时代背景下应运而生,旨在培养具备高度专业素养和创新精神的机械类人才。本书采用项目式教学方式,全书共分为五个项目,分别是零件设计、装配设计、仿真分析、高级设计和工程图。每个项目都紧密结合工程实际,通过具体案例的讲解和实践操作,使读者能够全面掌握机械设计与分析的核心技能。

在三维设计方面,本书使用 Creo 6.0 以上版本进行编写,充分利用其强大的建模功能和先进的设计工具,使读者能够熟练掌握三维实体建模的基本技能。同时,本书还注重将三维设计与平面绘图相结合,避免了传统教学中三维设计与工程图绘制割裂的现象。通过本书的学习,读者将能够灵活运用 Creo 软件进行复杂机械产品的三维建模和相应工程图绘制。

本书的特色之一是以空气循环器为例组织项目教学。空气循环器作为一种典型的机械产品,在航空航天、能源动力等领域有着广泛的应用。通过对空气循环器的设计和分析,读者将能够深入理解机械设计与分析的实际应用,提高解决实际问题的能力。此外,本书还配备了丰富的习题资源,以风扇为例进行练习。这些习题既有基础知识的巩固题,也有综合应用的拓展题,旨在帮助读者巩固所学知识,提升实际应用能力。

在编写过程中,我们注重知识的系统性和连贯性,力求把每个项目都能够循序渐进、深入浅出地讲解给读者,使读者掌握相关知识和技能。同时,我们还特别注重与工程实际的结合,通过案例分析和实操训练,使读者能够更好地理解和应用所学知识。

本书项目一和项目二由西安思源学院谭栓斌高级工程师负责编写;项目三、项目四及项目五的部分内容由西安思源学院梁艳副教授负责编写;项目五由西安思源学院贾先教授负责编写;项目一和项目五的部分内容由王阳阳副教授编写;雷鸿春高级工程师在本书的编写过程中负责习题的编写工作。本书的视频文件由郭奕雯和贾先老师录制。本书由谭栓斌高级工程师进行统稿。在编写过程中,宋绪丁教授给予了大量的指导,在此深表感谢。

为方便读者练习,本书提供范例、配置文件、课后练习等随书资源。

(1)"项目案例"文件夹,按项目存放案例内容相关的文件。

(2)"视频"文件夹,按项目存放相关的视频教程。

本书虽经再三审校核对,疏漏之处在所难免,盼各界人士赐予指正,以期待再版时加以更正。

编　者

高等院校应用型本科系列教材
西安思源学院教材建设专项资助

机械产品数字化设计教程

谭栓斌　贾　先 ◎ 主编

西北大学出版社
·西安·

本书是一部针对现代机械设计,结合 Creo 6.0 三维设计软件与 AutoCAD 工程图绘制软件的实践教材。通过项目式教学的方式,系统介绍了从零件设计到装配设计、仿真分析、高级设计以及工程图绘制等全过程。全书以空气循环器为例,详细讲解了三维建模、装配分析、性能仿真以及工程图生成等关键技术。

本书适用于机械类本科学生,特别是针对那些希望将三维设计与工程图绘制相结合的学生。同时,对于从事机械设计、制造和工程分析的工程师,本书也是一本理想的参考和自学资料。通过学习本书,读者不仅能够掌握 Creo 6.0 和 AutoCAD 的基本操作,还能够培养解决实际工程问题的能力,为未来的职业生涯奠定坚实的基础。

图书在版编目(CIP)数据

机械产品数字化设计教程 / 谭栓斌,贾先主编.
西安:西北大学出版社,2024.6. -- ISBN 978-7-5604-5415-3

Ⅰ.TH122

中国国家版本馆 CIP 数据核字第 2024RR3517 号

机械产品数字化设计教程

JIXIE CHANPIN SHUZIHUA SHEJI JIAOCHENG

谭栓斌 贾 先 主编

出版发行	西北大学出版社
地　　址	西安市太白北路 229 号　　邮　编　710069
网　　址	http://nwupress.nwu.edu.cn　　E-mail　xdpress@nwu.edu.cn
电　　话	029-88303059
经　　销	全国新华书店
印　　装	西安博睿印刷有限公司
开　　本	787 毫米×1092 毫米　1/16
印　　张	18.5
字　　数	393 千字
版　　次	2024 年 6 月第 1 版　2024 年 6 月第 1 次印刷
书　　号	ISBN 978-7-5604-5415-3
定　　价	59.00 元

如有印装质量问题,请与本社联系调换,电话 029-88302966。

扫码查看
- 配套资料
- 设计指导
- 项目实践
- 知识笔记

项目一 零件设计 /1

    任务一   基本配置 /3

    任务二   活塞设计 /9

    任务三   连杆设计 /12

    任务四   曲轴设计 /17

    任务五   发动机缸体设计 /20

    任务六   叶轮壳设计 /27

    任务七   框架设计 /32

    任务八   叶轮设计 /35

项目二 装配设计 /42

    任务一   基本配置 /44

    任务二   叶轮组件装配 /46

    任务三   活塞组件装配 /49

    任务四   发动机组件装配 /52

    任务五   整体装配 /55

    任务六   装配分析 /57

    任务七   装配中的零件修改 /60

    任务八   装配中孔的设计 /62

    任务九   横截面 /64

    任务十   分解视图 /64

任务十一　动画设计 / 66

项目三　仿真设计 / 70

　　任务一　运动分析 / 72
　　任务二　骨架模型 / 74
　　任务三　简单运动设置 / 81
　　任务四　机构连接设置 / 84
　　任务五　机构运动分析 / 90
　　任务六　碰撞检测 / 93
　　任务七　运动学分析 / 95
　　任务八　动力学分析 / 99
　　任务九　敏感度分析 / 105

项目四　高级设计 / 109

　　任务一　发动机缸体完善设计 / 111
　　任务二　骨架模型设计 / 117
　　任务三　发动机头部设计 / 123
　　任务四　点火塞设计 / 127
　　任务五　消音器设计 / 130
　　任务六　化油器设计 / 134
　　任务七　发动机端盖和法兰设计 / 139
　　任务八　安装孔和标准件 / 142
　　任务九　简化表示 / 145

项目五　工程图 / 151

　　任务一　工程图配置文件 / 153
　　任务二　零件工程图 / 155

任务三　格式文件 / 161

任务四　装配工程图 / 165

任务五　样板基本设置 / 172

任务六　标题栏 / 182

任务七　常用图块 / 191

任务八　曲轴零件图 / 209

任务九　循环器装配图 / 244

项目一 零件设计

学习目标

扫码查看
- 配套资料
- 设计指导
- 项目实践
- 知识笔记

课程思政目标
- 引导学生树立科学思维和科学精神
- 培养学生理论联系实际的能力
- 帮助学生树立正确的价值观和职业道德观

知识目标
- 熟悉草绘、编辑、约束、尺寸的使用
- 熟悉拉伸、旋转、扫描、混合等基础特征的使用
- 熟悉孔、倒角、圆角、壳、拔模等工程特征的使用
- 熟悉尺寸阵列、方向阵列、轴阵列的使用
- 熟悉基准点、线、面的使用

能力目标
- 能够使用草图绘制二维图形并标注尺寸
- 掌握使用基本特征、工程特征和特征操作绘制三维图
- 能够进行草图和三维图的修改

思维导图

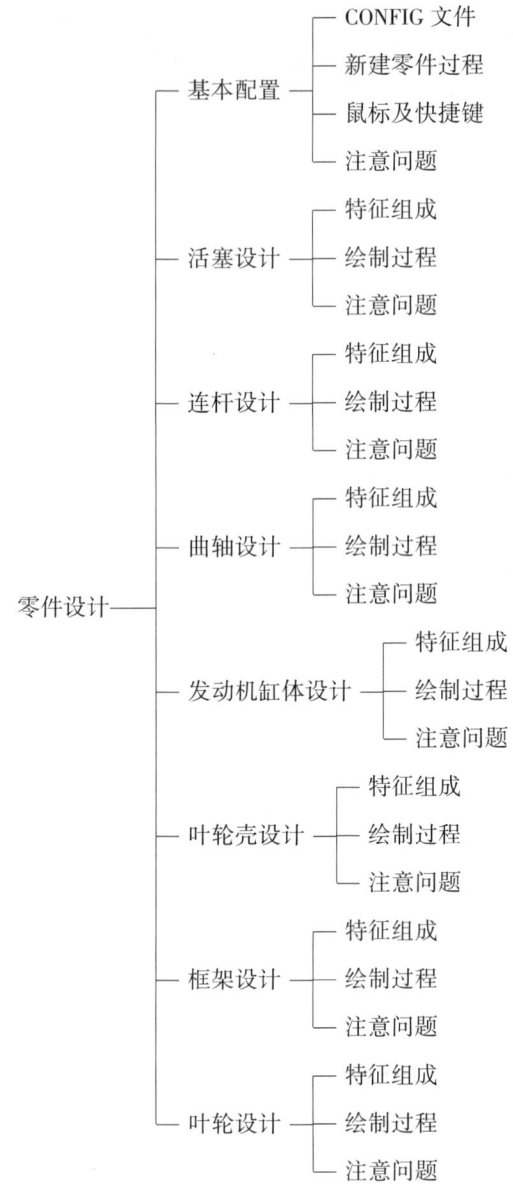

任务内容

使用 Creo 软件绘制八个零件,学习软件的基本配置和零件的绘制方法。所绘制的八个零件是空气循环器的主要零部件,分别是活塞销、活塞、连杆、曲轴、发动机缸体、叶轮壳、框架和叶轮。学习本项目后,应该掌握 Creo 软件绘制零件的步骤,绘制零件使用的草绘、基础特征、工程特征、基准特征和特征操作等。

任务一　基本配置

活动一：CONFIG 文件

Config.pro 是 CreoParameter 软件的系统配置文件，几乎可以满足对 Creo 软件的所有要求，包括系统的精度、显示设置、单位、打印机的设置、快捷键的设置、输入输出设置等。使用 Creo 前，请按需要配置，实现参数配置的个性化，从而无须每次在使用中设置。

图 1.1　零件公制单位配置

在创建新零件时,需要打开 Creo 软件。如果使用默认模板,通常会采用英制单位,然而这并不符合我国所采用的国标单位。因此,每次使用前都需要手动选择公制单位"mmns_part_solid_abs"。当需要频繁地创建新零件时,每次都进行单位选择会显得非常麻烦。因此,通常会修改软件的默认单位设置。

鼠标左键依次点击【文件】(图1.1)—【选项】—【配置编辑器】,对软件默认选项进行配置。在配置编辑器中,点击【添加】,输入选项名称"solidpart"。然后进行【查找】。如果搜索的文件存在,就可以查找到这个文件的所在位置。文件一般在 Creo 软件的安装目录下,位于"templates"文件夹中。在文件夹中有许多备用的模板,选择"mmns_part_solid_abs"后点击【打开】,然后点击【添加/更改】,完成后点击【关闭】。这样模板就修改为默认模板了。接着点击【导出配置】,新的公制单位配置文件就生成。此外,Creo 软件还有更多可选的配置文件。在后续涉及相关内容时,也需要修改配置文件。

将预先配置好的 Config 文件复制到 Creo 软件的启动目录中。鼠标右键点击 Creo 软件,选择【属性】,如图1.2所示,可以找到软件的起始位置。接下来,将事先准备好的 Config 文件路径复制到这个启动目录中,点击【确定】。当再次启动 Creo 软件并尝试创建一个新的零件时,软件将自动选择"mmns_part_solid_abs"公制单位作为默认单位。

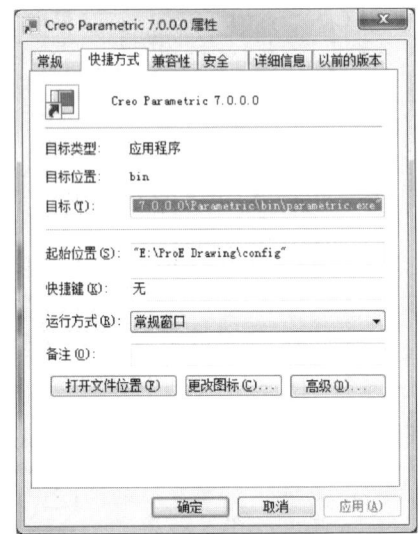

图1.2　Creo 软件启动目录

活动二:新建零件过程

在开始创建新零件之前,需要先选择一个合适的工作目录。打开 Creo 软件,鼠标点击【选择工作目录】(图1.3)。在这个例子中,选择"项目一"作为工作目录。然后,点击【新建】按钮,输入零件的名称"活塞销",在最新版本的 Creo 软件中,可以直接输入汉字名称,然后点击【确定】,开始进行零件设计。

Creo 软件包含拉伸、旋转、扫描和混合等基础特征(图1.4),其中拉伸特征最为常用,一般采用拉伸特征绘制圆柱。绘制圆柱的思路是:在草图中绘制圆,然后将草图轮廓沿着指定的方向进行拉伸,从而创建出实体圆柱。

具体的绘制过程如下:首先,鼠标左键单击拉伸图标,然后点击【放置】。接下来,点击【定义】按钮,进入绘图界面(图1.5)。在这个绘图区域中,有三个相互垂直的默认基准平面(FRONT、TOP、RIGHT)和位于基准面相交处的一个基准坐标系(PRT_CSYS_DEF)。这些基准特征在左边的模型树中也可以看到。后续所绘制的形状及其尺寸都与这些基准相关联。这四个基准特征是 Creo 软件新建零件时的默认特征。

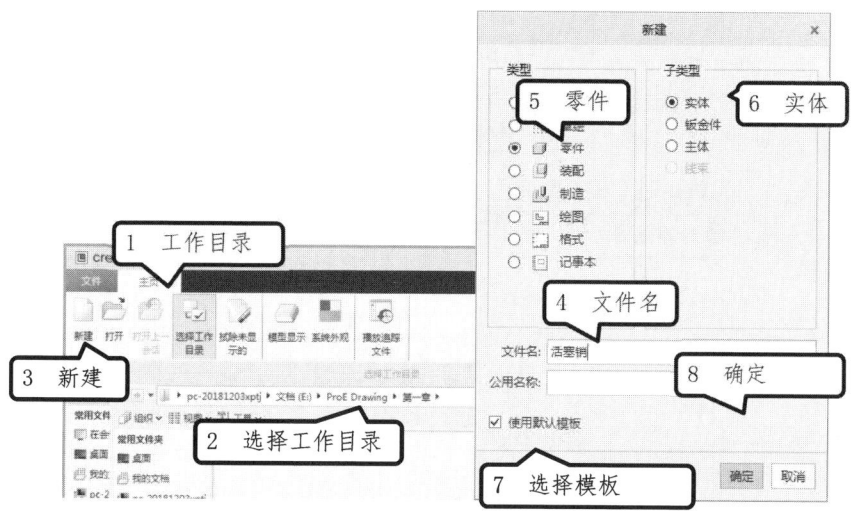

图 1.3 新建零件过程

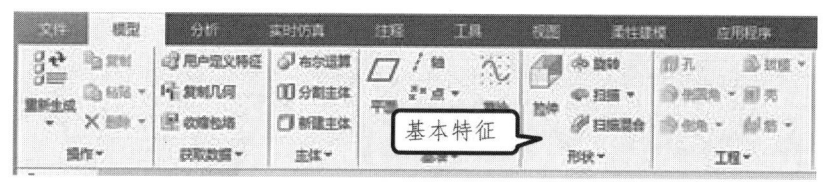

图 1.4 基础特征

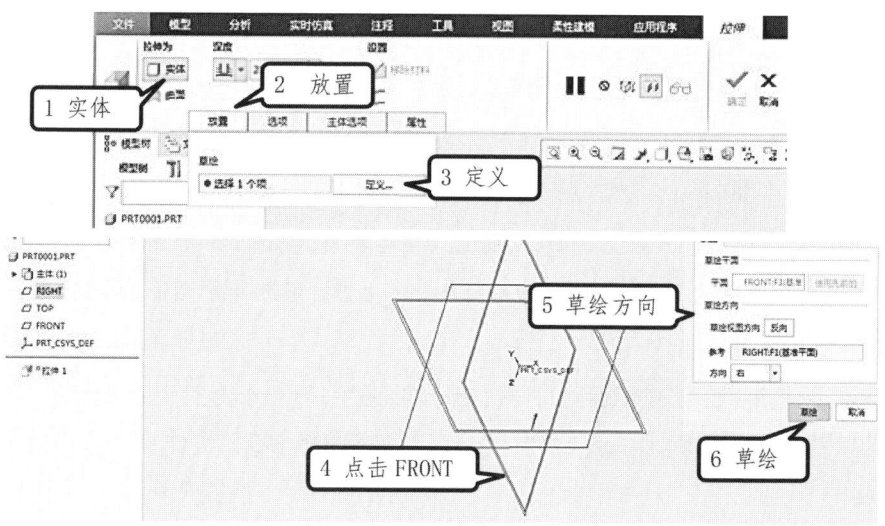

图 1.5 草绘设置

鼠标左键点击 FRONT 面以选择草绘平面,并选用默认的草绘方向。进入草绘界面后,默认显示的立体图形方位中三个基准平面与屏幕保持一定角度。在此方位中绘制一个圆或草绘图形时容易出错,且图形容易发生变形,给操作带来不便。点击【文件】—【选项】,在弹出的视图中点击【草绘器】,在如图 1.6 所示的位置,然后点击【确定】。也可在视图控制工具条中点击相应的【草绘视图】图标,草绘平面将自动转为平行屏幕。

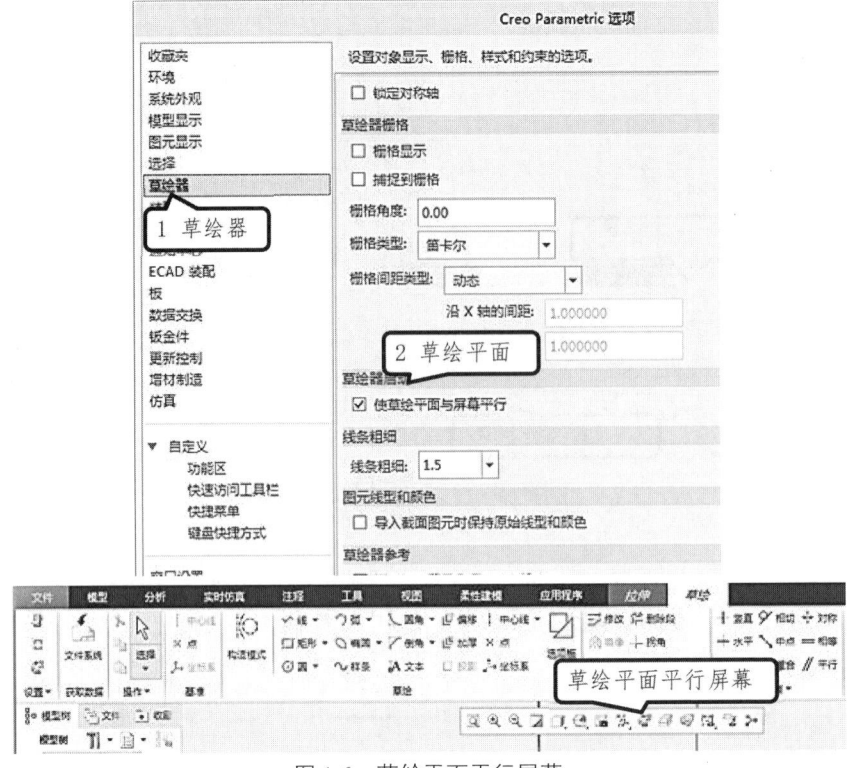

图 1.6　草绘平面平行屏幕

如图 1.7 所示,在草绘环境中,点击【圆】右边的三角符号,下拉菜单中选择【圆心和点】。在绘图区,鼠标左键点击确定圆心(通常使用三个基准面的交点作为圆心),移动鼠标,再次点击鼠标左键,即可完成圆绘制。若需修改圆的直径,鼠标左键双击【尺寸】,输入"5mm",按回车键即可。最后点击【确定】键,完成草图绘制。一般来说,为了拉伸实体,草绘图形必须是封闭图形。草绘区域也具备检测图形是否封闭的功能。一般当图形不封闭或者有多余线条时,将无法生成立体图形。此时,可以使用图形检测工具来找出问题所在,并进行必要的修改。

图形封闭检测:绘制 3D 图形的时候,相应的草绘一般要求为封闭的图形,利用软件提供的检查工具,可以方便地检查图形是否封闭。如图 1.7 所示,当图形封闭的时候,默认内部涂色。

拉伸操控如图 1.8 所示,输入圆柱的高度为 20mm,并按回车键确认。接着,鼠标左键点击【深度】右边的三角符号,在下拉菜单中选择【对称】选项,并点击【确定】和【保存】。这样,文件将会保存在工作目录中。

值得一提的是,新建零件时,首先需要选择工作目录。然后,使用默认模板建立零件,当然这个模板是经过修改并符合国标的模板,之后进行保存。对于 Creo 软件,点击一次保存键时,生成的文件名称后缀为.prt.1。如果再次按下保存键,前一个文件不会被覆盖,会另生成一个文件名后缀为.prt.2 的新文件。依此类推,这样保存文件的好处在于,当需要查看历史文件时,可以随时调出使用。当然,这也意味着文件存储会占用较多的硬盘空间。

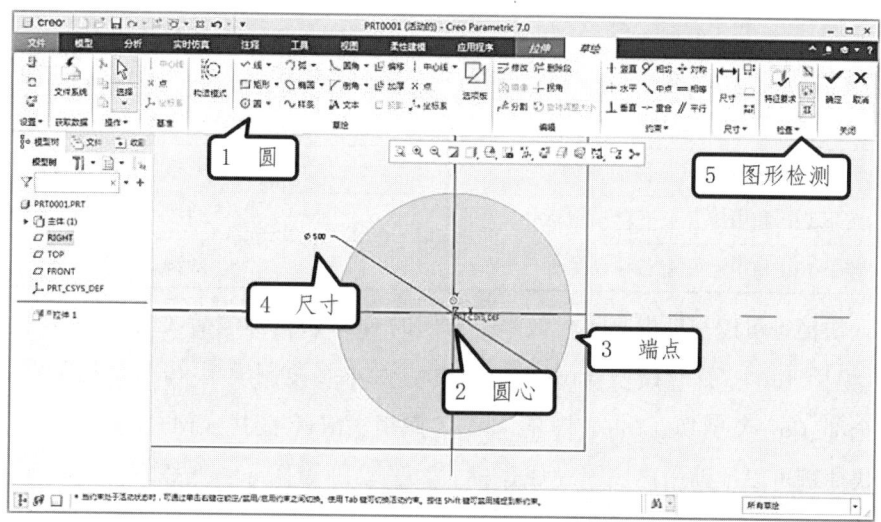

图 1.7　草绘圆

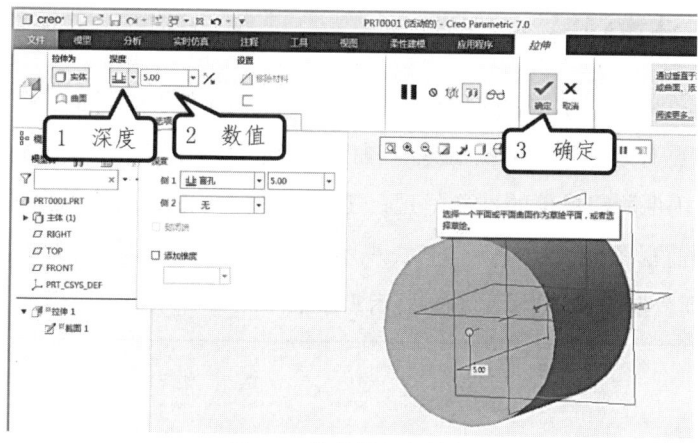

图 1.8　拉伸特征操控板

活动三：鼠标及快捷键

在 Creo 软件中,合理使用鼠标的左、中、右键以及组合键,能够提高操作灵活性和效率。如表 1.1 所示,单击鼠标左键主要用于选取对象,单击鼠标中键(滚轮)确定操作,单击鼠标右键则可弹出相应菜单。此外,滚轮上下滚动时,模型将以光标位置为中心进行缩放。以下是一些组合键的使用方式:按下中键并移动鼠标,可旋转模型;按下 Shift 键和中键并移动鼠标,可进行平移操作;按下 Ctrl 键和中键并上下移动鼠标,可缩放模型;按下 Ctrl 键和中键并左右移动鼠标,可翻转模型。

— 7 —

表 1.1 鼠标和键盘的组合使用

鼠标按键	作用
单击左键	选取
单击中键	确定
单击右键	右键菜单
滚轮上下滚动	以光标为中心,向上滚动放大,反之缩小
按下中键并移动鼠标	旋转模型
按下 Shift 和中键并移动鼠标	平移
按下 Ctrl 和中键并上下移动鼠标	缩放
按下 Ctrl 和中键并左右移动鼠标	翻转

Creo 快捷键可以帮助提高工作效率。常用的 Creo 快捷键包括:Ctrl+N 新建模型、Ctrl+O 打开模型、Ctrl+S 保存模型、Ctrl+P 打印模型、Ctrl+C 复制模型、Ctrl+V 粘贴模型、Ctrl+A 选择全部、Ctrl+X 剪切、Ctrl+Y 恢复、Ctrl+Z 撤销、Ctrl+F 查找、Ctrl+H 替换等。此外,还有许多快捷键可以帮助用户快速完成建模、渲染、动画等任务。熟练掌握 Creo 快捷键可以帮助用户更快地完成设计任务。

 活动四:注意问题

常见视图控制工具条的使用如图 1.9 所示。Creo 的视图控制工具条提供了多种工具,可帮助用户更有效地管理和控制模型视图。通过这些工具,用户可以快速地旋转、缩放和平移视图,确保所需视角的准确呈现。工具条中的视图定向按钮允许用户快速切换到预设视图,如前视图、后视图等。同时,视图管理工具如视觉样式、渲染模式等,从真实感的渲染效果到线框模式,可满足不同显示需求。

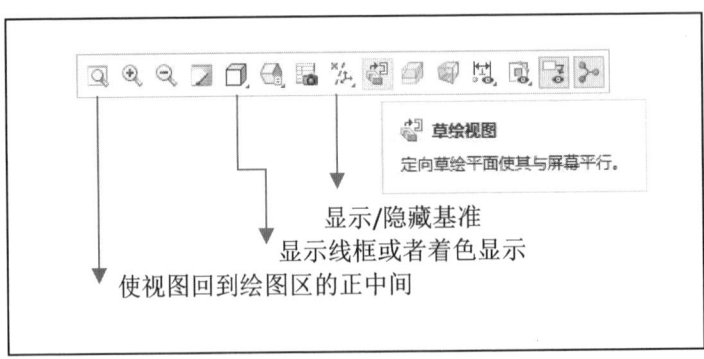

图 1.9 常见视图控制工具条

任务二　活塞设计

 活动一：特征组成

图1.10展示了活塞零件的主要特征。首先,通过拉伸特征创建一个圆柱体。接着,使用拉伸(移除材料)来绘制一个截面形状为跑道的孔。然后,再次使用拉伸(移除材料)来绘制一个大孔。最后,将侧面的孔也用拉伸(移除材料)的方式绘制出来。为了绘制这些特征,除了Creo软件的默认基准特征外,还使用了新绘制的基准特征。可以看出,Creo软件绘制零件是基于特征的,就像搭积木一样,将后续的特征叠加在前面的特征上,最终形成一个完整的零件。

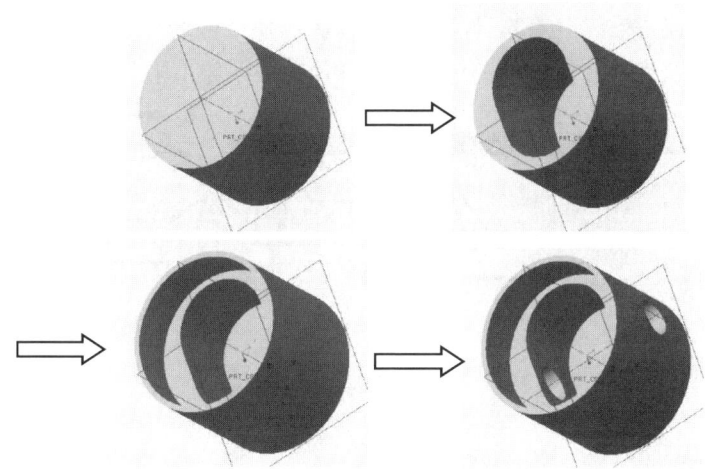

图1.10　活塞绘制过程

 活动二：绘制过程

打开Creo软件,双击图标进入软件界面。选择【工作目录】,将项目一作为当前工作目录。点击【新建】按钮,输入零件名称"活塞",点击【确定】。接下来,鼠标左键点击【拉伸】,点击【放置】和【定义】。选择FRONT面作为草绘平面,进入草绘模式。在草绘平面中,用【圆心和点】绘制一个直径为21mm的圆。设置拉伸深度为18.5mm(图1.11),点击【确定】。完成活塞零件的拉伸特征绘制。

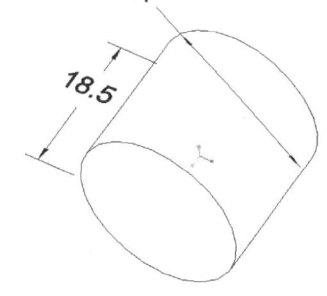

图1.11　草绘及拉伸特征

绘制跑道形状的孔。鼠标依次点击【拉伸】—【移除材料】,然后点击【放置】—【定义】选项。使用鼠标左键点击圆柱的上平面,将其作为草绘平面(草绘平面可以是基准平面,也可以是绘图区绘制好的图形的某个平面)。接着,选择"草绘"功能,点击视图控制工具条【消隐】图标或者按快捷键【Ctrl+4】,将图形以线框的形式显示。由于该图形是对称的,先画出两条中心线,然后绘制1/4的图形。具体操作如下(图1.12):点击草绘中的【中心线】,鼠标左键在图形区已有的水平线上不同的地方点击两下,画出第一条中心线;同理画出一条竖直的中心线。点击圆弧后边的三角符号,通过【圆心和端点】绘制一段圆弧,确保圆弧的圆心在水平中心线上,移动鼠标到水平中心线点击,确定圆弧的一个端点,移动鼠标到圆心的正上方,鼠标左键点击一下,确定圆弧的终点,画出一个1/4圆(注意在绘制1/4圆时,端点在圆心正上方会有约束提示)。鼠标左键点击圆弧的终点,水平移动鼠标,另外一个端点落在轴上(注意水平约束图标,让线段水平)。完成当前操作后,按一下鼠标滚轮结束当前操作。然后沿着水平方向进行镜像操作。框选所有图形(包括刚才绘制的圆弧和线段),然后点击【镜像】功能,选择中心线,完成水平方向的镜像。再次沿着竖直方向进行镜像操作。同样地,框选所有图形,点击【镜像】并选择中心线,完成竖直方向的镜像。这样便完成了跑道形状的绘制。

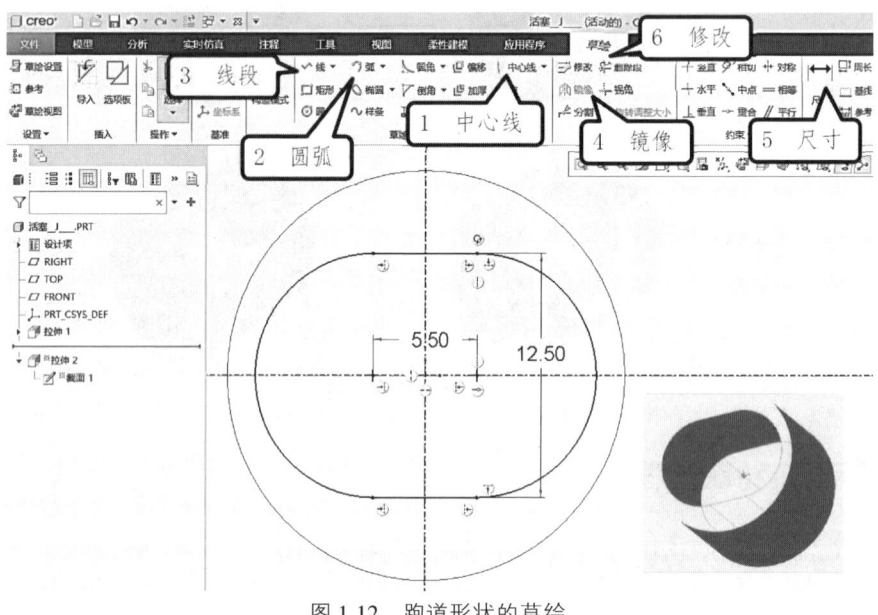

图1.12 跑道形状的草绘

接下来,需要标注尺寸并进行修改。首先,点击【尺寸】按钮,然后鼠标左键依次点击上下两段线条,在它们中间按下滚轮,将它们之间的距离修改为12.5mm,按回车。鼠标再次点击【尺寸】按钮,鼠标左键依次点击两个圆心,并在它们中间按下滚轮,将两个圆心之间的距离修改为5.5mm,按回车。确认修改后,按住滚轮并拖动鼠标旋转视图(在草绘模式下通常以线框形式显示并且草绘平面与屏幕平行,而在非草绘模式下则大多应用着色效果并进行立体显示),快捷键【Ctrl+3】或使用视图控制器的相应图标进行着色处理。最后,输入深度值16.5mm,并点击【确定】,完成异形孔的草绘。

拉伸(移除材料)特征绘制大孔。首先,鼠标左键点击【拉伸】,然后选择【移除材料】。接下来,点击【放置】-【定义】,选左上平面作为草绘平面进行草绘。点击【圆】后边的三角符号,选择【同心圆】绘制圆。鼠标左键点击大圆(这样新绘制的圆就和这个圆同心),然后移动鼠标,再次按下鼠标左键(确定新绘制圆大小),圆画好之后,点击滚轮结束当前操作。鼠标左键双击修改圆的直径为19.5mm,点击【确定】。输入拉伸的深度为6mm,点击【确定】。完成孔的绘制(图1.13)。

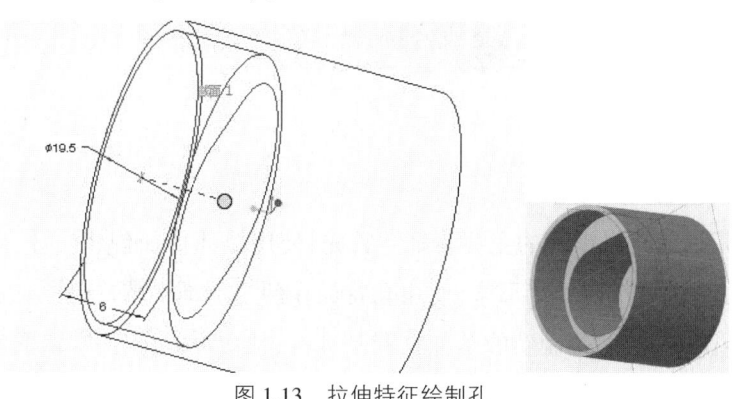

图1.13　拉伸特征绘制孔

最后,使用拉伸特征来绘制侧面的孔。如图1.14,鼠标左键点击【拉伸】,然后选择【移除材料】。接着鼠标点击【放置】—【定义】。在绘图区或模型树中,鼠标左键点击TOP面作为草绘平面进行草绘。用【圆心和端点】画一个圆,修改圆直径为5mm,圆心距离底面为8mm。然后选择【选项】,侧1、侧2选择穿透,点击【确定】并【保存】。将文件保存在工作目录中,然后点击【确定】。完成侧面孔的绘制。

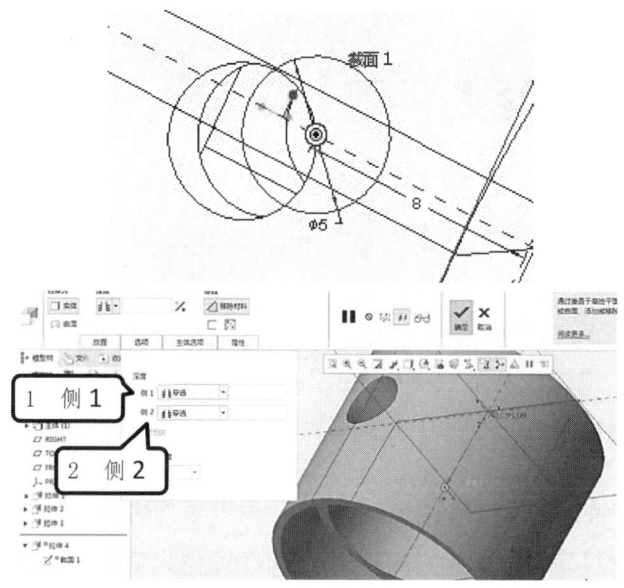

图1.14　两侧穿透绘制孔

活动三：注意问题

拉伸特征是机械产品设计中最常使用的基础特征，使用拉伸特征可以绘制实体，也可以结合移除材料绘制孔。在拉伸特征中可以输入拉伸实体的高度（或者孔的深度），也可以对称拉伸、穿透、拉伸到某一给定面。

任务三 连杆设计

 活动一：特征组成

图 1.15 展示了连杆零件的主要特征。首先，使用拉伸特征创建实体，紧接着使用拉伸特征依次绘制两个端部。接下来，使用孔特征在两个端部上依次绘制通孔。然后在相应的部位倒圆角。最后，绘制新的基准轴和基准面，使用 Creo 软件默认的基准特征以及新绘制的基准轴和基准面来绘制侧面的孔。

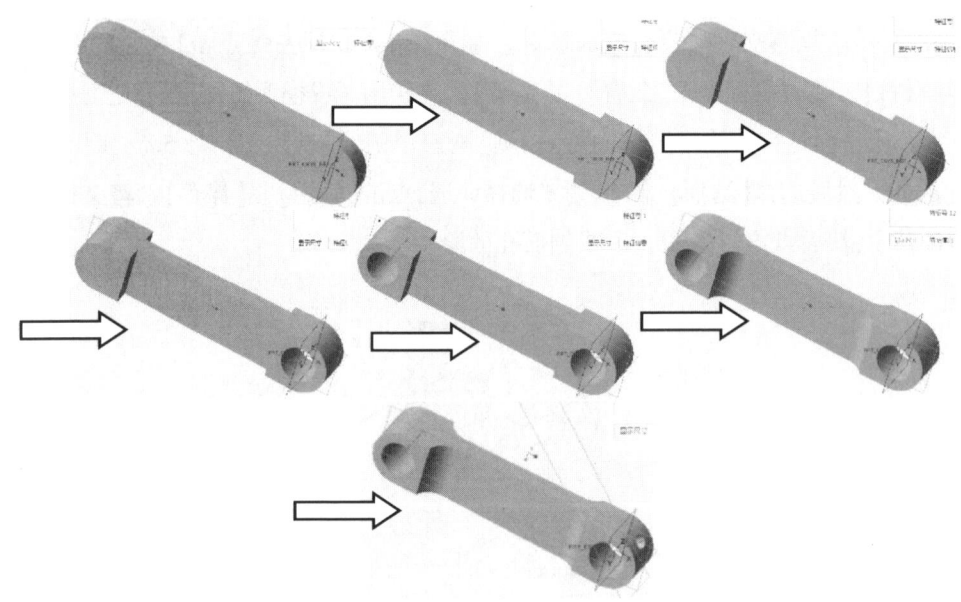

图 1.15 连杆的绘制过程

 活动二：绘制过程

首先使用拉伸特征进行绘制。点击【新建】，输入零件名称"连杆"，点击【确定】。接着点击【草绘】，选择【定义】，鼠标左键点击 FRONT 面作为草绘平面进行草绘。考虑到对称性，首先画出中心线，然后只需绘制半边图形，最后通过镜像得到完整的图形如图 1.16 所示。

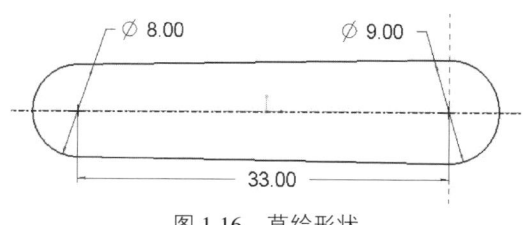

图 1.16　草绘形状

首先,用【圆心和端点】画出右边圆弧。然后,用线绘制与圆弧相切的线段(确保相切约束符号出现),并按下滚轮结束当前操作。接下来,继续用【圆心和端点】画出左边圆弧。为了使右边这段圆弧与线段相切,点击约束中的"【相切】"选项(图 1.17),然后用鼠标左键依次点击线段和圆弧,确认圆弧与线段相切符号出现。

使用鼠标左键框选所有图形,然后选择【镜像】功能。在绘图区选择水平中心线作为镜像中心线,这样就可以得到一个完整的镜像形状。接下来,标注尺寸:首先,用鼠标左键点击【尺寸】,标注两个圆心之间的距离。然后,双击圆弧,按下滚轮以标注直径。最后,用鼠标左键框选所有

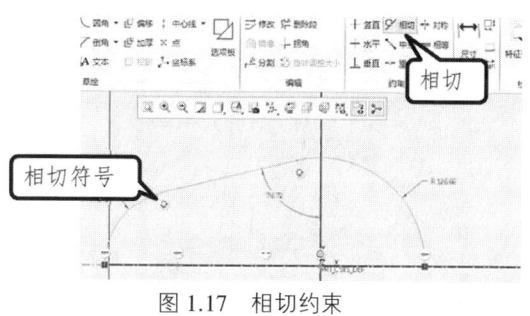

图 1.17　相切约束

尺寸,选择【修改】尺寸。在修改过程中,需要特别注意将【重新生成】前面的勾去掉。两圆心之间的距离是 33mm,大圆的直径是 9mm,小圆的直径是 8mm,点击【确定】。图形就会自动重新生成,完成草绘。

对以上的草绘进行拉伸,点击【确定】。拉伸深度选择【对称】,拉伸的深度是 3mm,点击【确定】完成拉伸特征。

绘制一个端部的拉伸特征。鼠标左键点击【拉伸】—【放置】—【定义】,在弹出的窗口中用鼠标左键点击【使用先前的】,线框显示。进入草绘界面,使用已有的圆弧,鼠标左键点击【投影】(图 1.18),再点击右侧的圆弧,然后分别点击上下两条线段(相当于使用草绘画出了与已有的圆弧、线段完全相同的图形)。接着,鼠标左键点击【线段】,两个端点落在上下两条线段上,画出竖直的线段。鼠标左键点击【删除段】,再依次点击多余的线段。然后点击【尺寸】,标注圆心到竖直线的距离,输入距离为 4.5mm(图 1.19),点击【确定】。注意这里不是移除材料。选择【对称】进行拉伸,拉伸的高度为 6mm。着色显示,点击【确定】。完成一个端头的绘制。

同样地,使用拉伸特征来绘制左边的端部。首先,使用投影和删除段绘制草绘图形,然后标注距离为 4mm(图 1.20)。接下来,进行拉伸操作,深度设定为 8mm。完成左端的绘制。

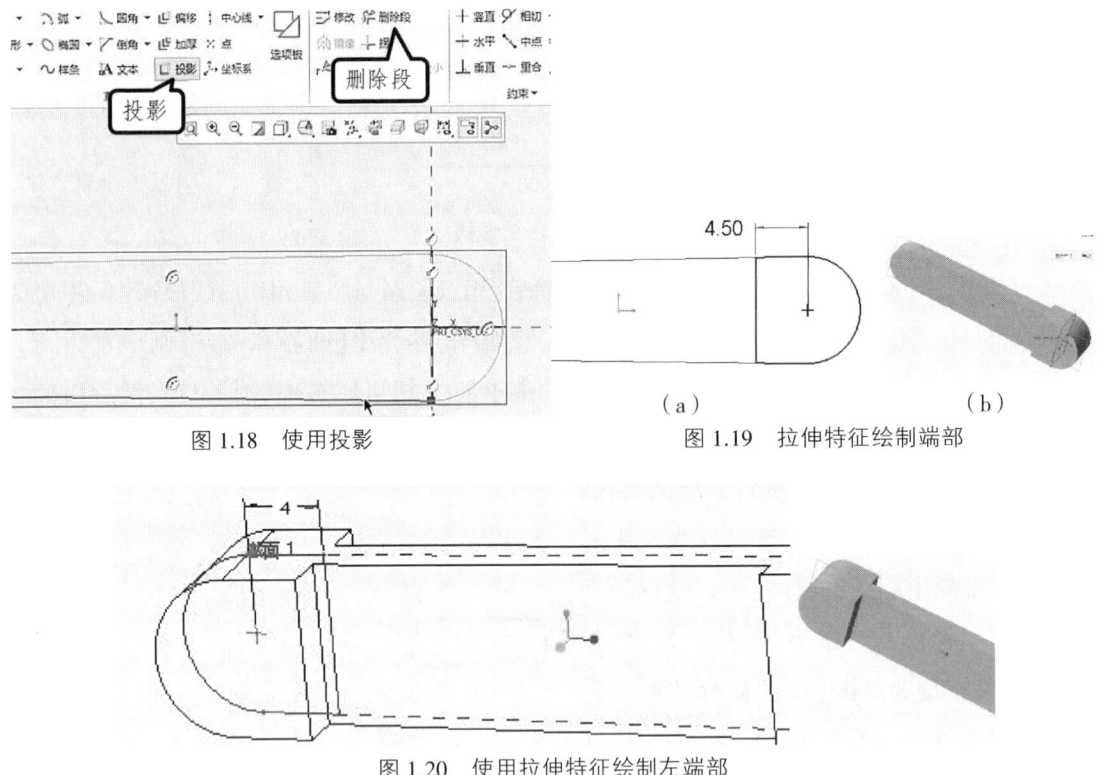

图1.18 使用投影

图1.19 拉伸特征绘制端部

图1.20 使用拉伸特征绘制左端部

如前所述,孔的绘制方法既可以使用拉伸移除材料的方式,也可以使用孔特征。孔特征是工程设计中常见的特征之一。若要使用孔特征绘制与已有图形同轴的孔,需要事先存在或新绘制一个轴。鼠标左键点击轴,如图1.21所示,鼠标点击右边的圆弧面,此时圆弧面的轴线会在绘图区显示,点击【确定】。

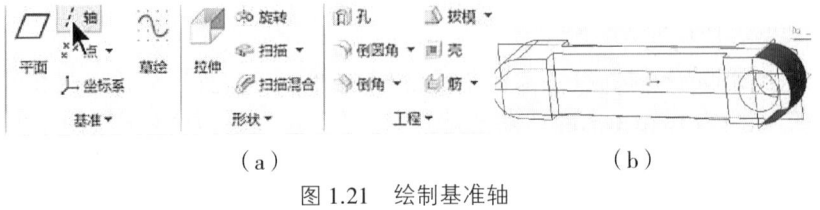

图1.21 绘制基准轴

接着,鼠标左键点击孔,开始绘制同轴孔(图1.22)。鼠标左键点击【放置】,在绘制过程中,需要选取两个项目:鼠标左键点击之前绘制的轴线,按住Ctrl键的同时鼠标左键点击端面。最后,修改孔的直径为5.5mm,设定孔的深度为穿透,点击【确定】。这样,右边的孔就绘制完成了。

同样的,使用孔特征绘制左边的孔(图1.23)。先绘制轴线,再绘制同轴孔。输入孔的直径为5mm,孔的深度为穿透,点击【确定】后完成左边孔的绘制。

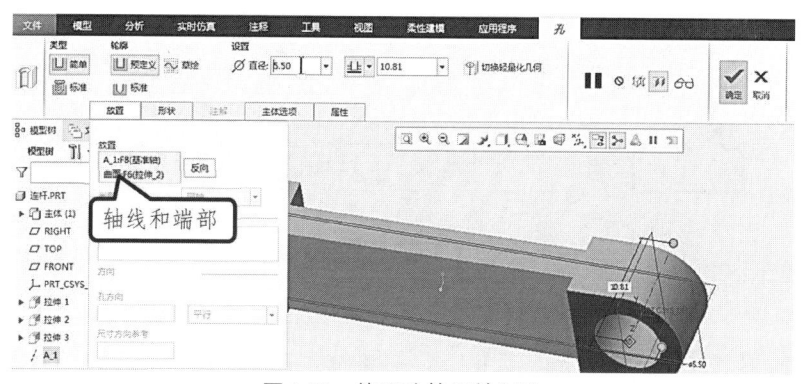

图 1.22　使用孔特征绘制孔

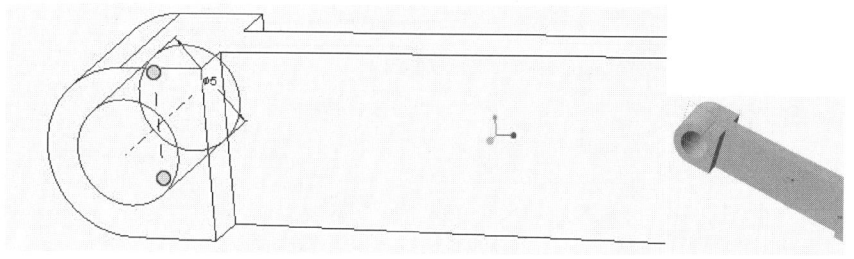

图 1.23　孔特征绘制左边孔

绘制圆角，鼠标点击【倒圆角】（图 1.24），然后输入圆角半径为 3mm。接着，使用鼠标左键依次点击要进行倒圆角的位置。如果需要选择多个倒圆角的边，请按住 Ctrl 键并选择相应的边。如果某些边不可见，可以首先松开 Ctrl 键并旋转图形，然后再按住 Ctrl 键选择其他边。点击【确定】后完成倒圆角的绘制。

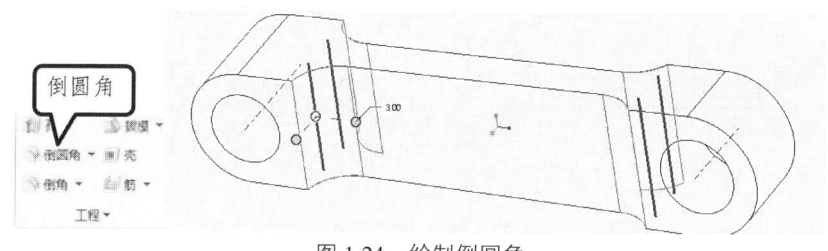

图 1.24　绘制倒圆角

绘制倾斜的孔，可以通过点击【拉伸】—【移除材料】进行绘制。然而，在绘图区中缺少一个倾斜草绘平面。因此，需要首先创建一个基准平面，如图 1.25 所示，点击【平面】，在绘图区中鼠标左键点击轴线和 TOP 面（也可以在模型树区域同时选择 TOP 面和 A_1 轴线）。在"偏移-旋转"区域输入 45°。点击【确定】后，完成倾斜基准平面的绘制。

在先前创建的基准平面上，使用拉伸移除材料的方法绘制孔。鼠标左键点击【拉伸】—【移除材料】，然后选择 DTM1 平面作为草绘平面进行草绘（图 1.26）。当草绘的视角不对的时候，点击【草绘设置】（图 1.27），改变视图方位，然后选择【草绘】。以【圆心和端点】画出一个圆，直径为 2mm，点击【确定】。然后点【移除材料】。深度选择【穿透】—

【确定】—【保存】。将它保存到默认的工作目录中,完成连杆绘制。

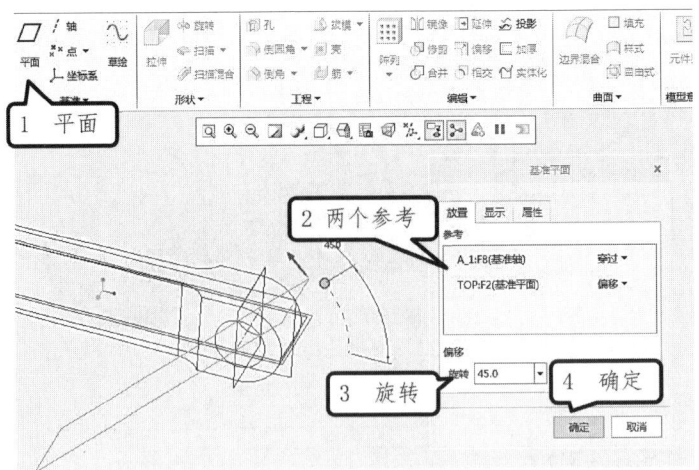

图 1.25　绘制基准面

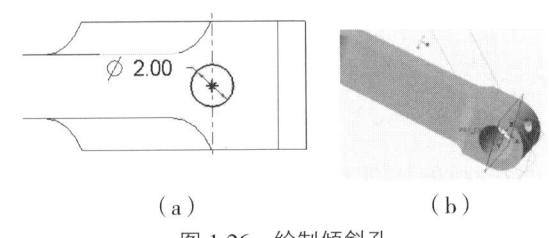

（a）　　　　　　　　（b）

图 1.26　绘制倾斜孔

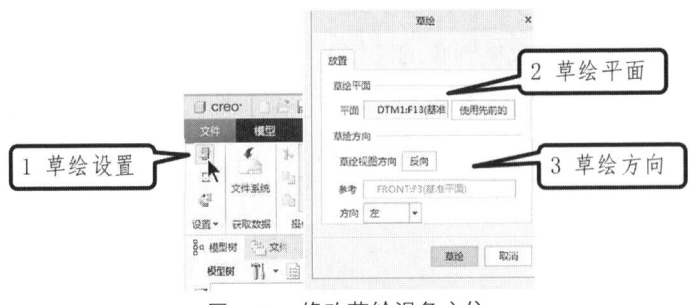

图 1.27　修改草绘视角方位

活动三:注意问题

Creo 软件提供了 9 种几何约束:竖直、水平、垂直、相切、中点、重合、对称、相等和平行。旨在约束图元相互位置关系,该功能常常在尺寸标注前使用,以便快速准确地绘制草图。

任务四 曲轴设计

活动一：特征组成

图1.28展示了曲轴零件的主要特征。首先,使用拉伸特征创建圆柱体。再次使用拉伸特征绘制曲轴的左侧端部。接下来,绘制左侧端部的小圆柱体,并使用孔特征在中心位置绘制孔。通过选择【拉伸】—【移除材料】的方式,将圆柱侧面的跑道孔绘制出来。然后,用相同的方式绘制圆柱右侧的端部,最后再次选择【拉伸】—【移除材料】绘制圆柱右侧的图形。当然,曲轴的绘制方法并非唯一。在绘制过程中,需要利用Creo软件默认的基准特征以及新创建的基准轴和基准面特征。

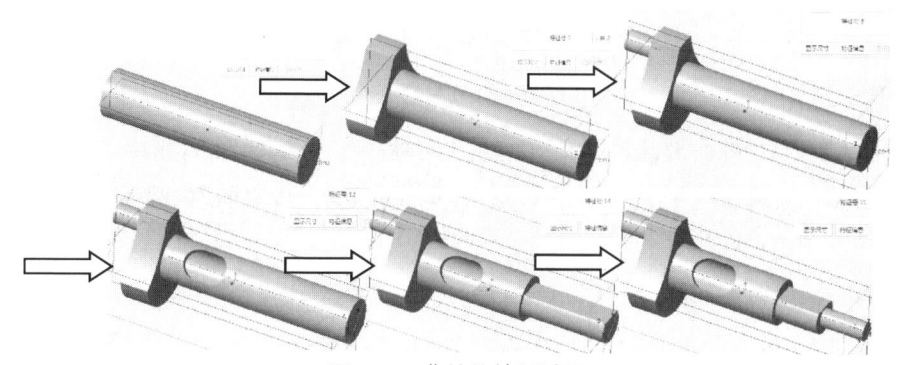

图1.28 曲轴的绘制过程

活动二：绘制过程

首先,选择项目一作为当前工作目录。然后,使用鼠标左键点击【新建】,在弹出的对话框中输入"曲轴",再点击【确定】按钮。为了方便绘制,确认默认的基准平面已经显示出来。

接下来,使用拉伸特征绘制圆柱(图1.29)。在草绘模式下,绘制一个直径为12mm的圆。完成后退出草绘模式,并指定拉伸高度为54mm。

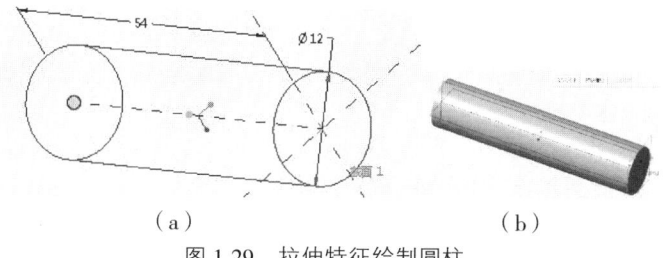

(a)   (b)

图1.29 拉伸特征绘制圆柱

使用拉伸特征来绘制端部,选择圆柱的端面作为草绘平面。如图1.30所示,在草绘平面上,用同心圆绘制一个圆,标注其直径为 26.5mm。接着,鼠标左键点击圆弧右下角三角符号,在下拉菜单中选择用【3 点】画一段 R28 的圆弧。然后,鼠标左键在已经画出的圆上点击一下,表示一个端点落在圆上,移动鼠标,在圆上的其他位置点击一下,则另一个端点也落在了圆上。接着,在两个端点之间合适的位置再次点击鼠标左键,完成三点圆弧形状的绘制。按滚轮结束当前操作。

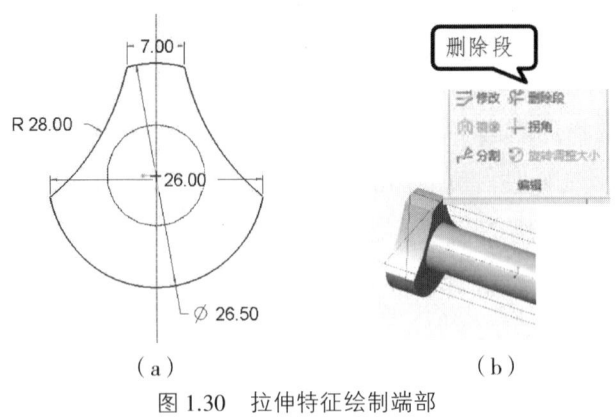

(a)   (b)

图 1.30   拉伸特征绘制端部

由于图形是对称的,因此过圆心沿竖直方向画一条中心线,然后删掉多余的曲线(图 1.30)。鼠标左键选择刚才绘制的圆弧,点击【镜像】,选择中心线镜像圆弧,再次删掉多余的线,完成端部的形状绘制。

进行尺寸标注和修改。鼠标左键点尺寸进行标注,依次点击下部大圆弧的两个端点,在两个端点中间按下滚轮,输入两点距离为 26mm。同样的道理,标注上部小圆弧两个端点的距离为 7mm。在未标注的圆弧上鼠标左键点击一下,输入半径为 28mm,点击【确定】。输入拉伸高度为 8mm,点击【确定】。完成端部拉伸特征的创建。

在新建的端面上表面新建直径 5.5mm 高度 8mm 的圆柱,圆柱距离中心的距离为 8mm。结果如图 1.31 所示。

可以使用孔特征或拉伸移除材料来绘制孔,此处选择使用孔特征。鼠标左键点击【孔】,在放置的参考中,鼠标左键选择中间的轴,同时按下 Ctrl 键,再选择如图 1.32 所示的端面。接着,输入孔的直径为 8.5mm,孔的深度为 27mm,并确定。完成了中心孔的绘制。

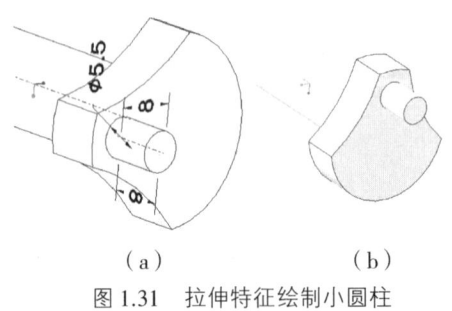 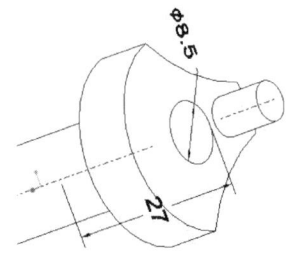

图 1.31   拉伸特征绘制小圆柱   图 1.32   孔特征绘制中心孔

为了在侧边绘制一个孔,首先需要创建一个基准平面。鼠标左键点击基准【平面】(图1.33),弹出的窗口中点击【放置】,在参考的框中,鼠标左键选择中心轴,同时按下 Ctrl 键,再选择 TOP 面(请注意框中右边的三角符号,根据需求选择穿过、偏移、法向等)。在偏移、旋转右边的框中输入夹角45°(或135°),点击【确定】。完成基准平面的绘制。

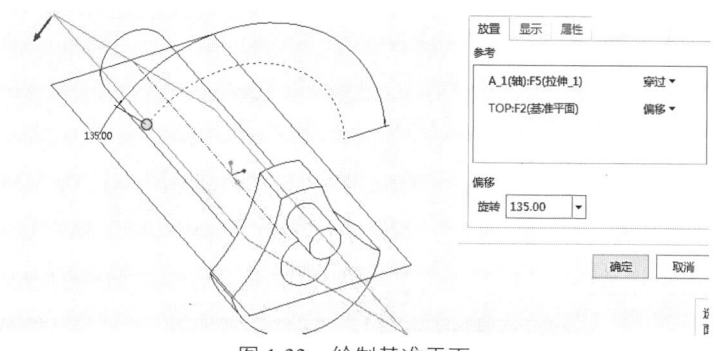

图1.33 绘制基准平面

使用刚才创建的基准平面作为草绘平面,如果视图方向不合适,可以在草绘设置中调整视图方向。然后点击【草绘】绘制,由于图形是对称的,画一条中心线作为对称线。用【圆心和端点】画出一个1/4圆(注意圆心的位置和约束的使用)。画出如图1.34所示的草绘形状的一半,以中心线为对称线完成镜像,完成草绘形状的绘制。

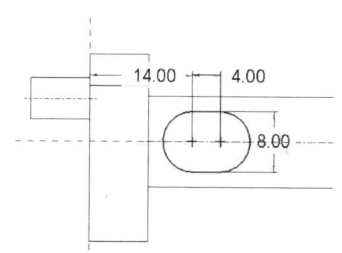

图1.34 拉伸特征绘制圆柱表面的孔

进行尺寸标注和修改,输入两条线段的距离为8mm,输入两个圆弧圆心之间的距离为4mm。圆心距离端面定位尺寸为14mm,点击【确定】。点击【移除材料】,拉伸深度选择到圆柱表面为止。完成侧边的孔的绘制。

使用拉伸特征进行端部的绘制。首先,鼠标左键点击【拉伸】,选择【移除材料】,然后选择【放置】—【定义】草绘平面,选择端面作为草绘平面进行草绘。在草绘过程中,使用【同心圆】绘制圆形,再绘制水平或竖直线段,确保线段的两个端点均落在圆周上。接着,标注圆弧直径为9mm,并输入所绘制的线段与中间线之间的距离为3mm。点击【确定】后,着色显示轴侧图,如图1.35所示。鼠标左键点击箭头进行切换,确保移除材料部分正确。最后,输入深度为24mm,点击【确定】。完成端部的绘制。

继续使用拉伸特征绘制端部。首先,鼠标左键点击【拉伸】,选择【移除材料】,然后【放置】—【定义】草绘平面,选择【使用先前的】草绘平面进行操作。在草绘平面上,绘制直径为5mm的圆,并点击【确定】。接着,点击箭头移除外面的材料。最后,输入拉伸深度为7mm,点击【确定】,完成了端部的绘制(图1.36)。

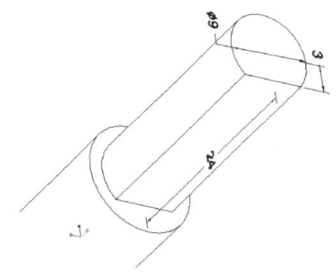
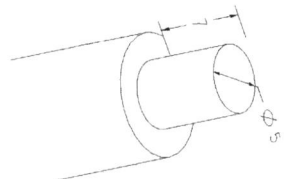

图 1.35　拉伸特征绘制端部　　　　图 1.36　拉伸特征绘制端部

使用倒角特征,进行倒角的绘制。首先,鼠标左键点击【倒角】,选择"45°×D"的倒角方式,其中倒角是45°,后面的输入值为0.55mm。然后在绘图区,鼠标左键选择两条棱(按住 Ctrl 键可多选),点击【确定】后【保存】,如图 1.37 所示。完成曲轴的绘制。

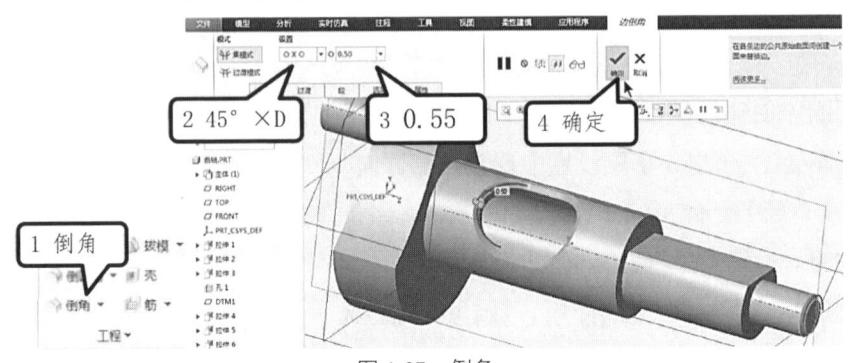

图 1.37　倒角

活动三:注意问题

草绘顺序:先绘制图形,然后使用约束,最后标注尺寸并对所有尺寸进行修改。
圆及圆弧半径和直径的尺寸标注:鼠标左键双击圆弧,按滚轮为标注直径;单击圆弧,按滚轮为标注半径。

任务五　发动机缸体设计

活动一:特征组成

图 1.38 展示了发动机缸体的绘制过程。首先,使用旋转特征绘制旋转体,使用拉伸特征绘制上部。紧接着,进行倒圆角操作,使用拔模特征绘制拔模部分。再次,使用拉伸特征绘制缸体固定部分,然后使用拉伸特征绘制一片散热片,对该散热片进行阵列操作,使用旋转移除材料绘制孔。最后,使用孔特征绘制上端的孔。在建立发动机缸体的过程中,还需要使用 Creo 软件默认的基准特征以及新绘制的基准轴和基准面特征。

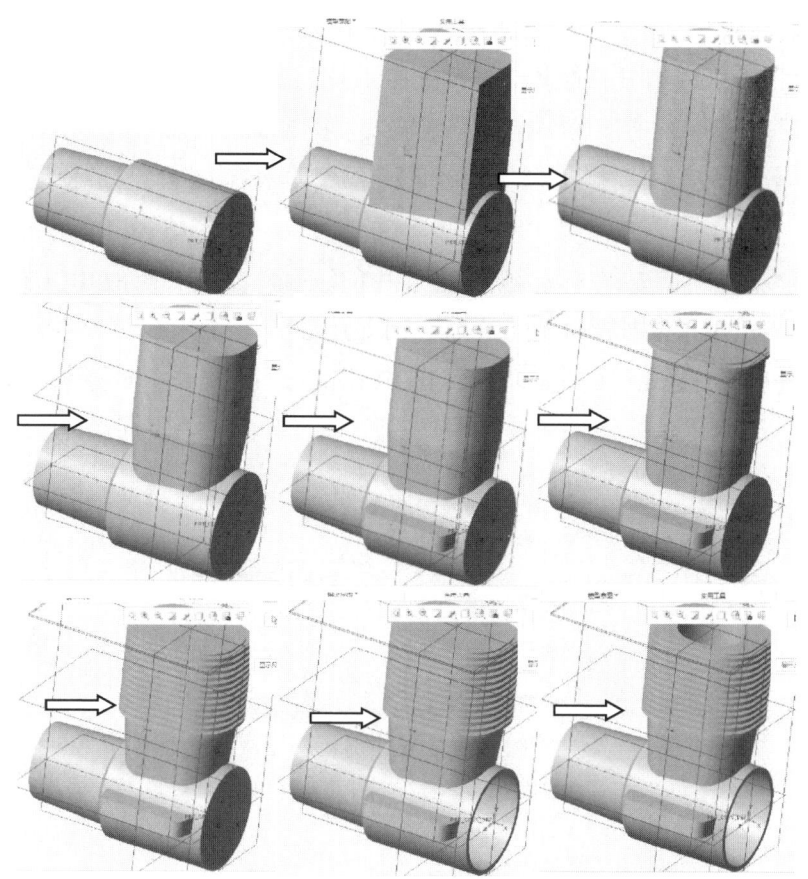

图 1.38　发动机缸体绘制过程

活动二:绘制过程

【新建】一个零件,输入名称"发动机缸体",并点击【确定】。首先,通过旋转特征来绘制旋转图形。具体操作如下:鼠标左键点击【旋转】,然后选择【放置】—【定义】草绘平面。鼠标左键点击 FRONT 面作为草绘平面进行草绘,绘制一条水平中心线,旋转的图形将围绕这条中心线旋转(草绘中有多条中心线,Creo 软件默认第一条绘制的中心线是旋转中心,当然也可以点击右键选择旋转中心)。在草绘平面中,按照图 1.39 所示依次画出相连的、封闭的线段。然后进行尺寸标注,不需要修改尺寸数据,只要标出尺寸即可。鼠标左键点【尺寸】,标注直径,鼠标左键点击点,点中心线,再点这个点,按一下滚轮,完成直径标注。继续标注其他直径。标注角度,鼠标左键点击一段线,点击另外一段线,在两段线之间按一下滚轮,完成角度标注。标注线段长度,鼠标左

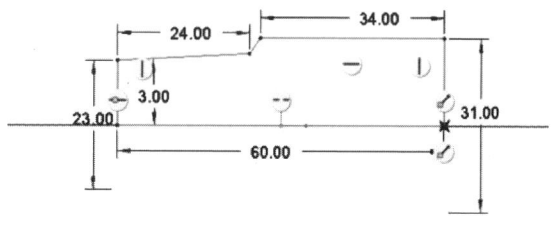

图 1.39　旋转特征绘制旋转图形

键点击线段,在线段中间按一下滚轮,完成线段长度的标注。

接下来鼠标左键点击【修改】—【修改所有尺寸】,鼠标框选所有尺寸进行修改。在修改时需要去掉重新生成前面的"√"。分别输入直径 23mm,31mm,角度 3°,长度 24mm,60mm,并点击【确定】。此时草绘图形已经重新生成,再次点击【确定】后便完成了旋转图形的绘制。

创建基准平面。首先,鼠标左键点击基准中的【平面】,然后再点击 RIGHT 面,输入平移距离为 18mm(如果方向错误,输入−18mm),并点击【确定】。接下来,创建基准轴。鼠标左键点击【轴】,选择之前创建的基准面 DTM1,同时按住 Ctrl 键并选择 FRONT 面,两面的交线就是新的基准轴。最后,创建另一个基准平面。如图 1.40(c)所示,通过将 TOP 面向上偏移 54mm 来创建新的基准面。

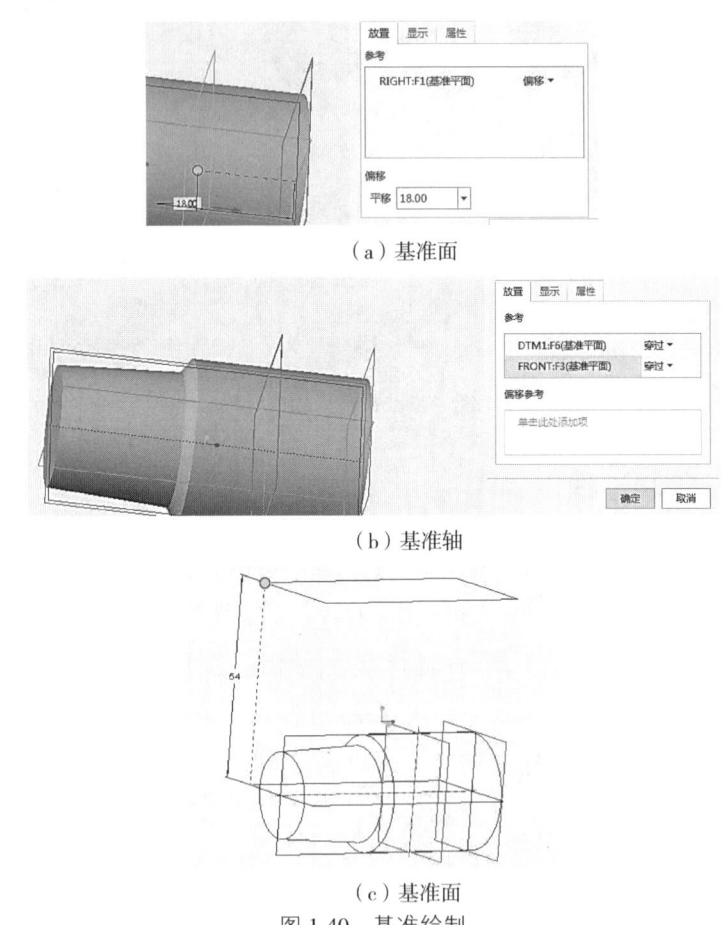

(a)基准面

(b)基准轴

(c)基准面

图 1.40 基准绘制

创建拉伸特征。选择之前创建的基准平面 DTM2 作为草绘平面进行草绘。草绘的形状及尺寸如图 1.41(a)所示,点击【确定】。点击箭头,将草绘图形方向向下拉伸,拉伸深度选择【到参考】,鼠标左键点击圆弧面,完成拉伸特征绘制。

项目一 零件设计

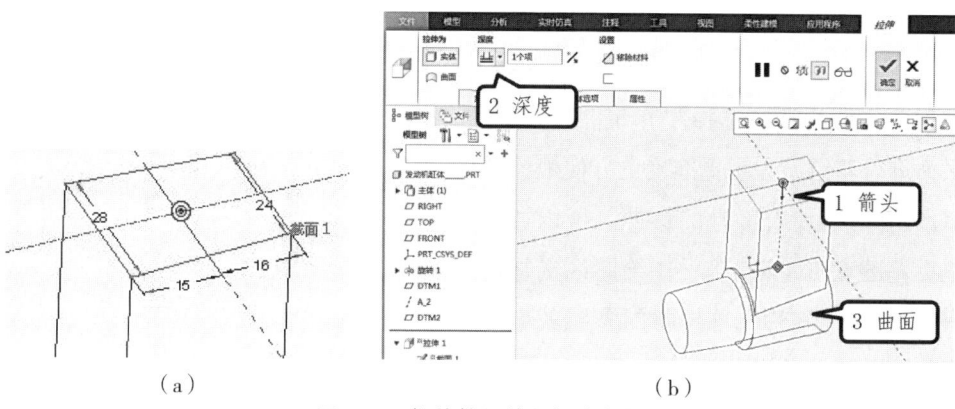

（a） （b）

图1.41 拉伸特征绘制拉伸实体

进行倒圆角操作。根据图1.42所示，右边两条棱的圆角半径为10mm，左边两条棱的半径为8mm。完成圆角绘制。

绘制新的基准平面。DTM2平面向下平移27mm绘制新的基准平面DTM3，如图1.43所示。

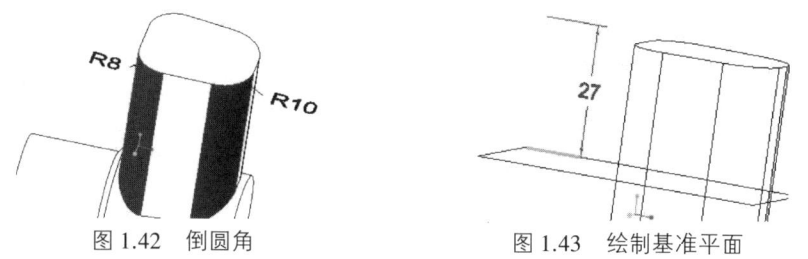

图1.42 倒圆角　　　　　图1.43 绘制基准平面

进行拔模特征操作。首先，鼠标左键选择要进行拔模的旋转侧面（图1.44），软件会自动选中与该侧面相切的所有面。然后点击【拔模】，并选择DTM3面为拔模枢轴。由于只需要对DTM3下部分进行拔模，因此需要点击【分割】，并选择"根据枢轴分割"。在分割操作中，只选择第二侧进行拔模，并设置拔模角度为6°，点击【确定】。完成拔模特征的创建。

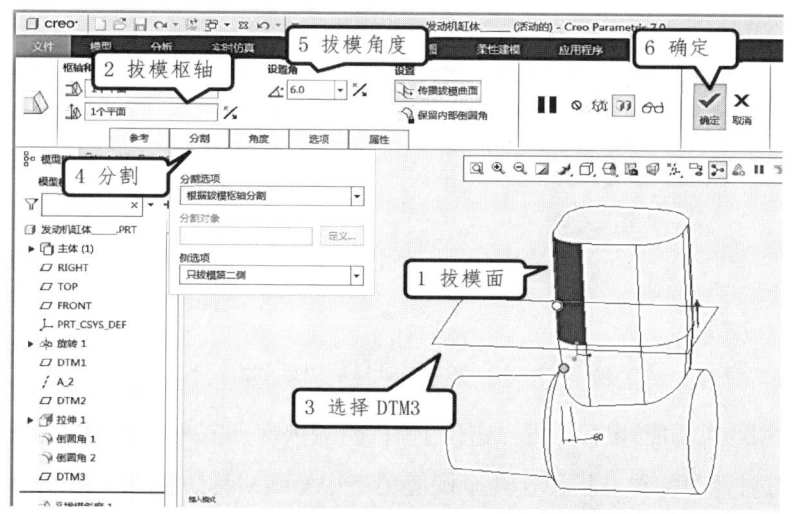

图1.44 绘制拔模特征

— 23 —

倒圆角特征,选择如图 1.45 所示的棱,输入半径为 20mm,点击【确定】。完成倒圆角特征。

创建拉伸特征。选择 TOP 面作为草绘平面进行草绘。为了更准确更方便地绘制草图,有时需要有额外的参照。可以通过鼠标左键点击参考,然后在绘图区选择已有的图元作为参照,这样新的参照就会出现在图示的参考框中。

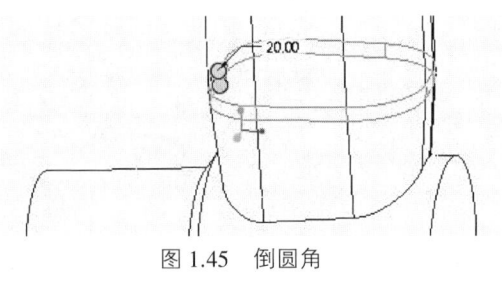

图 1.45 倒圆角

在草绘平面绘制如图 1.46 的封闭形状(包含一条水平的中心线)。首先画出四条线段,在需要倒圆角的部位,鼠标左键点击【圆角】,然后在绘图区依次点击两条相邻的线段,完成圆角。

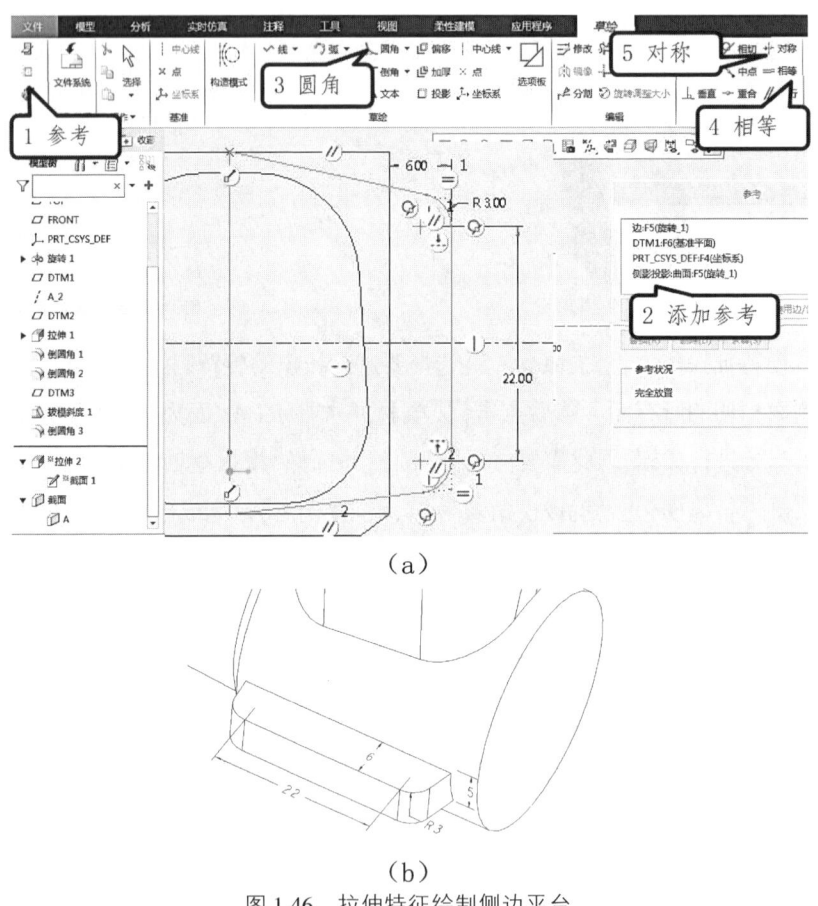

图 1.46 拉伸特征绘制侧边平台

接着使用约束功能,鼠标左键点击【相等】,然后依次点击两个圆弧,在绘图区出现相等的标记。进行【对称约束】,使这两个圆心关于中心线对称。鼠标左键点击【对称】,选择中心线,然后选择中心线边的两个圆角的圆心,绘图区相应部位出现上下对称符号。完成对称约束。

然后标注尺寸,在草绘区依次标注圆角半径、线段长度和平行线的距离,完成尺寸修改。最后,完成草绘,点击【确定】。输入拉伸的高度为5mm,点击【确定】并【保存】。

镜像操作。鼠标左键选择待镜像的特征,如图1.47所示,点击【镜像】,选择FRONT面,【确定】。完成镜像操作。

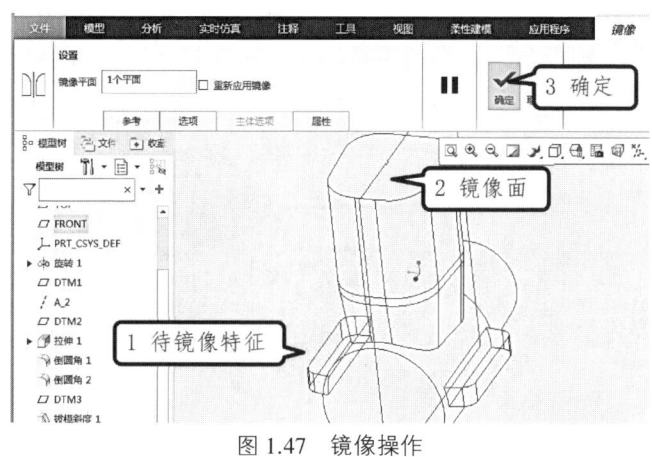

图1.47 镜像操作

鼠标左键点【平面】,将DTM2平面(端面)向下平移0.5mm(或者-0.5mm),点【确定】,如图1.48所示。完成新的基准平面绘制。

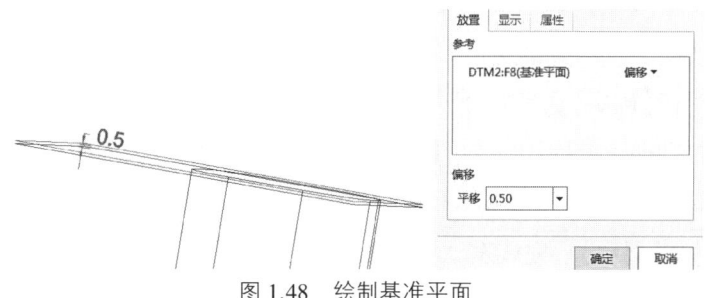

图1.48 绘制基准平面

创建拉伸特征以绘制散热片。选择先前创建的基准平面DTM5作为草绘平面。在草绘平面绘制如图1.49所示的图形。鼠标左键点击【投影】,在弹出的窗口中选择【环】。在绘图区移动鼠标,当所需的环被加亮显示时,鼠标左键

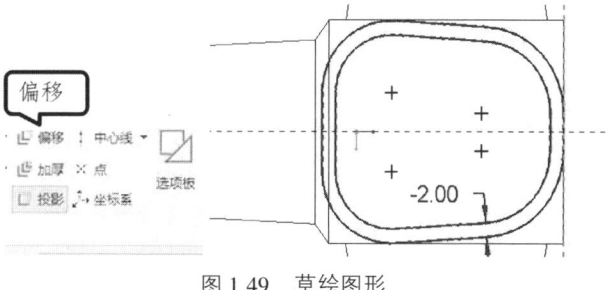

图1.49 草绘图形

点击,关闭弹出菜单。接着鼠标左键点击【偏移】,在弹出的菜单中选择【环】,在绘图区移动鼠标,当所需的环被加亮显示时,鼠标左键点击并输入偏移2mm。再次关闭弹出菜单,点击【确定】。输入高度为1mm,再次点击【确定】。完成拉伸特征的绘制。

— 25 —

对刚才拉伸的散热片进行阵列操作。鼠标左键首先选择需要阵列的散热片,然后鼠标左键点击【阵列】。如图1.50所示,在下拉菜单中选择【方向阵列】,然后在绘图区选择上平面,软件默认这个面的法线方向为阵列的参考方向。点击箭头选择【方向】—【向下生长】,输入散热片数量为13,间距为2mm,再次点击【确定】。完成散热片的阵列操作。

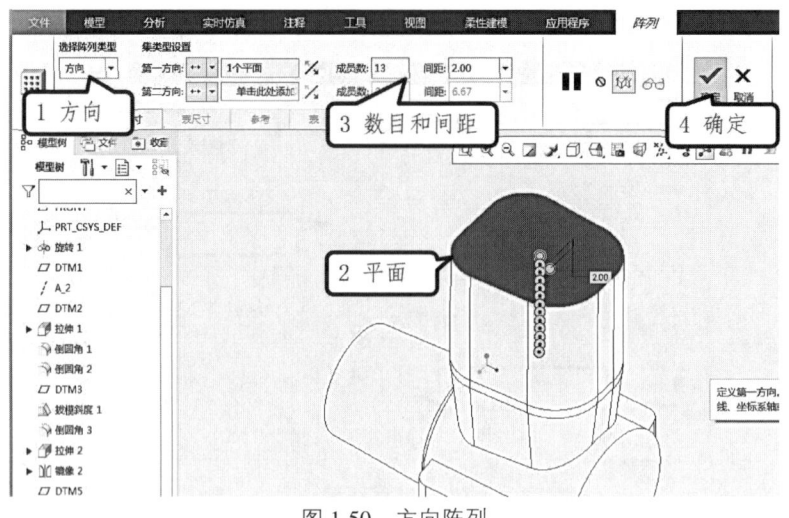

图1.50　方向阵列

创建旋转特征以移除材料并绘制孔。鼠标左键点击【旋转】,选择【移除材料】,然后点击【放置】,选择FRONT面作为草绘平面。在草绘平面画出如图1.51所示的草绘图形(注意首先画一条中心线,确保图形封闭,避免产生不必要的约束)。标注并修改尺寸,完成草绘图形后点击【确定】。最后,使用旋转特征功能完成孔的绘制。

使用孔特征功能绘制【孔】。如图1.52所示,选择【同轴孔】,同时选择轴线和端面,输入孔的直径为21mm,孔的深度为到固定面,选择刚才旋转特征绘制孔的大端圆孔的内表面,点击【确定】并【保存】。完成发动机缸体的绘制。

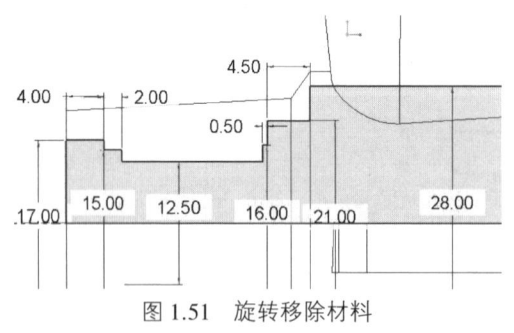

图1.51　旋转移除材料

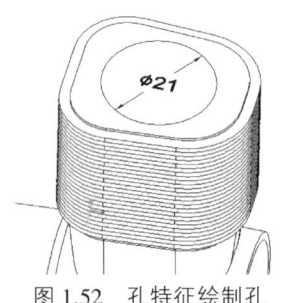

图1.52　孔特征绘制孔

活动三:注意问题

在Creo中,草绘图形是通过尺寸或约束来确定其形状和大小的。这些尺寸在未进行修改或标注前显示为暗色,表示它们是弱尺寸。然而,一旦我们对这些尺寸进行修改或标注,它们的颜色会变亮,变为强尺寸。在 Creo 中,强尺寸具有优先权,它们会取代或替代与其相关的弱尺寸,确保尺寸之间不会出现冲突。

任务六 叶轮壳设计

 活动一:特征组成

图 1.53 展示了叶轮壳的绘制过程。首先,使用拉伸特征绘制圆柱,使用旋转特征绘制 1/4 圆柱。接下来,使用混合特征绘制叶轮壳的出风口,进行倒圆角操作。之后,使用壳特征绘制壁厚均匀的壳体,并使用孔特征绘制孔。使用拉伸特征绘制法兰,最后使用拉伸特征绘制固定凸台,并对凸台进行镜像。在建立叶轮壳的过程中,还使用了 Creo 软件默认的基准特征以及新绘制的基准轴和基准面特征。

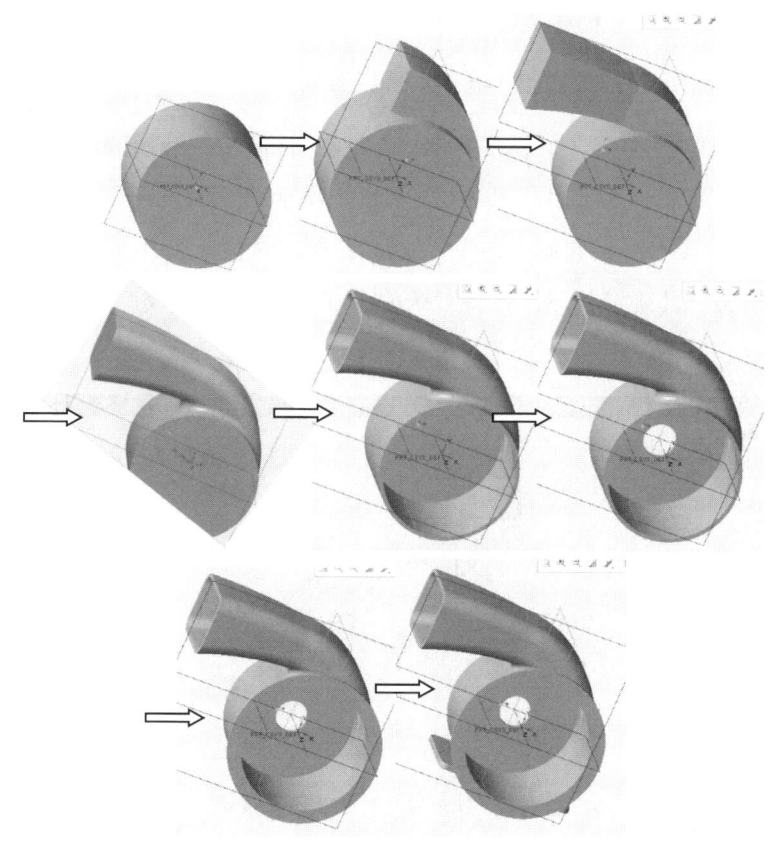

图 1.53 叶轮壳的绘制过程

 活动二:绘制过程

鼠标左键点击【新建】,输入文件名称"叶轮壳",点击【确定】。首先使用拉伸特征绘制圆柱。如图1.54所示,鼠标左键点击【拉伸】—【放置】—【定义】,选择FRONT面作为草绘平面,用圆心和端点画一个圆,直径为68mm,点击【确定】。然后鼠标左键点击【选项】,在侧1输入23mm,侧2输入21mm(注意这个拉伸是非对称拉伸),点击【确定】。完成拉伸特征的创建。

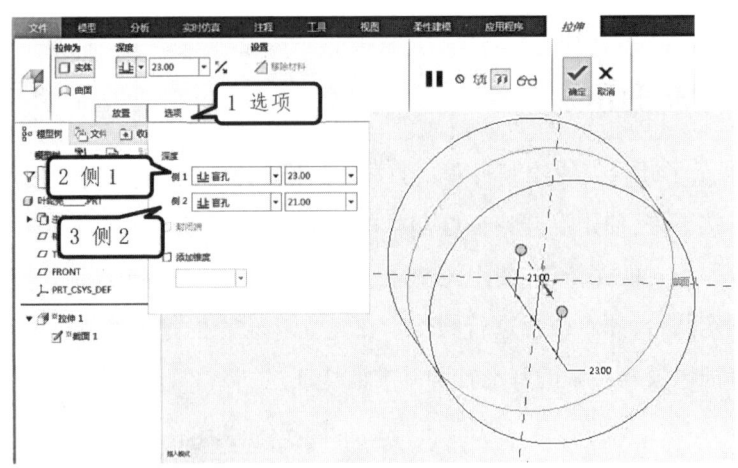

图1.54　拉伸特征绘制圆柱

使用旋转特征功能绘制旋转图形。鼠标左键点击【旋转】,选择【放置】—【定义】。选择TOP面作为草绘平面,绘制中心线,如图1.55上所示,标注中心线与已知参考的距离为20mm。由于图形上下对称,再画一条中心线,然后画出对称矩形,标注并修改矩形边长为22mm和32mm,点击【确定】。最后,将默认的360°改成90°,完成旋转图形的绘制,结果如图1.55所示。

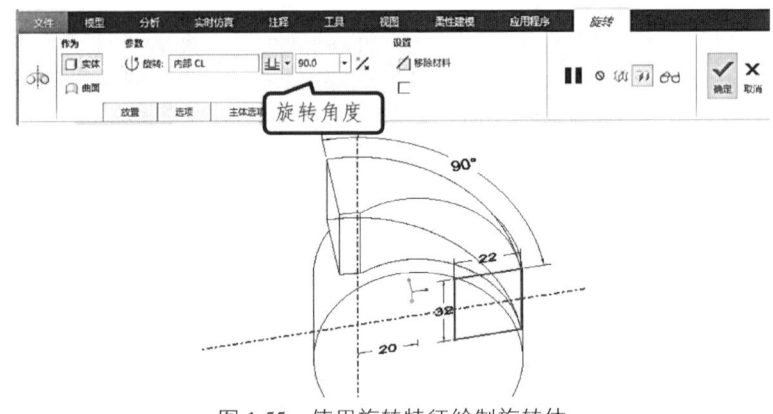

图1.55　使用旋转特征绘制旋转体

使用混合特征功能绘制叶轮壳的出口部分。在基础特征区域,鼠标左键点击形状后边的三角符号,选择【混合】—【截面】,并在截面1处点击【定义】。如图1.56所示,选择第一个草绘平面,生长方向向前,鼠标左键点击【投影】—【环】,然后移动鼠标,如图1.56(b),当矩形加亮出现时,鼠标左键点击一下,相当于画出与原有矩形一样大的矩形,点击【关闭】弹出菜单,点【确定】完成截面1的绘制。鼠标左键点击【截面】,选择截面2,输入截面2与截面1之间的距离为25mm,点击截面2的【草绘】。如图1.56(c)所示,草绘的矩形就是上面矩形向四个方向进行偏移。鼠标左键点击【偏移】—【环】,移动鼠标,当矩形出现时,鼠标左键点击一下,输入偏移的距离为2mm,点击【确定】完成第二个截面的绘制。鼠标左键点击【截面】,鼠标右键点击【添加】截面3,截面3与截面2之间的距离25mm,点击【草绘】,草绘形状是左右对称的,画一条中心线,再画矩形,使矩形左右对称。在约束区域,鼠标左键点击【重合】,鼠标左键依次点击截面2的最左端的线段和截面3的最左端的线段,标注并修改尺寸,完成截面3的草绘。特别要注意每个截面草绘形状的起点和箭头方向要一致。完成三个截面的绘制后点击【确定】,完成混合特征的创建。

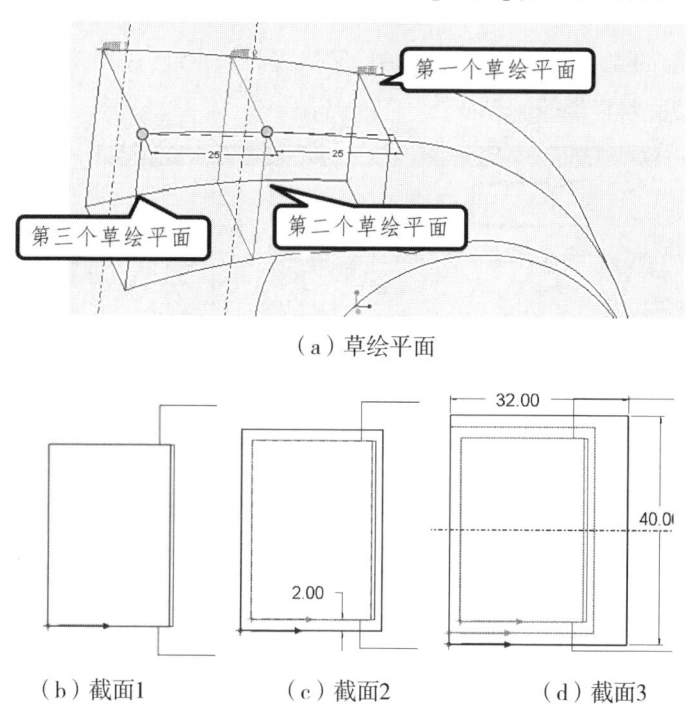

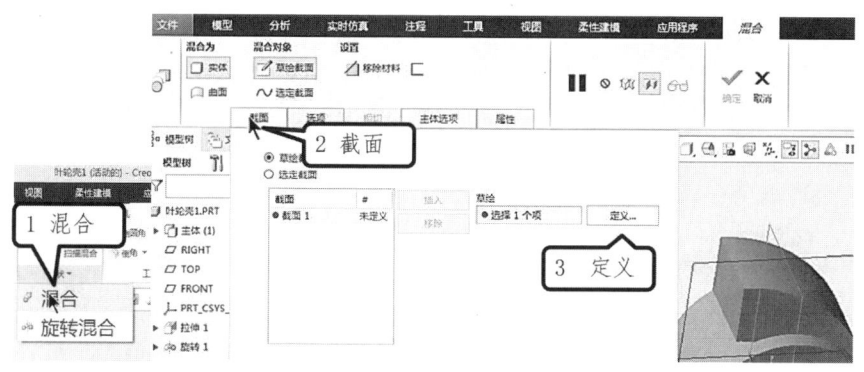

图 1.56　混合特征绘制过程

倒圆角特征的创建。如图1.57(a)所示,鼠标同时选择三条线段,设置圆角的半径为100mm。接着,对图1.57(b)中的4条棱进行倒圆角处理,输入半径为8mm。在图(c)的倒圆角部位,输入半径为3mm,并点击【确定】。完成倒圆角特征的创建。

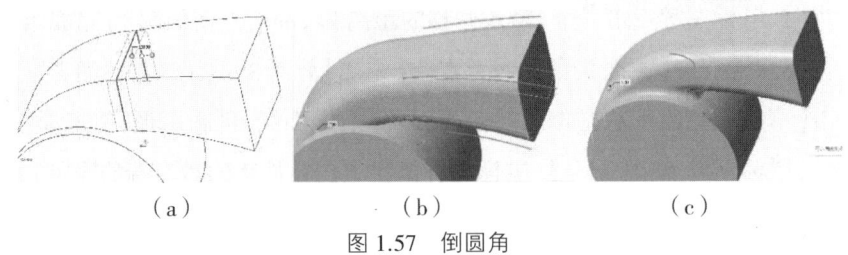

(a) (b) (c)

图1.57 倒圆角

壳特征的绘制。如图1.58所示,在工程特征区域,点击【壳】。输入壳的厚度为2mm。然后,在需要去除的壳表面,鼠标左键选中,保持按下 Ctrl 键,选择多个需要移除的面,点击【确定】。完成壳特征的绘制。

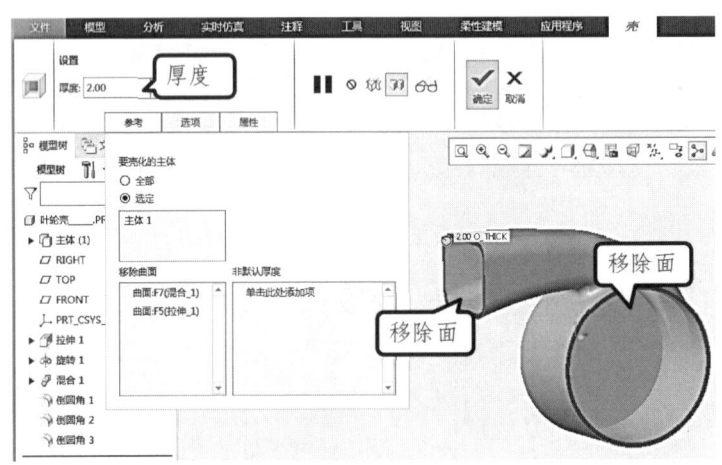

图1.58 壳特征

使用孔特征功能绘制中间的孔,参考图1.59。鼠标左键点击【孔】,选择同轴孔进行绘制,同时需要选择两个参考,一个是轴,选择另外一个是端面。输入孔直径为16mm,选择孔深度为【穿透】,点击【确定】。完成孔特征的绘制。

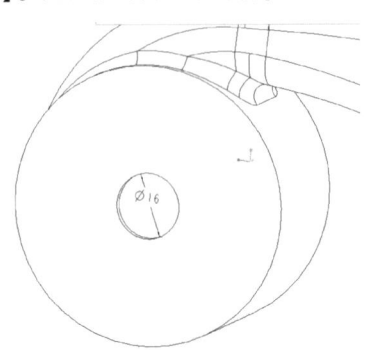

图1.59 孔特征绘制孔

接着使用拉伸特征功能绘制法兰。鼠标左键点击【拉伸】,选择【放置】—【定义】,如图 1.60 所示,选择前面作为草绘平面,用同心圆绘制两个圆。其中一个圆与已经有的内孔重合,另外一个为直径 78mm 的大圆,点击【确定】。输入拉伸深度 2mm,拉伸方向指向外部,点击【确定】。完成拉伸特征绘制的法兰。

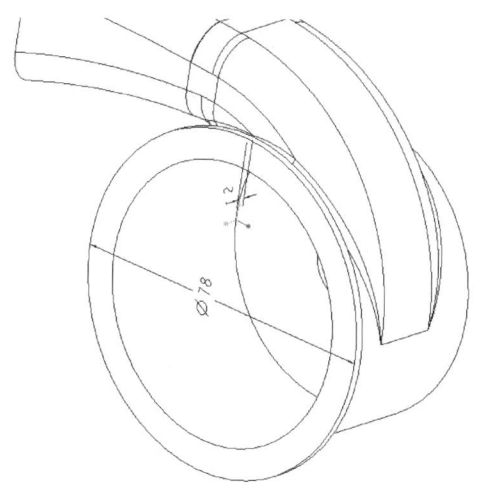

图 1.60 拉伸特征绘制法兰

使用拉伸特征功能绘制固定平台。鼠标左键点击【拉伸】,选择【放置】—【定义】,再选择 FRONT 作为草绘平面,画出如图 1.61 所示的截面 1,标注和修改尺寸,点击【确定】,选择拉伸深度【对称】,输入拉伸深度为 38mm,点击【确定】。完成平台的绘制。

倒圆角特征绘制圆角,鼠标左键点【倒圆角】,如图 1.62,(a)图圆角半径为 4mm,(b)图圆角半径为 0.5mm,(c)图圆角半径为 1mm,点击【确定】。完成倒圆角特征绘制。

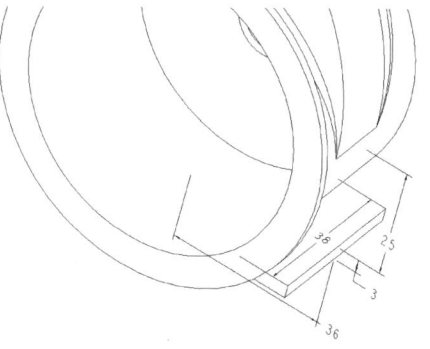

图 1.61 拉伸特征绘制固定平台

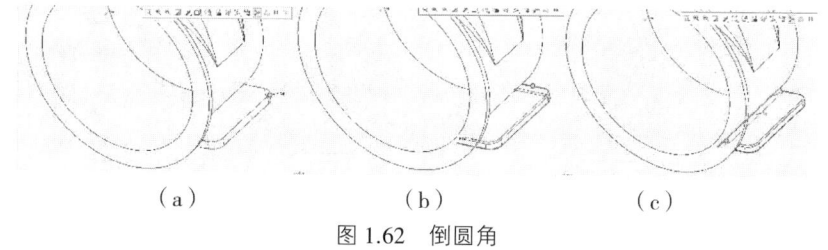

(a)　　　　　(b)　　　　　(c)

图 1.62 倒圆角

镜像特征。将平台和倒圆角镜像,如图 1.63 所示,鼠标左键同时选择这 3 个特征(可在模型树进行选取),点【镜像】,选择竖直的镜像面,点击【确定】。完成镜像特征绘制,点击【保存】。完成叶轮壳的绘制。

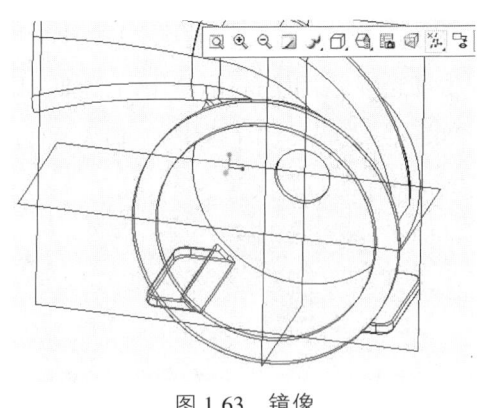

图 1.63　镜像

 活动三:注意问题

混合特征起点和方向:当混合截面的起点和方向不一致的时候,需要修改起点和方向,使得三个截面的起点和方向保持一致。在使用混合特征时,每个截面的端点数目也必须相等。

任务七　框架设计

 活动一:特征组成

图 1.64 展示了框架的绘制过程。首先,使用扫描特征功能绘制截面为工字型的结构,然后再次使用扫描特征功能绘制上面截面为工字型的部分,最后对以上两个扫描特征进行镜像。在建立框架的过程中,还使用 Creo 软件默认的基准特征以及新绘制的基准轴和基准面特征。

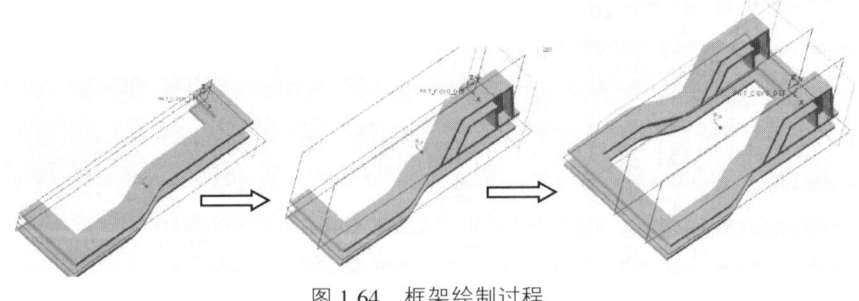

图 1.64　框架绘制过程

活动二:绘制过程

【新建】一个零件,输入零件名称"框架",并点击【确定】。接下来,开始绘制第一个扫描特征。首先,需要绘制扫描轨迹。鼠标左键点击【草绘】,选择 FRONT 面作为草绘平面。绘制出如图 1.65(a)所示的形状,使用约束功能标注和修改尺寸,最后点击【确定】。完成扫描轨迹的绘制。

鼠标左键点击【扫描】,在扫描轨迹上会自动出现扫描的起始点和方向。如果起始点和方向不对,鼠标左键点击一下箭头,可以切换扫描的起始点。然后鼠标左键点击截面中的草绘,绘图区图形会自动转到扫描的起始点,并且草绘面与屏幕处于平行状态。然后绘制一个工字型轮廓。鼠标左键点击【选项板】,选择轮廓中的"工字型",鼠标左键拖动所选轮廓到绘图区,松开鼠标后,点击【确定】,关闭选项板,放置轮廓到合适的位置。使用约束功能,在约束区域鼠标左键点击【重合】,依次点击轮廓的水平中心线和绘图区原有的水平线;再依次点击轮廓的竖直中心线和绘图区原有的竖直线。标注及修改尺寸后点击【确定】,结果如图 1.65(c)所示。完成第一个扫描特征的绘制。

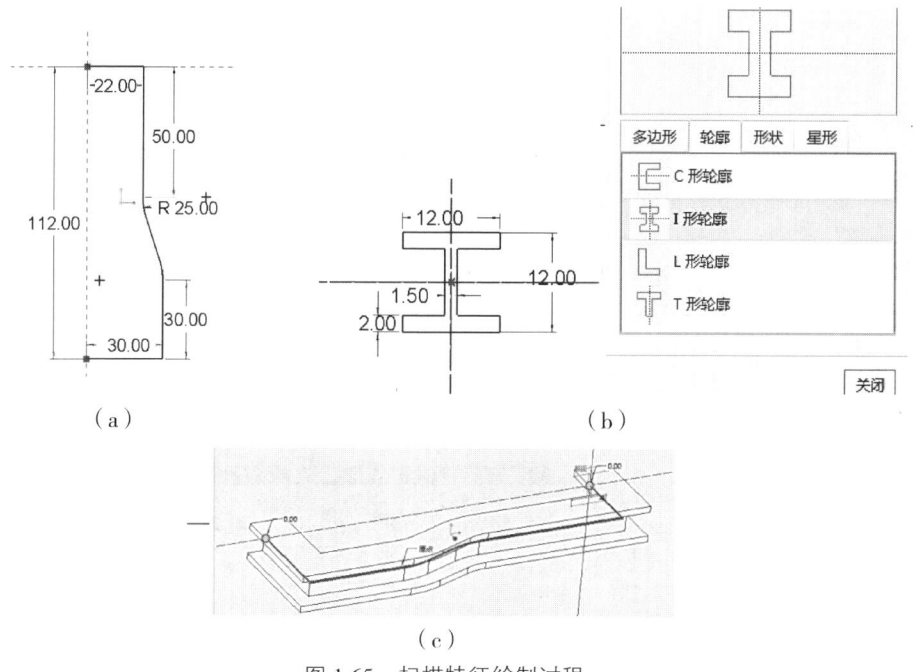

图 1.65 扫描特征绘制过程

绘制第二个扫描特征,首先需要创建一个基准平面。鼠标左键点击【平面】,选择 FRONT 面,平移 22mm,点击【确定】。将这个新的基准平面设置为草绘平面,开始绘制扫描轨迹。扫描轨迹的形状和尺寸如图 1.66(b)所示。紧接着开始绘制扫描截面。鼠标左键点击【扫描】,这时绘图区图形会自动转到扫描的起始点,并且草绘面与屏幕处于平行状态。然后开始绘制一个工字型轮廓。鼠标左键点击【选项板】,选择轮廓中的"工字型"轮廓,鼠标左键拖动所选轮廓到绘图区,松开鼠标后点击【确定】,并关闭选项板。使用约束功能放置轮廓到合适的位置(注意这个轮廓需要旋转 90°),点击【确定】,结果如图 1.66

(c)所示。完成第二个扫描特征的绘制。

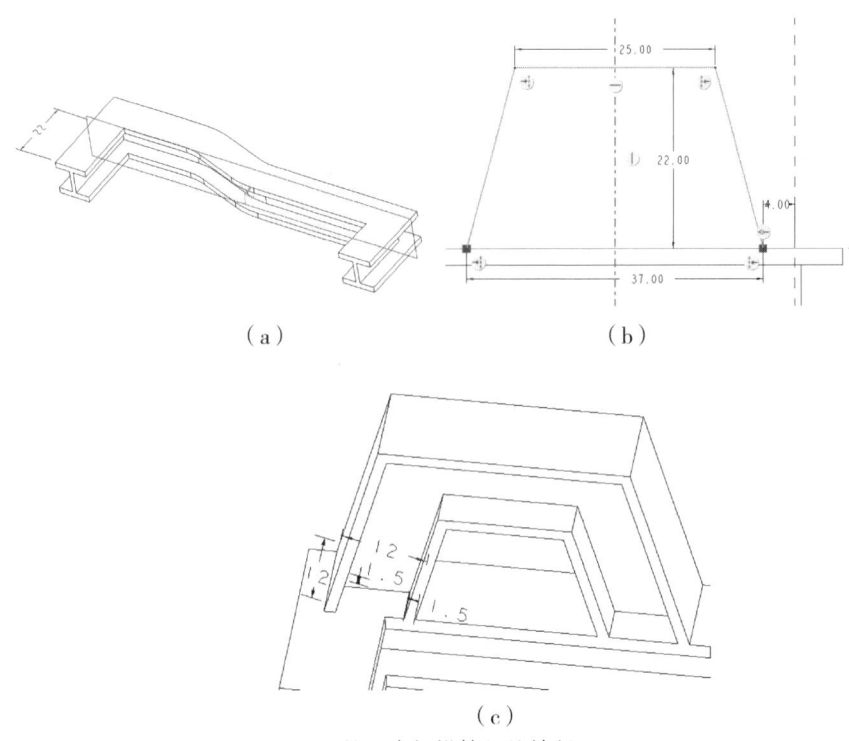

图 1.66 第二个扫描特征的绘制

在绘图区,旋转图形进行观察,发现这两个扫描图形之间存在不连续的现象(图 1.67)。为了解决这个问题,需要对第二个扫描特征进行修改。在模型树中,鼠标左键点击第二个扫描特征,点击【编辑定义】图标,然后进入【选项】页面,再勾选"合并端"并点击【确定】。完成对第二个扫描特征的修改。

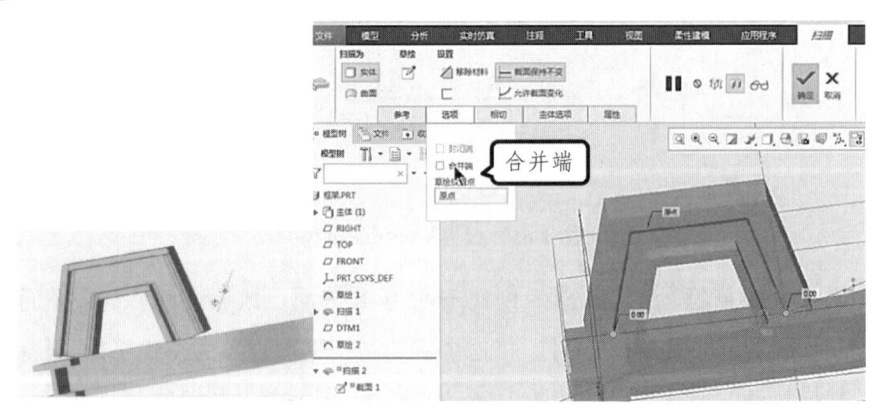

图 1.67 修改扫描特征

使用镜像特征镜像前两个扫描特征。结果如图 1.68 所示,点击【保存】。完成框架的绘制。

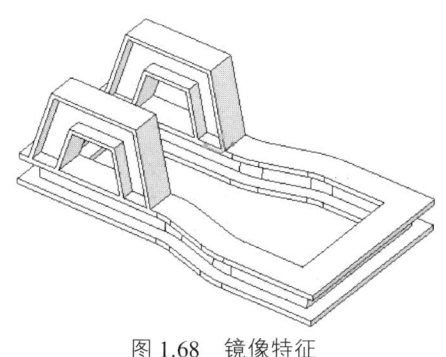

图 1.68 镜像特征

 活动三：注意问题

通过沿一个或多个轨迹扫描横截面草绘创建扫描特征,可以控制对象的方向、旋转和几何。在草绘沿轨迹进行扫描时,可以添加或移除材料,可以向草绘添加厚度。扫描几何表示可以是实体或曲面。

可以将实体扫描的末端合并到邻近的实体曲面,而不留间隙。

任务八　叶轮设计

活动一：特征组成

图 1.69 展示了叶轮的绘制过程。首先,使用拉伸特征功能绘制一个圆柱体。然后,使用拉伸特征功能绘制一个叶片,并对叶片进行阵列操作。接着,对叶片进行倒圆角,并再次进行阵列操作。之后,使用拉伸特征功能绘制一个凸台,最后使用孔特征功能绘制中心孔。在绘制叶轮的过程中,还利用了 Creo 软件默认的基准特征以及新绘制的基准轴和基准面特征。

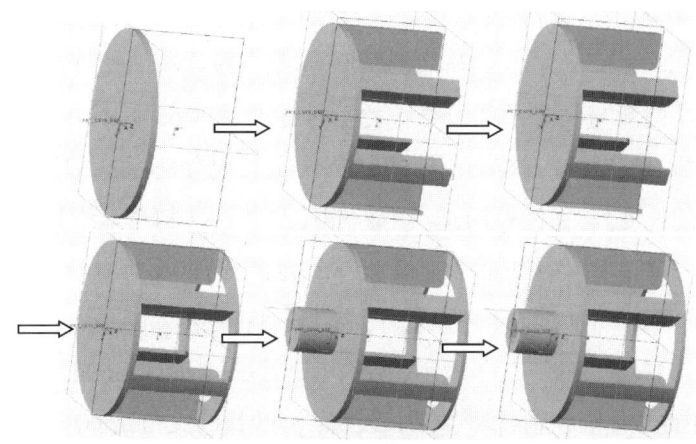

图 1.69 叶轮的绘制过程

活动二:绘制过程

鼠标左键点击【新建】,输入名称"叶轮",并点击【确定】。接下来,开始绘制第一个拉伸特征。鼠标左键点击【拉伸】,选择【放置】—【定义】,然后选择FRONT面作为草绘平面。在这个草绘平面上,用【圆心和点】画一个圆(图1.70)。圆的直径为64mm,输入拉伸深度值为2.5mm,点击【确定】。完成拉伸特征的绘制。

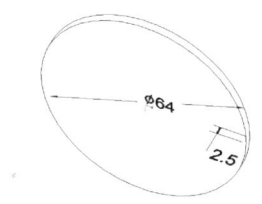

图1.70 使用拉伸特征绘制圆柱

绘制基准平面。如图1.71所示,鼠标左键点【平面】,选择FRONT面,向前平移40mm,点击【确定】。完成基准平面的绘制。

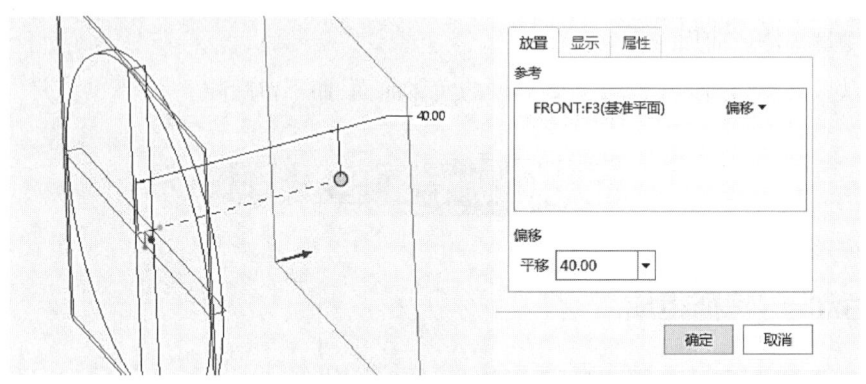

图1.71 绘制基准平面

使用拉伸特征功能绘制叶片。鼠标左键点击【拉伸】,选择【放置】—【定义】,然后选择前面绘制的圆柱端面作为草绘平面。在这个草绘平面上,绘制两条构造线。鼠标左键点击【构造线】,选择【线】,然后分别选择线段的一个端点在原点,另外一个落在圆弧上;用同样的方法再次画出一条构造线,标注并修改尺寸。鼠标左键点击【尺寸】,标注角度为30°和12°。绘制出如图1.72(a)所示的图形,包括一段线和一段圆弧,使得线段与其中一条构造线重合,圆弧与已有的圆重合。然后标注及修改尺寸,标注线段长度为13mm(注意在标注线段长度时,根据按下滚轮的位置不同,可以分别标注线段的长度、水平方向长度、竖直方向的长度)。在【拉伸】选项中,点击【实体】—【加厚草绘】,厚度值为1.5mm,点击后边的箭头,调整加厚的位置,拉伸深度到选定的面,选择所做的基准平面作为深度的参考,点击【确定】,如图1.72(b)所示。完成叶轮片的绘制。

进行【轴阵列】操作,如图1.73所示,选择叶片后点【阵列】,在操控板上选择【轴】并在绘图区鼠标左键选择圆柱轴,输入阵列数目为6,叶片的夹角是60°。完成轴向阵列特征的操作。

倒圆角及参考阵列操作。鼠标左键点【倒圆角】,输入圆角半径为2.5mm,鼠标左键点击前面绘制的第一个叶片的棱,完成倒圆角。鼠标左键在绘图区选择前面倒圆角,点击【阵列】,默认是【参照阵列】。如图1.74,完成参照阵列绘制。

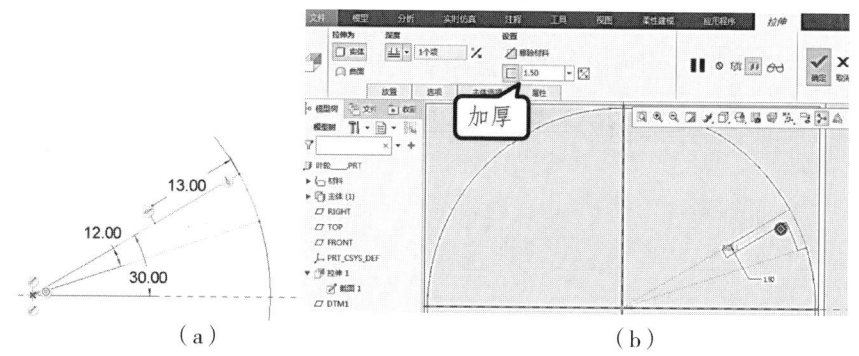

图1.72 拉伸特征绘制叶片

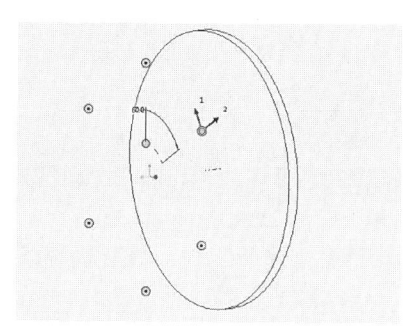

图1.73 叶片轴向阵列

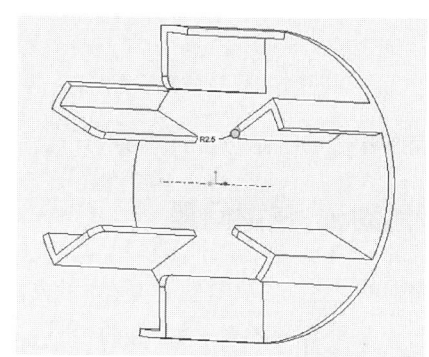

图1.74 倒圆角及参考阵列

使用拉伸特征功能绘制端面。鼠标左键点击【拉伸】,选择【放置】—【定义】,然后选择前边平面作为草绘平面。进入草绘界面后,绘制两个同心圆,其中一个与外边的大圆相同尺寸,另一个圆的直径尺寸为48mm。点击【确定】退出草绘界面。接着输入拉伸的高度为1.5mm,如图1.75所示,完成端部的拉伸特征。

使用拉伸特征功能绘制凸台。选择端面作为草绘平面,在中心位置绘制直径为16mm的圆。设置拉伸深度为15mm,完成凸台的拉伸(图1.76)。

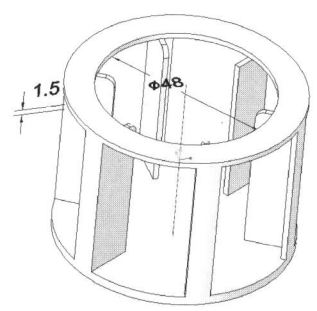

图1.75 拉伸特征绘制端面

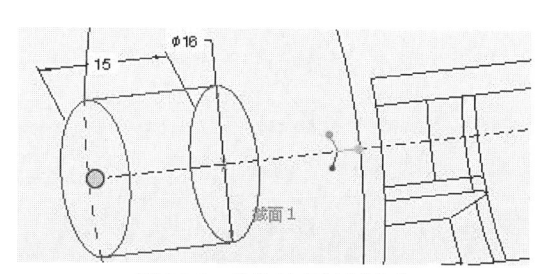

图1.76 拉伸特征绘制凸台

使用Creo软件的拉伸特征,选择移除材料模式进行孔的绘制。首先,鼠标左键点击【拉伸】,选择【移除材料】—【放置】—【定义】,然后选择凸台上边平面作为草绘平面。在草绘界面中,绘制出如图1.77所示的形状,确定并输入拉伸切除的深度为12mm,点击【确定】。完成孔的绘制。

使用孔特征绘制孔。使用同轴孔,选择轴线和上一个孔的端面,输入孔的直径5mm,切除深度为切透,点击【确定】。完成孔的绘制(图1.78)。

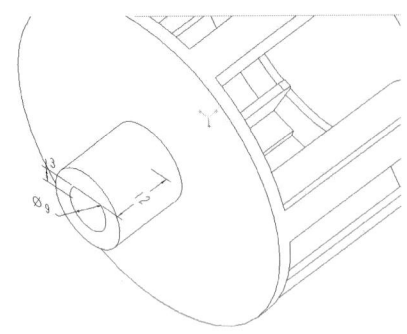
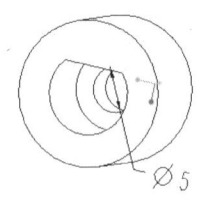

图1.77 拉伸特征绘制孔　　　　图1.78 孔特征绘制孔

完成叶轮的绘制,点击【保存】。

 活动三:注意问题

构造线使用:在草绘的时候,为了方便绘制复杂图,需要提前绘制一些形状,这些形状本身与实体没有直接的关系,此时,可以使用构造线。

1.绘制三维图。如图1.79—图1.84所示。

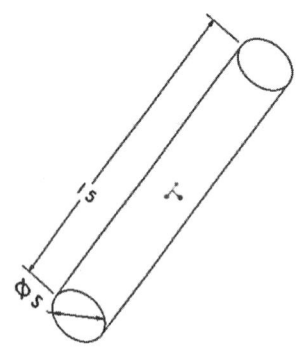
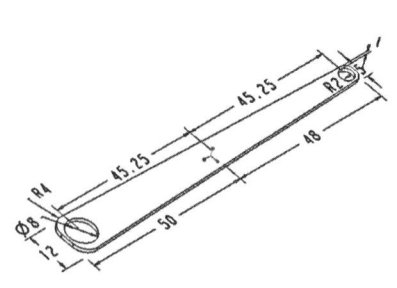

图1.79 销钉　　　　　　　　图1.80 连杆

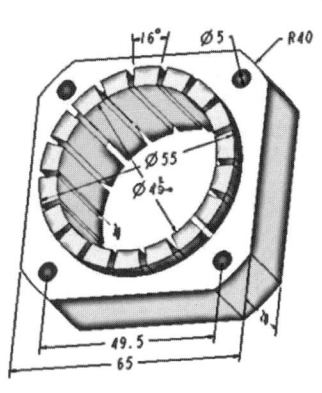
图 1.81　定子

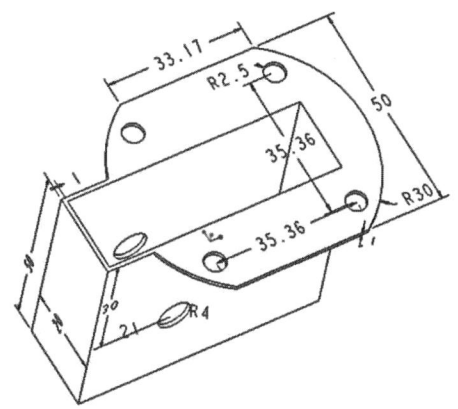
图 1.82　盖

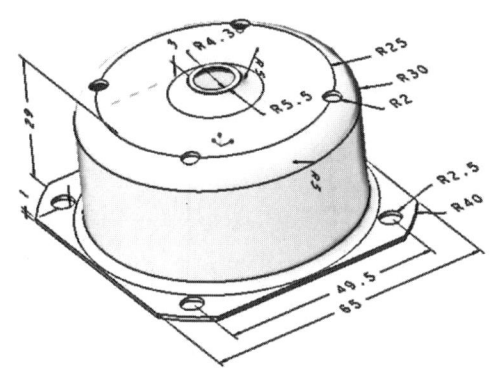
图 1.83　下端盖

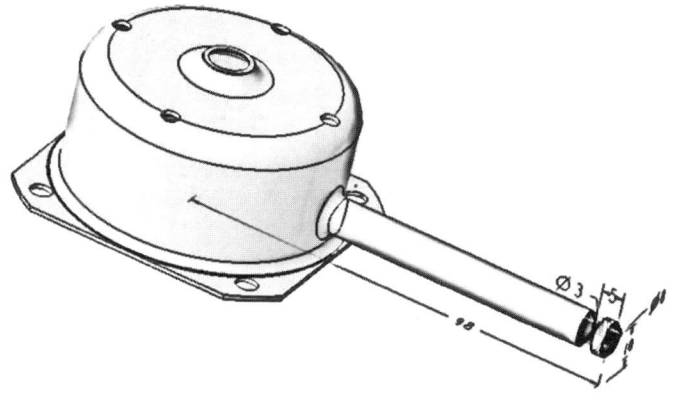
图 1.84　上端盖

2.图 1.85 和图 1.86 所示,为配合的蜗轮蜗杆,绘制其三维图。

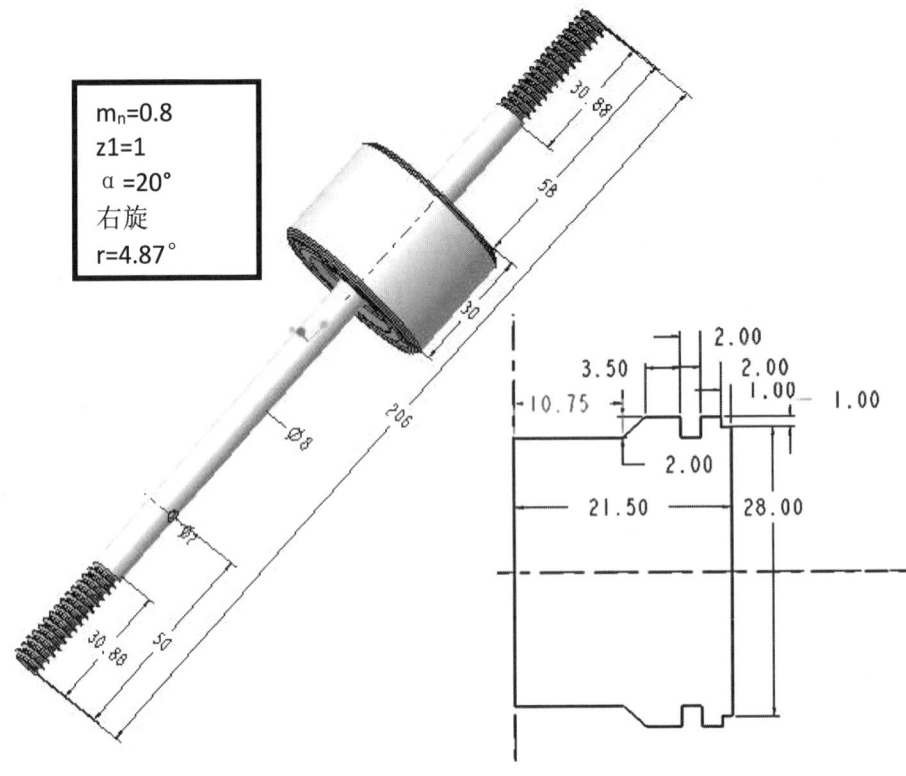

图 1.85　蜗杆

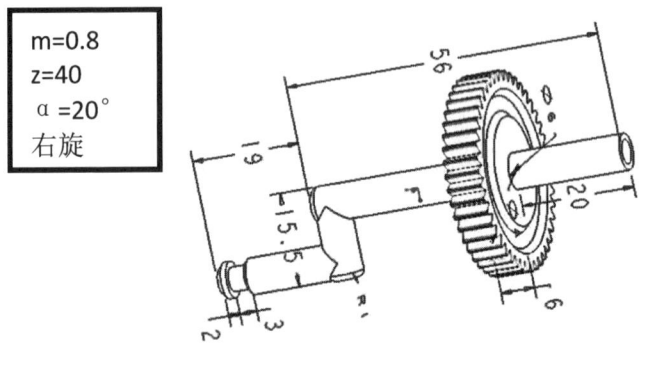

图 1.86　涡轮

3.请说出以下零件(图 1.87 和图 1.88)由哪些特征组成,并根据示意图尺寸绘制三维图。

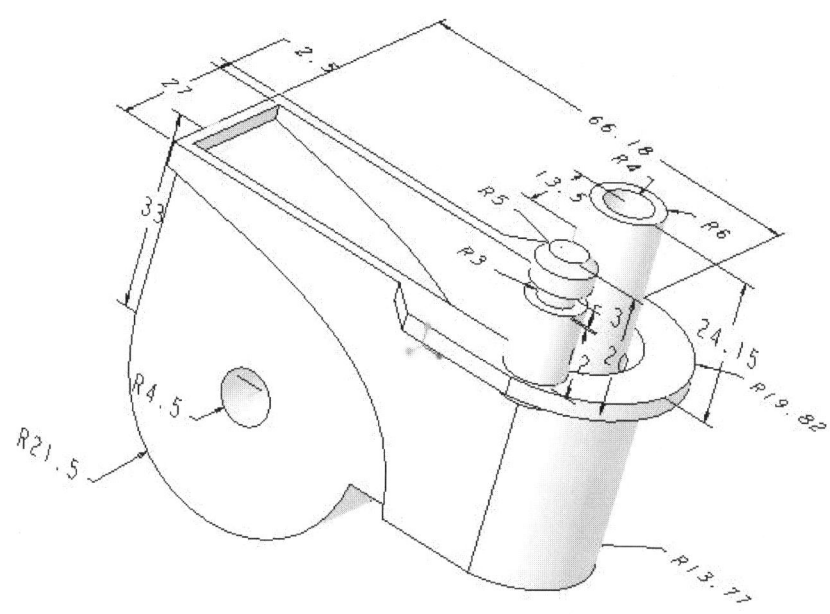

图 1.87 连接件

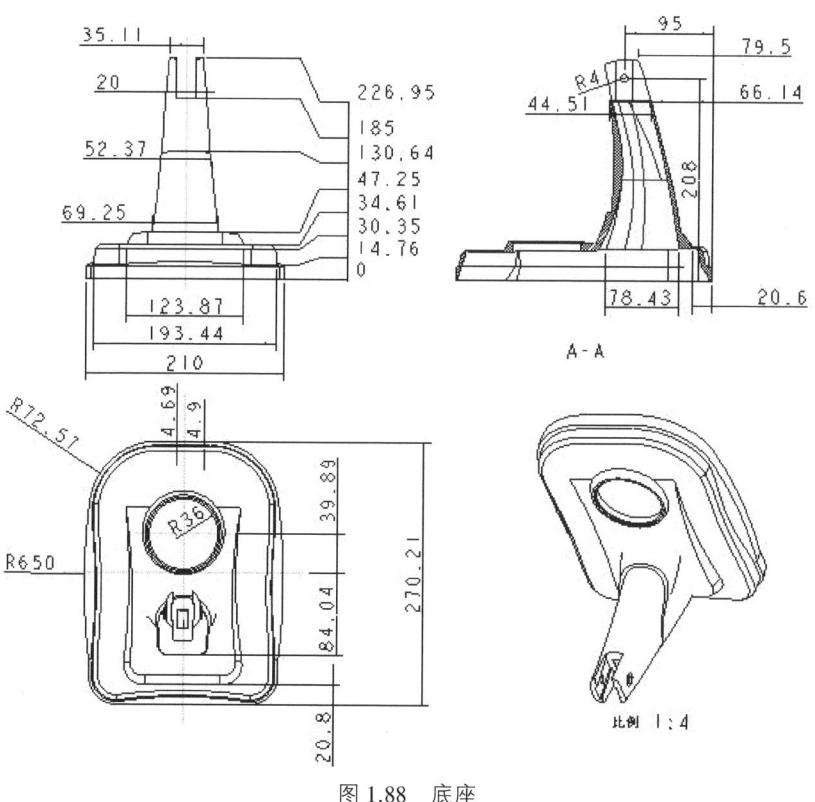

图 1.88 底座

项目二 装配设计

课程思政目标
- 引导学生树立科学思维和科学精神
- 培养学生的团队合作精神和创新意识
- 帮助学生树立正确的世界观和人生观

知识目标
- 掌握装配设计基本过程
- 掌握约束使用，零件外观的修改
- 掌握装配的干涉分析及零件修改方法
- 熟悉使用剖截面展示装配
- 熟悉使用分解装配

能力目标
- 能够使用约束条件进行较复杂的装配
- 能够使用剖截面、分解视图展示装配的内部关系
- 能够进行分析，并按照分析结果修改装配问题

思维导图

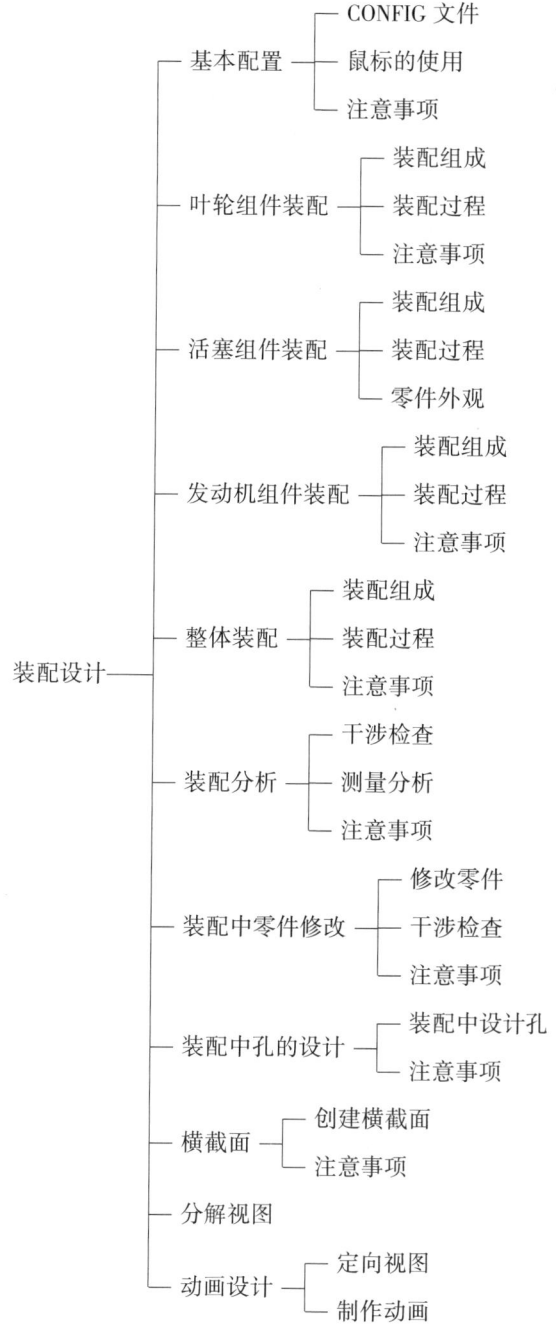

任务内容

本项目使用 Creo 软件进行装配设计,学习装配设计的基本配置,装配设计的基本过程,零件外观颜色的修改和透明度的调整,装配中孔的设计,装配中的零件干涉检查及修改,装配的横截面显示、分解视图制作和简单动画的设计方法。学习本项目后,应掌握零件装配的方法和技巧。

任务一 基本配置

活动一:CONFIG 文件

安装并使用 Creo 软件时,默认的模板单位是英制而非公制,这导致新建的装配不符合国标。所以新建装配的时候,不能使用默认模板,每次都要进行修改,手动选择公制单位 mmns_asm_design,操作非常麻烦,也容易出错。

为了避免每次新建装配时都要手动修改单位,可以按照以下步骤修改基本配置文件——Config 文件:如图 2.1 所示,鼠标左键点击【文件】—【选项】—【配置编辑器】,对软件默认选项进行配置。点击【添加】,选项名称输入 designasm,然后点击【立即查找】,如果文件存在,系统会查找到这个文件的所在位置。文件一般在 Creo 软件的安装目录的 templates 文件夹当中,选择打开 mmns_asm_design_abs,然后点击【添加更改】—【关闭】。模板就修改为默认模板了。点击【导出配置】,生成新的公制单位配置文件。

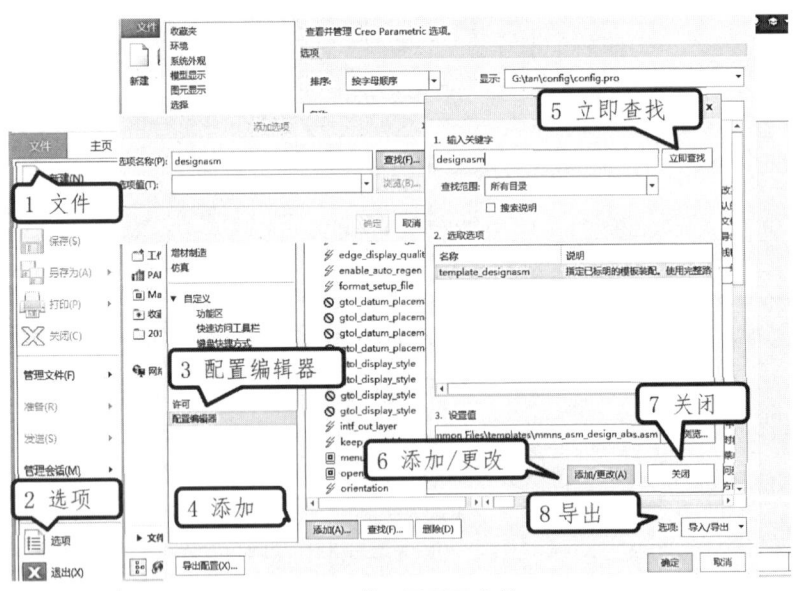

图 2.1 装配图配置文件

将配置好的 Config 文件放到 Creo 软件的启动目录当中。当再次启动 Creo 软件,新建一个装配的时候,软件就会默认选择 mmns_asm_design_abs 公制单位。

活动二：鼠标的使用

在装配过程中，合理的使用鼠标和键盘，可以加快设计速度，如表 2.1 所示，常见的鼠标组合的使用方法包括：Ctrl+Alt+鼠标的右键，平移待装配部件；Ctrl+Alt+鼠标的中键，旋转待装配部件；Ctrl+Alt+鼠标左键，将待装配部件略微偏转一个角度。值得注意的是，在装配过程中，如果已经为零件添加了约束，那么模型只能在没有被限制自由度的方向进行运动。

表 2.1　鼠标和键盘的组合使用

鼠标按键	作用
CTRL+ALT+鼠标右键	平移待装配部件
CTRL+ALT+鼠标中键	旋转待装配部件
CTRL+ALT+鼠标左键	将待装配部件略微偏转一个角度

新版本的 Creo 软件也可以用 3D 拖动器来初调待装备部件的位置。在装配中调入一个新零件的时候，点击 3D 拖动器的图标，可以显示或者隐藏 3D 拖动器，如图 2.2 所示。

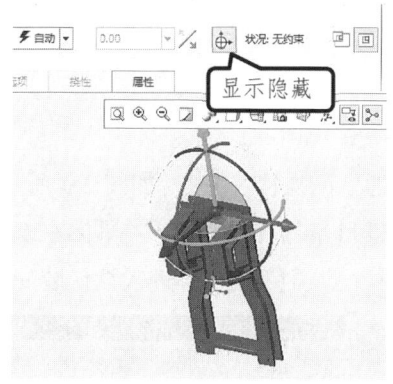

图 2.2　3D 拖动器

用 3D 拖动器进行零件位置的初调：鼠标左键选取 3D 拖动器箭头，按住左键并移动鼠标，待装配零件就会平移；鼠标左键选择 3D 拖动器圆弧，按住左键并移动鼠标，待装配零件会沿着圆弧方向进行旋转。也可以使用表 2.1 所示的鼠标键盘的组合平移和旋转待安装的零件。需要注意：在待平移和旋转的方向上，零件须有必要的自由度。

 活动三：注意事项

自下而上设计（Down-Top design）是一种传统的设计方法，其基本流程是由局部到整体。用户先设计零件，然后将之插入装配体，接着使用配合来定位零件。若想更改零件，必须单独编辑零件。这些更改随即可在装配体中体现。本项目主要针对传统的装配设计。

任务二　叶轮组件装配

 活动一：装配组成

Creo 软件中,通过约束条件,可以限制零件或组件的自由度,使其在空间中的位置和方向保持不变。如图 2.3 所示,叶轮组件由叶轮壳和叶轮组成,叶轮壳固定不动,叶轮装入叶轮壳中间,叶轮绕着中间轴线可以旋转。所以叶轮和叶轮壳正确装配后,需要限制叶轮的自由度,只保留其绕着轴线旋转的自由度。

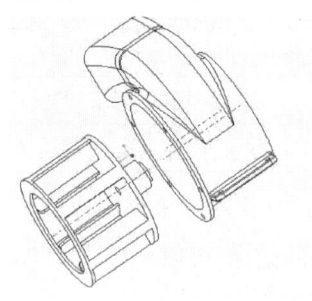

图 2.3　叶轮和叶轮壳的装配

 活动二：装配过程

Creo 软件装配建立过程通常的操作步骤是:如图 2.4 所示,打开 Creo 软件。选择【工作目录】,选择项目二作为工作目录,点击【确定】。鼠标左键点击【新建】—【装配】—【设计】,输入装配名称"叶轮组件",点击【确定】。进入默认装配的界面中。

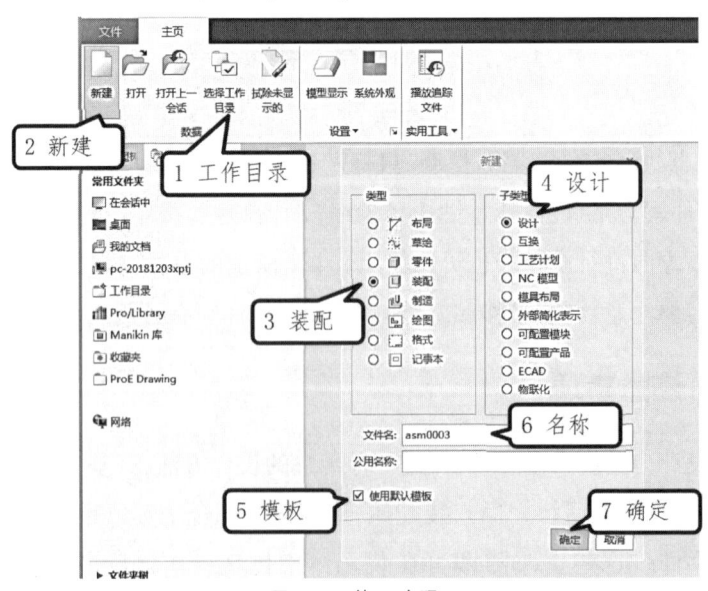

图 2.4　装配步骤

在装配中,最常用的是组装。鼠标左键点击【组装】,如图2.5所示,在工作目录中选择合适的零件(需要装配的零件一般在同一目录中,且将这个目录设置为工作目录)。为了预览零件的形状,点击【预览】,在工作目录找到叶轮壳,点击【打开】,在绘图区出现叶轮壳,因为是装配中安装的第一个零件,需要选择【默认】进行放置,点击【确定】。完成第一个零件装配。

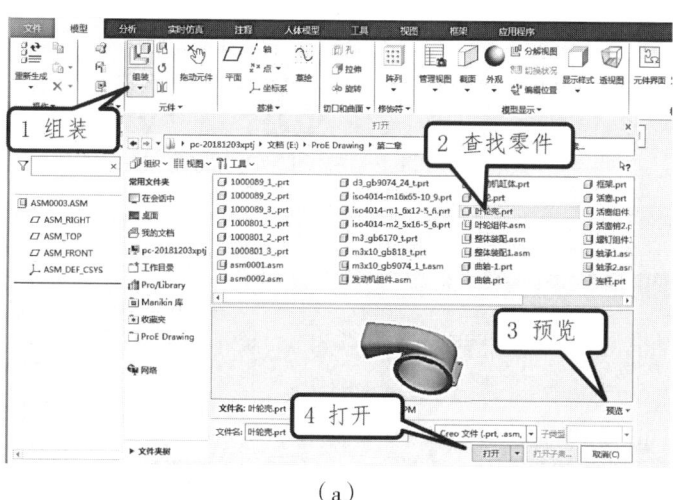

(a)

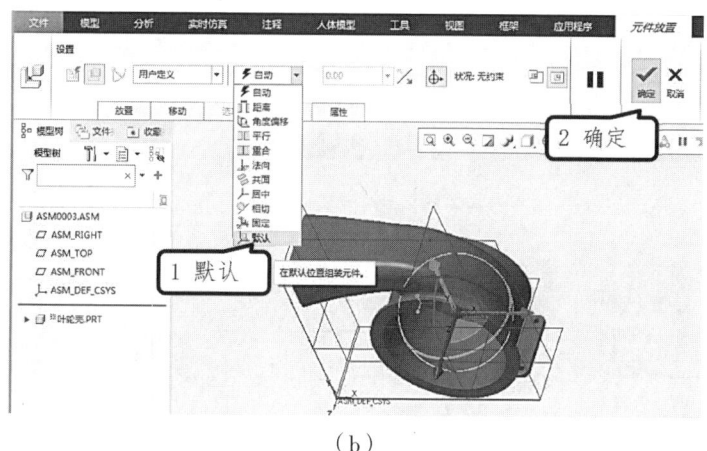

(b)

图 2.5　叶轮壳装配

装配第二个零件——叶轮。如图2.6所示,鼠标左键点击【组装】,在工作目录中点击【预览】,找到叶轮零件,点击【打开】,在绘图区出现叶轮,通常叶轮的默认放置位置不合适,调整叶轮将其放到合适的位置,首先需要粗调一下叶轮位置(为了后续装配方便,需要把叶轮和叶轮壳的相对位置要调整到接近最终位置)。选择3D拖动器或者鼠标键盘的组合调整待装配的零件的初始位置。初调好叶轮的位置后,鼠标左键点击3D拖动器图标,隐藏绘图区的3D拖动器。

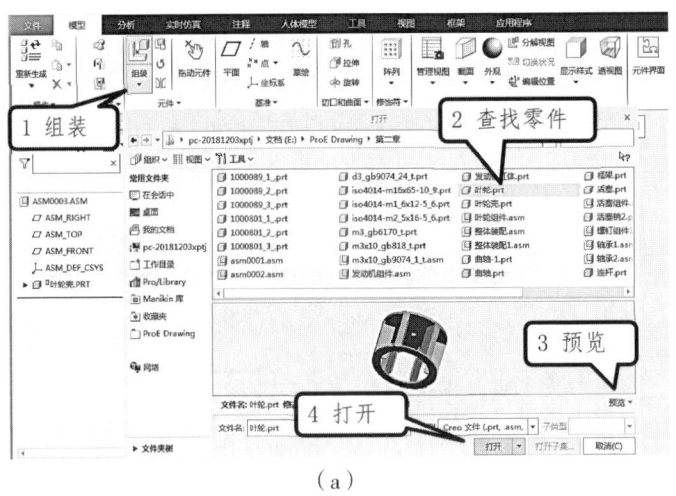

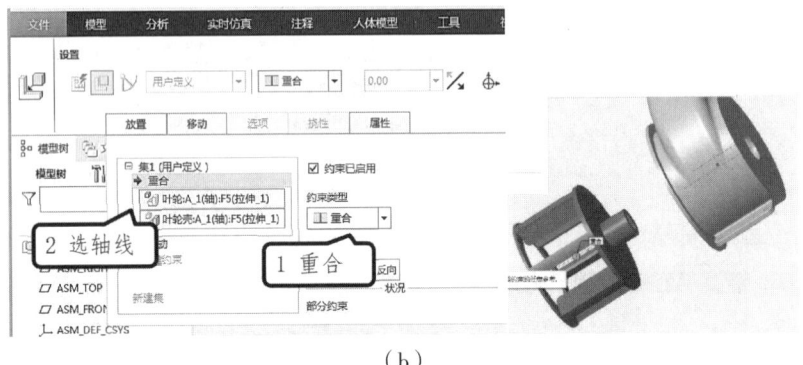

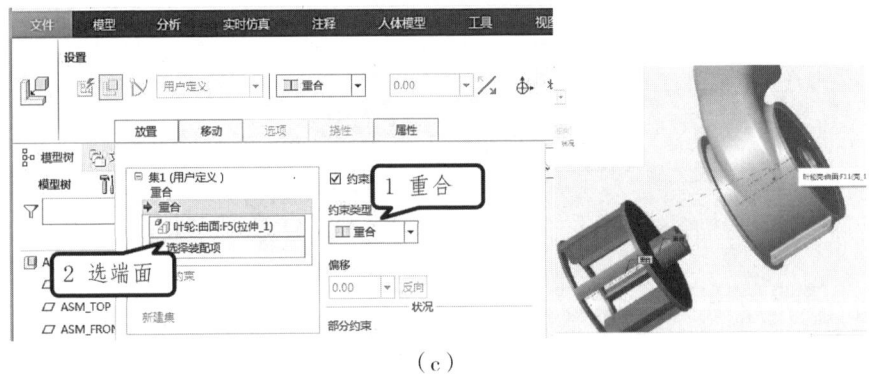

图 2.6 叶轮装配步骤

精确装配叶轮,鼠标左键点击【放置】,添加合适的约束,第一个约束选择【重合】,鼠标左键选择叶轮壳的中心线和叶轮的中心线(如果绘图区显示的基准比较多,选用视图工具栏的相应功能,隐藏不必要的基准,只显示轴线基准),完成第一个约束。这个约束会限制零件的很多自由度,为了把这两个零件装配好,还要限制更多的自由度。有关自由度的概念,读者需要参照机械设计的相关书籍。继续装配,鼠标左键点【新建约束】,在约束类型的下拉菜单选择【重合】,鼠标左键点击叶轮壳的内平面,叶轮的相应外平面,完成第二个约束。装配之后,叶轮还有一个旋转的自由度。

一旦在用户定义的集中定义了约束,软件系统会自动激活一个新约束,直到元件被完全约束为止。默认情况下,操控版上勾选【允许假设】,在上述两个重合约束的共同作用下,叶轮完全约束。鼠标左键点击【确定】,将文件【保存】在工作目录中。完成叶轮壳和叶轮的装配。

在设计装配的过程中,与零件保存文件的特点一样,后保存的文件名后缀会有相应的改变,不会覆盖前面已经保存的文件。当多次保存文件后,文件夹会占用比较大的空间,可以使用【文件】-【删除旧版本】,删除历史文件。

 活动三:注意事项

当在元件装配过程中选择【允许假设】(Allow Assumptions)时(默认情况),系统会自动做出约束定向假设。例如,仅需要两个重合约束即可将一个螺栓完全约束到平板中的某个孔。在孔和螺栓的轴之间定义了【重合】(Coincident)约束,并在螺栓底面和平板的顶面之间定义了【重合】(Coincident)约束后,系统将假设第三个约束,该约束控制轴的旋转,这样就完全约束了该元件,该元件将仍位于其在图形窗口中的当前位置。

在清除【允许假设】(Allow Assumptions)复选框后,元件为部分约束,必须要定义第三个约束,才会将元件视为受到完全约束。可以将螺栓保持在封装状态,也可以创建另一个约束,明确地约束螺栓旋转的自由度。

任务三　活塞组件装配

 活动一:装配组成

活塞组件包含活塞和活塞销。如图 2.7 所示,装配完成后,活塞和活塞销是固定关系,两个零件不能进行活动。

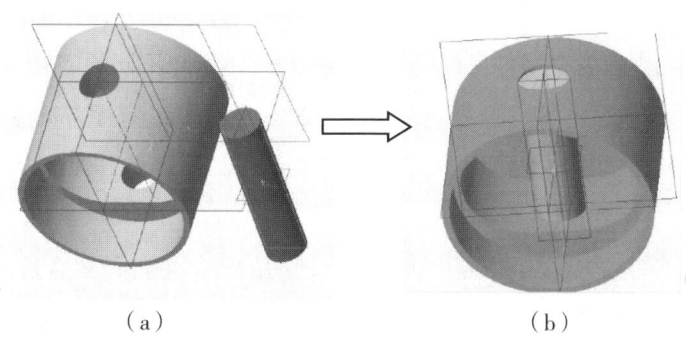

(a)　　　　　　　　　　(b)

图 2.7　活塞和活塞销的装配

活动二：装配过程

打开 Creo 软件。鼠标左键点击【工作目录】，选择"项目二"作为工作目录，鼠标左键点【新建】—【装配】—【设计】，输入文件名"活塞组件"，点击【确定】。鼠标左键点【组装】，打开待装配的第一个零件——活塞，鼠标左键点击【放置】，在约束类型中选择【默认】的方式，点击【确定】。

鼠标左键再次点击【组装】，通过【预览】找到活塞销，点击【打开】，活塞销出现在绘图区。使用 3D 拖动器初调活塞销的位置，旋转或者移动活塞销，使得活塞销的位置有利于进一步装配，隐藏 3D 拖动器。鼠标左键点击【放置】，如图 2.8 所示，在约束类型中选择【重合】，鼠标左键分别选择两个零件相应的轴线，完成第一个约束；在集 1 中点击【新建约束】，显示基准平面，选择约束类型下拉菜单的【重合】，鼠标左键选择活塞销中间的 FRONT 面和活塞的相应基准面，完成第二个约束，点击【确定】。完成活塞和活塞销的装配(此时，活塞销还有一个绕着轴线旋转的自由度，如果想要完全限制自由度，依然需要增加新的约束。在这里默认勾选【允许假设】，使得活塞销完全约束)。

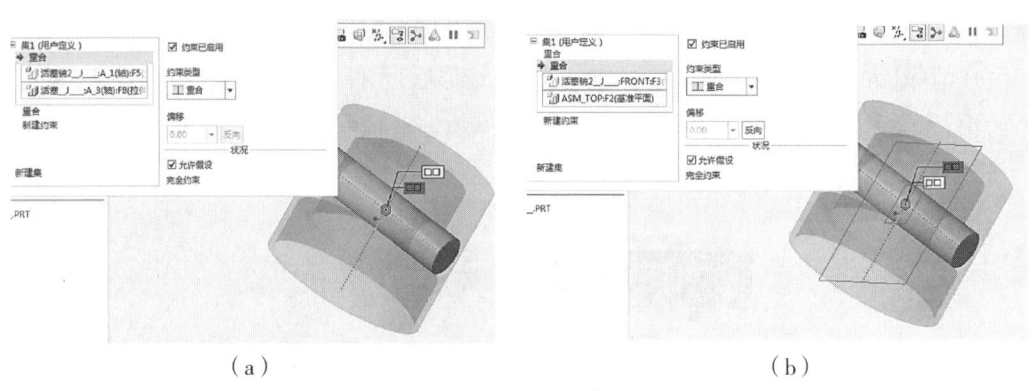

(a)　　　　　　　　　　　　(b)

图 2.8　选择约束

 活动三：零件外观

装配好的活塞和活塞销默认都是灰色的，而且活塞销在活塞的内部，当观察装配组件的时候，不容易区别出各个零件。改变零件的外观可以区分不同的零件，常用的改变零件外观的方法主要是改变零件的颜色和透明度。如图 2.9 所示，鼠标左键点击【外观】，选择零件想要改变的颜色(以绿颜色为例)，鼠标左键选择活塞，点击【确定】，活塞的颜色就变成绿颜色。

当希望看到装配内部零件结构的时候，将装配的外部零件设置合适的透明度可以达到目的。如图 2.10 所示，鼠标左键点击【外观】，在外观的下拉菜单选择【编辑模型外观】，在【等级】下拉菜单选择【类属】，类属的最下边为【透明度】，移动滑动条，活塞的透明度就会发生变化,调到合适的透明程度,点击【关闭】。完成活塞透明度的调整。

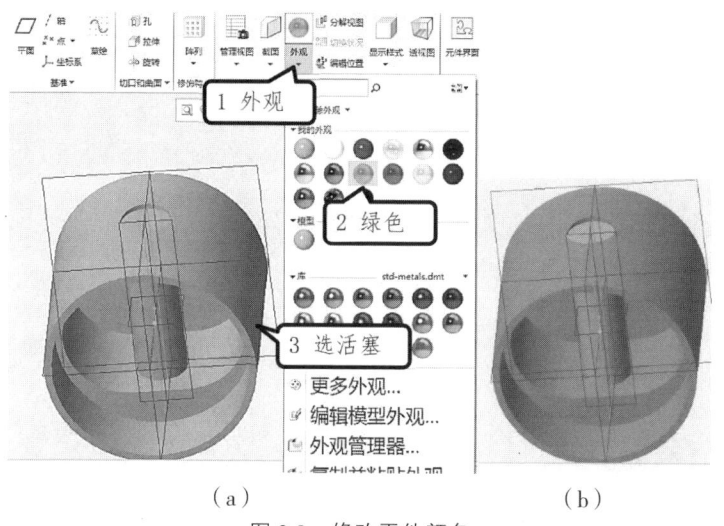

图 2.9 修改零件颜色

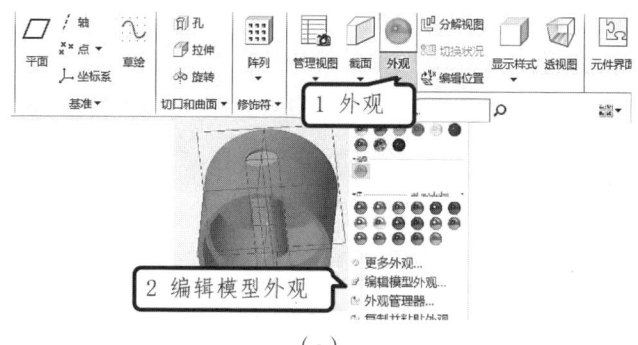

(a)

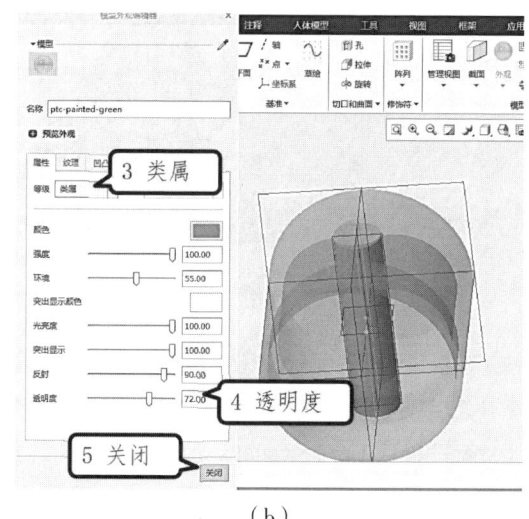

(b)

图 2.10 改变零件颜色外观的方法

完成活塞和活塞销组件的装配。

任务四　发动机组件装配

活动一：装配组成

发动机组件包含4个部分,其中一个是活塞组件,另外三个是零件。当不选择【允许假设】,装配完成后,连杆相对于活塞销只有旋转的自由度,相对曲轴只有旋转的自由度;曲轴相对于发动机缸体只有旋转的自由度。

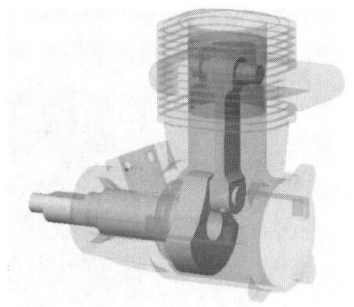

图2.11　发动机组件的装配

活动二：装配过程

1.曲轴和发动机缸体的装配

在装配设计前,首先选择【工作目录】,将项目二作为装配的工作目录。鼠标左键点【新建】—【装配】—【设计】,输入文件名"发动机组件",点击【确定】。进入装配的界面,如图2.12所示,鼠标左键点【组装】,在工作目录中查找发动机缸体,点击【打开】,选择以【默认】的方式进行放置,点击【确定】。在发动机缸体内部需要装配很多零件,为了观察方便,改变外观,选择绿颜色并且使得其透明。

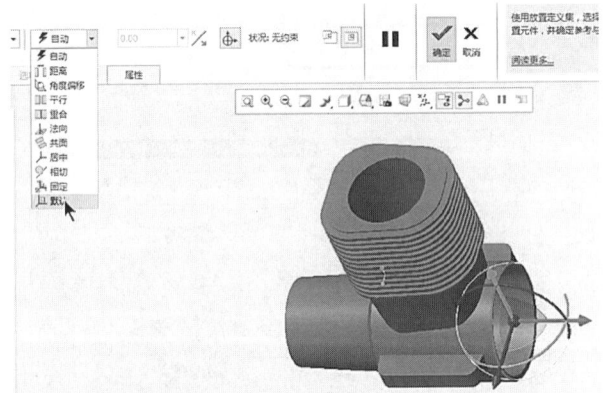

图2.12　发动机缸体装配

装配第二个零件——曲轴。如图2.13所示,鼠标左键点【组装】,预览并打开零件——曲轴。曲轴显示在绘图区,首先使用3D拖动器要初调曲轴的位置,然后鼠标左键点【放置】,在约束类型里面选择【重合】,使得发动机缸体圆柱轴线与曲轴的轴线重合,完成第一个约束;鼠标左键点【新建约束】,鼠标右键在发动机缸体中间点击,直到侧平面被选中图2.13(b),左键选中曲轴的相应侧面,在约束类型中选择距离约束,输入1mm,点击【确定】。完成曲轴的装配。此时,曲轴仍然有一个旋转的自由度。

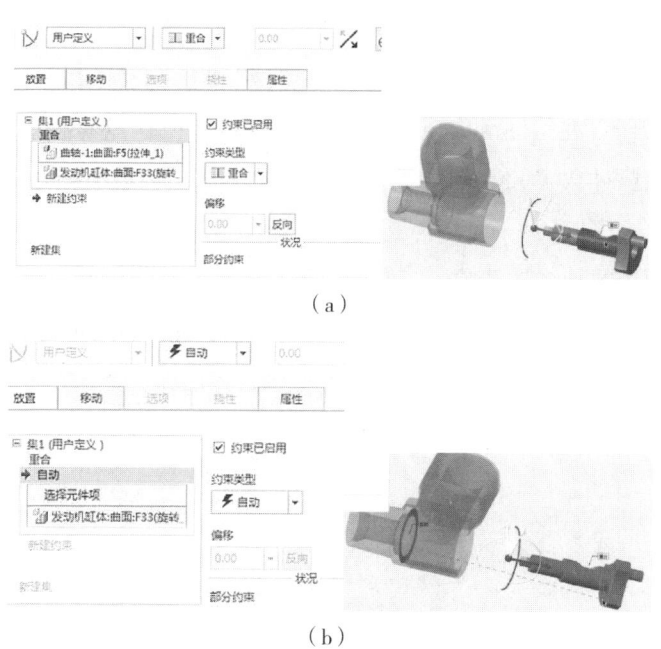

(a)

(b)

图 2.13　曲轴和发动机缸体的约束

2.连杆和曲轴的装配

连杆和曲轴的装配。如图 2.14 所示，鼠标左键点【组装】，在工作目录中浏览第三个零件——连杆，点击【打开】。在绘图区出现连杆，首先使用 3D 拖动器要初调连杆的位置。然后鼠标左键点击【放置】，在约束类型里面选择【重合】，使得曲轴端部小圆柱的轴线与连杆孔的轴线重合，完成第一个约束；鼠标左键点击【新建约束】，鼠标左键选中曲轴的端部，选中连杆的相应侧面，在约束类型中选择重合，点击【确定】，完成第二个约束。完成连杆的装配。此时，连杆仍然有一个绕着曲轴端部小圆柱旋转的自由度，在允许假设的情况下，连杆完全约束。

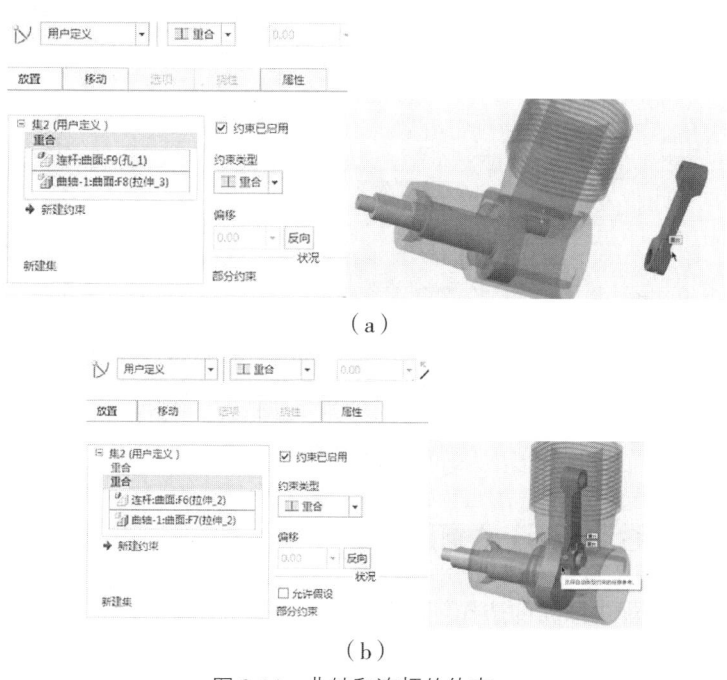

(a)

(b)

图 2.14　曲轴和连杆的约束

3.活塞组件的装配

活塞组件装配。如图2.15所示,鼠标左键点【组装】,在工作目录中浏览组件——活塞组件,点击【打开】。在绘图区出现活塞组件,首先使用【3D拖动器】初调活塞组件的位置。然后鼠标左键点【放置】,在约束类型里面选择【重合】,使得发动机缸体上边圆柱轴线与活塞轴线重合,完成第一个约束;鼠标左键点【新建约束】,鼠标右键在活塞组件的中间点击,直到活塞销的轴线被选中,左键选中,鼠标右键在连杆的孔附件点击,选择孔的相应轴线,鼠标左键选中,在约束类型中选择重合,点击【确定】,完成第二个约束。完成活塞组件的装配。此时,活塞组件有一个沿着发动机缸体内孔上下移动的自由度,连杆有一个绕着活塞销旋转的自由度。

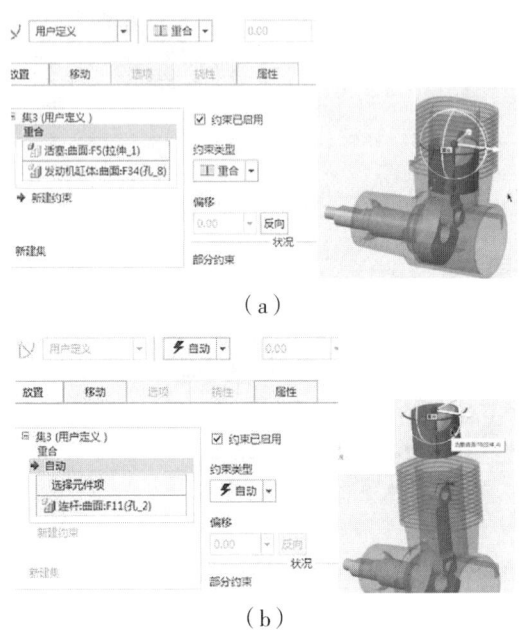

(a)

(b)

图2.15 活塞组件的装配

将发动机缸体选取不同的外观。调整它的颜色和透明度到合适的程度,点【关闭】。保存在工作目录当中,点击【确定】。完成发动机缸体组件的装配。

 活动三:注意事项

装配中图元的选择:当鼠标移到所选图元附近的时候,点击鼠标右键,鼠标附件不同图元就会依次加亮突出显示,当想要选择的图元出现时候,鼠标左键点击选中,进行后续的装配。

任务五　整体装配

　活动一：装配组成

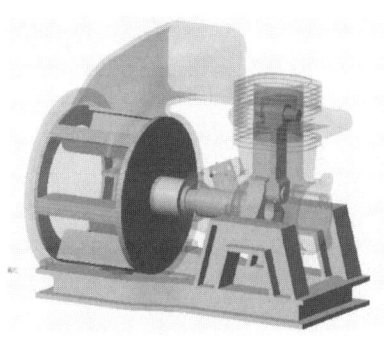

整体装配(图2.16)包含三部分：其中有两部分是组件，包括叶轮组件和发动机缸体组件，此外还有一个零件——框架。装配的时候，框架和叶轮壳是刚性连接，相互之间完全约束；框架和发动机缸体是刚性连接，相互之间完全约束，发动机组件内零件曲轴和叶轮组件内部零件叶轮通过各自零件平面连接，由于框架的间接限制，事实上曲轴和叶轮组件相互之间也是完全约束。

图2.16　整体装配

　活动二：装配过程

1.框架与叶轮组件的装配

整体装配。双击打开 Creo 软件，选择工作目录，将项目二作为工作目录，点击【确定】—【新建】—【装配】—【设计】，输入装配名称——"整体装配"，点【确定】。鼠标左键点击【组装】，如图2.17所示，在工作目录中预览并【打开】零件框架，选择默认的方式，【确定】。完成框架的装配。

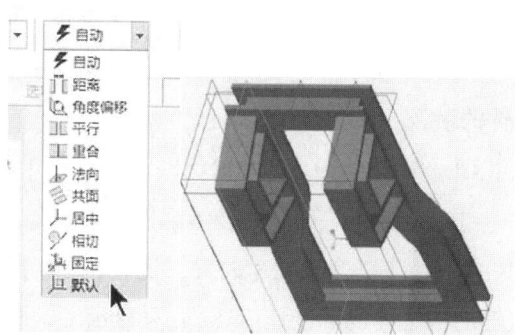

图2.17　框架装配

装配第二部分，如图2.18所示，鼠标左键点击【组装】，在工作目录中预览并选择叶轮组件，点击【打开】。叶轮组件出现在绘图区，使用【3D拖动器】初调位置，鼠标左键点【放置】，选择【重合】，如图2.18(a)所示，选择框架的上平面，选择叶轮壳的固定凸台下平面；鼠标左键点击【新建约束】，选择【重合】，如图2.18(b)所示，选择叶轮壳的中间基准面，选择框架的正中基准面；鼠标左键点击【新建约束】，选择【重合】，如图2.18(c)所示，选择叶轮壳的侧面,选择框架的相应侧面,点击【确定】。完成叶轮组件的装配。此时,叶轮壳和框架之间是刚性连接,完全约束。

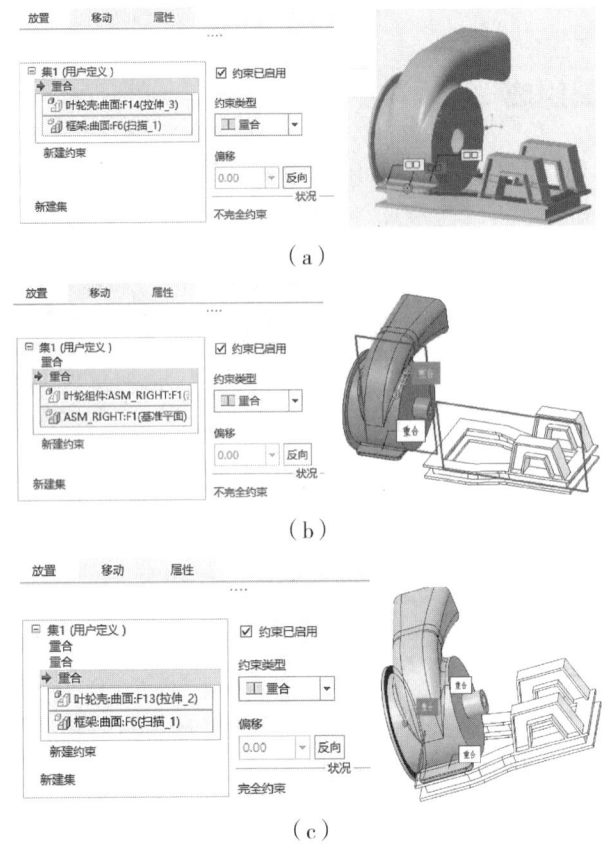

图 2.18　装配叶轮组件

为了能够看清楚装配体内部的结构,进行必要的外观设置。调整叶轮壳的颜色为绿色,透明度设置为半透明,完成外观修改。

2.框架与发动机组件的装配

发动机缸体组件的装配。如图 2.19 所示,鼠标左键点击【组装】,在工作目录中预览并打开发动机缸体组件,点击【打开】。发动机缸体组件显示在绘图区,使用【3D 拖动器】初调发动机缸体组件的位置。鼠标左键点击【放置】,选择【重合】。为了装配起来更加方便,隐藏叶轮组件,隐藏发动机缸体内部的所有零件,只显示发动机缸体,鼠标左键选择框架的上平面,选择发动机缸体固定平台的下平面,完成第一个约束;点击【新建约束】,显示基准平面,选择约束类型里面的【重合】,选择框架的中间基准面,选择发动机缸体中间基准面,完成第二个约束;继续点击【新建约束】,在约束类型中选择【距离】,选择发动机缸体的侧面,选择框架侧面,输入-5mm(或者 5mm),完成第三个约束。点击【确定】。将刚才所有隐藏的零件全部显示出来,点击【保存】。完成整体装配。

项目二 装配设计

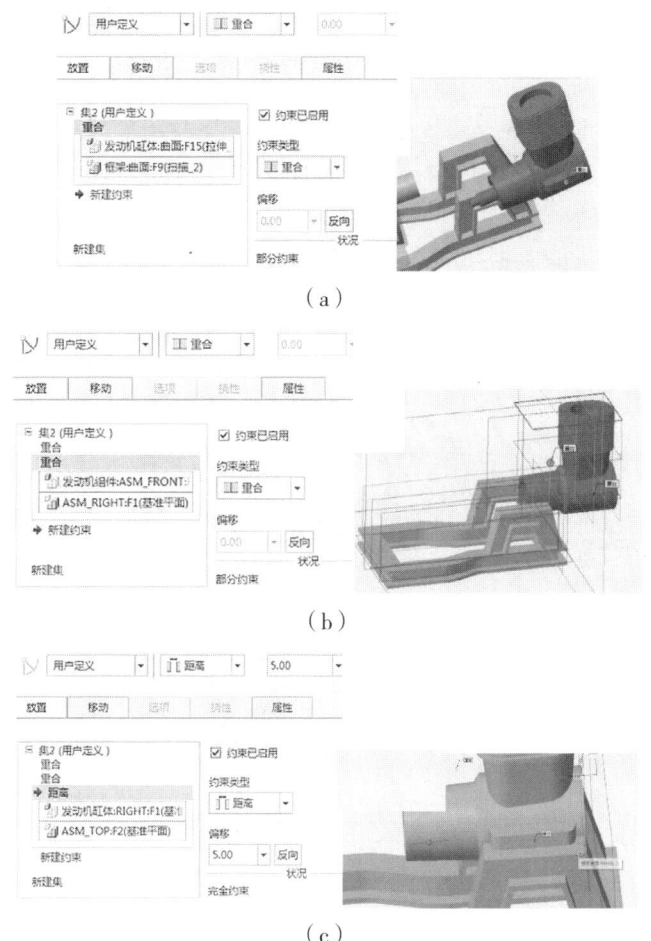

图 2.19 发动机缸体组件的装配

活动三:注意事项

图元的隐藏显示:在装配的时候,为了选择图元的方便,可以使用视图控制工具条的相应方法显示或隐藏相应的基准,可以在模型树中显示或者隐藏一些零件——可以使用图层管理,显示或者隐藏一些图层。

任务六 装配分析

活动一:干涉检查

Creo 软件的装配设计,是按照严格意义上的理想状态的装配,不考虑装配之间是否重叠,只要符合机械原理的约束不冲突即可。在实际的装配中,有重叠部分的元件是不能进行装配的(元件之间的过盈配合例外);在实际的装配中,也要考虑元件安装的过约束和欠约束问题。利用 Creo 软件的分析功能,可以部分解决以上的问题。

对上一节所做的整体装配进行分析。如图 2.20 所示,鼠标左键点击【分析】—【全局干涉】,在弹出的窗口中选择【已保存】—【预览】,在框中弹出了一些干涉提示。第一个干涉是框架和叶轮壳的干涉,绘图区域用红颜色显示出来,也就是说,装配后框架和叶轮壳该地方是有重叠的区域(有重复的区域可以虚拟装配,但是在实际的安装过程当中,是不可行的);第二个干涉是框架和叶轮干涉,框架和叶轮也有重叠的地方;第三个干涉是叶轮和发动机缸体的干涉,用颜色显示干涉的区域;第四个干涉是叶轮与曲轴之间有干涉。

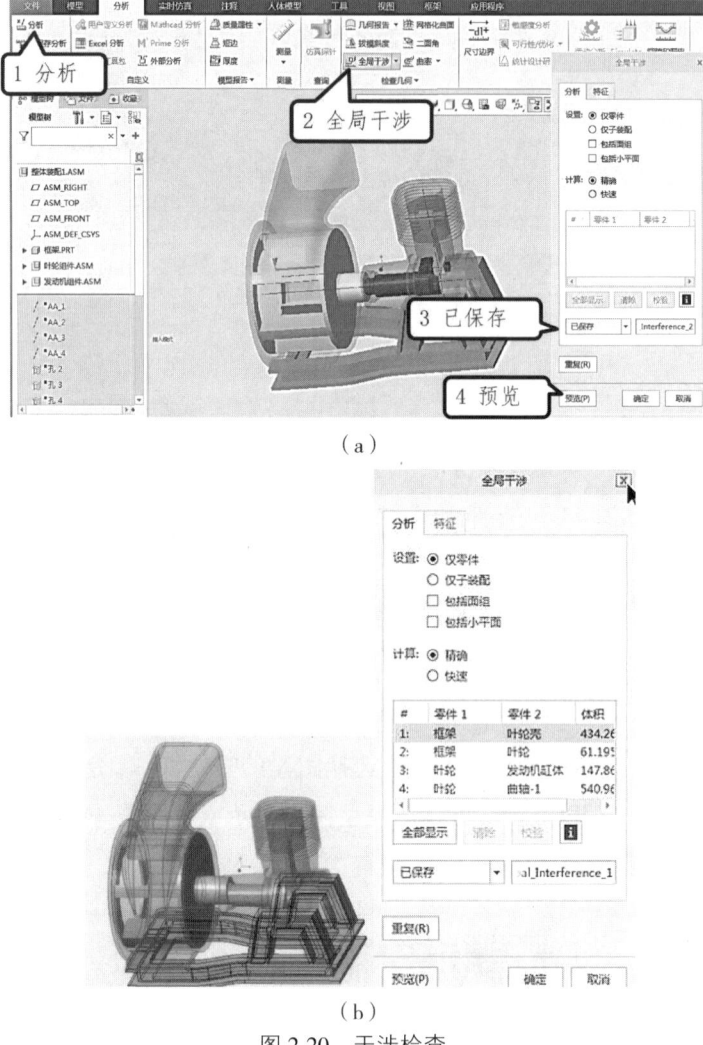

图 2.20 干涉检查

在实际的设计装配过程中,干涉在所难免,零件越多,零件越复杂,干涉的可能性越大。碰到这种干涉的情况,经过装配和零件的分析,可以对某些零件重叠区域进行切除,或者去查找修改零件的相关尺寸,从而消除干涉。虚拟装配最大的优点就是可以提前发现零件在设计中存在的问题,在早期进行修改,避免当零件制造出来的时候再进行修改,付出比较高的代价。

 活动二：测量分析

对于整体装配，经过检查和分析，发现发动机缸体组件中心线和叶轮组件中心线没有对齐。为了利于修改，在修改这一问题之前，可以查看一下两条平行中心线的距离。如图2.21所示，在分析中鼠标左键点击【测量】，选择【距离】，鼠标左键选择叶轮的中心线，同时再选择曲轴的中心线，结果显示距离是3mm。也就是安装过程中，本应该处于同一位置的这两条中心线距离为3mm，在实际安装过程当中，这样的情况是不能安装成功的。检查相关零件的设计，查找设计缺陷进行修改。

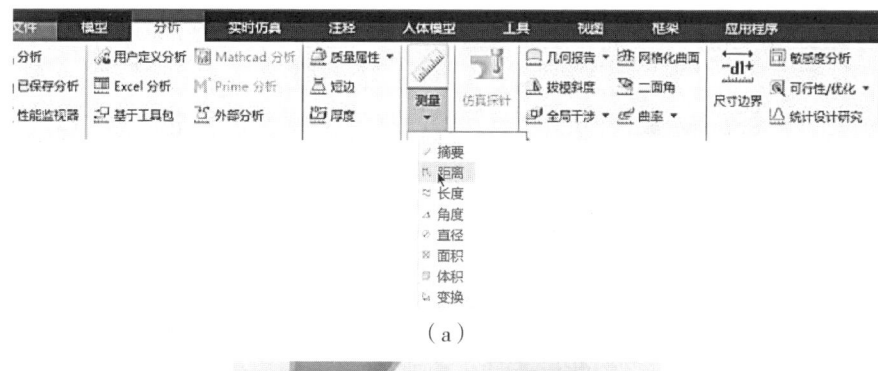

（a）

（b）

图2.21 中心线检查分析

继续检查重叠区域，如图2.22所示，鼠标左键选择曲轴的小端面，同时选择叶轮的小端面，可以检查出这两个面之间的重叠距离是4mm，也就是说这两面安装过程当中会有4mm的重合，在实际安装过程中是不可能安装成功的。检查相关零件的设计，查找设计缺陷进行修改。

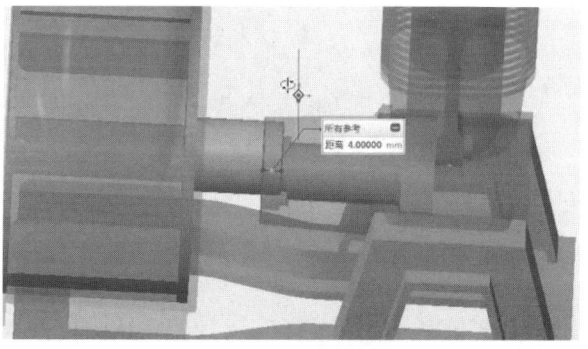

图2.22 面干涉检查分析

活动三:注意事项

利用冲突检测设置可在装配处理和拖动操作过程中动态进行冲突检测。在放置元件时,可验证其移动是否不受已组装元件的影响。在拖动操作中使用冲突检测可确保没有任何元件干涉。

任务七 装配中的零件修改

 活动一:修改零件

经过上一节全局干涉检查,分析了设计的缺陷,对相关零件做进一步的修改,从而消除零件和零件之间的干涉。

打开 Creo 软件,打开需要修改的零件叶轮壳。如图 2.23(a)所示,首先在模型树上找到需要修改零件的特征,鼠标左键点击【编辑定义尺寸】,双击 28mm,修改成 25mm,点击【确定】,【保存】。回到目前的装配当中(注意装配需要处于激活状态),尽管零件叶轮壳已经做了修改,但是在装配当中并没有体现出来。鼠标左键点击【重新生成】,刚才零件所做的修改在装配中就生效了。

修改干涉零件叶轮。在模型树区域鼠标左键点叶轮,点击【激活】,找到要修改的特征。如图 2.23(b)所示,【编辑定义】,将长度 19 修改为 15,点击【确定】。然后在模型树区域鼠标左键点整体装配,点击【激活】,完成第二个零件修改。

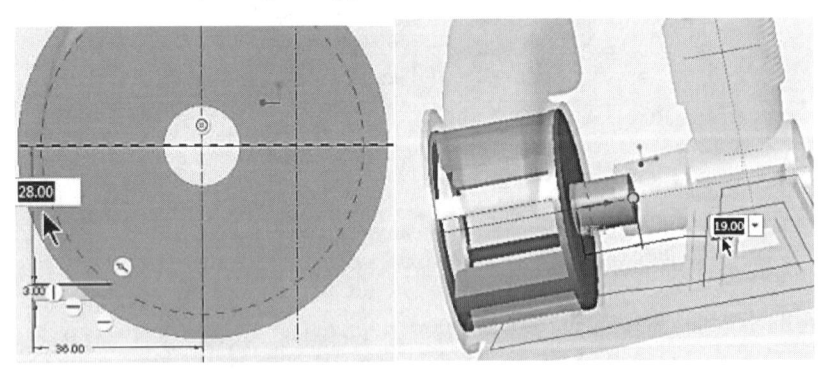

(a)叶轮壳修改　　　　(b)叶轮修改

图 2.23　零件修改

修改干涉零件框架。同样的,将零件框架【激活】,为了修改框架的方便,将无关的零件先隐藏起来。如图 2.24 所示,点击【拉伸】,选择【移除材料】,选择侧面作为草绘平面,使用同心圆画出一个直径为 72mm 的圆,修改拉伸的深度为到固定面,选择框架的背面,点击【确定】,完成框架修改。在模型树区域将整体装配【激活】,显示出刚才隐藏的零件。

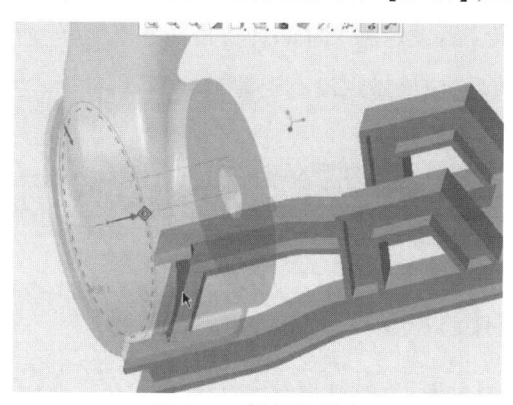

图 2.24　框架的修改

 活动二:干涉检查

对以上三个零件修改完成以后,再做一次全局干涉检查。发现只剩一对干涉——叶轮和曲轴之间的干涉。进一步分析这个干涉区域,发现叶轮和曲轴之间的干涉是因为装配不当引起的。修改装配,消除以上干涉。

在整体装配中,叶轮的端部孔中有一个平面,相应地,曲轴靠近端部的圆柱也有个平面,这两个零件的小平面要进行重合约束。当这两个零件平面不重合的时候,就会发生刚才的干涉问题。修改以上有问题的装配。在模型树区域鼠标左键点曲轴,如图 2.25 所示,点击【编辑定义】—【放置】—【新建集】,约束类型中选【重合】,鼠标左键依次点击曲轴的小平面和叶轮孔中的小平面,点击【确定】。完成装配的修改。继续进行全局干涉检查,装配所有干涉都消除了,点击【保存】。

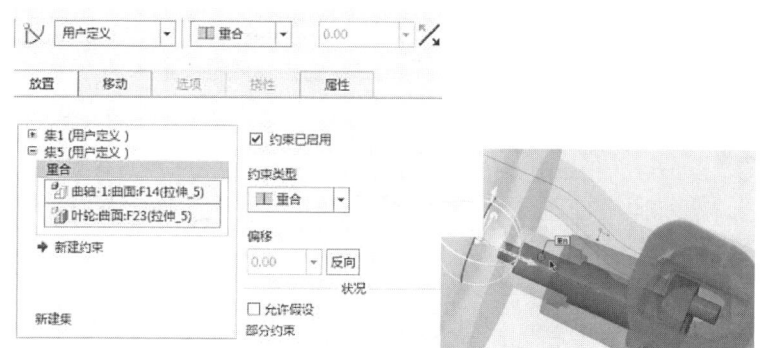

图 2.25　装配修改

 活动三:注意事项

激活零件:可以打开多个零件,但只有一个零件处于激活状态;在装配中,在模型树区域可以选择装配或者某个零件,使其处于激活状态。只有处于激活状态的零件,才能进行编辑修改。

在零件设计中，每位读者设计的尺寸和约束可能并不一样，所以零件修改的地方和尺寸也有差异，但最终修改后，应该做到没有干涉。

任务八　装配中孔的设计

活动一：装配中设计孔

零件在实际安装过程当中，一般是通过螺钉或者螺栓等紧固件连接起来，相应地，在零件上就要有安装孔。如果这些安装孔在零件中绘制的，一旦有错误，在装配中就会因为安装孔不能够对齐而无法准确安装。Creo 软件提供了在装配中绘制孔的方法，可以解决以上问题。

装配中绘制孔。使用同轴孔方法绘制。首先新建基准轴，打开 Creo 软件，鼠标左键点【轴】，选择框架圆角的圆柱面，点击【确定】，完成第一个轴绘制。同样的方法绘制其他四个基准轴。绘制同轴孔，鼠标左键点【孔】，选择轴线同时选择端面，输入孔直径为 3mm，孔的深度到所选定的框架的下平面。如图 2.26 所示，鼠标左键点【相交】，去掉【自动更新】前面的勾，选择【高级相交】，选择【框架】和【叶轮壳】，默认显示级选择【零件级】，点击【确定】，完成第一个孔绘制。同样的方法，完成其余 3 个孔的绘制。

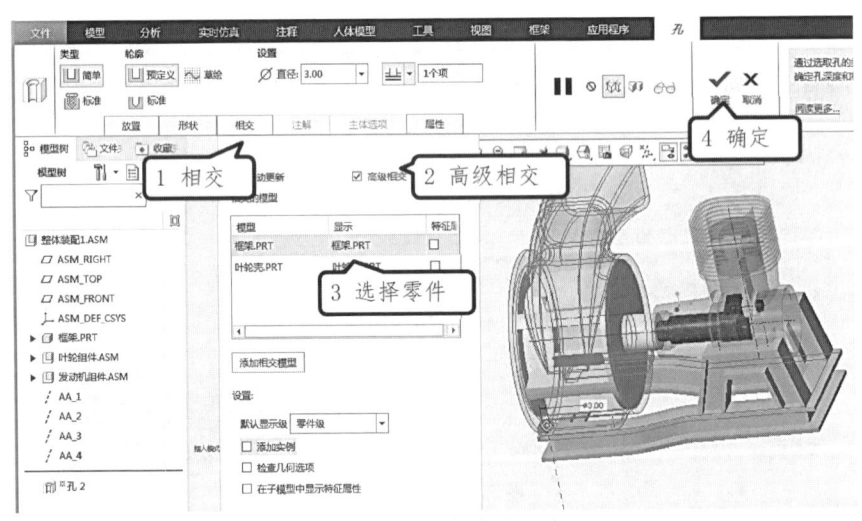

图 2.26　装配中孔的设计

镜像绘制的 4 个孔。如图 2.27 所示，鼠标左键选择刚才绘制的四个孔，点【镜像】，选择中间基准面为镜像面，点击【确定】。去掉【自动更新】前面的勾，选择【零件级】，点击【确定】。完成装配中孔的镜像。

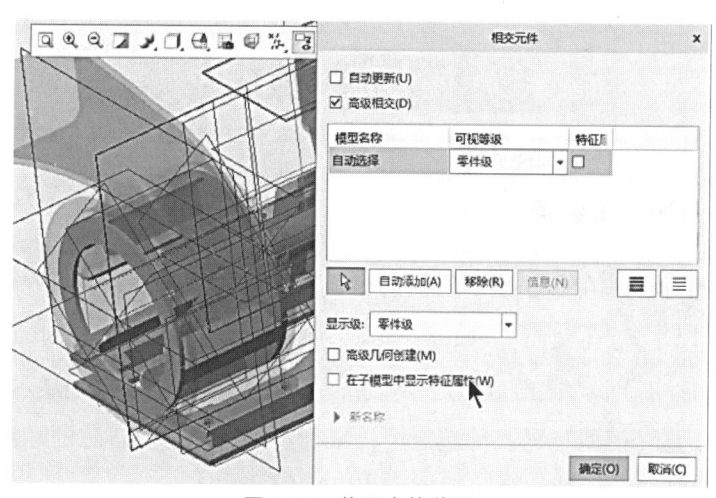

图 2.27　装配中镜像孔

打开零件框架,可以发现在框架零件中,显示出在装配中绘制的 8 个孔,如图 2.28 所示。再回到前面的装配当中,打开零件叶轮壳,叶轮壳零件也有在装配中绘制的 4 个孔。打开零件发动机缸体,发动机缸体也有在装配中绘制的 4 个孔。

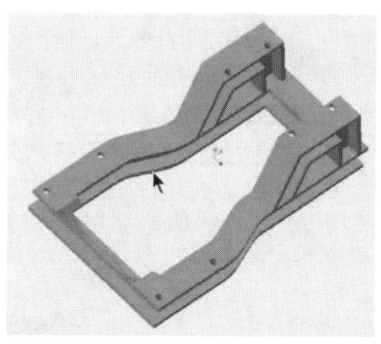

图 2.28　装配中孔在零件中的显示

活动二:注意事项

在装配中创建的孔,如果选择了【自动更新】(Automatic Update),则在该特征之前添加到装配中的所有元件都将自动相交,重新生成时相交将自动更新和查看结果。在该特征之后添加到装配中的元件将不会根据该特征相交,即使选择了【自动更新】(Automatic Update),也是如此。

只要使用零件级(Part Level)这种型式,均使新特征可见,即使处在当前装配外部。使用顶层(Top Level)这种型式,只在顶层装配上显示特征,并创建相交零件的实例。

任务九 横截面

 活动一：创建横截面

为了更清楚地看到组件的内部结构，有时候需要使用横截面视图。在 Creo 软件中打开整体装配，鼠标左键点【截面】。如图 2.29 所示，选择 x 方向，默认从对应的基准平面剖开，所有的零部件均显示为截面。但是，从基准平面剖切并不能很好地展示装配的内部结构，这时候可以选择【模型】—【排除选定项】，鼠标左键选择需要排除的零部件，这里选择排除活塞组件，排除连杆，排除曲轴，排除叶轮，点击【确定】。

为了横截面能够更加直观，对不同零件配上不同的外观（颜色和透明度）。结果如图 2.29 所示，点击【保存】。完成剖截面的绘制。

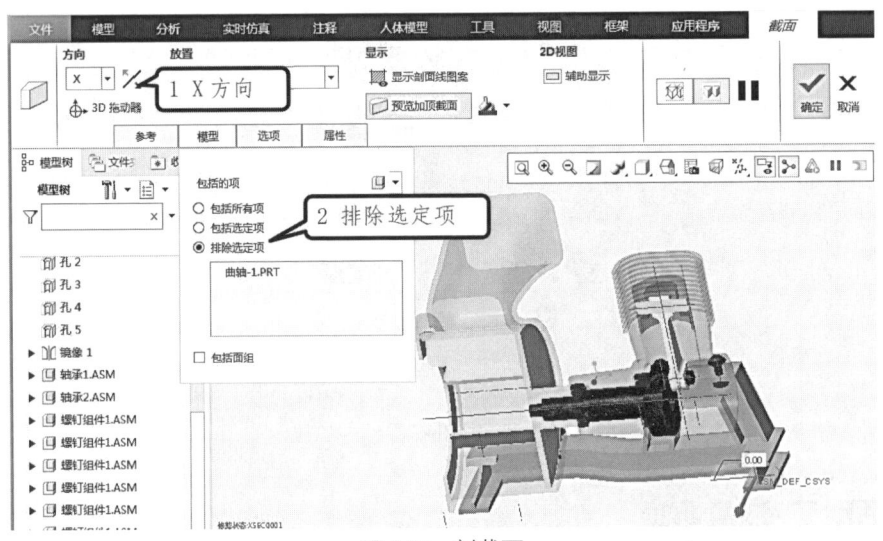

图 2.29 剖截面

 活动二：注意事项

可创建一个横截面来切除零件或装配的一部分以查看模型的截面，既可以使用现有的平面或者基准平面创建横截面——也可以使用绘制的平面或者阶梯面创建阶梯横截面。

任务十 分解视图

分解视图就是将装配好的零件，按照一定的顺序拆开，以清楚地表达各个零件及其关系。打开 Creo 软件，如图 2.30 所示，【选择工作目录】，选择项目二作为工作目录，点击

【确定】—【打开】。隐藏所有的基准,对整体装配进行模型分解。鼠标左键点击【编辑位置】,使用平移、旋转、自由移动将零件放置到合适的位置。选择叶轮向左移动;鼠标左键点发动机组件,拖动组件向右移动;鼠标左键选择曲轴,向右移动;鼠标左键选择连杆,向上移动;鼠标左键点活塞组件,将活塞组件向上移动;鼠标左键点活塞,向左移动。完成这样一系列分解视图,点击【确定】,【保存】。关闭分解视图时,将保留与元件分解位置有关的信息。打开分解视图后,元件将返回至其上一分解位置。默认情况下,未分解视图和分解视图之间以动画形式过渡。

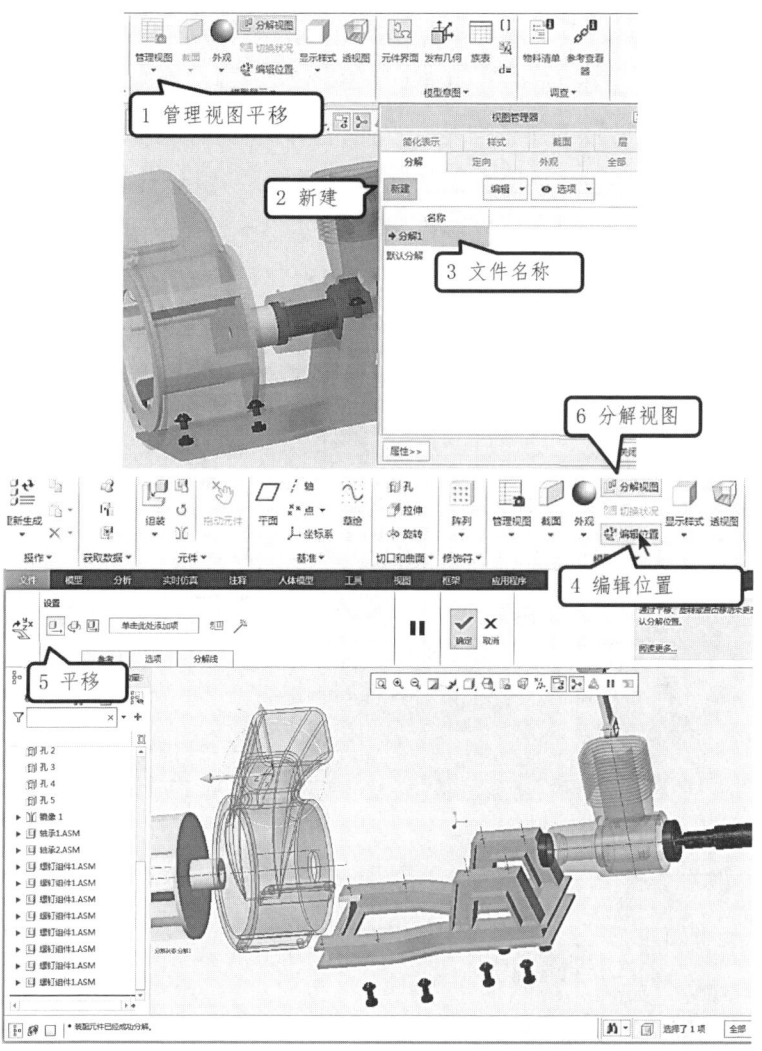

图 2.30 分解视图

默认的分解视图根据元件在装配中的放置约束显示分离开的每个元件。但是,可在新的分解视图中为任意数量元件定义位置。可单独为每个元件定义分解位置,也可将两个或更多个元件作为一个整体来移动。还可以为装配的每个绘图视图设置一个分解状态。

任务十一 动画设计

活动一:定向视图

依据 Creo 软件绘制的零件和装配,可以进行动画设计,以更好地展示和宣传产品。设计一个包含分解视图和全方位观察整体装配的动画。

为了制作动画更方便,首先在视图管理器中制作 4 个定向视图。如图 2.31 所示,鼠标左键点【视图管理器】,在【定向】中【新建】,输入定向视图名称"VIEW0001",按回车。鼠标右键单击【编辑定义】(为了选取基准方便,打开层树,隐藏不需要的层,只显示所需要的基准平面),选择如图 2.31(b)所示的基准面,参考一选择【前】,选择如图 2.31(b)所示的基准面,参考二选择【右】,点击【确定】。完成第一个定向视图的绘制。同样的方法,绘制其余的 3 个定向视图。【关闭】窗口,点击【保存】,如表 2.2 所示。

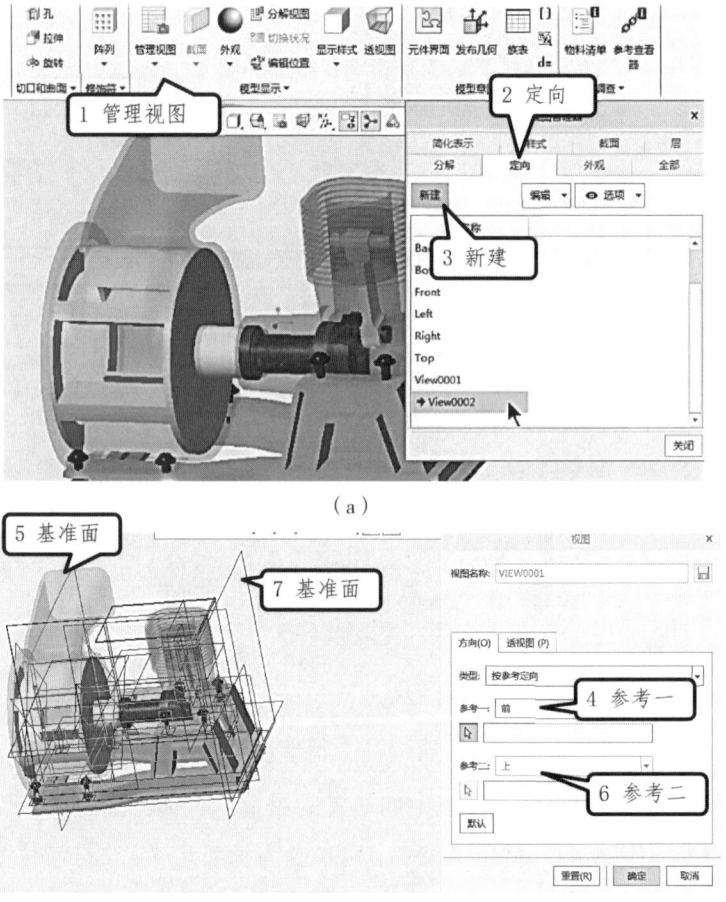

图 2.31 定向视图

表2.2 定向视图参考

视图名称	参考一	对应基准面	参考二	对应基准面
VIEW0001	前	2	右	4
VIEW0002	前	4	上	2
VIEW0003	后	2	左	4
VIEW0003	后	4	上	2

活动二:制作动画

完成定向视图的绘制后,鼠标左键点击【应用程序】—【动画】。如图2.32所示,首先鼠标左键点【关键帧序列】,关键序列里边选择分解1视图,点【+】号,紧接着选择没有分解的视图,输入时间为5s;再次点【+】号,使得视图以平滑的方式过渡,然后选取【跟随分解序列】,点击【确定】,完成分解视图部分的动画。

鼠标左键点【定时视图】,选择前面所创建的视图VIEW0002,开始时间的就是分解视图动画播放完,再开始这个动画,所用的时间输入1s,点击【应用】,【关闭】;鼠标左键继续点【定时视图】,选择前面所创建的定向视图VIEW0003,开始时间的就是上边动画播放完再开始这个动画,所用的时间输入2s,点击【应用】,【关闭】;当时间不够的时候,可以增加总的时间为12s,鼠标左键继续点【定时视图】,选择前面所创建的定向视图VIEW0004,开始时间的就是上边动画播放完再开始这个动画,所用的时间输入2s,点击【应用】,【关闭】;鼠标左键继续点击【定时视图】,选择前面所创建的定向视图VIEW0005,所用的时间,输入1.5s,开始时间的就是上边动画播放完再开始这个动画,点击【应用】,【关闭】。完成动画的设计。

点击【播放预览】,鼠标左键点击【回放】,检查动画结果。点击【保存】。在保存的时候选择合适的分辨率。如果要渲染的话,在渲染前边打"√",渲染需要时间较长,点击【确定】。这样一个动画就保存在设定的工作目录当中。

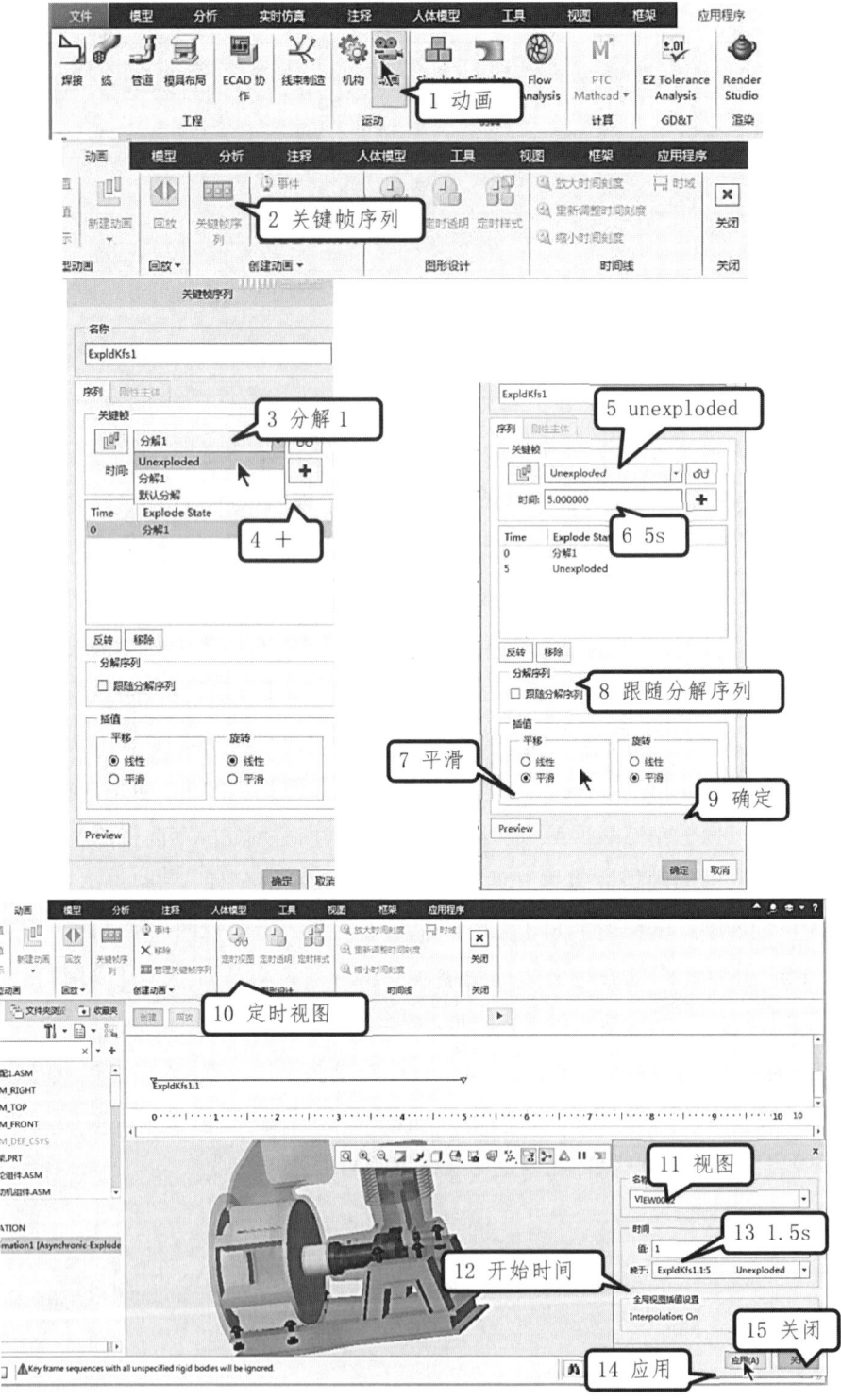

图 2.32 动画设计

项目实战练习

1. 创建装配,将以下零部件装配。设置底座为装配的第一个零件,依次装配架子、前盖、转子、铁芯、后盖、风扇、摇动杆,最后装配连杆。其中将铁芯和定子进行子装配。

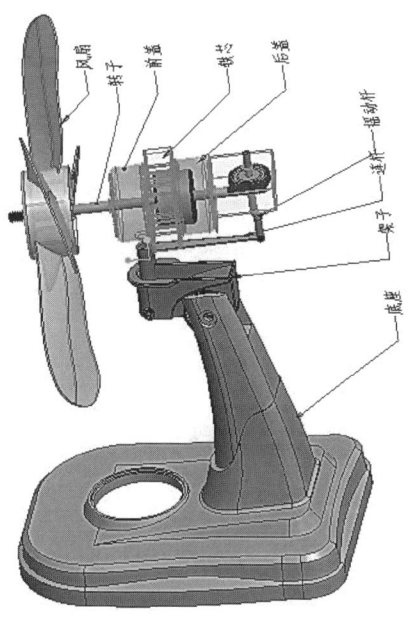

图 2.33 风扇主要部件装配图

项目三 仿真设计

学习目标

- **课程思政目标**
  - 增强学生的社会责任感和公益意识
  - 培养学生的爱国主义精神
  - 增强学生的全球视野和跨文化交流能力

- **知识目标**
  - 掌握骨架模型设计
  - 熟悉零件常见的连接方式
  - 掌握电机的添加方法,并能进行运动学设置检查
  - 熟悉动态干涉检查
  - 理解动力学设置和检查

- **能力目标**
  - 能够使用合理的连接方式装配零件
  - 能够添加电机,进行运动设置
  - 能够进行零件的运动学分析

思维导图

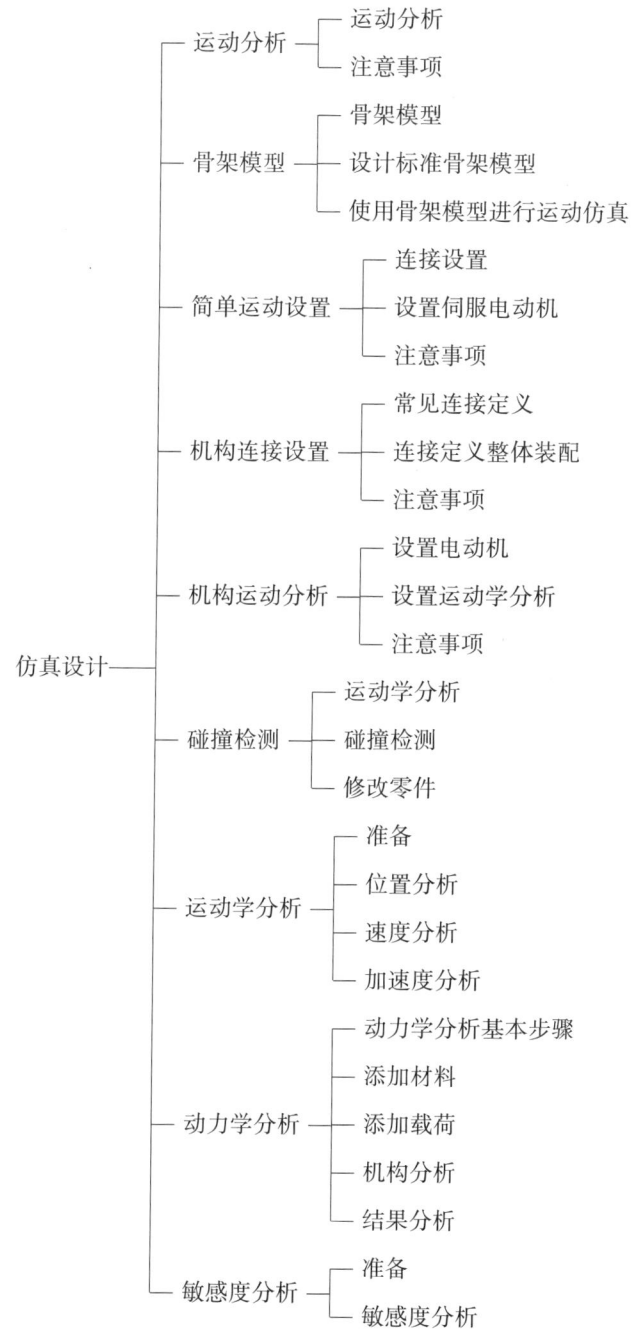

任务内容

本项目通过 Creo 软件进行运动设置及分析,学习运动仿真的常见方法以及对仿真结果进行分析的步骤。常见的运动分析有绘制骨架模型进行运动分析,设置机构连接方式进行运动仿真分析。常见的运动仿真分析结果有位置、速度、加速度、力的瞬间值以及随时间变化的曲线等。学习本项目后,应掌握仿真分析的方法和思路,能够进行常见机构的运动学分析。

任务一 运动分析

活动一:运动分析

要能够对零件进行正确的运动分析,首先需要了解机械设计机构自由度的概念。有关自由度的详细内容,请读者参照机械原理的相关书籍。在本书中,我们将重点关注需要虚拟仿真的装配,并进行运动学分析,必要时分析整体装配的自由度。参与虚拟运动仿真的零件,在组件当中要留有足够的自由度,才能进行运动学分析,当然参与运动仿真的零件所具有的自由度也不是越多越好。在做运动仿真前,读者也要清楚运动的传递过程,也就是说运动是从哪个零件开始,它的原动力(电动机、汽油发动机、汽轮机)是什么,运动由哪些零件参与,是以什么方式(齿轮、链轮、皮带、凸轮、联轴器等)进行传递的,最终的执行零件是什么(轮胎,叶轮,履带等)。

以整体装配为例,分析零件的自由度和运动的传递过程。打开 Creo 软件,【选择工作目录】,将项目三作为工作目录,点击【打开】整体装配(项目二建立的整体装配目录中的所有文件及拷贝到项目三的目录下),首先来详细分析一下装配中的各个零件的自由度。发动机缸体组件包含发动机缸体和内部的多个零件,在缸体内部活塞的上方通常是燃烧腔,燃油在这里进行燃烧,发动机进行吸—压—爆—排四个典型过程,对外做功,从而推动活塞及其活塞组件上下运动,所以要进行运动学的虚拟仿真,活塞组件必须要有一个上下移动的自由度,如图3.1所示。

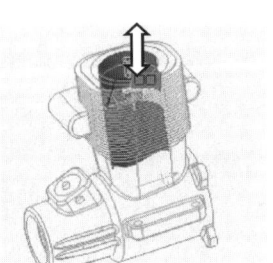

图 3.1 活塞组件的运动

在活塞组件内部,有一个零件——活塞销,活塞销与连杆相连接,如图 3.2 所示,活塞销装配到连杆的孔里面,连杆要能绕着这里的活塞销进行转动,所以连杆会有一个转动的自由度,能够绕着活塞销轴线做旋转运动;连杆的另外一端与曲轴的小圆柱相连接,连杆也要能够绕着曲轴的这个小圆柱进行转动,所以连杆也应该有一个绕着曲轴端部小圆柱中心线旋转的自由度。

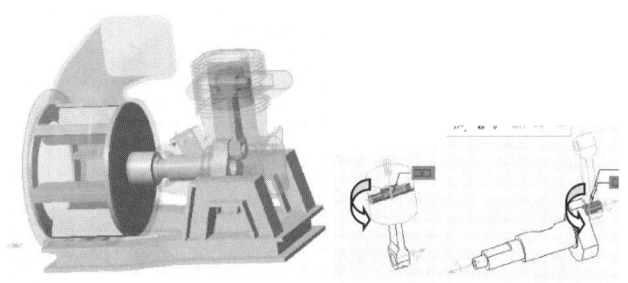

图 3.2 连杆运动分析

连杆的运动会带动曲轴转动,如图 3.3 所示,曲轴要能够绕着发动机缸体的轴线进行转动,所以说曲轴要有一个绕着发动机缸体轴线旋转的自由度,这样才能把前一级的运动传递下去。

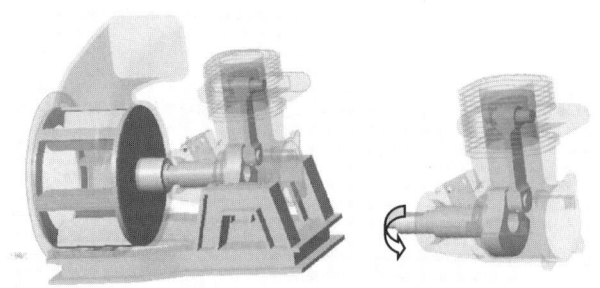

图 3.3 曲轴运动分析

曲轴的转动,会带动叶轮进行转动,如图 3.4 所示,叶轮的转动会把叶轮壳内部的空气从叶轮壳出口排出,所以,叶轮有一个旋转的自由度,叶轮相对于叶轮壳,可以进行转动。同时,叶轮也是整个运动传递的最终零件。

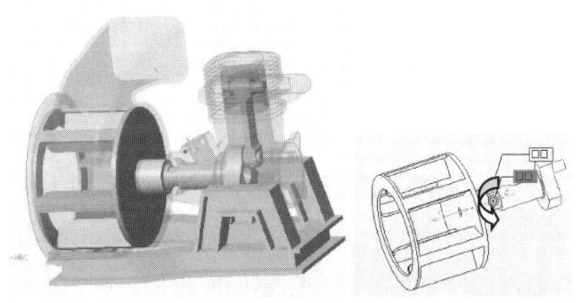

图 3.4 叶轮的运动分析

经过以上分析,可以清楚地看到运动的传递过程。运动传递过程首先是活塞组件的上下运动,活塞组件的上下运动会带动连杆的运动,运动的连杆会带动曲轴的旋转转动,曲轴又进一步把运动(曲轴和叶轮连接的部位)传递到叶轮,最后叶轮进行旋转运动。

要进行虚拟仿真运动,整体装配组件里边的每一个与运动相关的零件必须具有合适的约束,保留必要的自由度,运动才可以唯一正确地进行传递。

 活动二:注意事项

机械设计自由度是机械设计中一个非常重要的参数。机械系统的自由度数量决定了机构的运动模式和限制条件,影响着机构的工作效率、精度和稳定性。一般来说,机械系统的自由度数量等于机械系统中独立可变参数的个数。在机械系统中,每个独立的可变参数都代表着一个自由度。例如,在一个平面内的单摆系统中,该系统有两个质点(杆和球),但只有一个铰链约束,因此该系统的自由度为1。类似地,在四连杆机构中,该机构包括4个杆和5个铰链约束,因此该机构的自由度为1。机械设计者需要根据工作要求和特定应用场景来确定机械系统的自由度数量,以确保机械系统的稳定性和性能。因此,机械设计者需要在自由度数量和机械系统可操作性之间进行权衡。总之,机械设计自由度是机械系统设计过程中一个非常重要的参数,它影响着机械系统的稳定性、可靠性和工作效率。

完全不受约束的刚性主体有六个自由度:三个平移自由度和三个旋转自由度。

任务二 骨架模型

 活动一:骨架模型

当使用骨架模型时,要在零件或子装配的设计前规划设计和运动目的。放置在装配中并通过它传播的骨架模型可独立于该装配进行开发,并随时将其无缝地插入。骨架模型可在多个装配中使用。

骨架模型可在设计过程中的任何时候创建。系统总是在所有其他元件和装配特征前列出并重新生成新创建的骨架模型。

有两种类型的骨架模型:标准骨架模型和运动骨架模型。在打开的装配中,创建标准骨架模型作为零件。运动骨架模型是包含设计骨架(标准骨架或内部骨架)和主体骨架的子装配。使用曲线、曲面以及基准特征来创建标准骨架。它们也可包括实体几何。

1. 运动骨架模型

运动骨架定义装配中刚性实体之间的运动。运动骨架是在活动装配中创建的子装配。它们包含彼此相对运动的骨架主体,运动的方式与它们所表示的刚性主体在最终装配中的运动方式相同。使用运动骨架可以获取机械装配的概念设计。在创建实际的装配元件前,可以在运动骨架中测试设计的基本结构和运动。

运动骨架模型包括设计骨架、骨架主体和预定义的约束集。设计骨架可以是一个现有的骨架模型,也可以是带有新创建几何的内部骨架。主体骨架是由设计骨架的图元所创建,然后以预定义的约束集而被放置在运动骨架中的元件。

运动骨架模型中的第一个刚性主体是基础主体,在所有机械装配中情况通常如此。当创建并放置了多主体骨架时,系统会自动创建基准轴来连接它们。这些轴会出现在"组运动轴"(Group MOTION_AXES)文件夹的"模型树"中。使用"元件放置"(Component Placement)选项卡可手动放置主体骨架。

骨架主体为元件设计提供了框架。系统将其视为零件,并且它们具有常规零件的大多数特征。可以将骨架主体作为独立于装配的一个零件而打开,并可将其用作元件设计的基础特征。运动骨架模型会自动更新以吸收新创建的特征。

机构设计会将运动骨架模型看作一个装配,允许定义并运行所有机构特征。

2. 标准骨架模型

标准骨架是为了定义装配中某一元件的设计目的而创建的零件。在一个装配中创建的标准骨架可在另一个装配中使用(如果该装配是使用独立参考组装的)。

不管在创建其他元件之前还是之后创建或插入标准骨架,系统会将新创建的骨架作为第一个元件插入。它被列在"模型树"中,并在所有其他元件和装配特征前重新生成。

标准骨架会建立 3D 实际约束。尺寸和位置的最终几何信息随后被合并到个别元件中,以建立通用几何信息。可以使用标准骨架表示两个元件间的界面。这样做的两个主要原因是:

共享信息——例如,设计包括由螺栓连接的两个零件。由孔阵列组成的骨架零件可被镜像到两个零件上,这样可保证在这两个零件上有相同的阵列。对骨架零件所做的更改会被自动传播到这两个零件。骨架零件可以在另一个装配中重新使用以保证通用性。

提高设计稳定性——骨架可以表示装配中元件间的界面。当设计具有多项配置时,骨架可以包含其元件的所有必要的放置定义。

活动二:设计标准骨架模型

标准骨架模型,也可以进行运动虚拟仿真。打开 Creo 软件,如图 3.5 所示,【选择工作目录】,选择项目三作为工作目录,点出【新建】—【装配】—【设计】,输入装配的名称"骨架模型组件",点击【确定】。在骨架模型组件里面,首先创建一个元件——【骨架模型】,选择【标准】,点击【确定】。选择【从现有项复制】,选择默认的公制单位,点击【确定】。

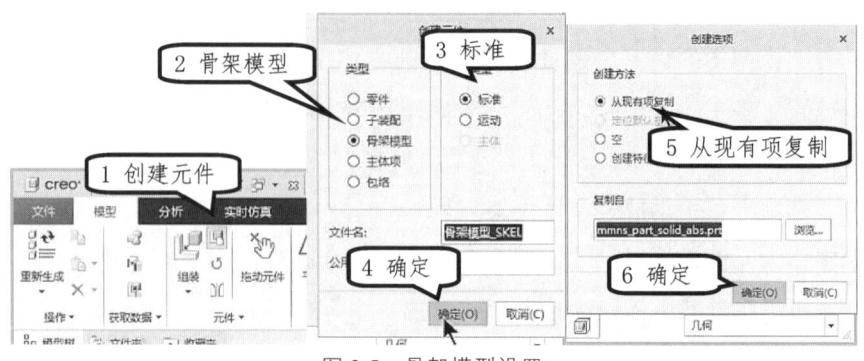

图 3.5　骨架模型设置

在模型树区域鼠标左键点击【骨架模型】,【激活】。如图 3.6 所示,在绘图区绘制草绘图形,鼠标左键点【草绘】,选择 FRONT 面作为草绘平面,使用【圆心和端点】画一个直径为26.5mm 的圆,再绘制一个直径为 5.5mm 的圆,继续绘制一个直径 5mm 的圆,然后绘制两条线段,分别连接两圆的圆心。标注尺寸,鼠标左键点【尺寸】,分别输入线段的长度33mm 和 8mm,角度尺寸为 30°。完成草绘图形。

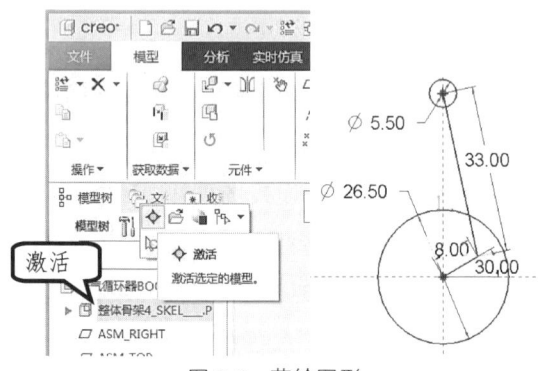

图 3.6　草绘图形

为了能够让草绘的图形运动,需要编一段小程序。如图 3.7 所示,鼠标左键点【工具】—【关系】。在模型树中鼠标左键选择草绘的角度尺寸,使得绘图区的原有尺寸变成相应的字母(这里显示为 d6)。鼠标左键点击角度字母,则字母就会出现在编写程序的框中。在程序框中写出如下的程序:

d6 = d6+30

If d6>350

D6 = 0

endif

以上程序的意思是：每点击一次【重新生成】，角度在原有的基础上增加30°，当角度大于350°的时候，角度重置为0°。点击【确定】，完成草图绘制。

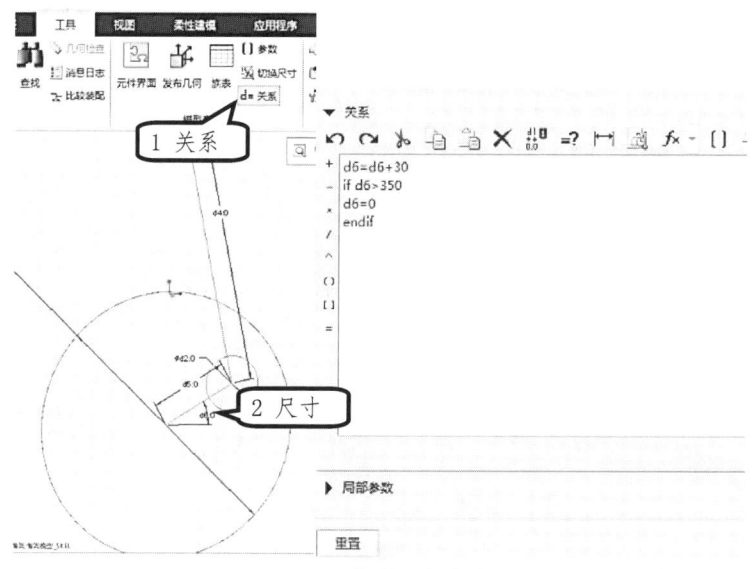

图 3.7　编制程序方法

如图 3.8 所示，鼠标左键点一下【重新生成】，在绘图区就会发现，角度尺寸增加了 30°，图形运动起来了，每次点击重新生成，角度在现有的基础上，都会自动增加 30°，连续点击重新生成，草绘图形就会连续运动，从而实现运动的仿真。

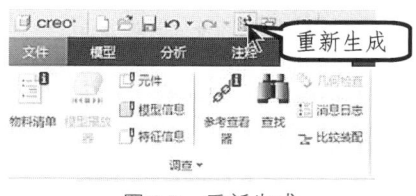

图 3.8　重新生成

活动三：使用骨架模型进行运动仿真

为了实现零件和骨架模型的关联，需要绘制一些相关的基准轴和基准点。如图 3.9 所示，首先绘制基准点，鼠标左键点击【点】，鼠标左键选择线段的端点，点击【确定】。同样的办法，在另外一个端点绘制基准点，在圆心绘制基准点，点击【确定】，完成三个基准点的绘制。

绘制基准轴,鼠标左键点击【轴】,选择 FRONT 平面,同时选择刚才创建的第一个基准点,绘制过第一个基准点且垂直于 FRONT 面的基准轴。同样的方法,过第二个基准点且垂直于 FRONT 面绘制第二个基准轴,过第三个基准点且垂直于 FRONT 面绘制第三个基准轴,点击【确定】。完成三个基准轴的绘制。

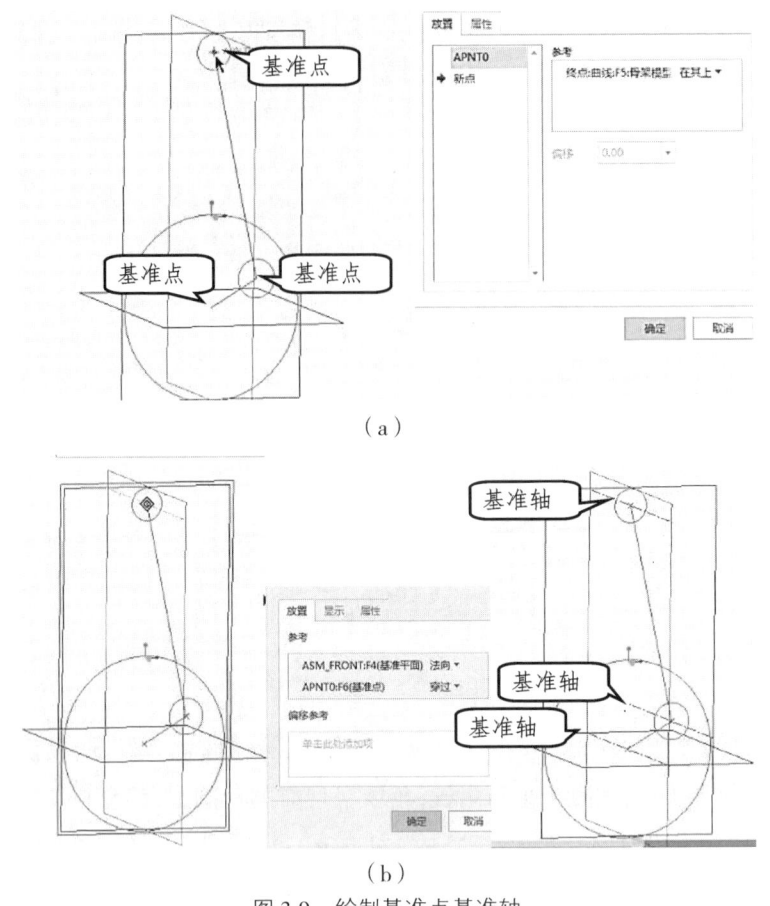

图 3.9　绘制基准点基准轴

将这个骨架模型和现有的零件关联装配起来,从而实现真实零件的仿真运动。在模型树区域鼠标左键点最上边的骨架模型装配,【激活】整体装配,鼠标左键点【组装】,如图3.10 所示,在工作目录中预览并打开曲轴,使用 3D 拖动器先初调曲轴的位置,点击【放置】,在约束类型里面选择【重合】,使得 AA_3 轴线与曲轴的中间的轴线重合,点击【新建约束】,使得 AA_2 轴线与曲轴端面小圆柱的轴线重合,继续点【新建约束】,使得曲轴端面与 APNT_2 基准点也重合起来,完成曲轴与骨架模型的关联。鼠标左键点【重新生成】,零件曲轴跟随骨架转动。

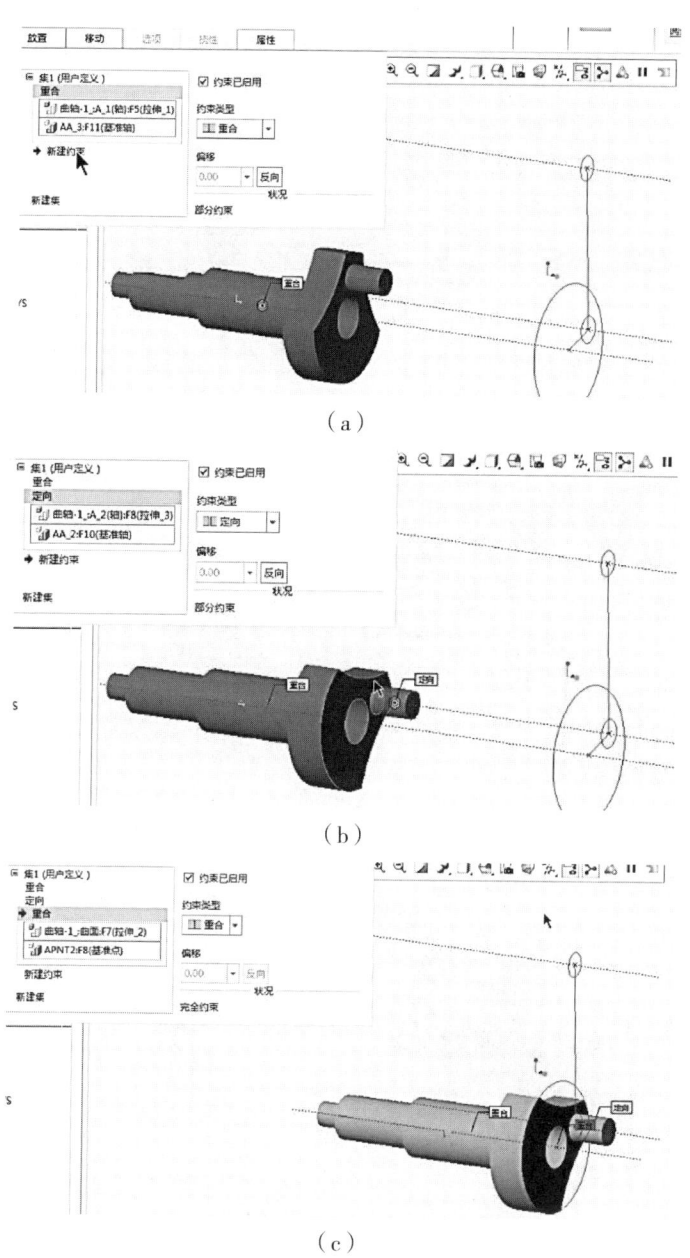

图 3.10 关联骨架模型和曲轴

如图 3.11 所示,同样的设置方法,完成连杆和骨架模型的装配,活塞组件和骨架模型的装配,叶轮和曲轴的装配,见表 3.1 所示。

为了看图方便,也可以将相关零件着色。选择叶轮、轴、杆,分别上不同的颜色。鼠标左键点击【重新生成】,在绘图区可以看到装配组件的运动。

通过这种方式进行虚拟仿真,可以避免设置机构连接和运动分析设置的步骤,是一种快捷和方便的仿真分析方法。

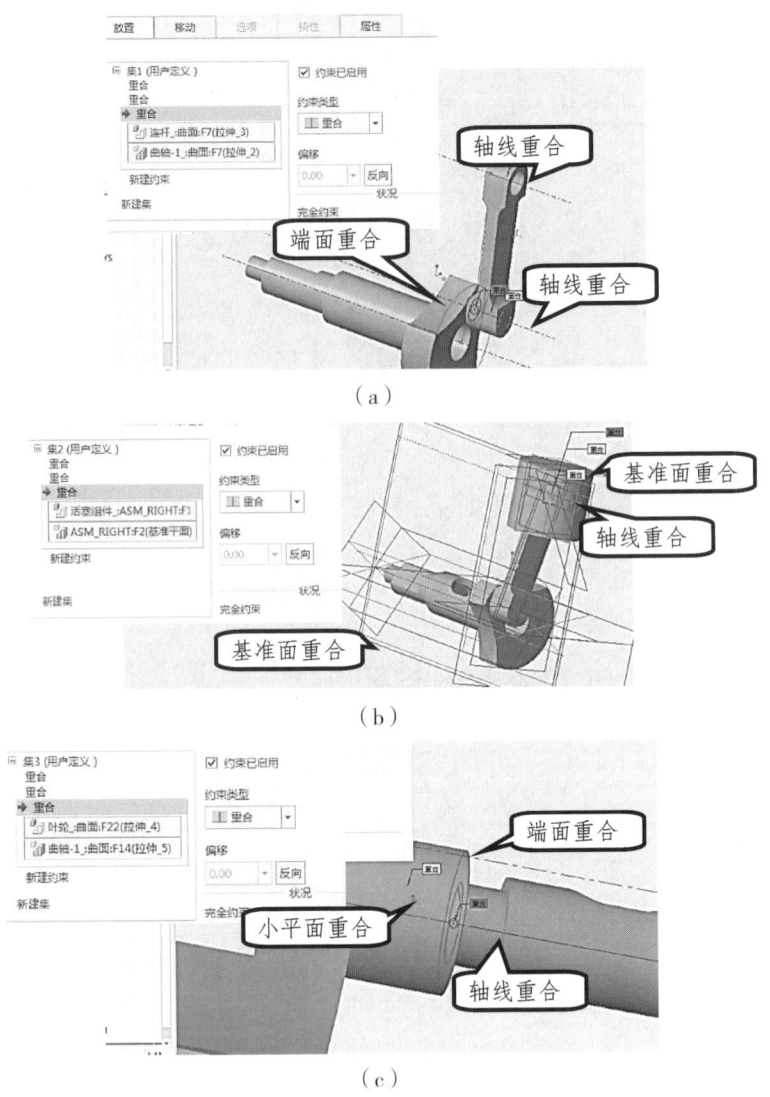

图 3.11 骨架模型和相应零件的关联

表 3.1 骨架模型和零件的关联

零件名称	约束1(重合)	约束2(重合)	约束3(重合)
连杆	连杆孔与 AA_2	连杆另外孔与 AA_1	曲轴和连杆端面
活塞组件	活塞轴线与 AA_1	活塞垂直于端面的基准面和连杆中间面	活塞垂直于端面的另外基准面和 asm_right
叶轮	叶轮与曲轴的轴线	叶轮与曲轴的小平面	叶轮端面与相应曲轴的小端面

任务三 简单运动设置

活动一：连接设置

项目二已经对各个零件进行整体装配,并且对零件设置了必要的约束,使得需要运动的零件有合适的自由度,在此基础上,只要做简单的修改并施加电动机,就可以进行运动虚拟仿真。

打开 Creo 软件,选择工作目录,将项目三作为工作目录,在工作目录中浏览并打开整体装配。首先,修改叶轮和叶轮组件的装配约束。打开叶轮组件,鼠标左键点【编辑定义】,将项目二所做的两个约束删除,重新建立连接,如图 3.12 所示,在用户定义的下拉菜单选择【销】,销连接与机械零件里面的销类似,施加销约束的两个零件之间只有一个旋转的自由度,首先使得叶轮的轴线和叶轮壳的轴线对齐,在【平移】下拉的框中,使得叶轮壳内端面和叶轮外端面重合起来,点击【确定】。完成销连接的设置。

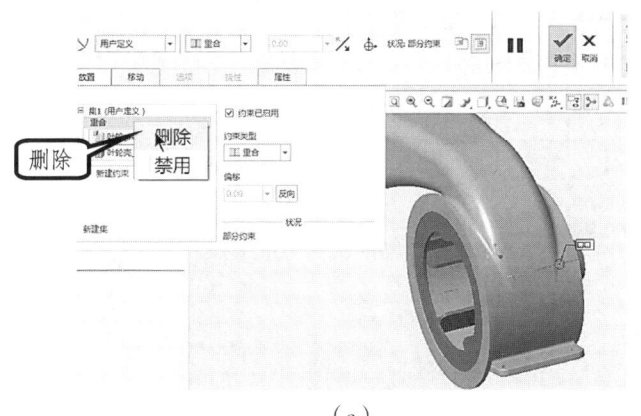

(a)

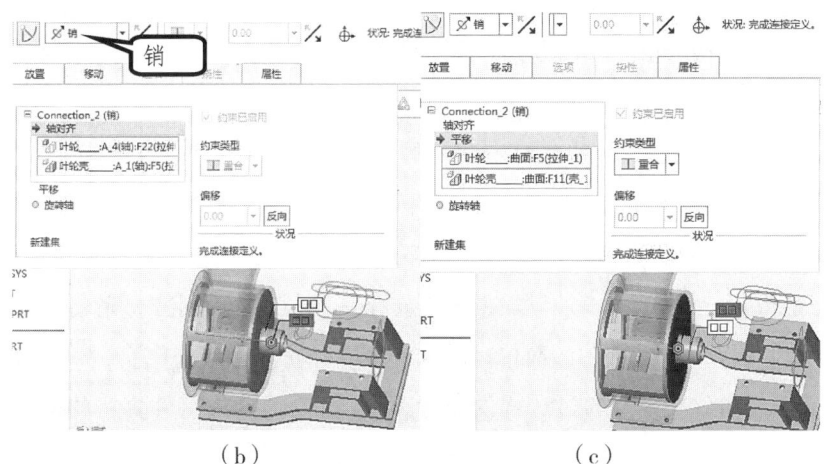

(b)　　　　　　　　　　(c)

图 3.12 修改约束

活动二：设置伺服电动机

完成叶轮和叶轮壳连接的设置后，在叶轮的孔附近，会出现一个可以转动的符号，伺服电动机可以施加在这个地方，如图 3.13 所示，鼠标左键点击【应用程序】—【机构】—【伺服电动机】，在设置里面，第一项需要选择电动机驱动的从动图元，鼠标点击叶轮和叶轮壳的销连接，然后在【配置文件详情】里面，驱动数量下拉菜单选择【角速度】，也就是说这个叶轮以一定的速度进行转动，在【电动机函数】里边先简单的选择【常数】，系数 a 输入 30°，即 30°/s，换句话说，该伺服电动机将以每秒 30°的角速度旋转，点击【确定】。完成施加伺服电动机到叶轮轴上。

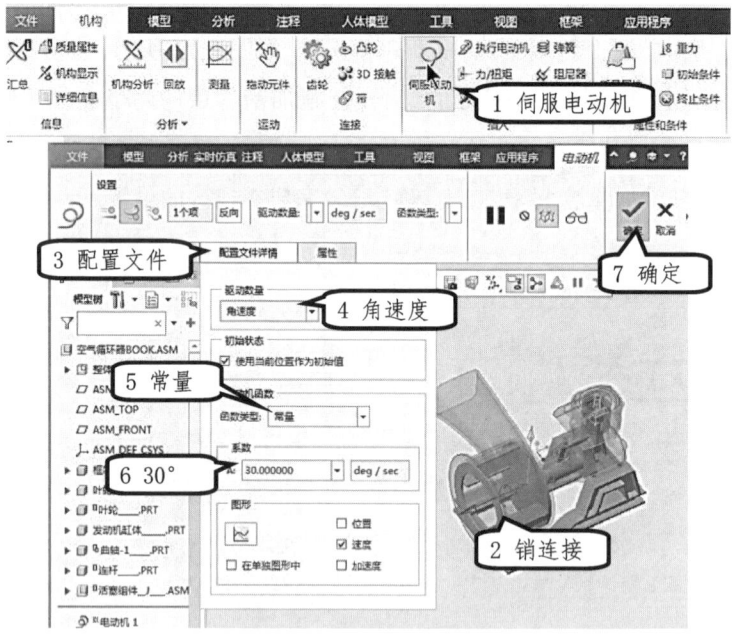

图 3.13 伺服电动机的设置

鼠标左键点机构分析。如图 3.14 所示，在弹出的菜单里面第一行输入运动分析的名称为"简单运动"，选择类型里面的【运动学】，开始的时间是 0，在这里可以选择长度和帧数，设置结束的时间为 12s（因为刚才设置的是每秒钟 30°，运动时间为 12s，刚好旋转 360°），可以设置帧数和最小间隔（每秒钟保存的帧数）。如果有多个电动机，需要选择合适的电动机，机构从开始 0 到终止 12s，一直都是电动机在驱动。完成以上这些设置后，鼠标左键点【运行】。动画结果表明叶轮曲轴旋转了一圈，点击【确定】。完成运动的仿真。

在【回放】中可以查看刚才的简单运动。如图 3.15 所示，点击【打开】—【播放】，刚才做的这个动画就播放出来。通过这样的设置，可以简单的分析组件真实的运动状态。鼠标左键点击【捕获】，然后【保存】刚才回放的动画，输入名称"简单运动"，可以选择保存的格式和保存的分辨率，可以进行渲染（是否需要渲染需要综合考虑，因为渲染占用更多的计算机资源),将以上结果在当前的工作目录中。

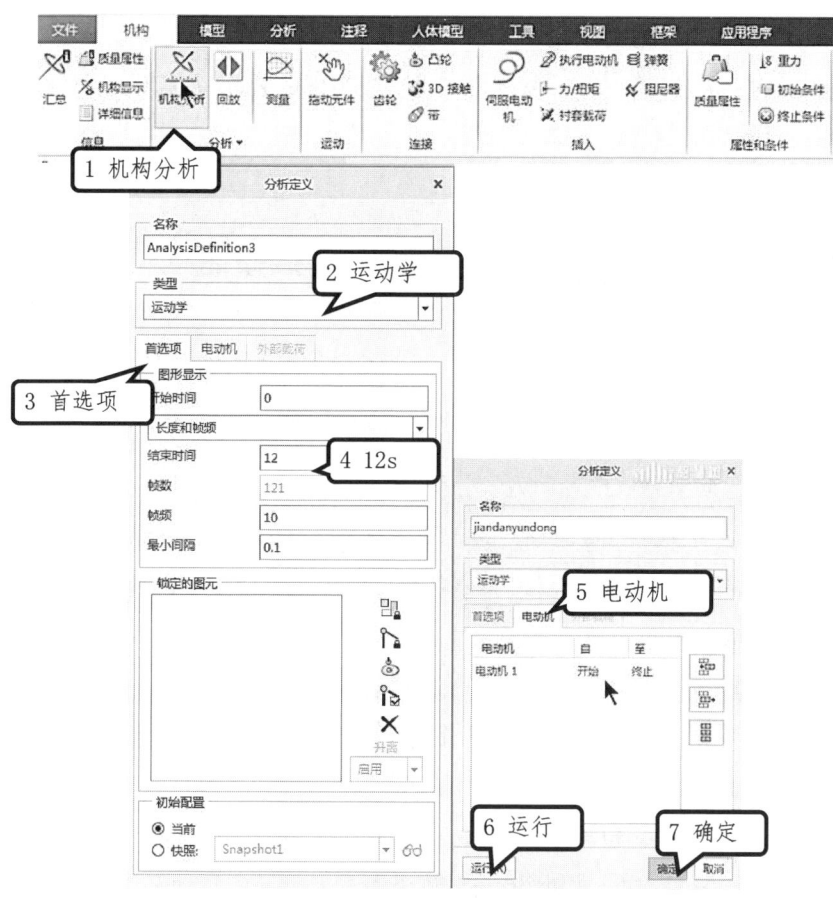

图 3.14　简单机构分析设置

图 3.15　回放动画

 活动三:注意事项

为了问题简便起见,以上的简单运动设置,将电动机设置在叶轮的转轴上。实际的情况是,动力在活塞上方,由于燃油的做功,使得活塞上下运动,从而导致叶轮的旋转,如果这样设置的话,会使得问题复杂化。

如果在机构中无法进行仿真,可以修改发动机组件的装配,正确设置曲轴和叶轮的连接,只保持必要的约束。

任务四 机构连接设置

活动一:常见连接定义

如果需要做运动学分析或者动力学分析,很多时候,要用到用户定义的连接类型。常用的连接类型包括销、圆柱、滑块等。对于每一种连接,系统已经默认了约束类型的种类和数量,在使用这些连接类型的时候,只要在相应的下拉菜单中正确地填写即可。常见的连接及其代表的意义如下:

刚性(Rigid)——在装配中不允许任何移动。

销(Pin)——包含旋转移动轴和平移约束。

滑块(Slider)——包含平移移动轴和旋转约束。

圆柱(Cylinder)——包含360°旋转移动轴和平移移动。

平面(Planar)——包含平面约束,允许沿着参考平面旋转和平移。

球(Ball)——包含用于360°移动的点对齐约束。

焊缝(Weld)——包含一个坐标系和一个偏距值,以将元件"焊接"在相对于装配的一个固定位置上。

轴承(Bearing)——包含点对齐约束,允许沿直线轨迹进行旋转。

常规(General)——创建有两个约束的用户定义集。

6DOF——包含一个坐标系和一个偏移值,允许在各个方向上移动。

万向节(Gimbal)——包含零件上的坐标系和装配中的坐标系以允许绕枢轴沿各个方向旋转。

槽(Slot)——包含点对齐,允许沿一条非直轨迹旋转。

活动二:连接定义整体装配

以项目二的整体装配为例,学习常见机构的连接设置方法。打开Creo软件,【选择工作目录】,将项目三作为工作目录,鼠标左键点击【新建】—【装配】—【设计】,输入名称"机构设置",点击【确定】。进入装配的界面,鼠标左键点击【组装】,在工作目录中【预览】并【打开】第一个零件框架,在约束类型中选择【默认】的方式装配,点击【确定】。

装配零件——叶轮壳。鼠标左键点击【组装】,在工作目录中点击【预览】并【打开】第二个零件——叶轮壳,使用 3D 拖动器初调它的位置。叶轮壳和框架之间完全约束,自由度为 0,所以在装配叶轮壳的时候,需要限制叶轮壳的所有自由度。如图 3.16 所示,选择使用【刚性】连接,在约束类型下拉菜单中,鼠标左键点击【重合】,依次选择框架上平面,叶轮壳固定平台的下平面;鼠标左键点击【新建约束】,选择约束类型为【重合】,选择叶轮壳安装孔和框架相对应的安装孔(等同于选择两个安装孔的轴线);鼠标左键点【新建约束】,选择约束类型为【重合】,选择叶轮壳的另外一个安装孔和框架相对应的安装孔,点击【确定】。完成叶轮壳的固定装配。注意对于叶轮壳和框架的刚性连接设置,如果叶轮壳两个孔的距离与框架两个孔的距离是不一样的,就会出现组装失败。修改叶轮壳外观为绿颜色和半透明。

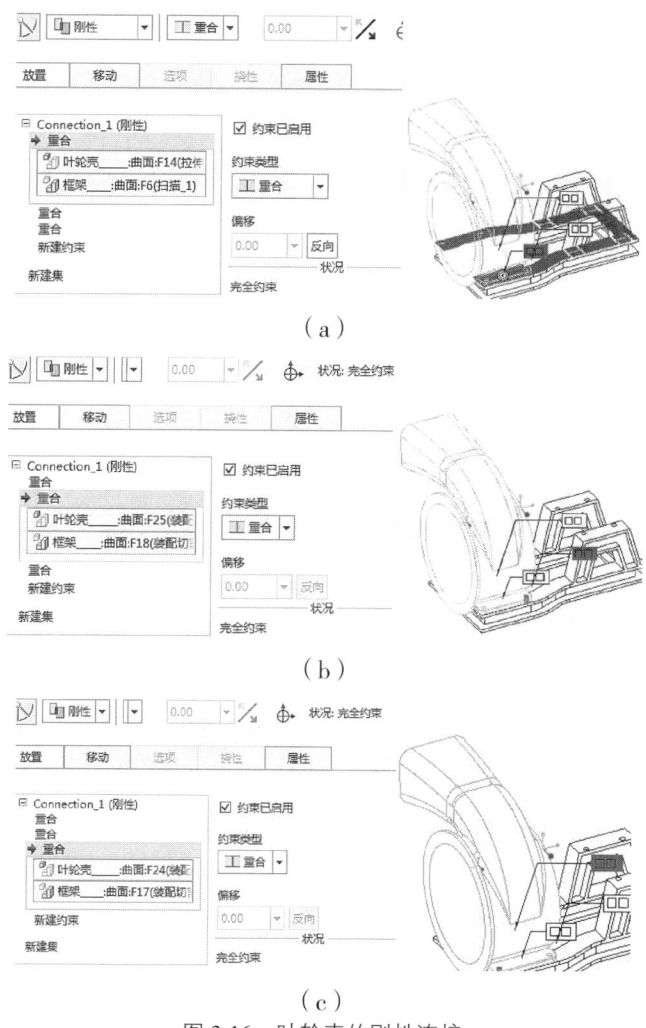

图 3.16 叶轮壳的刚性连接

装配零件——叶轮。如图 3.17 所示,鼠标左键点击【组装】,在工作目录中【预览】并【打开】第三个零件——叶轮,使用 3D 拖动器初调它的位置。考虑到叶轮装配好以后,要能够绕着轴线旋转,所以选择销连接进行装配。鼠标左键点击用户定义的下拉菜单【销】—【放置】,依次选择叶轮壳的中心轴,再选择叶轮的中心轴对齐;然后选平移约束,也就是让两个面重合,依次选择叶轮的外端面,选择叶轮壳的内表面,点击【确定】。完成叶轮的销连接设置。销连接,就意味着叶轮壳和叶轮两个零件之间只有一个转动自由度。

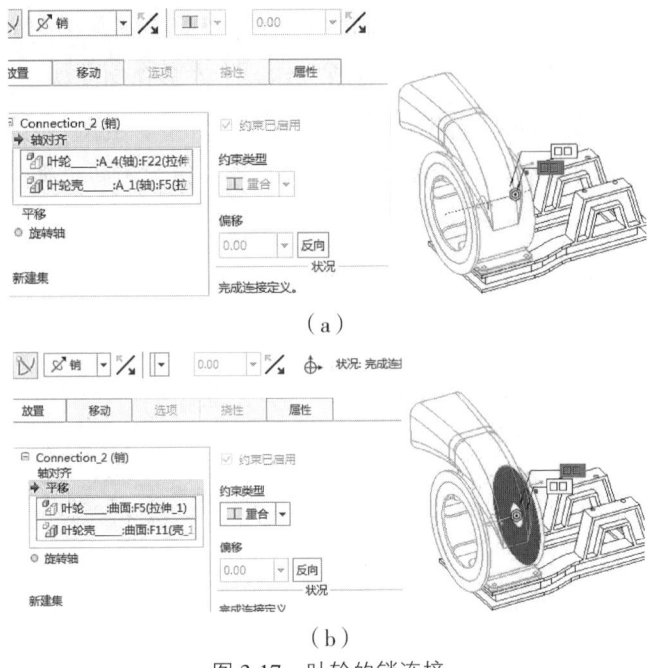

图 3.17 叶轮的销连接

装配零件——发动机缸体。如图 3.18 所示,鼠标左键点击【组装】,在工作目录中【预览】并【打开】第四个零件——发动机缸体,使用 3D 拖动器初调它的位置。发动机缸体和框架之间完全约束,其自由度为 0,所以在装配发动机缸体的时候,需要限制它的所有自由度。选择使用【刚性】连接,约束类型下拉菜单,鼠标左键点击【重合】,依次选择框架上平面,发动机缸体固定平台的下平面;鼠标左键点击【新建约束】,选择约束类型为【重合】,选择发动机缸体安装孔和框架相对应的安装孔(等同于选择两个安装孔的轴线);鼠标左键点击【新建约束】,选择约束类型为【重合】,选择发动机缸体另外一个安装孔和框架相对应的安装孔,点击【确定】。完成发动机缸体的装配。注意对于发动机缸体和框架的刚性连接设置,如果发动机缸体两个孔的距离与框架两个孔的距离是不一样的,就会出现组装失败。修改叶轮壳外观为绿颜色和半透明。

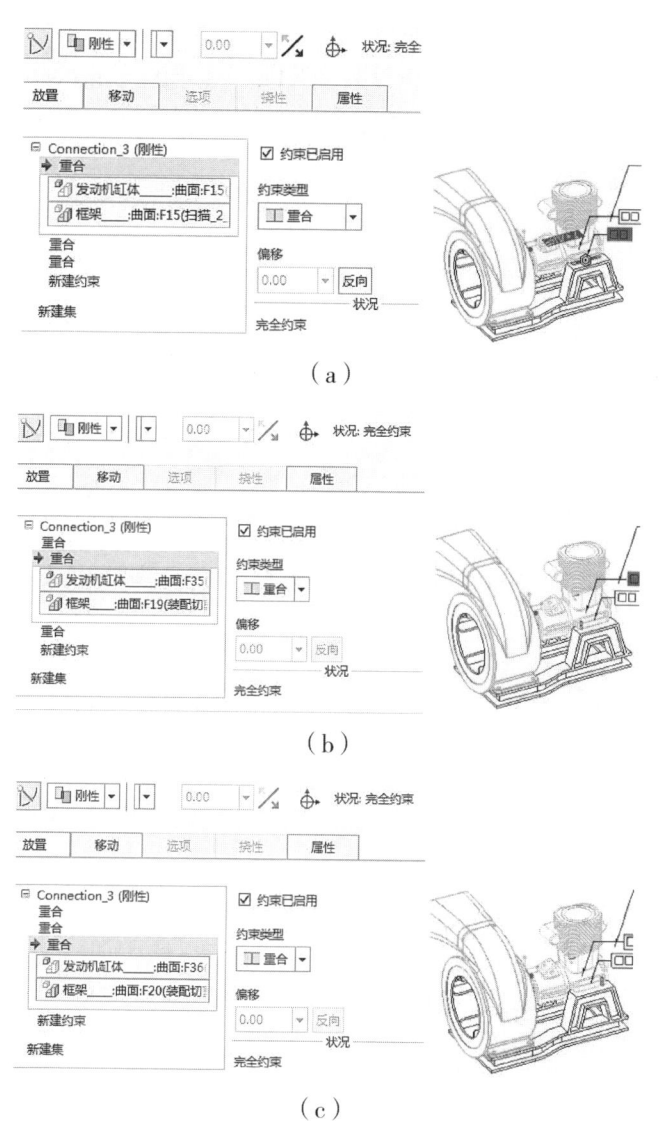

图 3.18　发动机缸体的刚性连接

装配零件——曲轴。如图 3.19 所示,鼠标左键点击【组装】,在工作目录中点击【预览】并【打开】第五个零件——曲轴,使用 3D 拖动器初调它的位置。考虑到曲轴装配好以后,要能够绕着轴线旋转,所以选择销连接进行装配。鼠标左键点击用户定义的下拉菜单【销】—【放置】,依次选择曲轴的中心轴,再选择发动机缸体的中心轴对齐(发动机缸体和叶轮的轴线必须是对齐);然后选平移约束,也就是让两个面重合,依次选择曲轴的外端面,选择发动机缸体的内端面,点击【确定】,完成曲轴的销连接设置。销连接设置后,意味着曲轴只有一个转动自由度。

在这里还要特别注意,曲轴只有一个旋转的自由度,叶轮也有一个旋转的自由度,它们转动需要同步,一个零件的旋转带动另外一个零件的旋转。为了使得两个零件同步转动,需要对叶轮和曲轴加一个约束。曲轴和叶轮都有一小平面,这两个平面重合即可。鼠标左键点击【新建集】,选择用户定义下拉菜单的【刚性】连接,约束类型为【重合】,依次选择曲轴的小平面和叶轮的小平面(在小平面附近不断地点右键,等待小平面加亮显示后,左键选中),完成曲轴的装配。

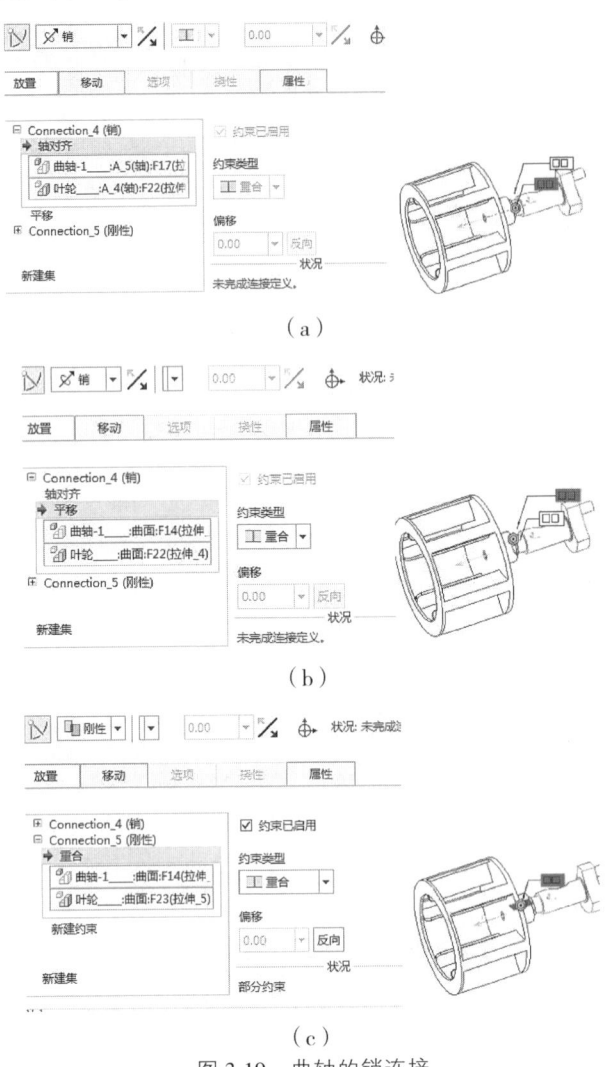

图 3.19 曲轴的销连接

装配零件——连杆。如图 3.20 所示,鼠标左键点击【组装】,在工作目录中点击【预览】并【打开】第六个零件——连杆,使用 3D 拖动器初调它的位置。考虑连杆装配好以后,要能够绕着孔的轴线旋转,所以选择销连接进行装配。鼠标左键点击用户定义的下拉菜单【销】—【放置】,依次选择连杆孔的中心轴线,再选曲轴小圆柱的中心轴;然后选平移约束,也就是让两个面重合,依次选择曲轴的外端面,选择连杆的端面,点击【确定】,完成连杆和曲轴的销连接设置。销连接设置后,就意味着连杆相对于曲轴小圆柱只有一个转动自由度。

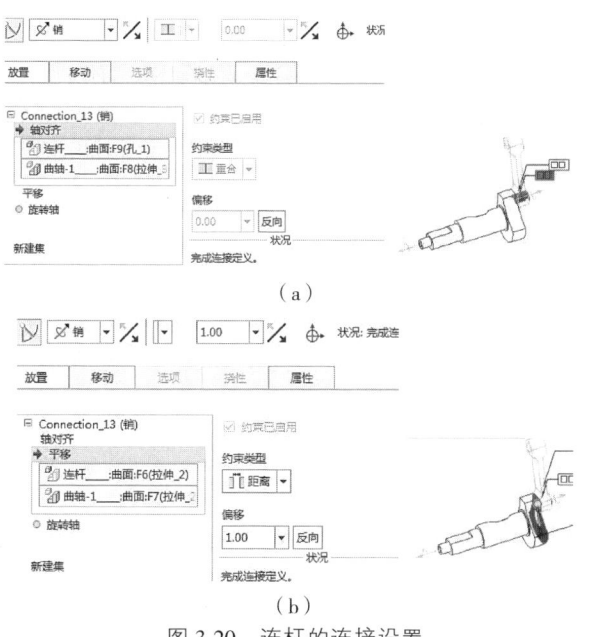

（a）

（b）

图 3.20　连杆的连接设置

装配元件——活塞组件。如图 3.21 所示,鼠标左键点击【组装】,在工作目录中点击【预览】并【打开】第七个元件——活塞组件,使用 3D 拖动器初调它的位置。考虑活塞装配好以后,要能沿着发动机缸体的孔上下移动,所以选择圆柱连接进行装配。鼠标左键点击用户定义的下拉菜单【圆柱】—【放置】,依次选择活塞中心轴线(或者圆柱表面),再选择发动机缸体的中心轴,完成活塞组件和发动机缸体的圆柱连接设置。圆柱连接设置后,意味着活塞相对于发动机缸体有一个沿着轴线平移的自由度和一个绕着轴线旋转的自由度(如果这里活塞没有绕着轴线旋转的自由度,后续活塞销和连杆的连接设置就会失败)。

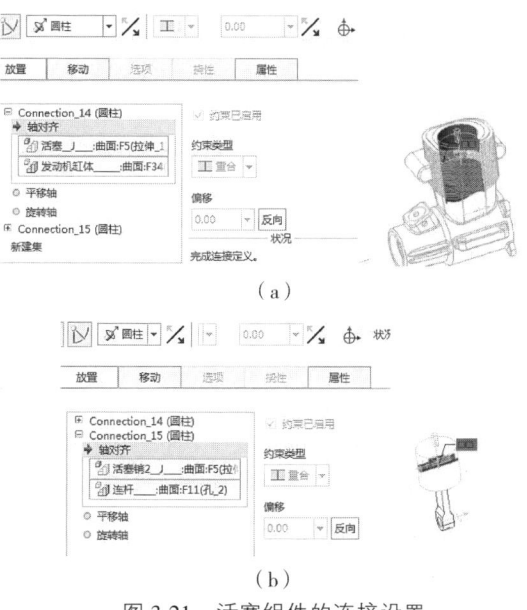

（a）

（b）

图 3.21　活塞组件的连接设置

活塞组件和连杆也要设置连接,运动才能正确地传递。考虑连杆和活塞装配好以后,连杆要能够绕着活塞销的轴线旋转,所以选择销连接进行装配。鼠标左键点击用户定义的下拉菜单【销】—【放置】,依次选择连杆孔的中心轴线,再选择活塞销的中心轴;然后选平移约束,也就是让两个面重合,依次选择连杆的端面,选择活塞销的中间基准平面,点击【确定】,完成连杆和活塞销的销连接设置。销连接设置后,意味着连杆相对于活塞销只有一个转动自由度。

 活动三:注意事项

在机械设计中,约束是一个重要的概念,它描述了部件之间的相对关系。约束可以防止部件的移动或转动,确保它们在特定条件下保持相对位置。

过约束是指一个系统具有多于所需的约束,这可能导致系统不稳定或产生多余的应力。例如,如果一个部件被三个约束固定,但实际上只需要两个约束就能保持其位置,那么这个系统就是过约束的。过约束可能会导致部件的过度应力或意外破坏。

欠约束则相反,它指的是系统缺少必要的约束,无法保持部件的稳定位置。欠约束可能导致部件在预期外移动或转动,从而影响系统的稳定性和安全性。

在机械设计中,合理选择和设计约束至关重要。过约束可能导致不必要的复杂性和潜在的故障,而欠约束则可能影响系统的稳定性和安全性。因此,设计师需要仔细分析并确定所需的约束数量和类型,以确保系统的性能和可靠性。

任务五　机构运动分析

 活动一:设置电动机

在实际设计中,经常需要对连杆、凸轮、齿轮、弹簧等这些机构进行动态仿真分析,根据分析的结果进行改进设计。运动机构设置的内容通常包括分析类型、电动机选择、边界条件、初始状态设定等。

以上一节所做的整体装配的连接设置为例,学习机构运动分析的方法。打开 Creo 软件,【选择工作目录】,将项目三作为工作目录,选择上一节所做的装配——机构设置,这个装配包含的约束类型有圆柱、销、刚性等连接方式。首先鼠标左键点击【应用程序】—【机构】—【显示机构设置的符号】,上一节课所做的约束在绘图区都可以显示出来。

添加电动机。对于这个实例,在工具栏中鼠标左键点击【伺服电动机】,当鼠标移动到绘图区相应连接类型的符号附近的时候,相应可以使用的连接就会加亮显示(圆柱、销连接都可以施加伺服电动机)。鼠标左键点击选择叶轮的销连接,在此连接处添加伺服电动机。如图3.22所示,在【配置文件详情】里面,【驱动数量】下选择【角速度】,单位是deg/sec,也就是说叶轮以一定的角速度进行转动,在【电动机函数】下选择常量,系数a输入30,即该伺服电动机将以每秒30°的角速度旋转,点击【确定】。在绘图区叶轮销连接的地方,可以发现添加电动机的符号。完成伺服电动机的设置。

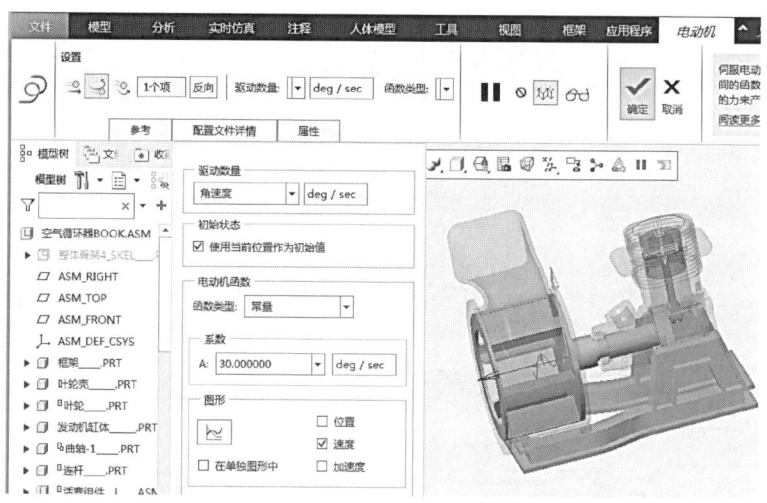

图 3.22　电动机设置

活动二:设置运动学分析

如图3.23所示,鼠标左键点击【机构分析】,输入结果分析的名称——机构运动,在【类型】的下拉菜单中选择【运动学】,首先输入开始时间0,结束时间是10,也就意味着,按照目前设置,运动一个周期叶轮旋转300°。帧数输入10,也就是每秒钟记录10帧图像。保持目前的【初始配置】,即从现在这个位置开始转动。鼠标左键点【运行】,在绘图区叶轮带动相关零件旋转300°,继续点【运行】,继续旋转300°。点击【确定】。

为了使用统一的的初始位置进行仿真分析,需要进行合适的设置。如图3.24所示,鼠标左键点击【拖动元件】—【快照】,记录当前位置,选择使用默认的快照名称,鼠标左键点击拍照的符

图 3.23　机构分析设置

号,软件就会把当前这个位置储存起来,完成第一个快照的设置。鼠标左键点击【拖动元件】—【快照】,在绘图区调整装配体的位置,使得活塞的初始位置和活塞连杆处于一条竖直线上,鼠标左键点击【对齐】图标,依次选择活塞的基准平面,选择相应的图示基准面,

记录当前位置,选择使用默认的快照名称,鼠标左键点击拍照的符号,软件就会把这个位置储存起来,完成第二个快照的设置。

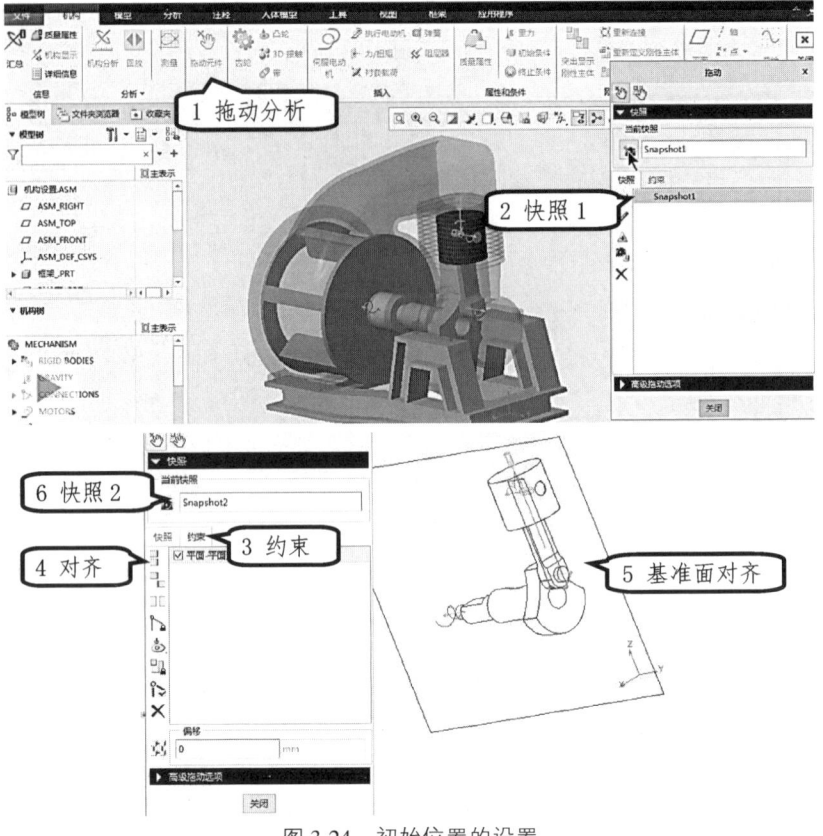

图 3.24 初始位置的设置

再次做结果分析。选择刚才设置的初始状态,如图 3.25 所示,选择快照 1 或者快照 2,快照 1 就是跟竖直方向有一定角度的,快照 2 处于竖直状态。选择【运动学】,输入名称——机构运动,选择快照 2 的初始状态,修改运动结束时间输入 12s,点击【运行】。点击【确定】。

鼠标左键点击【回放】,回放刚才所做的运动,播放的时候可以调整视频播放的速度,鼠标左键点击【捕获】,设置捕获的分辨率,选择渲染,点击【确定】。这个动画就记录在工作目录当中。以后可以在工作目录中调出来使用。如果想要回到模型文件当中,鼠标左键点击【应用程序】—【机构】,就回到装配的状态。

图 3.25 含有初始状态的设置

活动三:注意事项

运动学是动力学的一个分支,它考虑除质量和力之外的运动所有方面。运动分析会模拟机构的运动,满足伺服电动机和任何接头、凸轮从动机构、槽从动机构或齿轮副连接的要求。运动分析不考虑受力,因此,不能使用执行电动机,也不必为机构指定质量属性。模型中的动态图元,如弹簧、阻尼器、重力、力/力矩以及执行电动机等,不会影响运动分析。

使用运动分析可获得以下信息:几何图元和连接的位置、速度以及加速度;元件间的干涉;机构运动的轨迹曲线;捕获机构运动的运动包络。

任务六　碰撞检测

 活动一:运动学分析

动态干涉检查是一个重要的仿真分析内容。在机构的运动过程中,发现运动零部件与其他零部件的干涉问题,及早进行修复,从而提高设计的准确性和效率。

上一节课做了机构运动的仿真,根据仿真记录的结果,学习结果分析的方法。如图3.26所示,打开 Creo 软件,【选择工作目录】,选择项目三作为工作目录。打开上一节所做的运动设置,鼠标左键点击【应用程序】—【机构】—【机构分析】,输入分析的名称"机构分析1",【类型】选择运动学,【开始时间】设为0s,【结束时间】到12s,选择上节课设置的电动机1,在【初始配置】中选择快照2,即仿真运动的初始位置是活塞和连杆处于竖直的状态,鼠标左键点【运行】,叶轮带动曲轴刚好完整的旋转一圈,活塞进行一个周期的上下运动,点击【确定】。

图3.26　结果分析设置

活动二:碰撞检测

回放刚才的仿真,选择打开刚才的机构分析 1,进行碰撞检测设置,如图 3.27 所示,在常规里面,选取【全局碰撞检测】下选择【碰撞时停止动画回放】—【确定】—【播放】结果,软件最下边进度条的框里,会显示干涉检查的时间和进度。Creo 软件会对每一帧保存的图像进行干涉检查,检查某一时刻零件之间有没有发生干涉。当时间为 12s 的时候,检查完所有保存的结果。如图3.28所示,在播放器中点【前进】,当发现零件之间有干涉问题的时候,视频播放就停止,继续点播放,观察干涉变化的情况。如图所示,干涉在第 2.4s 就暴露得比较明显,红颜色区域清楚地表明了干涉的区域。这说明在运动的时候,连杆和发动机缸体内部是有干涉的。继续播放前进,干涉消失,再继续播放,在刚才干涉的对称区域第 9.6s 也有干涉的问题,停止播放(具体干涉部位以及干涉时间,因为设计以及装配的不同,会有所差异)。

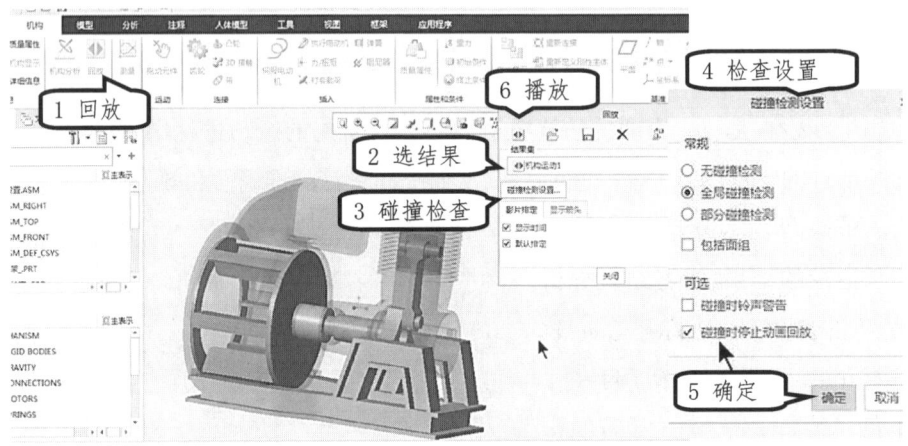

图 3.27 碰撞检查设置

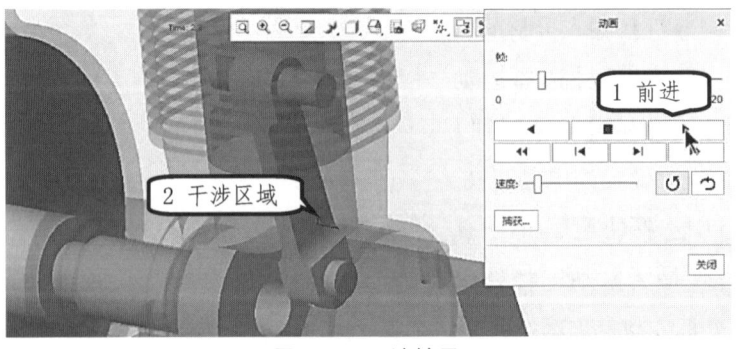

图 3.28 干涉结果

通过以上的检查发现了连杆和发动机缸体有两处比较明显的干涉区域,如果只做静态的干涉检查,以上的问题不一定能够暴露出来。当发现有干涉的时候,就要对干涉区域的零件进行修改。零件之间存在干涉不会影响运动仿真,也就是说,即使零件之间存在重叠区域,装配和仿真都可以进行。但是零件做成实物之后,如果存在干涉问题,就不能安装到设备上,这个设备也就无法正常运转。

活动三:修改零件

打开发动机缸体零件,进行修改,以消除运动干涉。对如图3.29区域进行修改,绘制一个倒圆角。圆角半径输入2mm,点击【确定】。

再次进行运动分析设置,鼠标左键点击【机构分析】,输入机构分析的名称"机构分析2",【类型】选择【运动学】,时间是0~12s,电动机还是选择原来设置的电动机,【初始配置】依旧选择快照2。点击【运行】,叶轮带动曲轴刚好转一圈,点击【确定】。选择机构分析2进行【回放】,同样的,进行【碰撞检查】—【全局碰撞检测】—【在碰撞时停止动画回放】,点击【确定】。回放进行干涉结果检查,当进度条显示12s的时候,完成干涉检查。当装配中零件比

图3.29 修改发动机缸体

较多或者精度高的时候,干涉检查所用的时间会比较长。所以在分析设置的时候要选择合适,既要有合适的精度,也要合适的计算速度。

播放干涉检查结果。尽管在发动机缸体绘制了倒角,刚才有干涉的区域还是有干涉的,但是干涉的区域明显在减少。如同前述,对零件发动机缸体或者连杆做进一步的修改,或者对它们的装配关系做修改。修改完成之后,继续进行运动干涉检查,直到所有的干涉消失为止。值得注意的是,修改方法并不唯一,根据实际情况,或者修改零件,或者修改装配,但都必须做到没有干涉。

任务七 运动学分析

活动一:准备

除了运动仿真的动态干涉检查之外,Creo软件还可以做更多的结果分析,这些常见的结果分析包括位移、速度、加速度的静态值,与时间变化相关的位移、速度、加速度等。

打开Creo软件,【选择工作目录】,选择项目三作为工作目录,打开上一节所做的运动设置,鼠标左键点【应用程序】—【机构】,视频回放中打开分析结果——机构分析5。首先分析活塞的运动结果情况,在伺服电动机的匀速转动下,带动叶轮匀速转动,叶轮带动曲轴的匀速转动,曲轴通过连杆带动活塞上下运动。为了分析活塞的上下位移运动情况,以活塞的局部点的运动代表活塞的运动情况。

在活塞上创建基准点,用鼠标左键在模型区域【激活】活塞。如图 3.30 所示,在活塞上表面正中央创建一个点。鼠标左键点击【点】,这个点就是活塞端头平面和活塞中心线的交点。选择活塞端面,按住 Ctrl 键选活塞中心线,完成基准点的绘制。

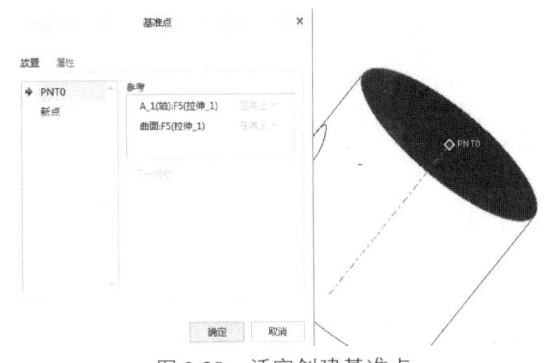

图 3.30 活塞创建基准点

 活动二:位置分析

测量随着时间的变化,观察点的位移、速度、加速度的变化情况。鼠标左键点击【激活】整个机构设置,点击【应用程序】—【机构】—【测量】,如图 3.31 所示。选择分析结果"机构分析 5",选择【创建新测量】,输入"测量 1",在位置的下拉菜单里面选择【位置】,选择前面所创建的基准点 PNT0(可以在模型树区域鼠标左键点击 PNT0),选择默认的坐标系,分量大小选择默认(不考虑正负),点击【确定】。在菜单中发现基准点的位置有结果了。

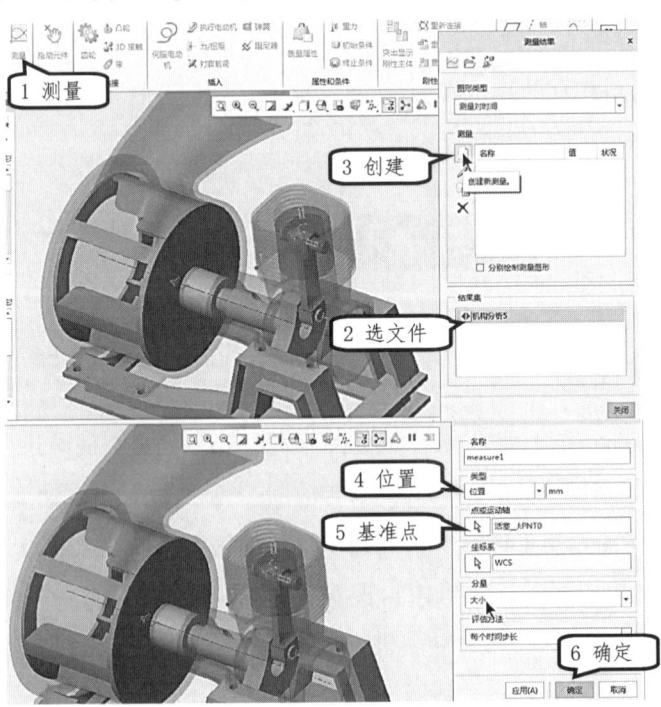

图 3.31 基准点的位置设置

如果想看这个基准点的位置随着时间变化的曲线,如图3.32所示,只要点击上面的图形图标,变化曲线就会显示出来。这个曲线的横坐标是时间,纵坐标是距离,也就是随着时间的变化,活塞最开始的位置是在最顶端,距离是86mm,随着时间的推移,活塞往下运动,在第6s的时候活塞走到最低点,然后再继续走到最高的地方,这与我们运动仿真看到的结果是一致的。在这里用定量的办法,对活塞位置分析得清清楚楚。可以选择输出这个结果,将这个结果输出成电子表格的文件,输入名称"位移",点击【保存】。

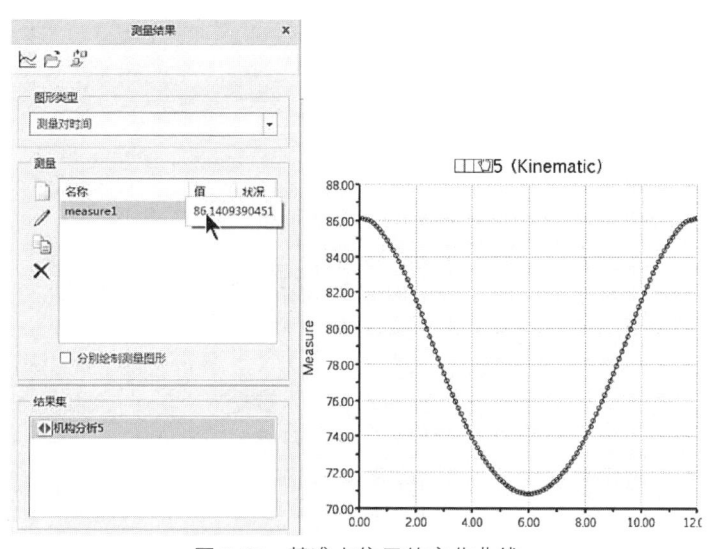

图3.32　基准点位置的变化曲线

活动三:速度分析

基准点速度大小分析。如图3.33所示,鼠标左键点击【创建新测量】,同样的方法选择活塞上的基准点PNT0,选择默认的坐标系,其余参数默认,点击【确定】,窗口显示出基准点速度的测量结果(图示的数值为当前结果)。

同样地,也可以把曲线打开,这个曲线的横坐标是时间,纵坐标是速度。在最开始的时候,也就是目前这个位置,它处于最高点,活塞的速度是0,然后活塞向下运动,速度会越来越快,到中间的时候速度最大,随着活塞向下运动,速度会逐渐减小,当活塞处于最下端位置的时候,速度减小为最小0,然后随着活塞的上升,速度又开始加大,在中间位置的时候达到最大,随着活塞到达顶端,速度又降为0。这个结果与视频中活塞的运动情况也是吻合的。曲线使用定量数据记录了结果。同样地,可以将结果用电子表格输出,输入名称"速度",点击【保存】。

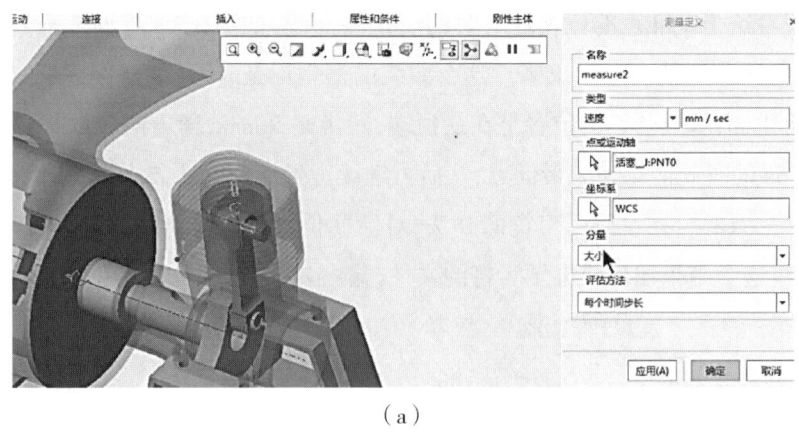

（a）

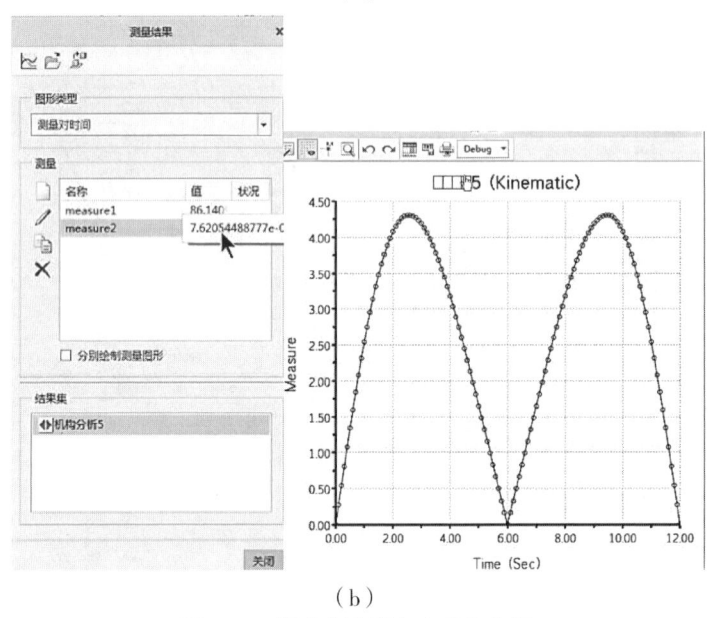

（b）

图 3.33　基准点速度大小变化曲线

活动四：加速度分析

基准点加速度大小分析。如图 3.34 所示，鼠标左键点击【创建新测量】，同样的方法选择活塞上的基准点 PNT0，选择默认的坐标系，其余参数默认，点击【确定】，窗口显示出基准点加速度的测量结果（图示的数值为当前结果）。

同样地，也可以把曲线打开，如图 3.34 所示，这个曲线的横坐标是时间，纵坐标是加速度。这个图表明，在最开始的时候，即活塞处于最上端的时候，它的加速度是最大的，随着时间的推移，加速度逐渐减小，当活塞处于最下端的时候，它的加速度又上升，然后加速度又减小，接着又上升，当然这个结果是在默认的坐标系中的数据。由以上的数据可以看出，加速度比较大的值是活塞处于最上边和活塞处于最下边的两个位置，相反的，这两个地方的速度是最小的。也可以把这个结果输出为电子表格文档，输入名称"加速度"，点击【保存】。

使用结果分析还可以得到更多的定量结果。这些结果为分析机械设计、优化模型提供了有力的证据。

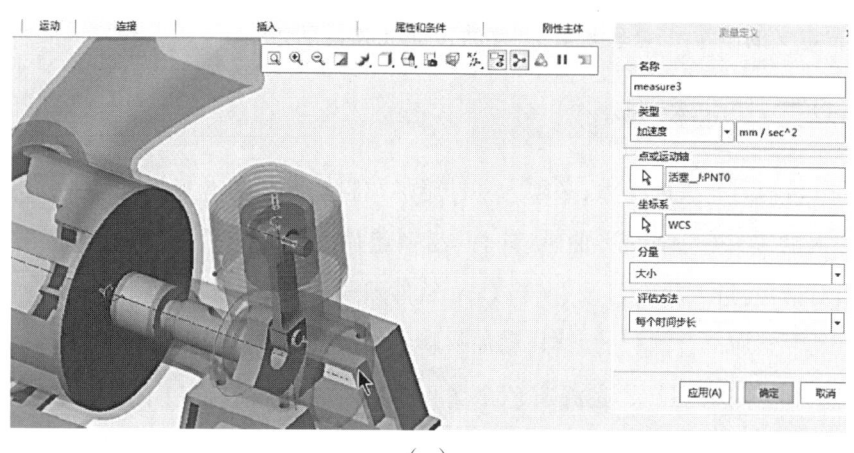

（a）

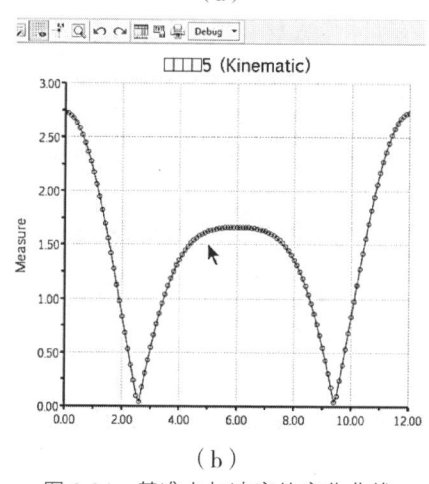

（b）

图3.34 基准点加速度的变化曲线

任务八 动力学分析

活动一：动力学分析基本步骤

任务八之前都是基于在叶轮上施加伺服电动机的角速度,本任务在活塞上施加力的载荷,分析叶轮的运动情况,这样的分析更加地符合实际情况。在实际工作当中,动力是在活塞上表面,活塞受到力,然后将力传给连杆,连杆将力传给曲轴,曲轴将力最终传给叶轮。

动力学仿真步骤比较复杂,本书进行简单介绍。首先创建模型:包含定义刚性主体、分配质量属性、生成连接、定义运动轴设置等拖动装配检查模型;然后应用伺服电动机或者执行电动机、应用弹簧、阻尼器,定义力载荷、扭矩载荷、重力、定义初始条件和测量;接着机构分析:包含动态分析、静态分析、力平衡分析等;最后检查结果,包含回放结果,检查干涉,查看定义的测量和动态测量,创建轨迹曲线和运动包络等。

 活动二:添加材料

为了分析与力相关的参数,必须为零件施加材料模型。在本实例模型中,需要将材料等参数加入的零件包括叶轮、曲轴、连杆、活塞组件。打开叶轮,鼠标右键点击【编辑材料】,弹出对话框,进入材料目录中(当 Creo 软件默认材料不能满足要求的时候,要在默认的材料目录中添加符合国标的材料,添加材料的方法,请读者自行参考有关资料),如图3.35 所示,选择最下边的目录,选择有色金属目录,双击锻造铝材料,下边框中就显示出所选的材料,有关该种材料的物理和力学性能在右边的框中可以查看,点击【确定】。同样的方法,对曲轴、连杆、活塞等零件加入材料模型(材料选择 45 钢)。

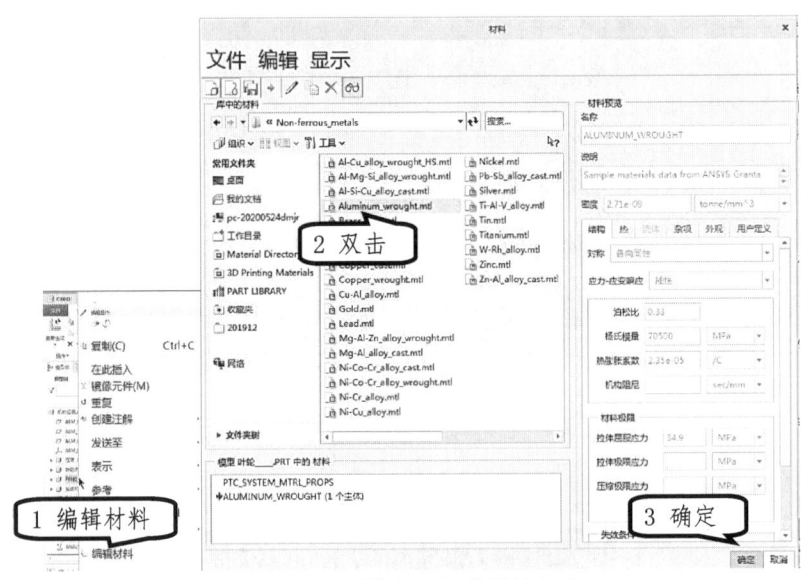

图 3.35 零件施加材料模型的方法

 活动三:添加载荷

施加力的载荷。在活塞基准点 PNT0 上,施加压力。因为要观察的结果是叶轮的旋转速度,所以首先需要在叶轮上创建一个基准点,鼠标左键【激活】零件叶轮,通过移动鼠标,选择叶轮圆周上的一点,创建新的基准点,用所创建的这个点来代表叶轮的运动情况。

基准点速度矢量分析。如图 3.36 所示,鼠标左键点【应用程序】—【机构】—【测量】,

点击【打开】将上节课程所做的结果5,点击【新建一个测量】,选择【速度】,选择活塞上所创建的基准点 PNT0 作为测量点,点击【选择 Z 分量】,即沿着坐标 Z 方向的分量去测量基准点速度的值,点击【确定】。从图形中查看测量结果,曲线代表的意思是,在最开始最高位置的时候,活塞速度是 0,随着活塞向下运动,速度是负值(负值的意思表示活塞运动与 Z 轴方向相反),速度的绝对值在增大,活塞下降到这中间位置的时候,速度的绝对值是最大的,然后数字绝对值开始减小,等到活塞到最低位置的时候,速度开始转为正。不同于上一节速度的分析结果,这是基准点相对于 Z 向的速度,包含正负方向的。

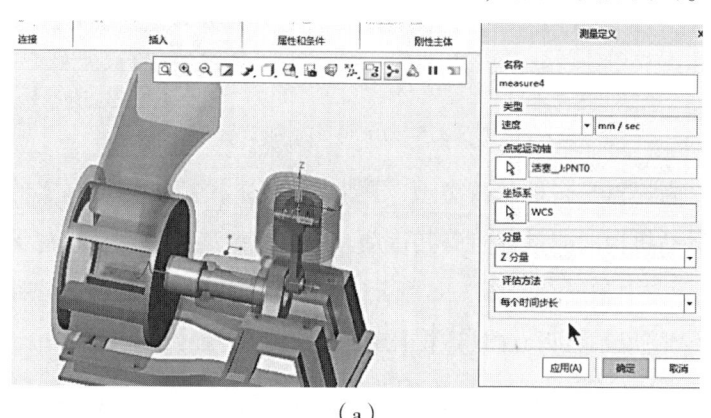

(a)

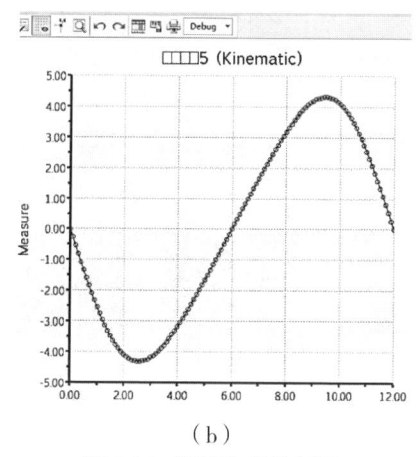

(b)

图 3.36　速度矢量的测量

激活整个机构组件,施加载荷。如图 3.37 所示,鼠标左键点击【力】,在活塞的基准点 PNT0 上施加力载荷,选用【表】的形式,在主变量选用刚才的速度测量结果,添加四行,分别输入当速度-4,输入力为 2N;输入当速度-0.01,输入力为 2N;输入当速度 0.01,输入力为-2N;输入当速度 4,输入力为-2N,点击【确定】,完成施加力载荷。以上力载荷的意思是:当活塞向上运动的时候,施加向上的力;反之,施加向下的力。

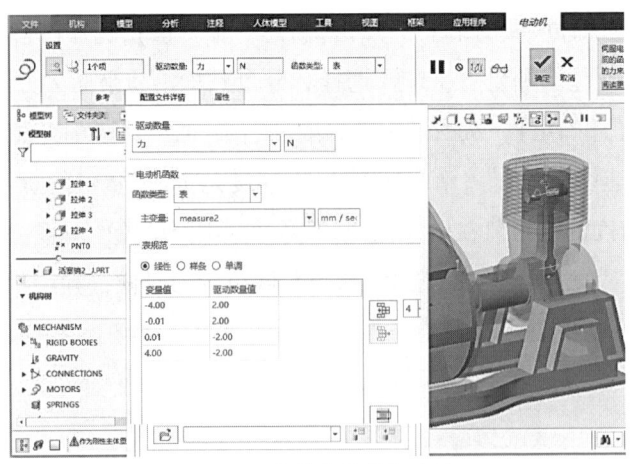

图 3.37　力载荷的施加方法

施加阻尼。阻尼器是一种载荷类型,可创建它用来模拟机构上真实的力。阻尼器产生的力会消耗运动机构的能量并阻碍其运动。阻尼力始终和应用该阻尼器的图元的速度成比例,且与运动方向相反。如图 3.38 所示,选择【阻尼器】—【旋转】,在绘图区选择叶轮轴作为参考,输入阻尼系数为 0.01,点击【确定】。

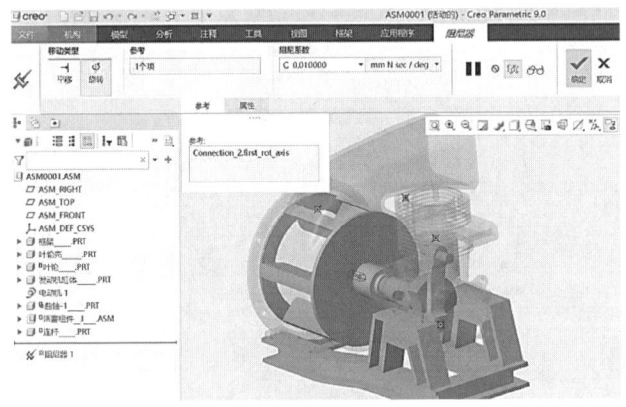

图 3.38　阻尼器

 活动四:机构分析

初始条件为执行动态分析时设置的位置和速度选项。位置初始条件:确保分析从特定的位置开始。默认情况下,每次分析都从作为当前屏幕位置(在屏幕上看到的刚性主体的当前方向)显示的机构状态开始。可使用初始条件为每个分析建立一致的起始配置。速度初始条件:以特定的速度开始分析。可以定义点、运动轴、角度及切向槽速度设置。设置合适的初始条件,鼠标左键点击【初始条件】,选择如图 3.39 所示的快照,在速度条件处,点击【角速度】,其大小为 30°/s。

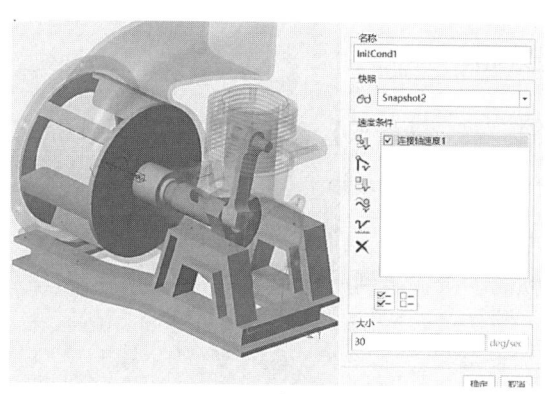

图 3.39 初始条件

如图 3.40 所示,鼠标左键点击【机构分析】—【动态】,【结束时间】输入 10s,【帧数】输入 20,点击【电动机】,点击【移除】叶轮上的电动机 1,【外部载荷】选定电动机 2,即刚才所施加的力载荷。点击【运行】。观察运行结果,运行完成后,点击【确定】。

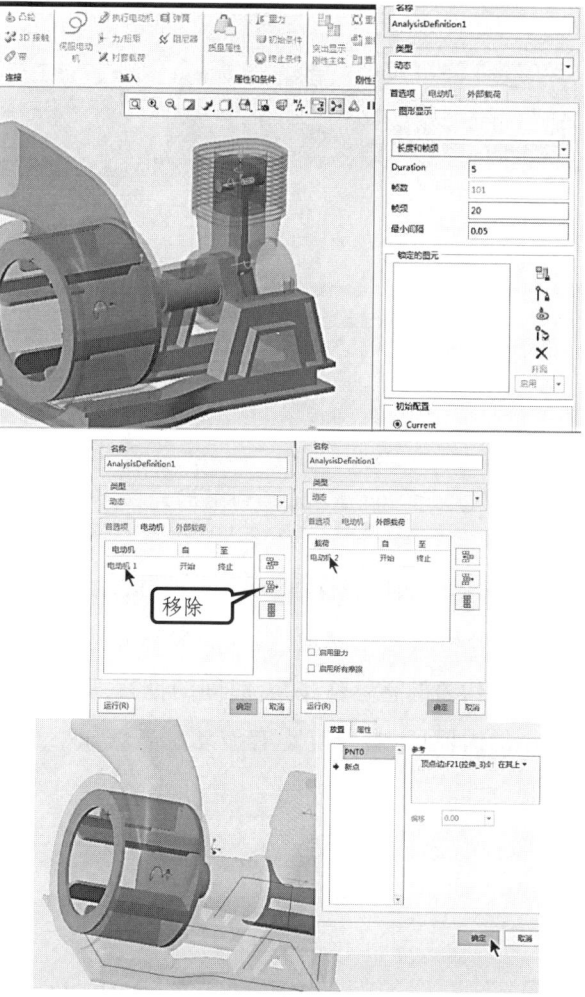

图 3.40 动态分析

活动五:结果分析

如图3.41所示,鼠标左键点【回放】,选择刚才的"结果分析1",播放当前结果,注意不需要碰撞检测(在碰撞检测设置中,选择【无碰撞检测】),刚才的分析结果就以动画的形式显示出来。如果需要输出动画,鼠标左键点击【捕获】,输入动画名称"力载荷",点击【确定】。将生成100帧的动画输出到工作目录中。

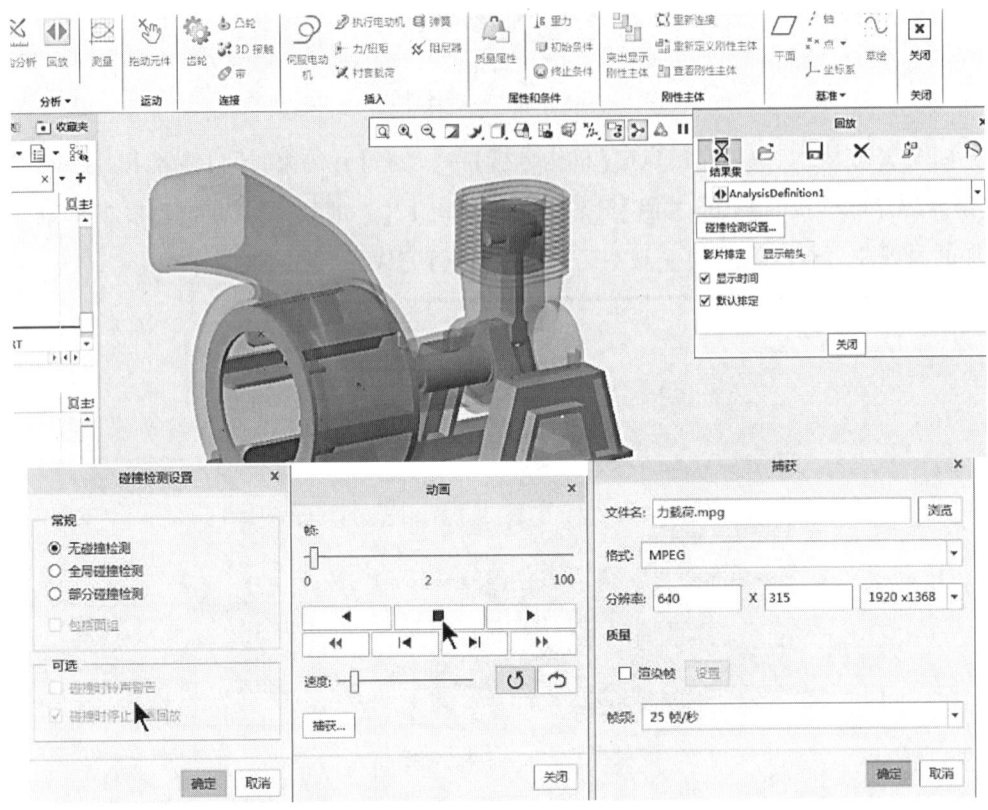

图 3.41 回放分析结果

点击【新建测量】—【速度】。如图3.42所示,选择在叶轮上创建的基准点,其他默认,点击【确定】。选择刚才的分析结果做测量,当前的瞬态数值显示出来,鼠标左键点【图形】,曲线自动绘制出来,其代表的意思是:随着时间的推移,叶轮上基准点的速度在逐渐地变化,同时在每一个小的时间段内,速度也有波动。当然如果想要结果分析得更加准确,还需要加上其他限制条件。

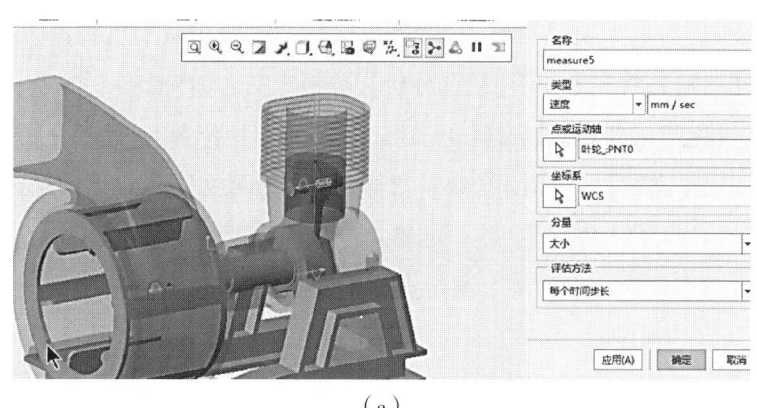

(a)

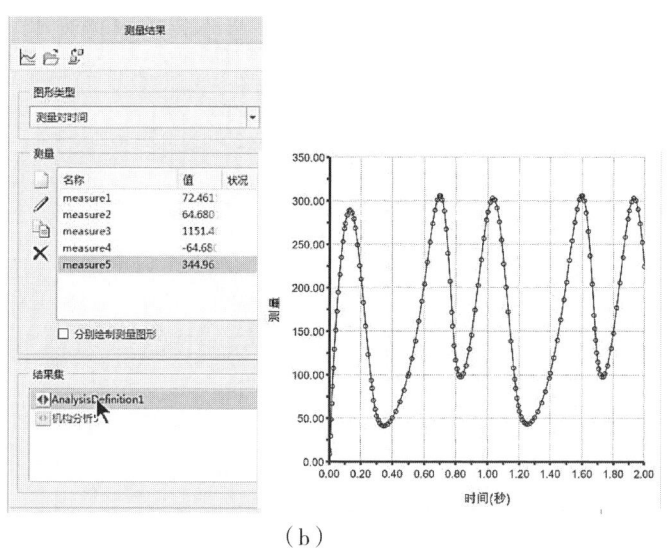

(b)

图 3.42　测量结果

任务九　敏感度分析

活动一：准备

通过全局敏感度研究获得的关键结果是敏感度图形,它显示了较小质量、较高应力、较高频率或较低通量等对应的设计变量值,此信息可用作帮助改进设计的准则。通过查看敏感度图形中要用作优化目标和限制的测量,可以确定哪些设计变量可能对测量具有最大影响,还可以确定设计变量范围中对测量具有最大影响的部分。

所谓的敏感性分析,就是当所设计的某些零件的尺寸改变的时候,引起某些运动学或者动力学参数的变化程度。对于本例来说,探索连杆某些尺寸的变化,对于活塞上所做的测量点的速度变化影响。

打开 Creo 软件,选择项目三作为工作目录,打开前面所做的机构设置。在【应用程序】里边点击【机构】,首先做一个【机构分析】,分析定义名称为默认的名称,选择运动学,开始时间是 0,【结束时间】12s,选择【电动机 1】,选择起始位置为【快照 1】,点击【运行】。运行完成后,点击【确定】,【保存】结果。鼠标左键点【回放】,回放运动结果。在测量里面,选中刚才的结果,鼠标左键点"测量结果 4",刚才测量结果的曲线图就会呈现出来,如图 3.43 所示。这个图表示出活塞上测量点速度的变化情况,开始转动的时候,活塞是向下运动,在这一点的速度是-3m/s(因为跟 Z 轴方向相反,所以速度是负的),随着曲轴往下转动,活塞往下移动,它的速度值加大,在活塞处于中间位置的时候速度最快,表现为负的速度,它的绝对值是最大的,然后随着活塞继续向下运动,它速度的绝对值在减小,当活塞运动到最下边的位置的时候,活塞的速度是 0,然后随着活塞继续往上运动,速度逐渐增加。分析完测量结果,退出应用程序,退出机构,【保存】这个结果。

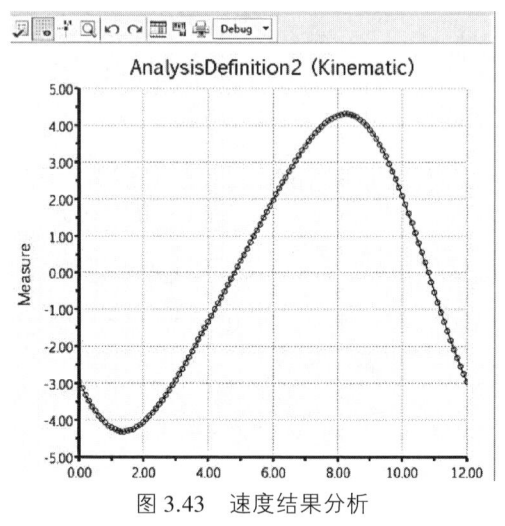

图 3.43　速度结果分析

活动二:敏感度分析

如图 3.44 所示,鼠标左键点运动【分析】。要做敏感性分析,首先点【运动分析】,在模型树上添加运动分析的特征,要分析的是"测量结果 4"。即要在刚才所做的这个运动学分析里边,对测量结果 4 进行进一步的敏感性分析,所以把这个建立成一个特征。鼠标左键点击【添加特征】,使用默认的名称"分析 1",在左边模型树上就有一个分析特征 1。

鼠标点击【敏感性分析】,弹出一个菜单,输入研究名称"敏感性分析 1",探索连杆的某些尺寸对活塞速度的影响,点一下【尺寸】,选择【连杆】,鼠标左键点一下【连杆的拉伸特征】,在绘图区出现的尺寸中左键点一下尺寸 33mm,变量范围默认是 29.7mm 到 36.3mm,在这里将尺寸修改为 29mm 到 36mm,选用最大速度,即表示活塞上所设置的那个点的最大速度作为研究参数,点击【确定】。鼠标左键点击【计算】,软件一边计算,一边用图形将计算结果展示出来。这个图所代表的意义是,连杆的孔距 D2 从 29mm 变化到 36mm,随着孔距尺寸的增加,它的最大的速度从 4.34 减少到 4.29,换句话说,随着连杆的加长,活塞上边所设置的基准点运动速度在减小。这个就是活塞上这一点对于连杆孔距尺寸的敏感度分析。对分析的结果进行【保存】,输入名称"连杆对活塞速度敏感性分析"。

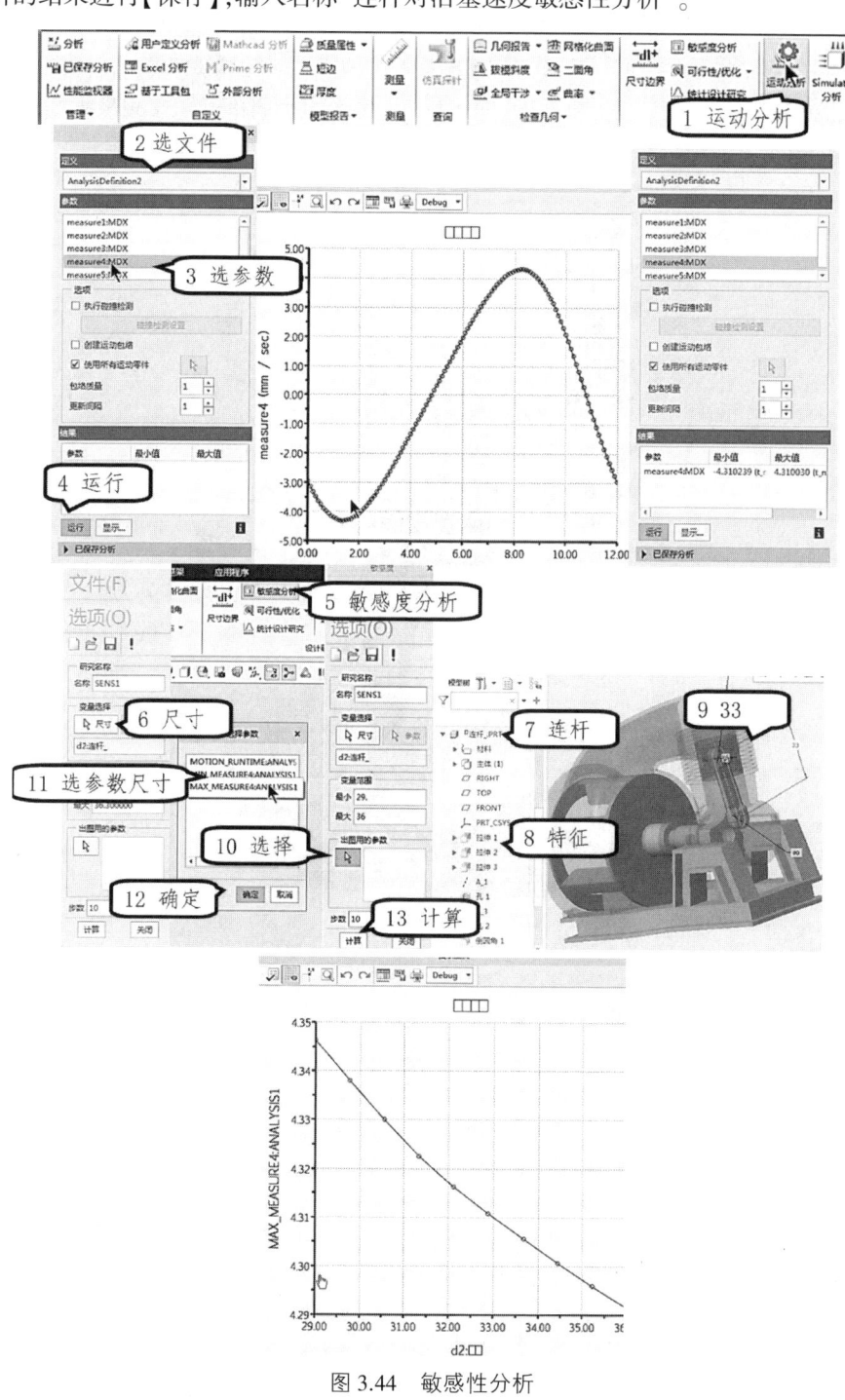

图 3.44　敏感性分析

项目实战练习

如图 3.45 所示,装配并仿真风扇的旋转和摇头运动。伺服电动机添加在转子上;转子和风扇为刚性连接,转子带动风扇旋转;转子和摇动杆通过蜗轮蜗杆连接,实现运动的减速和换向;摇动杆、连杆和架子之间通过销连接的方式连接,前盖和架子之间也是销连接,在其共同作用下,实现慢速摆头运动。分析风扇旋转的速度和摇头的速度、加速度。

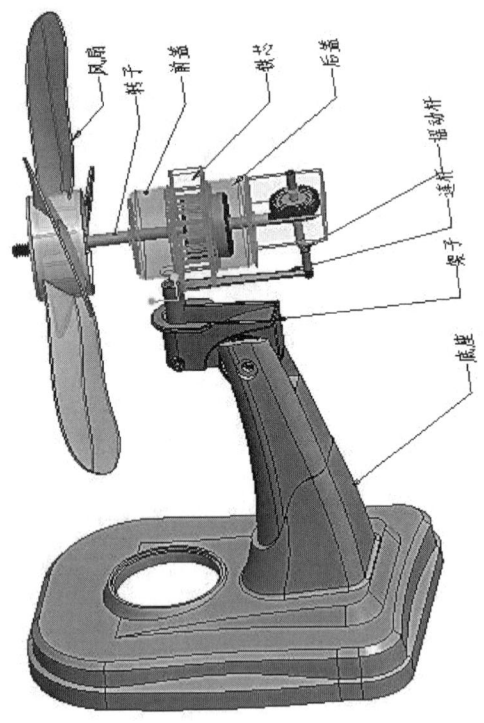

图 3.45 风扇仿真

项目四 高级设计

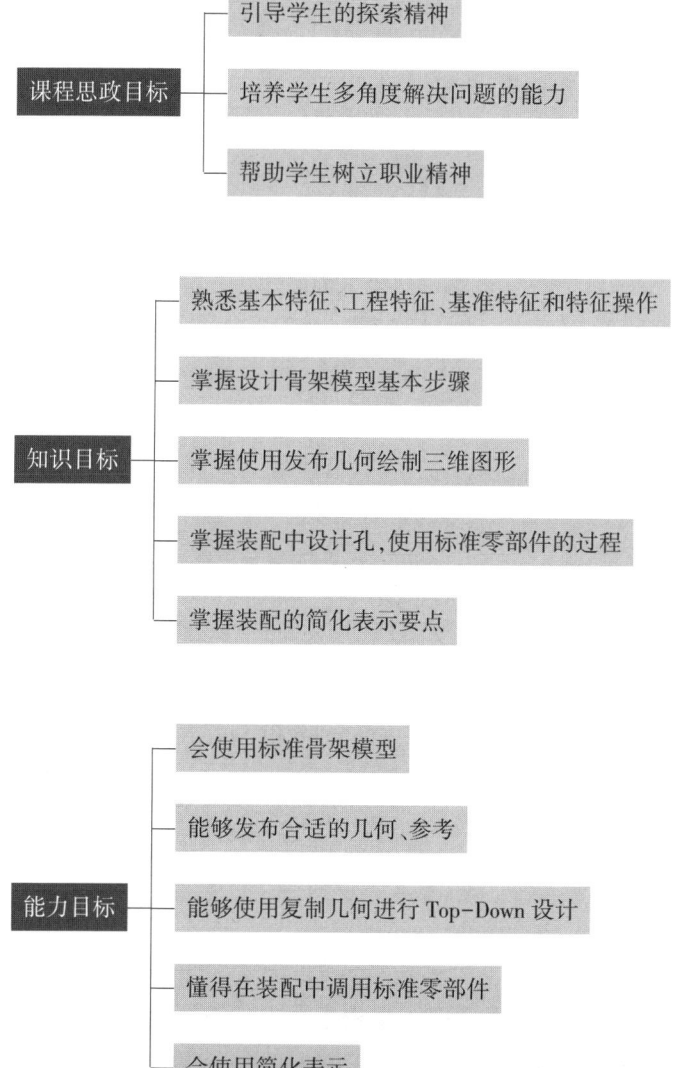

 **思维导图**

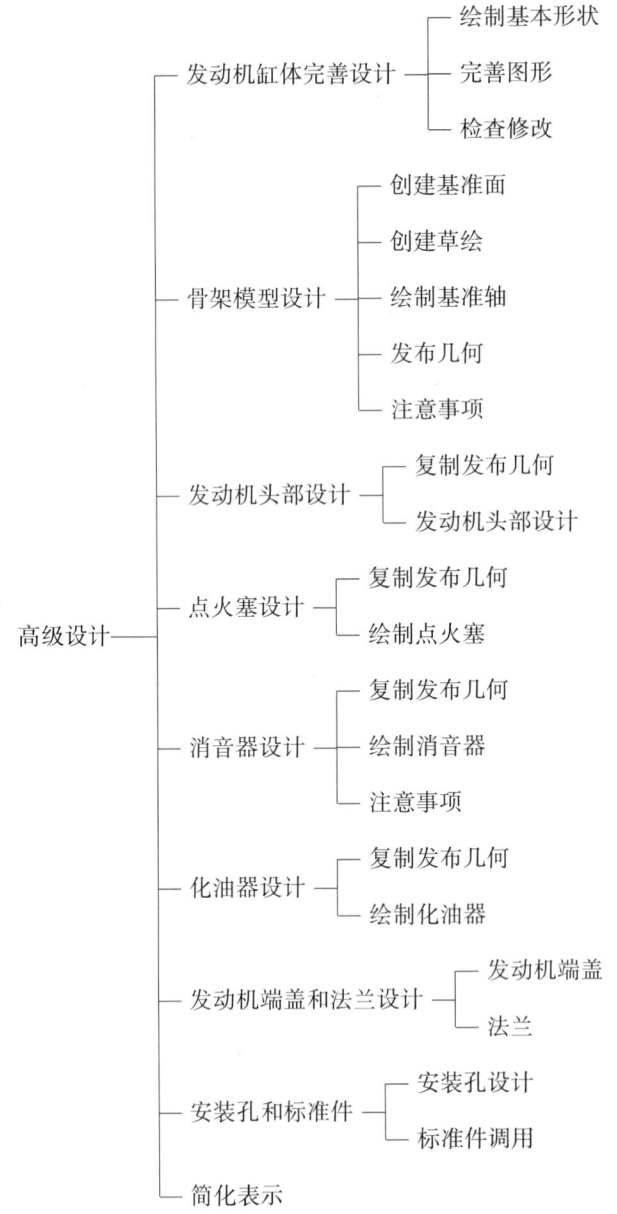

任务内容

本项目学习 Creo 软件自上而下的设计方法。首先完善设计发动机缸体,在已有关键零件的基础上,在装配中设计骨架模型,利用骨架模型进行自上而下的设计,完成发动机头部、消音器和化油器的设计。参照设计好的发动机缸体的基准,设计发动机端盖和法兰。最后在装配中设计安装孔和装配标准零部件。学习本项目后，应掌握发布几何、骨架模型等自上而下的设计方法。

任务一　发动机缸体完善设计

活动一：绘制基本形状

动态仿真验证了基本设计后，完善发动机缸体的设计细节。如图4.1所示，需要绘制发动机缸体与消音器相连的部分，也要绘制与化油器相连的部分，还要绘制与端盖相连的部分，最后画出发动机缸体的加强筋等。

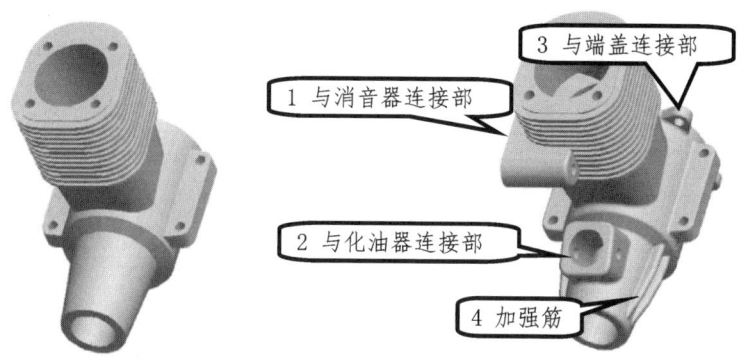

图4.1　发动机缸体的细节

打开Creo软件，【选择工作目录】，将项目四作为工作目录(拷贝项目二的文件)，【打开】前面所做的发动机缸体。

绘制如图4.2所示的基准面。

使用拉伸特征绘制与消音器连接部分。选择FRONT面为草绘平面，新绘制的基准面作为参考，草绘图形如图4.3所示，拉伸深度为18.5mm。完成拉伸特征绘制。

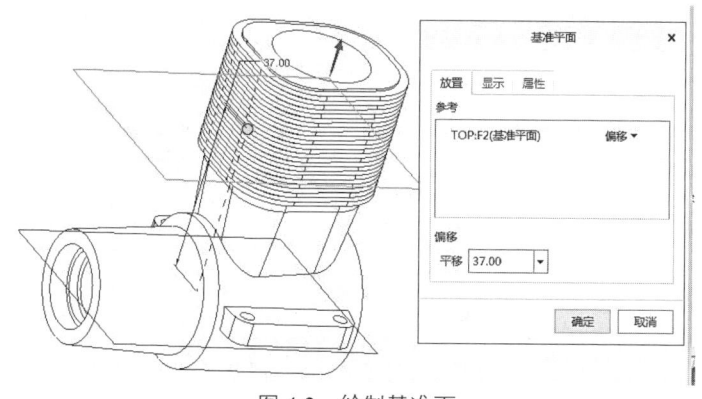

图4.2　绘制基准面

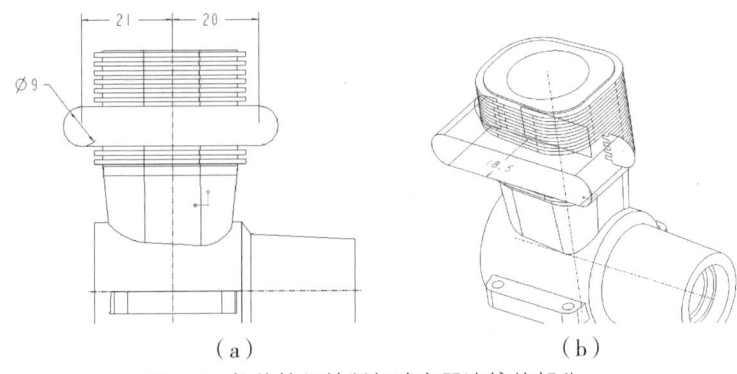

图4.3 拉伸特征绘制与消音器连接的部分

使用【拉伸】特征,选择【移除材料】绘制连接部分的异形孔。选择 DTM6 平面作为草绘平面,绘制如图 4.4 所示的图形,双向对称拉伸,拉伸距离为 6mm。完成与消音器连接部分的绘制。

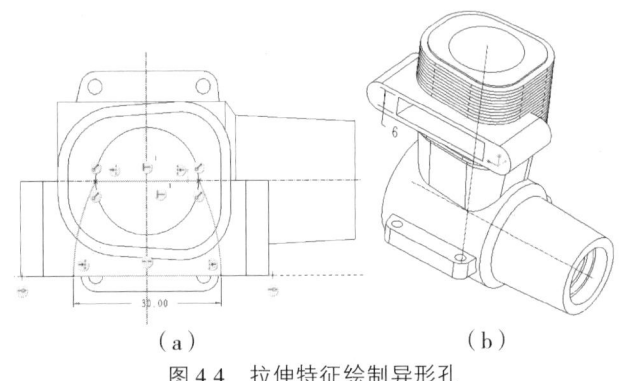

图4.4 拉伸特征绘制异形孔

绘制与化油器相连接的部分。首先绘制基准轴,鼠标左键点【轴】,在绘图区选择 FRONT 基准面(绘图区出现一个垂直于该面的基准轴),如图 4.5 所示,鼠标左键点【偏移参照】,在绘图区鼠标左键依次选择 DTM1 基准面、TOP 基准面,鼠标左键双击修改尺寸,输入 28mm 和 17mm,完成基准轴的绘制。

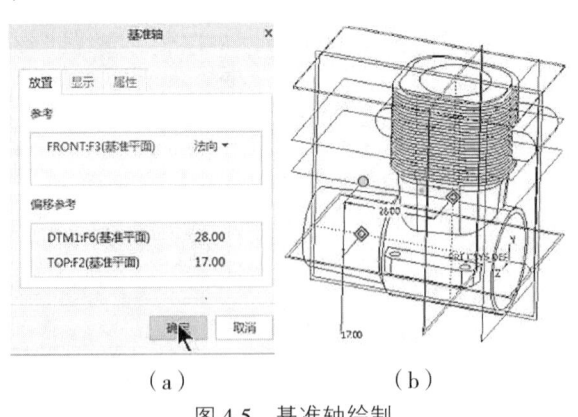

图4.5 基准轴绘制

绘制基准平面。如图 4.6 所示,经过刚才绘制的轴,并且和基准面 TOP 夹角是 22°,绘制基准面。

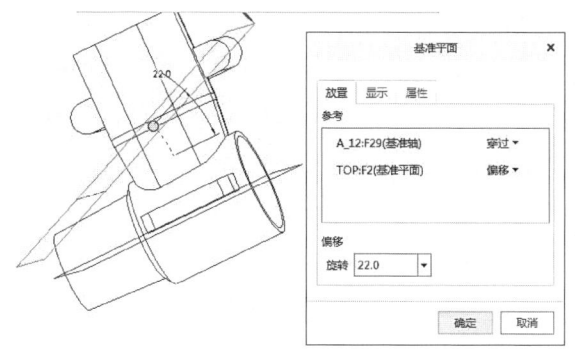

图 4.6　基准面绘制

使用拉伸特征绘制倾斜的凸台。选择刚才绘制的基准面为草绘平面,草绘图形如图 4.7 所示,拉伸的深度选择到固定面——发动机缸体外圆柱面。

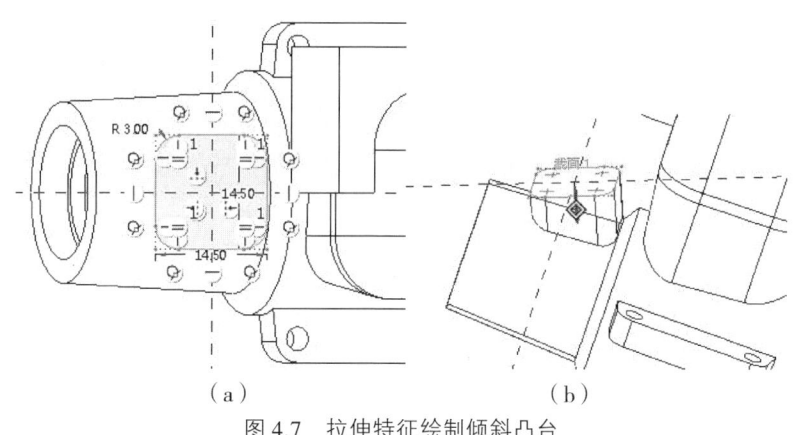

图 4.7　拉伸特征绘制倾斜凸台

使用【拉伸】特征,选择【移除材料】绘制孔。如图 4.8 所示,选择凸台上平面为草绘平面,绘制直径为 10mm 的圆,拉伸的深度选择到固定面——发动机缸体孔的内表面。完成孔的绘制。

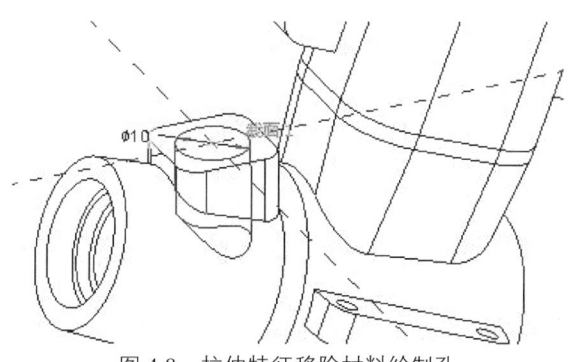

图 4.8　拉伸特征移除材料绘制孔

使用【拉伸】特征,选择【移除材料】绘制孔。如图 4.9 所示,选择倾斜平台的侧面为草绘平面,在中间位置绘制直径为3mm的圆,拉伸深度选择切透,完成与化油器连接部分的绘制。

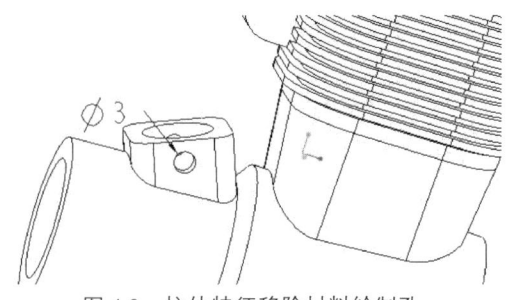

图4.9 拉伸特征移除材料绘制孔

绘制与端盖相连接的部分。使用拉伸特征绘制法兰耳,选择端面作为草绘平面,草绘图形如图4.10所示,拉伸的深度为3mm。完成拉伸特征的绘制。

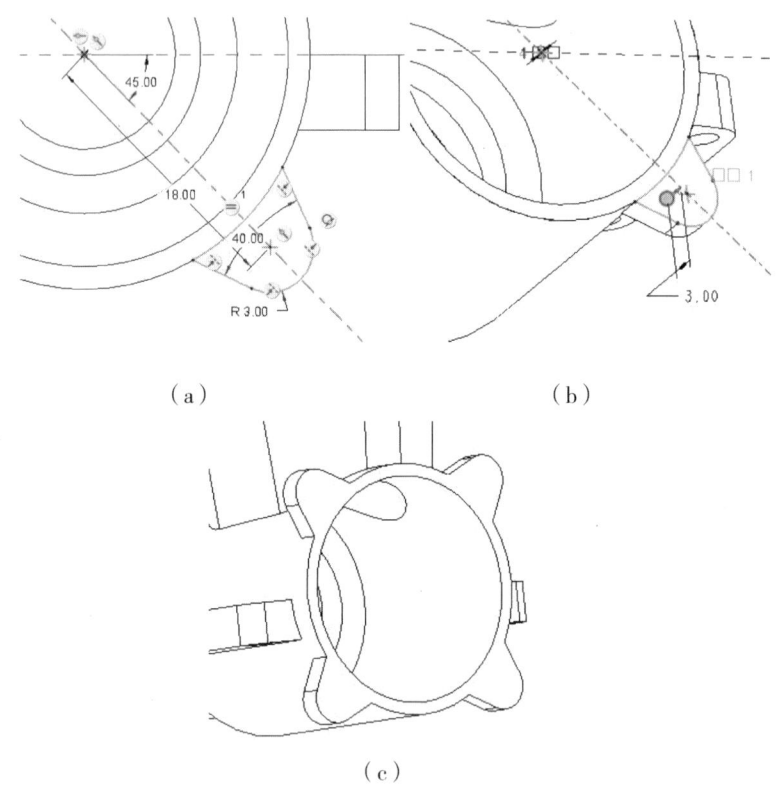

图4.10 绘制一个法兰耳并阵列

选择刚才绘制的法兰耳,鼠标左键点【阵列】,选择【轴阵列】,选择【中间轴】,阵列出如图4.10(c)所示的图形。完成与端盖连接部分的阵列绘制。

活动二:完善图形

绘制加强筋。如图4.11所示,首先绘制基准平面,使基准平面过发动机缸体中心的轴线并且和 TOP 基准面夹角为 10°。

鼠标左键点击【筋】后边的三角符号,选择【轮廓筋】。增加一些参照,在刚才绘制的草绘平面上绘制图形,画圆弧,标注尺寸如图 4.12 所示的尺寸,加强筋厚度为 2mm。完成加强筋的绘制。绘制轮廓筋时,草绘图形通常是线段、圆弧等,这些图形的端点与已有的参照重合,并且不能是封闭的图形。

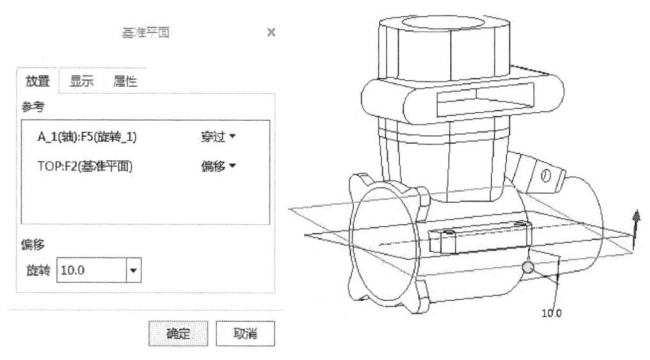

图 4.11 绘制基准面

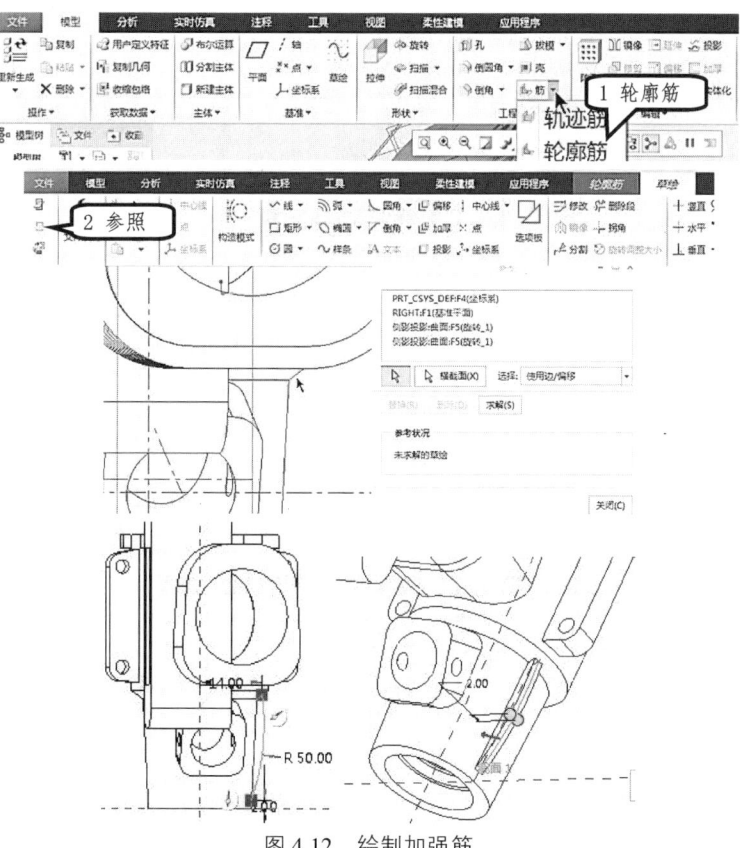

图 4.12 绘制加强筋

加强筋倒圆角。如图 4.13 所示,选择加强筋的两条棱,鼠标左键点击【倒圆角】,选择【集】—【完全倒圆角】,完成倒圆角绘制。

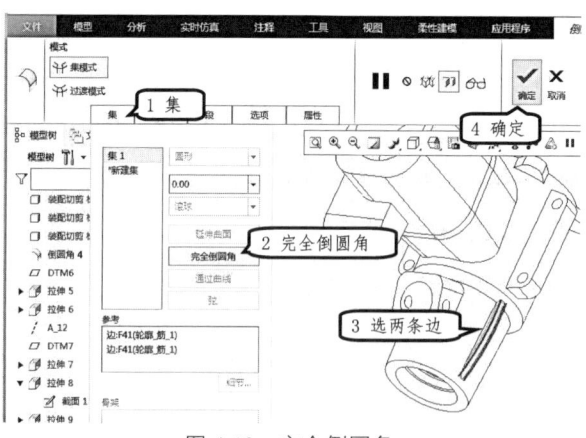

图 4.13　完全倒圆角

在模型树区域,选择与加强筋相关的特征,如图 4.14 所示,创建【局部组】。对加强筋进行复制。鼠标左键点局部组,选择【复制】。在【粘贴】下拉菜单选择【选择性粘贴】,选择【完全从属于要改变的选项】,【对副本进行应用移动旋转变化】—【确定】—【变换】,设置中选择【旋转】,输入旋转的角度 20°,在绘图区选择孔中间轴,点击【确定】,完成复制加强筋特征。

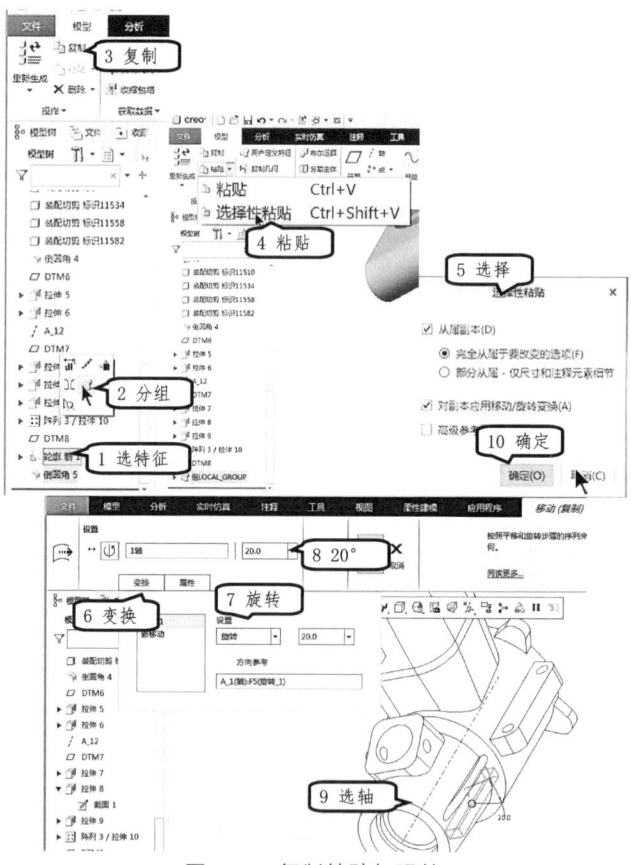

图 4.14　复制粘贴加强筋

同样的道理,复制加强筋,选择性粘贴,输入角度 100°,完成后如图 4.15 所示。选择完成的前两个筋,选择中间镜像面,镜像两个加强筋,完成加强筋的绘制。

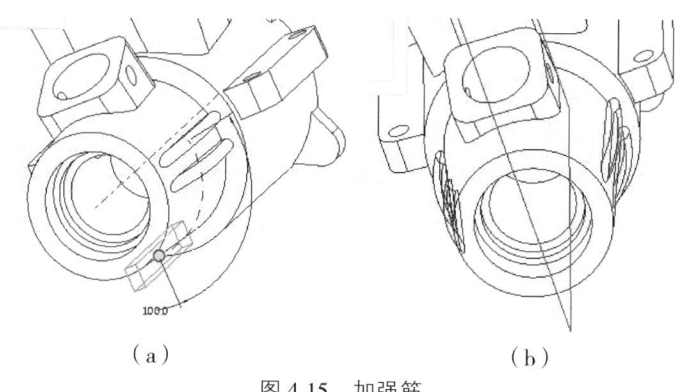

图 4.15 加强筋

绘制倒圆角特征,圆角半径分别为 0.5mm 和 1mm。完成后如图 4.16 所示。

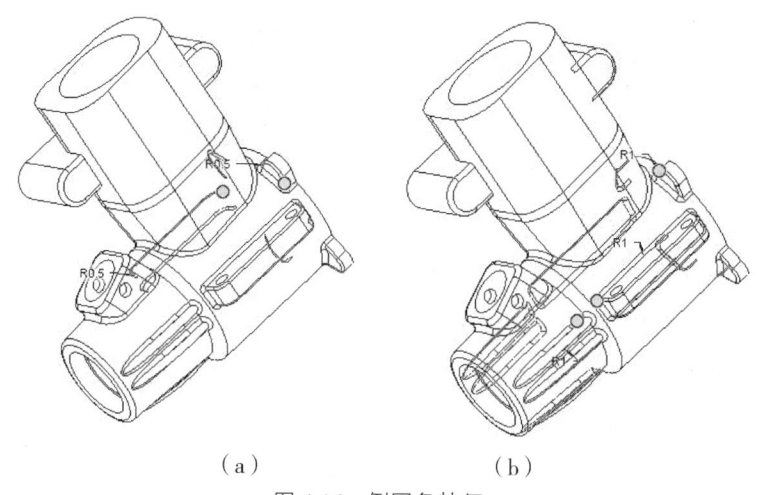

图 4.16 倒圆角特征

活动三:检查修改

在绘制与消音器连接部分的时候,在原来缸体孔中间出现拉伸实体,使用【拉伸】—【移除材料】去除。再次检查绘制的发动机缸体,修改发现的问题,修改后进行后续操作和设计。

任务二 骨架模型设计

活动一:创建基准面

任务一绘制了完整的发动机缸体,后面将要设计发动机缸体的头部、消音器、化油器等零件。这些零件与发动机缸体连接,其尺寸存在对应关系,如果能够参照发动机缸体上的某些图元,来绘制设计新的零件,就会设计得又准又快,同时修改也会非常方便。要达到这一目的,通常采用自上而下的设计方法。这种方法的步骤是:首先设计骨架模型,发布几何,然后设计新零件,复制发布几何,利用这些信息进行后续的设计。

打开 Creo 软件,选择项目四作为工作目录,在工作目录中预览并打开整体装配,在整体装配中鼠标左键点【创建】,如图 4.17 所示,选择创建一个【骨架模型】,输入名称"整体骨架",点击【确定】。选择【从现有项复制】,复制公制单位,点击【确定】。模型树的第一个部件显示为骨架模型,隐藏框架、叶轮壳、曲轴、连杆和活塞组件。

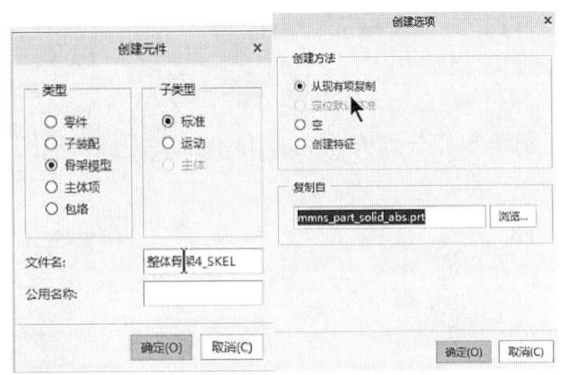

图 4.17 创建骨架模型

鼠标左键点骨架模型,点击【激活】。为了后续绘图方便,首先创建几个基准面。如图 4.18 所示,鼠标左键点击平面,在绘图区选择图(a)中的平面,点击【确定】,在骨架模型中成功创建基准平面 DTM_1。同样的方法,在骨架模型中依次创建基准平面 DTM_2、DTM_3 和 DTM_4,见表 4.1。

表 4.1 创建基准面

序号	创建的基准面	参考
1	DTM_1	图(a)所示平面
2	DTM_2	图(b)所示平面
3	DTM_3	图(c)所示平面
4	DTM_4	图(d)所示平面
5	DTM_5	图(e)所示平面

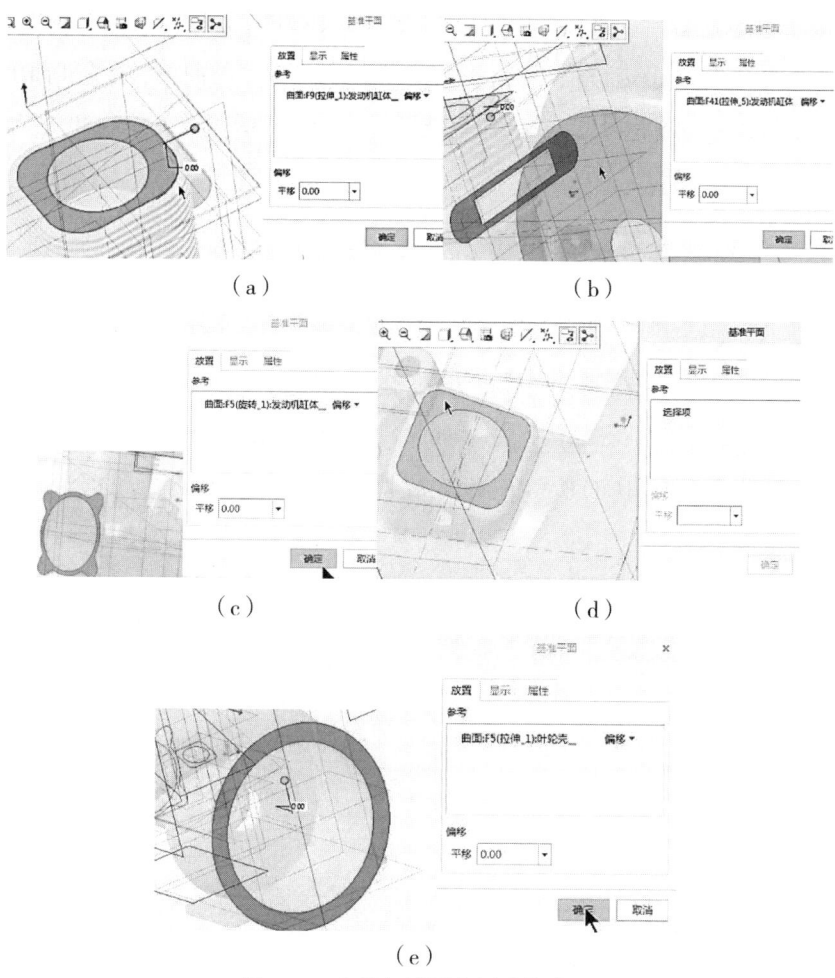

图 4.18　在骨架模型中创建基准面

活动二：创建草绘

在骨架模型中绘制相关图元。鼠标左键点【草绘】，在基准面 DTM_1 上进行草绘，点击【投影】—【环】，选择和发动机头部相关的环；同样的方法，选择较大的环，关闭窗口，点击【确定】。完成草绘中添加和发动机头部相关的曲线。

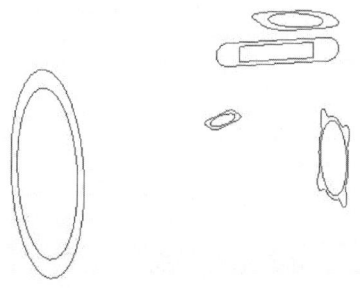

图 4.19　在骨架模型中创建草绘

同样的方法,在基准面 DTM_2 上进行草绘,使用【投影】等工具,绘制和消音器相关的曲线;在基准面 DTM_3 上进行草绘,绘制和发动机端盖相关的曲线;在基准面 DTM_4 上进行草绘,绘制和化油器相关的曲线;在基准面 DTM_5 上进行草绘,绘制和法兰相关的曲线。结果如图 4.19 所示。

活动三:绘制基准轴

绘制轴。如图 4.20 所示,鼠标左键点击【轴】,在绘图区选择如图(a)所示的孔,骨架模型中完成基准轴 A_1 的绘制。同样的方法,在绘图区选择如图(b)所示的孔,完成骨架模型中基准轴 A_2 的绘制;在绘图区选择如图(c)所示的孔,完成骨架模型中基准轴 A_3 的绘制;在绘图区选择如图(d)所示的孔,完成骨架模型中基准轴 A_4 的绘制,见表 4.2。

表 4.2　基准轴

序号	基准轴	参照
1	A_1	图(a)所示孔的中心线
2	A_2	图(b)所示孔的中心线
3	A_3	图(c)所示孔的中心线
4	A_4	图(d)所示孔的中心线

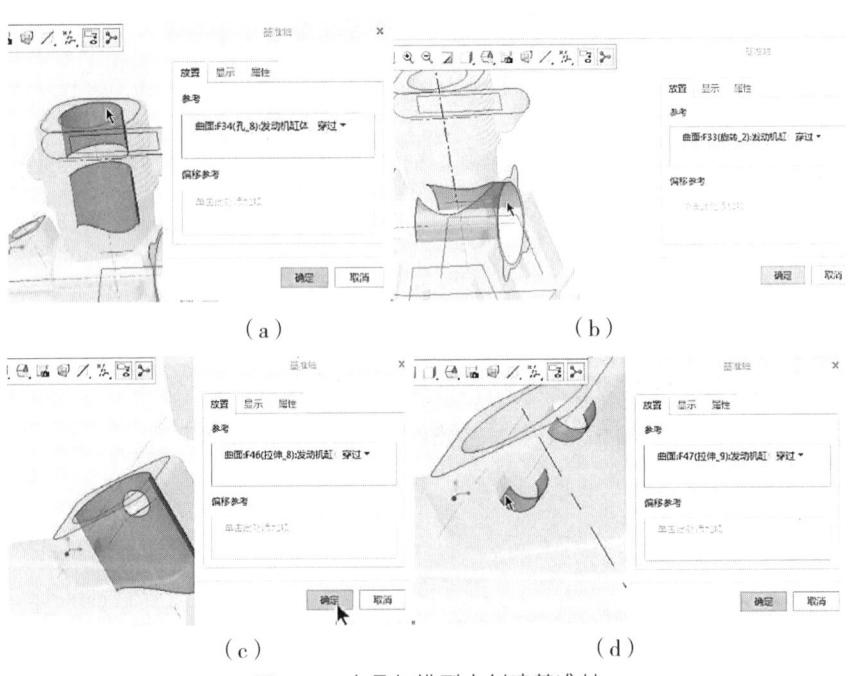

图 4.20　在骨架模型中创建基准轴

另外,在骨架模型中还要创建两个基准平面。如图 4.21 所示,第一个基准面通过基准轴 A_1 并且和 TOP 面平行;第二个基准面通过基准轴 A_3,同时与图(b)所示的斜面平行。

整体骨架中的曲线、基准面、基准轴绘制完成,点击【保存】。

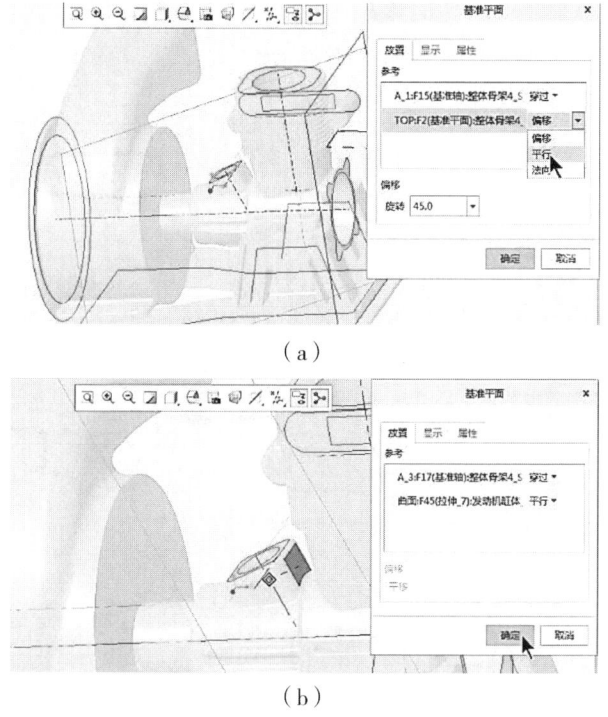

(a)

(b)

图 4.21　在骨架模型中创建基准面

活动四:发布几何

为了后续绘制零件的参照使用,需要对整体骨架的相关图元发布几何。

准备发动机头部的发布几何,如图 4.22 所示,鼠标左键点击【发布几何】,在弹出的【发布几何】菜单中,鼠标左键点击【链】下的窗口,在绘图区选择与发动机头部相关的两条曲线(为了选择方便,可以隐藏发动机缸体);在【参考】下的窗口,在绘图区选择与发动机头部相关的 DTM_1、RIGHT 基准面、TOP 面和 A_1 轴(因为前面设计的差别,此处选择的基准面与基准轴会有所差异),完成与发动机头部相关的发布几何。

准备消音器的发布几何,鼠标左键点击【发布几何】,鼠标左键点击【链】下的窗口,在绘图区选择与消音器相关的两条曲线,在【参考】下的窗口,在绘图区选择与消音器相关的 DTM_2、DTM_6、FRONT 基准面,完成与消音器联系的发布几何。

准备化油器的发布几何,鼠标左键点击【发布几何】,在【链】下的窗口,在绘图区选择与化油器相关的两条曲线,在【参考】下的窗口,在绘图区选择与化油器相关的 DTM_4、DTM_7、RIGHT 基准面和 A_3、A_4 轴,完成与化油器联系的发布几何。

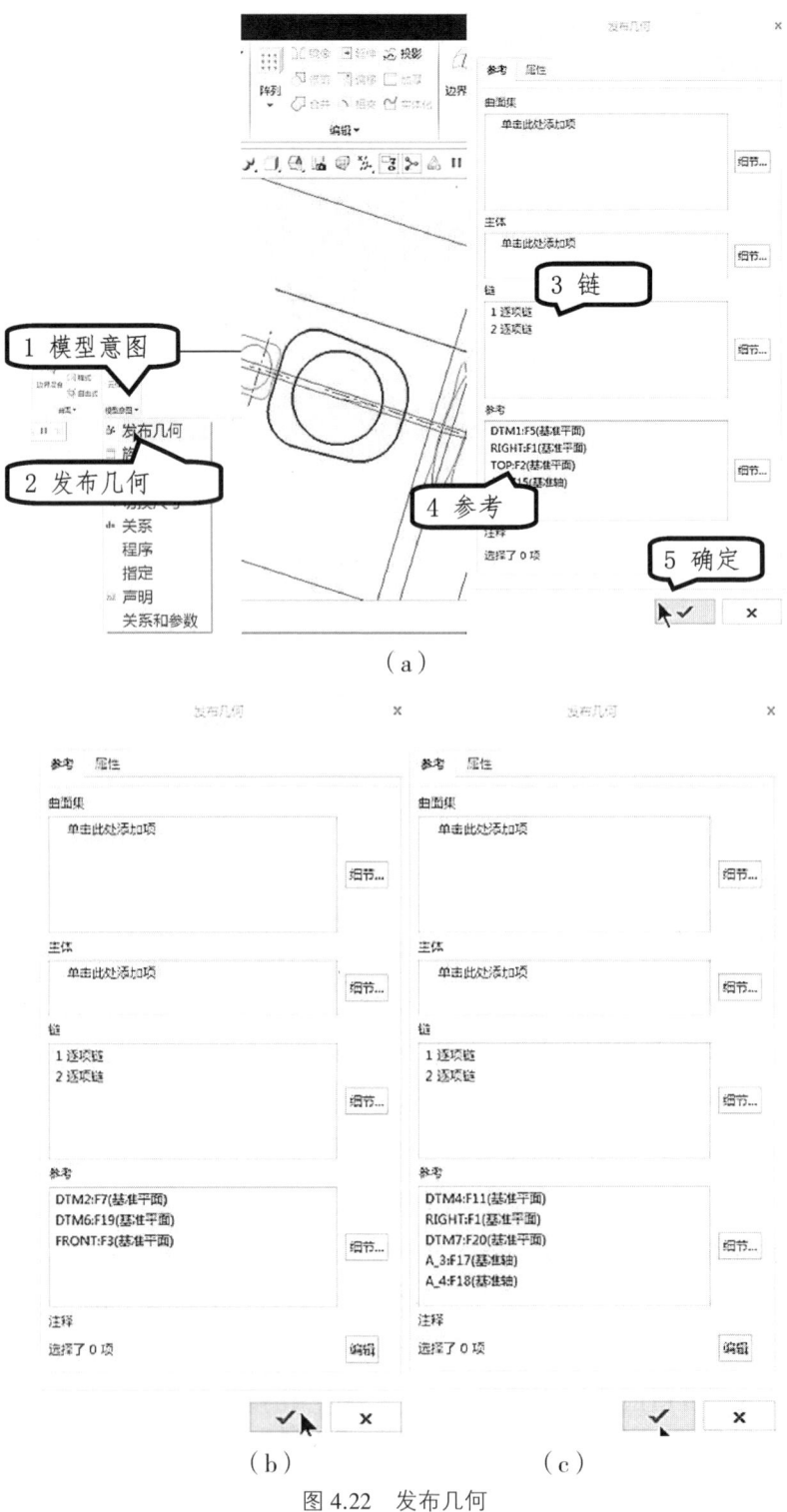

图 4.22 发布几何

准备发动机端盖的发布几何,鼠标左键点击【发布几何】,在【链】下的窗口,在绘图区选择与发动机端盖相关的两条曲线,在【参考】下的窗口,在绘图区选择与发动机端盖相关的 DTM_3、RIGHT 面、TOP 面,点击【确定】,完成与发动机端部联系的发布几何。

准备法兰的发布几何,鼠标左键点击【发布几何】,在【链】下的窗口,在绘图区选择与法兰相关的两条曲线,在【参考】下的窗口,在绘图区选择与法兰相关的 DTM_5,点击【确定】,完成与法兰联系的发布几何。

活动五:注意事项

"发布几何"特征包含独立的局部几何参考,不允许外部参考。创建的特征不是选定几何的副本,是多个可复制到其他模型的局部参考的综合体。在创建"复制几何"或"外部复制几何"特征时,可以参考"发布几何"特征。用户只需进行一次选择即可将模型几何的局部集合作为单个图元复制到其他模型。这将使得将相同的几何参考复制到其他模型时更加容易,并可以有效地控制参考的使用。

"发布几何"特征可捕捉设计目的。利用"发布几何"特征可以:指定当设计小组成员从该模型复制几何时要使用的元件几何;预先确定要由"复制几何"特征参考的几何;定义界面;降低设计者选择错误几何创建驱动模型的可能性。

可在零件、骨架和装配模型中创建"发布几何"特征。如果在装配范围内创建"发布几何"特征,则必须在源模型中选择参考几何。例如,如果特征是在顶层装配中创建的,则只能参考顶层装配的曲面特征和基准。用户不能参考装配的元件的几何。类似,如果通过在装配内激活某个零件而在该零部件中创建"发布几何"特征,则必须从该零部件中选择所有几何参考。

任务三 发动机头部设计

活动一:复制发布几何

利用骨架模型的发布几何,设计发动机头部。

打开 Creo 软件,在装配体中,鼠标左键点【创建】—【零件】—【实体】,输入零件名称"发动机头部",点击【确定】。点击【从现有项复制】,选择公制单位,点击【确定】,在模型树出现发动机头部的零件名称,激活零件发动机头部,点击【参照】,在发布几何下边选取骨架模型里边的第一个发布几何,如图 4.23 所示,在绘图区出现绿颜色的部分就是发布几何的内容,点击【确定】。完成发布几何的复制。

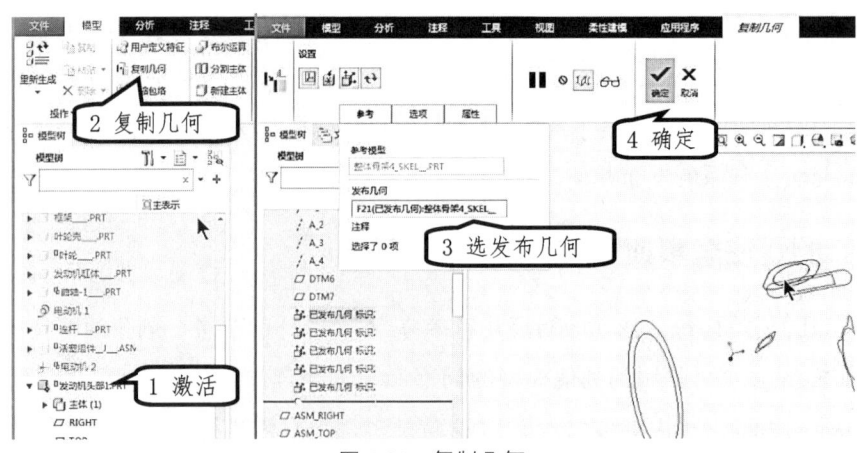

图 4.23 复制几何

 活动二：发动机头部设计

绘制拉伸特征，如图 4.24 所示，鼠标左键点击【拉伸】—【放置】—【定义】，选择复制几何里边的 DTM1 作为草绘平面，点击【投影】—【环】，选择外面的曲线，向上拉伸，拉伸的高度为 11mm。完成拉伸特征绘制。

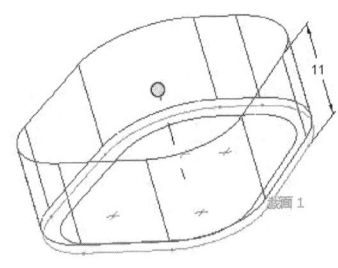

图 4.24 拉伸特征

绘制【拉伸】特征，如图 4.25 所示，选择【移除材料】—【放置】—【定义】，使用刚才所做的草绘平面进行草绘，将刚才所做的草绘进行偏移，点击【偏移】，选【环】，向内偏移为-2mm(或者 2mm)，向外移出材料，拉伸深度为 1mm。完成第二个拉伸特征绘制。

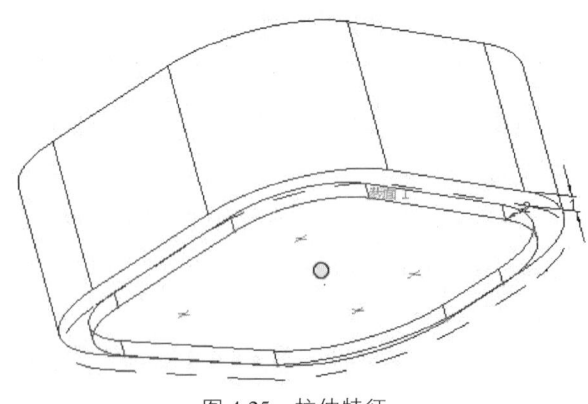

图 4.25 拉伸特征

绘制倒圆角。鼠标左键点击【倒圆角】,选择如图4.26所示的边,输入圆角半径7mm,点击【确定】。完成倒圆角特征的绘制。

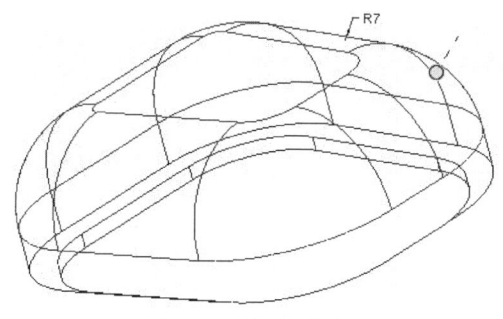

图4.26 倒圆角特征

绘制孔特征,如图4.27所示,鼠标左键点击【孔】,使用【同轴孔】,选择上端面,同时选择中间轴线,输入孔径6mm,孔深度选择切透,点击【确定】。完成孔的绘制。

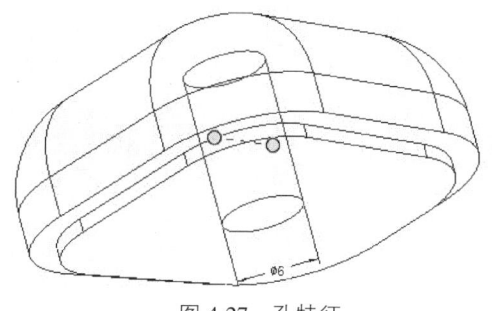

图4.27 孔特征

绘制孔特征,如图4.28所示,鼠标左键点击【孔】,使用【同轴孔】,选择上端面,同时选择中间轴线,输入孔径14mm,孔深度7mm,点击【确定】。完成孔的绘制。

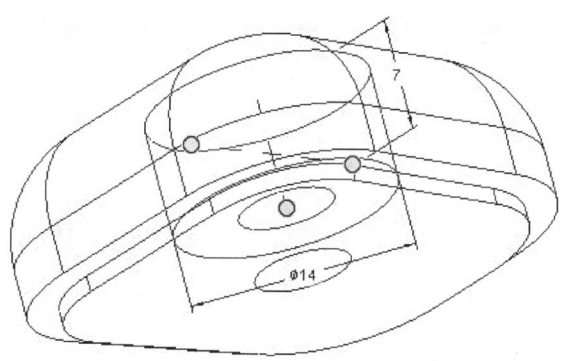

图4.28 孔特征

绘制旋转特征。如图4.29所示,鼠标左键点击【旋转】—【放置】—【定义】,选择基准平面DTM_2作为草绘平面,绘制如图(a)所示的草绘图形(注意中心线的绘制,注意图形封闭),添加约束,标注尺寸,点击【确定】。完成旋转特征的绘制。

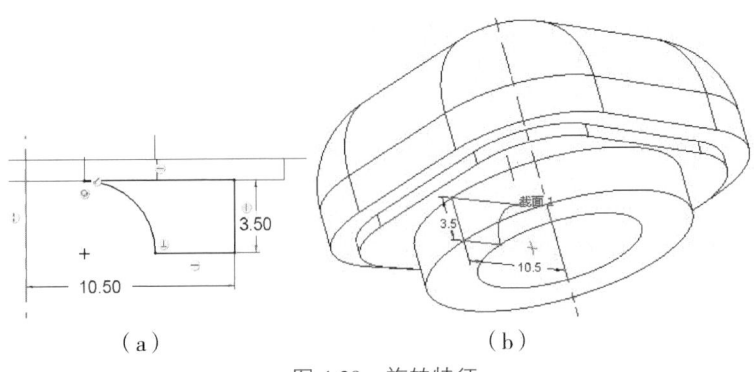

图 4.29 旋转特征

绘制散热片部分。使用拉伸特征,如图 4.30 所示,点击【放置】,选择上端面作为草绘平面,绘制如图(a)所示的线段,添加约束,标注尺寸,点击线段【加厚】,输入厚度值为 1mm,选择加厚的【方向】,选择【移除材料】,拉伸深度选择到大孔的底平面,点击【确定】。完成部分散热片的绘制。

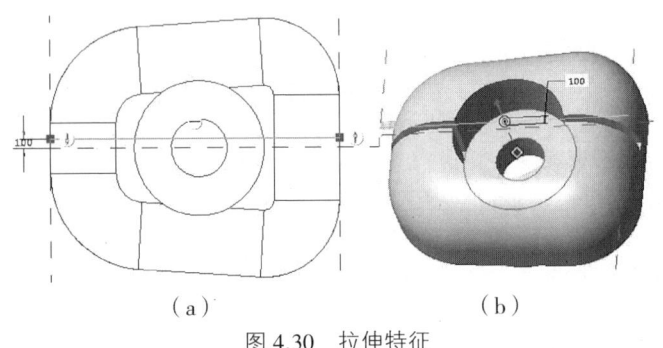

图 4.30 拉伸特征

阵列散热片。如图 4.31 所示,鼠标左键点阵列,选择【方向阵列】,选择合适的【面】,阵列数目 7,散热片之间的距离为 2mm,点击【确定】。完成方向阵列绘制。

镜像以上散热片。选择待镜像的散热片,选择中间面为镜像面,点击【确定】。完成发动机头部散热片的绘制。

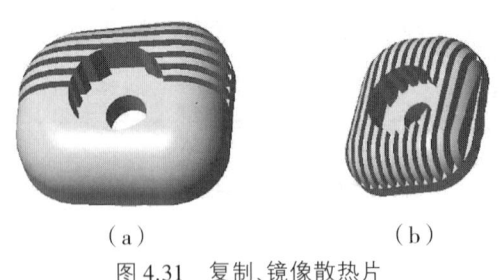

图 4.31 复制、镜像散热片

任务四 点火塞设计

活动一：复制发布几何

点火塞装配在发动机头部上,在绘制点火塞的时候,使用的一些参照来自发动机头部。点火塞的特征主要有拉伸特征、旋转特征、倒角特征等。

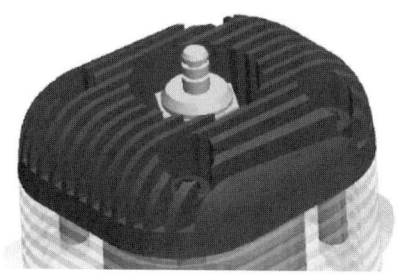

图4.32 点火塞和发动机头部的关系

打开Creo软件,打开整体装配,在整体装配中【创建】零件,输入文件名称"点火塞",点击【确定】,在弹出的菜单中选空,在模型树区域就出现了一个零件—点火塞。

鼠标左键【激活】点火塞,添加绘制零件时使用的基准。显示发动机头部,复制发动机头部的相应面和轴,形成新的基准。首先绘制参照平面,如图4.33所示,鼠标左键点击【平面】,在绘图区选择如图(a)平面;鼠标左键点【平面】,在绘图区选择发动机头部下面的DTM_2基准面;鼠标左键点【平面】,选择基准面DTM_3;然后绘制基准轴,鼠标左键点击【轴】,在绘图区选择发动机头部的轴线。完成绘制必要的基准平面和基准轴,见表4.3。

表4.3 点火塞使用的基准

序号	基准名称	参照
1	DTM_1	图(a)所示平面
2	DTM_2	发动机头部DTM_2
3	DTM_3	发动机头部DTM_3
4	A_1	发动机头部A_1

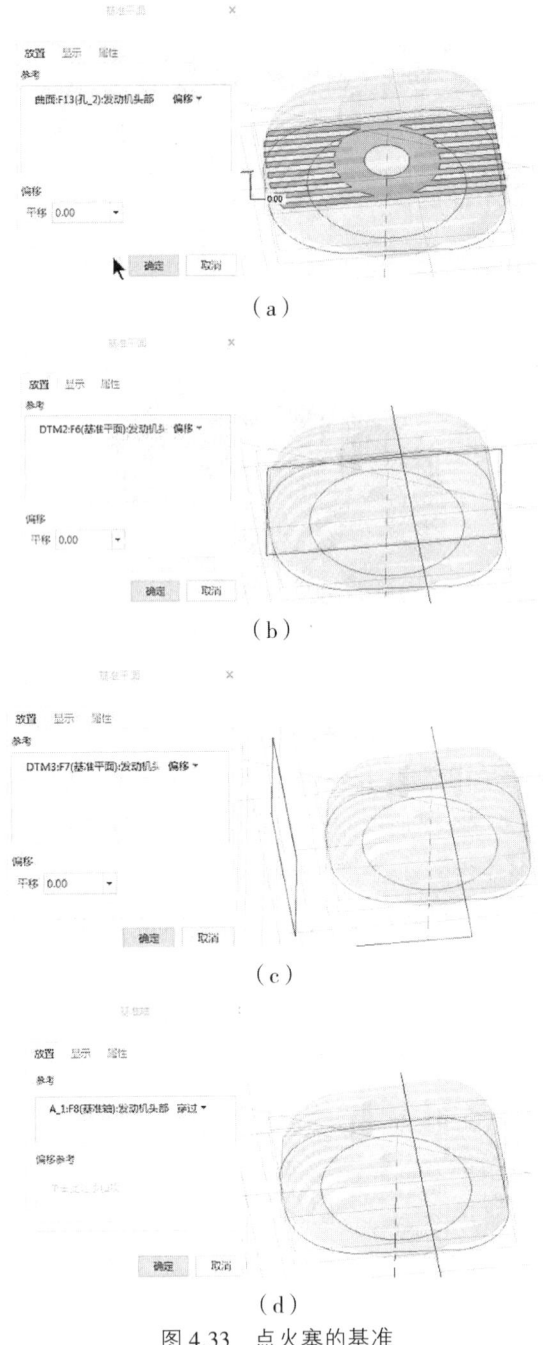

图 4.33 点火塞的基准

活动二：绘制点火塞

绘制旋转特征。如图 4.34 所示，鼠标左键点击【旋转】—【放置】—【定义】，选择前面所做的 DTM_2 作为草绘平面，参照方向选择基准面 DTM_1，将基准轴 A_1 添加为参照。因为是旋转图形，首先绘制一条中心线，之后绘制旋转图形，如图（a）所示，添加约束，标注尺寸,点击【确定】。完成旋转部分的绘制。

在点火塞上绘制两个环形槽,如图 4.35 所示,使用旋转—移除材料的方法绘制。鼠标左键点击【旋转】—【移除材料】—【放置】—【定义】,使用刚才的草绘平面,因为是旋转图形,绘制一条中心线,绘制草绘图形,如图(a)所示,使用约束,标注尺寸,点击【确定】。完成环形槽的绘制。

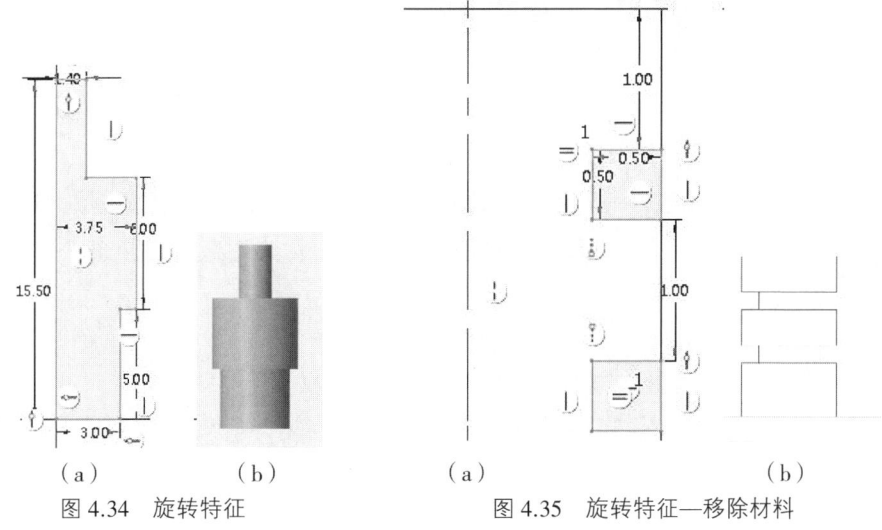

图 4.34　旋转特征　　　　　　　　图 4.35　旋转特征—移除材料

绘制拉伸特征。如图 4.36 所示,首先绘制一个基准平面,鼠标左键点击【平面】,选择如图平面,向上移动 2mm(或者-2mm),完成基准平面的绘制。鼠标左键点击【拉伸】,使用刚才绘制的基准面作为草绘平面,鼠标左键点击【选项版】,选择六边形,鼠标拖到绘图区,使用约束,标注尺寸,拉伸高度为 2.5mm,点击【确定】。完成拉伸特征的绘制。

绘制倒角特征。鼠标左键点倒角,绘制如图 4.37 所示的倒角 0.3×30°,1×45°,0.5×45°。完成点火塞的绘制。

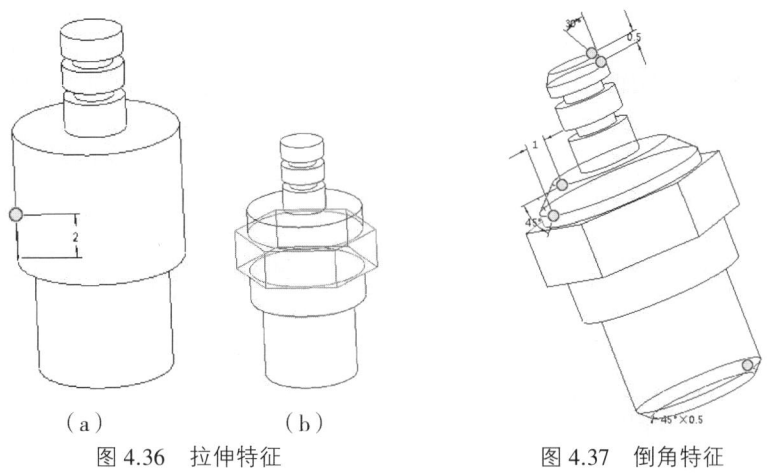

图 4.36　拉伸特征　　　　　　　　图 4.37　倒角特征

任务五 消音器设计

活动一:复制发布几何

消音器与发动机缸体连接,主要由旋转特征、拉伸特征、壳特征、阵列等组成。以下绘制了两个主体,并进行合并操作。

打开 Creo 软件。在整体装配当中【新建】零件,输入零件名称"消音器",点击【确定】,点击【从现有项复制】,复制公制模板,点击【确定】。

在模型树区域显示零件—消音器。左键点击【激活】消音器,先【复制几何】,如图 4.38 所示,将骨架模型中绘制的相应发布几何复制过来,在绘图区绿颜色部分就是复制过来的发布几何。

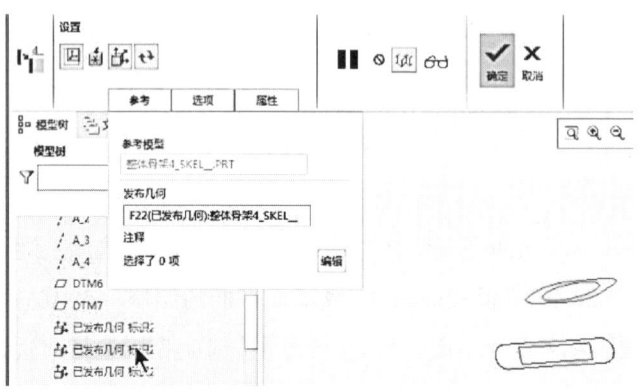

图 4.38 复制发布几何 2

活动二:绘制消音器

绘制拉伸特征。鼠标左键点击【拉伸】—【放置】—【定义】,选择所做发布几何的基准面 DTM_1 作为草绘平面,参照选用发布几何基准面 DTM_2,点击【投影】,类型选【环】,绘制如图 4.39 所示的草绘,使用约束,标注尺寸,向前拉伸,输入拉伸的深度 5mm,点击【确定】。完成拉伸特征的绘制。

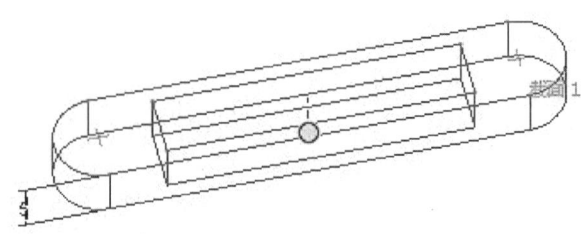

图 4.39 绘制拉伸特征

第二个特征在新建的主体上绘制,鼠标左键点【新建主体】,输入名称为"主体2",点击【确定】。

绘制拉伸特征。鼠标左键点击【拉伸】—【放置】—【定义】,选择刚才绘制的图形前面作为草绘平面,绘制如图 4.40 所示的形状,使用约束,标注尺寸,拉伸的深度输入为 24mm,点击【确定】。完成拉伸特征绘制。

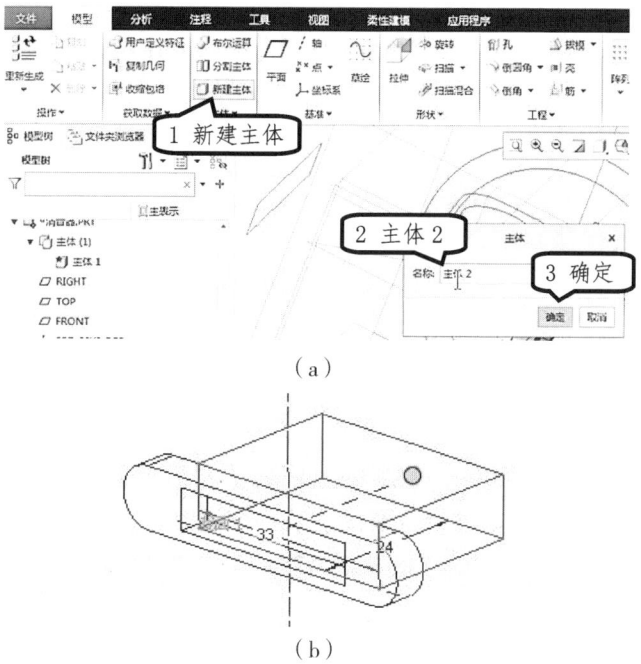

图 4.40　在主体 2 上绘制拉伸特征

绘制旋转特征。如图 4.41 所示,鼠标左键点击【旋转】—【放置】—【定义】,选择刚才绘制形状的前面作为草绘平面,因为是旋转图形,首先要画一条中心线,绘制如图(a)所示的形状,使用约束,标注尺寸,点击【确定】。完成旋转特征。

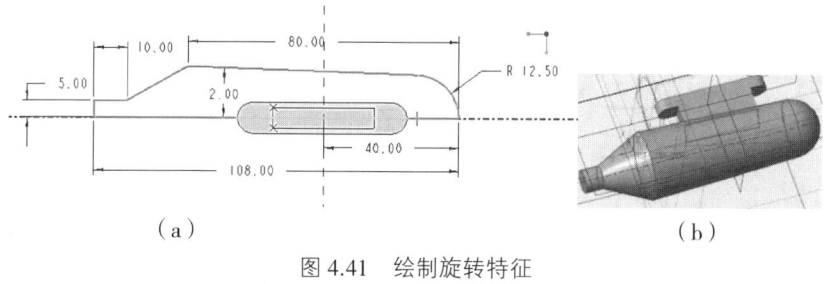

图 4.41　绘制旋转特征

鼠标左键点倒圆角。如图 4.42 所示,圆角半径分别输入 8mm 和 4mm,完成倒圆角特征。

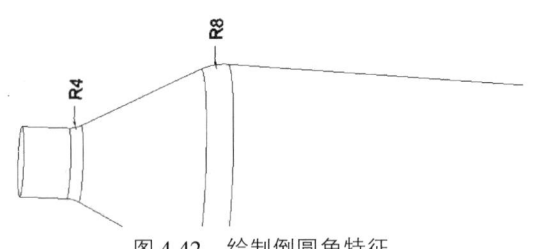

图 4.42　绘制倒圆角特征

绘制壳特征。如图 4.43 所示,鼠标左键点击【壳】,在绘图区鼠标选择要移除的两个平面,输入壳的厚度 1.5mm,点击【确定】。完成壳的绘制。

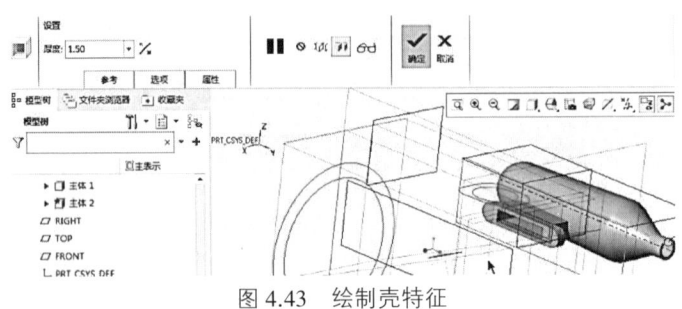

图 4.43　绘制壳特征

合并主体 1 和主体 2。如图 4.44 所示,鼠标左键同时选中主体 1 和主体 2,点击【布尔运算】—【合并】—【确定】,主体 1 和主体 2 合成一个零件。

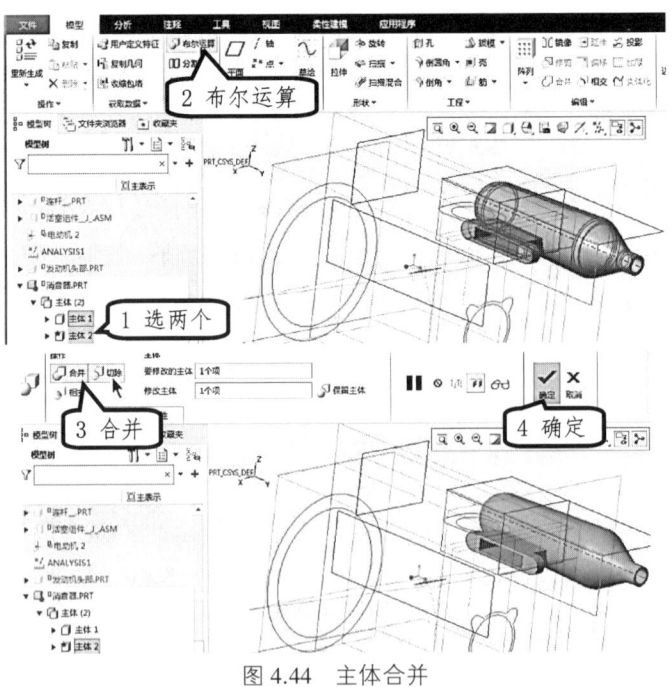

图 4.44　主体合并

绘制散热片。首先绘制基准面,如图 4.45 所示,鼠标左键点击【面】,选择图示相应的平面,向上偏移的距离为 17mm,点击【确定】完成基准面的绘制。

绘制拉伸特征。使用以上绘制的基准面作为草绘平面,绘制如图(b)所示的线段,线段长度为40mm,使用约束,标注尺寸,输入厚度1mm,拉伸深度到固定面,选择旋转图形外表面。完成一片散热片的绘制。

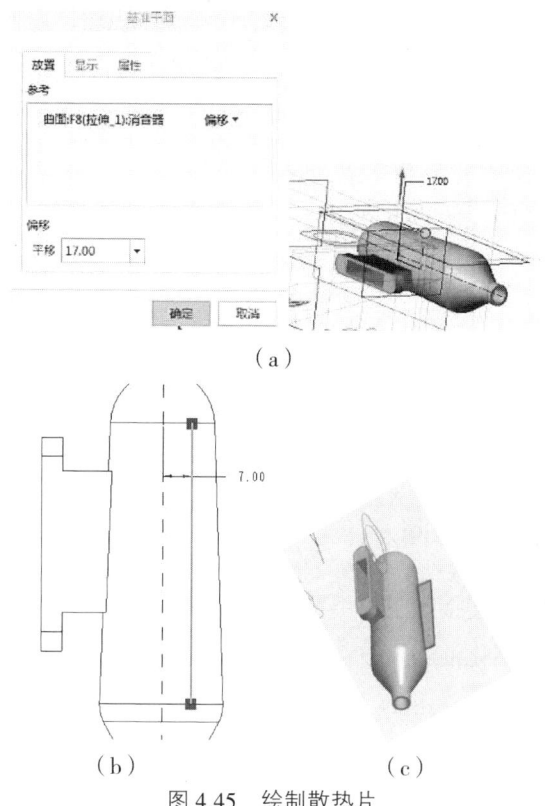

(b)　　　　　　　(c)

图4.45　绘制散热片

对第一个散热片做阵列。如图4.46所示,鼠标左键点【阵列】,选择方向阵列,选择前面做的基本平面作为参考方向,输入阵列数目5,散热片的距离是3mm,点击【确定】。完成阵列特征。

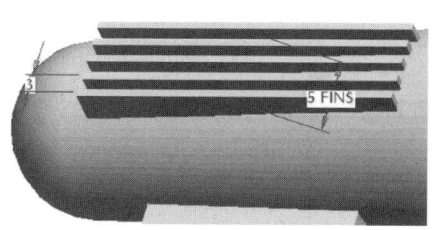

图4.46　散热片阵列

绘制倒角特征。如图4.47所示,鼠标左键点【倒角】,在绘图区选择需要倒角的边,输入2×45°,点击【确定】。完成倒角特征。

绘制倒圆角。在绘图区选择需要倒圆角的部位,输入圆角半径0.5mm,点击【确定】。完成倒圆角。

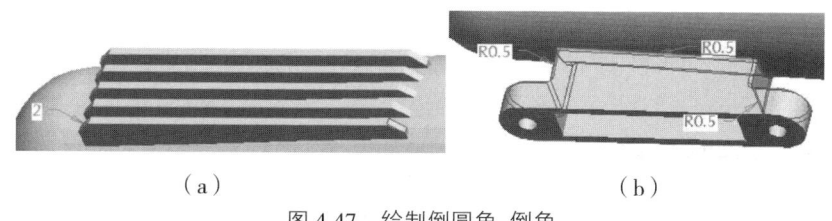

(a)　　　　　　　　　　(b)

图4.47　绘制倒圆角、倒角

活动三：注意事项

在 Creo 软件的早期版本中，即使几何具有不邻接体积块，零件中的所有实体几何也都被视为一块单一材料。从 Creo7.0 开始，可以创建包含一个或多个几何主体的零件。每个主体都可以单独处理，并且可以具有不同的特征。例如，可以为每个主体分配不同的材料。

主体仅包含实体几何。任何主体中均不包含基准、曲线和面组等非实体图元。每个主体都有其自己的几何。可执行多种几何操作，例如分割主体或与其他主体合并。主体会影响模型的质量属性。可将主体选作特征参考。

任务六　化油器设计

 活动一：复制发布几何

化油器和发动机缸体连接。主要由拉伸特征、旋转特征、孔特征等组成。使用绘制的骨架模型的发布几何绘制化油器。

打开 Creo 软件，在装配中，鼠标左键点【创建零件】，输入文件名"化油器"，点击【确定】。点击【从现有项复制】，选择公制模板，点击【确定】。在模型树区域出现零件——化油器，左键点击【激活】化油器，如图 4.48 所示，将整体骨架中的相应发布几何复制粘贴过来，在绘图区出现绿颜色的图形。利用如图所示的图形和参考，进行化油器的绘制。

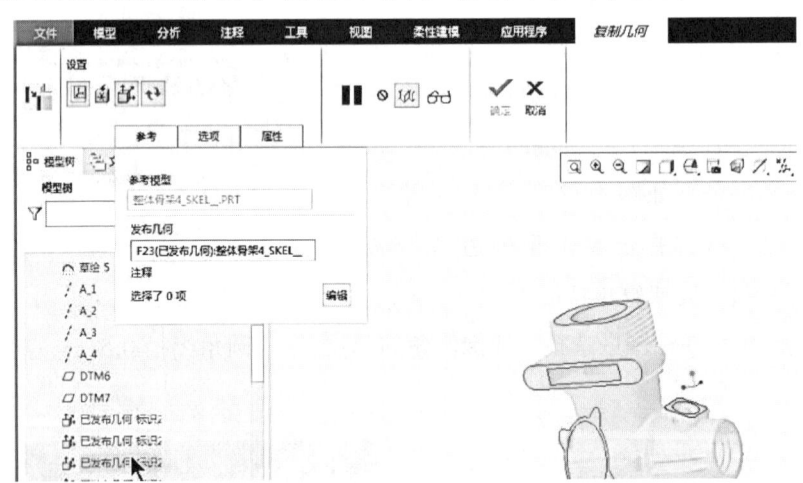

图 4.48　化油器使用的发布几何

 活动二：绘制化油器

绘制拉伸特征。如图 4.49 所示，鼠标左键点【拉伸】—【放置】—【定义】，点击【确定】,选择发布几何里的相应面作为草绘平面,点击【投影】,选择【环】,绘制图形,使用约束,标注尺寸,点击【确定】。点击【选项】,输入第一侧拉伸深度为20mm,第二侧拉伸深度为8mm。完成拉伸特征的绘制。

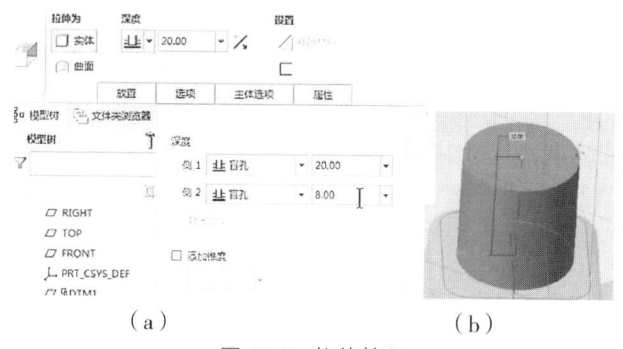

图 4.49　拉伸特征

绘制第二个拉伸特征。如图 4.50 所示,鼠标左键点击【拉伸】—【放置】—【定义】,点击【确定】。选择发布的基准面作为草绘平面,添加上必要的参照,因为是对称图形,绘制中心线,绘制一半图形,然后镜像,使用约束,标注尺寸,双侧拉伸进行生长,输入拉伸的深度16mm,点击【确定】。完成拉伸特征绘制。

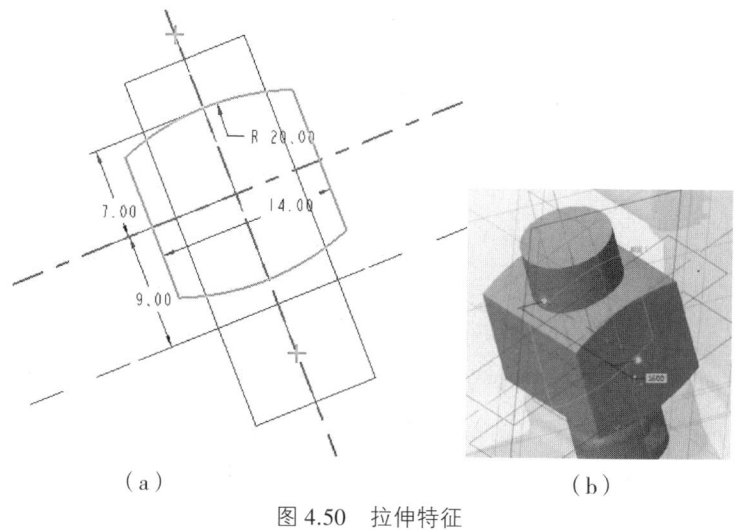

图 4.50　拉伸特征

绘制旋转特征。如图 4.51 所示,鼠标左键点击【旋转】—【放置】—【定义】,使用DTM_4平面作为草绘平面,因为是旋转特征,首先绘制中心线,绘制出一半旋转封闭图形,使用约束,标注并修改尺寸,点击【确定】。完成旋转特征的绘制。

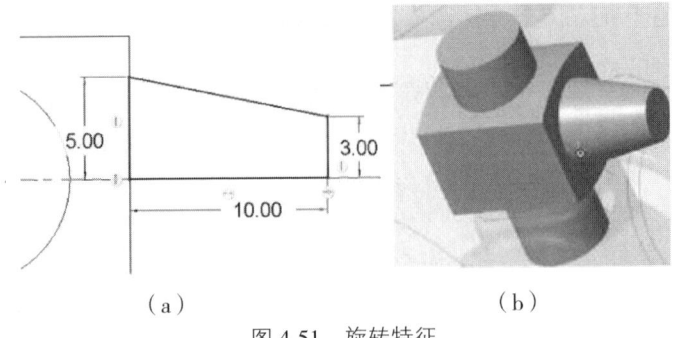

(a) (b)

图 4.51 旋转特征

继续绘制旋转特征。如图 4.52 所示,鼠标左键点击【旋转】—【放置】—【定义】,使用合适基准平面作为草绘平面,因为是旋转特征,首先绘制中心线,绘制出一半的旋转封闭图形,使用约束,标注并修改尺寸,点击【确定】。完成旋转特征的绘制。

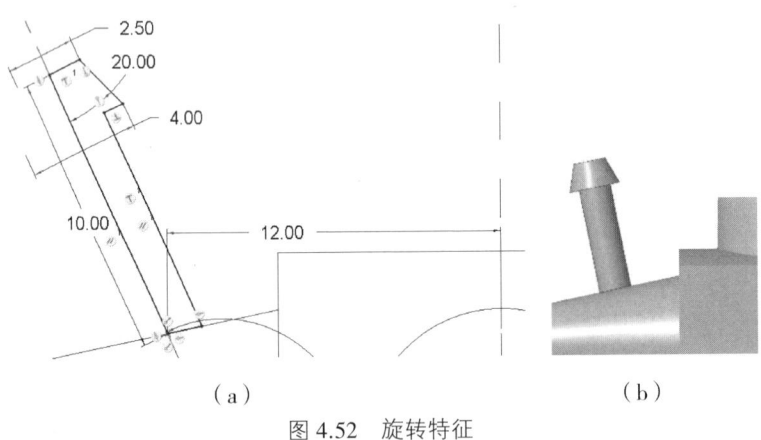

(a) (b)

图 4.52 旋转特征

绘制拉伸特征。如图 4.53 所示,鼠标左键点击【拉伸】—【放置】—【定义】,选择相应端面为草绘平面,添加上必要的参考,绘制直径 8.5mm 的圆,圆心位于图形中心,输入拉伸深度为 12mm,点击【确定】。完成拉伸特征的绘制。

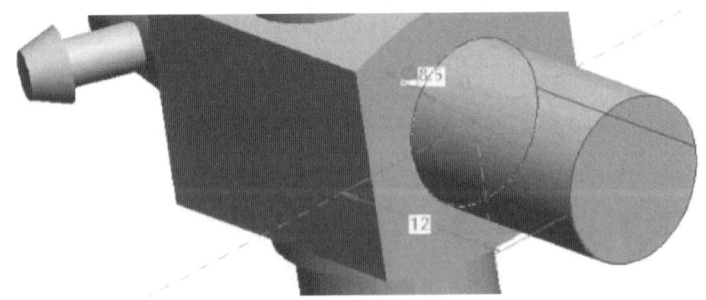

图 4.53 拉伸特征

绘制拉伸特征。鼠标左键点击【拉伸】—【放置】—【定义】,选择相应面作为草绘平面,绘制如图4.54所示的图形,两圆心之间的距离为14mm,使用约束,标注并修改尺寸,输入拉伸深度为 2mm,点击【确定】。完成拉伸特征的绘制。

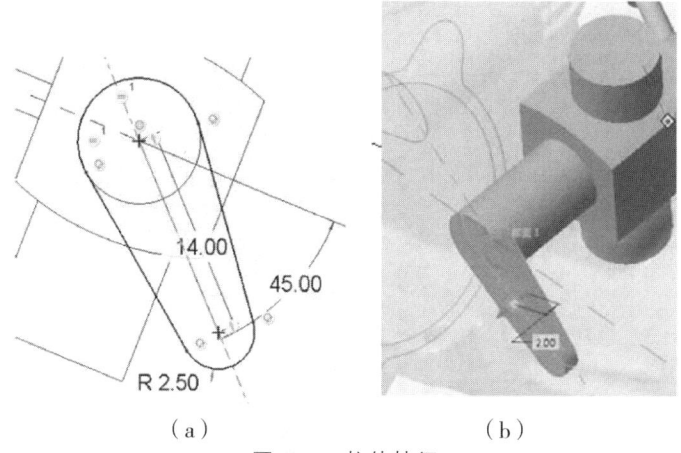

(a)　　　　　　　　(b)

图 4.54　拉伸特征

绘制孔特征。鼠标左键点击【孔】,绘制同轴孔,选择如图 4.55 所示的端面和轴线,输入孔的直径为 2mm,孔的深度为切透。完成孔的绘制。

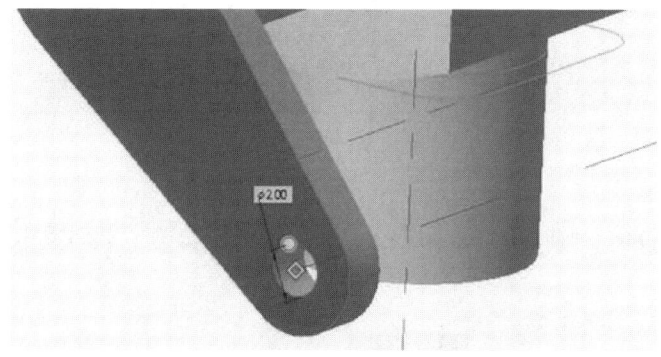

图 4.55　孔特征

再绘制孔特征。鼠标左键点击【孔】,绘制同轴孔,选择如图 4.56(a)所示的端面和轴线,输入孔的直径为 8mm,孔的深度为切透。完成孔的绘制。

继续绘制孔特征。鼠标左键点击【孔】,绘制同轴孔,选择如图 4.56(b)所示的端面和轴线,输入孔的直径为 3mm,双方向绘制孔,孔的深度为切透。完成孔的绘制。

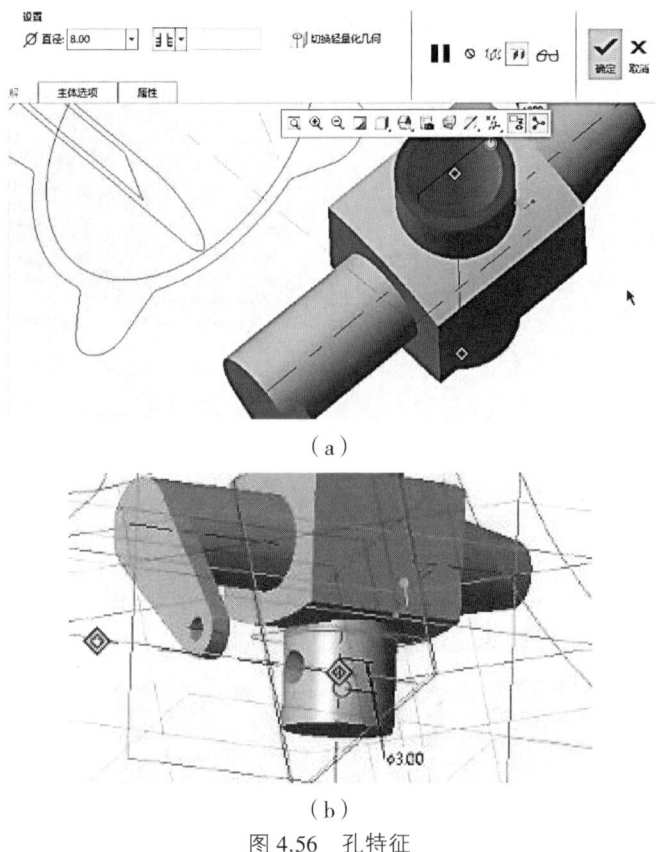

(a)

(b)

图 4.56　孔特征

绘制倒圆角特征。圆角半径分别为 1mm 和 0.5mm，绘制结果如图 4.57 所示。完成化油器绘制。

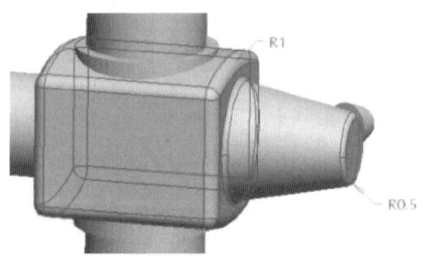

图 4.57　倒圆角特征

任务七 发动机端盖和法兰设计

活动一：发动机端盖

发动机端盖和发动机缸体连接，绘制时主要用到拉伸特征、加强筋特征等。

打开 Creo 软件，在装配中，鼠标左键点击【创建零件】，输入文件名"发动机端盖"，点击【确定】。点击【从现有项复制】，选择公制模板，点击【确定】。在模型树区域出现零件——发动机端盖，左键点击【激活】。

为了把发动机端盖绘制出来，首先也要绘制 3 个基准面。如图 4.58 所示，这些基准直接参照骨架模型中的相关基准面。第一个基准面是骨架模型中的 DTM_3，第二个基准就是 RIGHT 平面，第三个基准是发动机缸体水平面，见表 4.4。

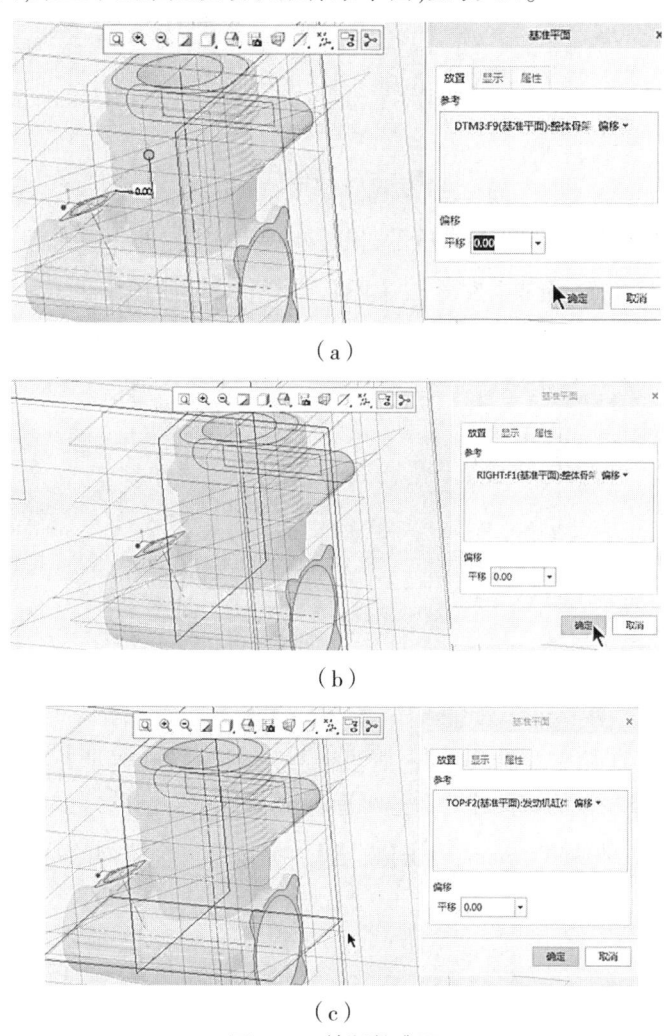

(a)

(b)

(c)

图 4.58　绘制基准面

表 4.4 基准面

序号	基准	参考
1	DTM_1	骨架模型中的 DTM_3 面
2	DTM_	骨架模型中的 RIGHT 面
3	DTM_	发动机缸体中的 TOP 面

绘制拉伸特征。鼠标左键点击【拉伸】—【放置】—【定义】,选择 DTM_1 面作为草绘平面,选择【投影】—【环】,选择外围的这个【链】,绘制如图 4.59 所示的图形,使用约束,标注并修改尺寸,输入拉伸深度 4mm,点击【确定】。完成第一个拉伸特征的绘制。

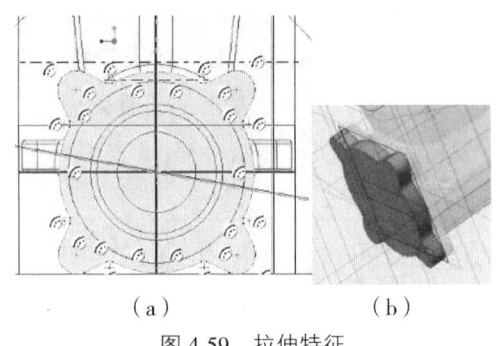

(a) (b)

图 4.59 拉伸特征

继续绘制拉伸特征。如图 4.60 所示,鼠标左键点击【拉伸】—【放置】—【定义】,点击【使用先前的】草绘平面,选择【投影】—【环】,选择【圆】,使用约束,标注并修改尺寸,输入拉伸深度 13mm,点击【确定】。完成第二个拉伸特征的绘制。

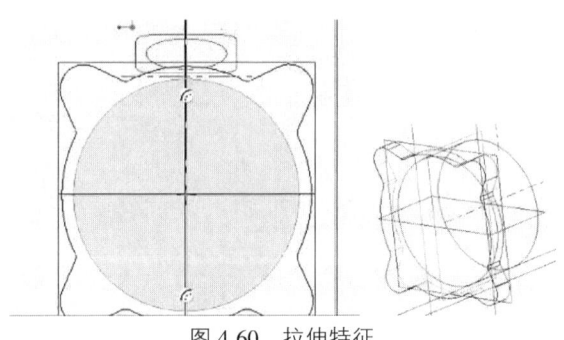

图 4.60 拉伸特征

绘制第三个拉伸特征。如图 4.61 所示,鼠标左键点击【拉伸】—【移除材料】—【放置】—【定义】,选择端盖的端面作为草绘平面,绘制同心圆,直径为 24mm,使用约束,标注并修改尺寸,输入拉伸深度 15mm,点击【确定】。完成第三个拉伸的绘制。

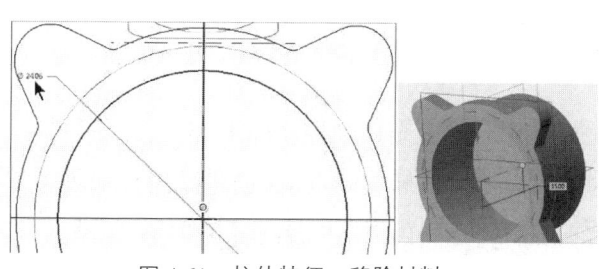

图 4.61 拉伸特征—移除材料

绘制加强筋特征。如图 4.62 所示,首先要绘制一个基准面,基准平面过中心线,并且和 DTM_3 成 45°夹角。

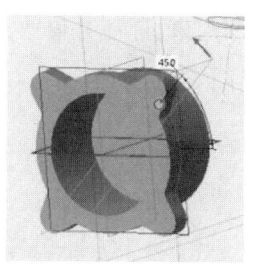

图 4.62 基准面

在新的基准平面上绘制加强筋。如图 4.63 所示,鼠标左键点击【加强筋】,在下拉菜单中选择【轮廓筋】,添加上必要的参照,在草绘平面绘制图形,使用约束,标注并修改尺寸,点击【确定】。改变【加强筋的方向】,输入加强筋的厚度 1mm,点击【确定】。完成一个加强筋的绘制。

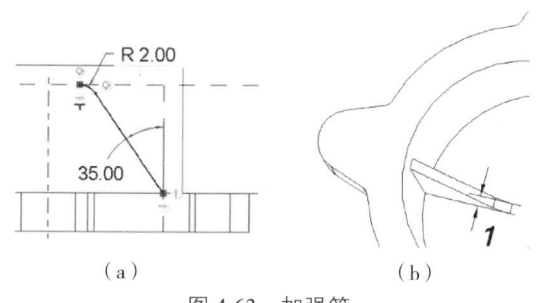

图 4.63 加强筋

加强筋阵列。如图 4.64 所示,鼠标左键点击【阵列】—【轴】,在绘图区选择中心线,输入阵列数量为 4 个,加强筋之间的角度为 90°,点击【确定】,【保存】。完成阵列的绘制。

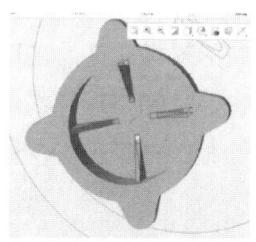

图 4.64 阵列

活动二：法兰

法兰和叶轮壳连接，绘制时主要用到拉伸特征。

打开 Creo 软件，在装配中，鼠标左键点击【创建零件】，输入文件名"法兰"，点击【确定】。点击【从现有项复制】，选择公制模板，点击【确定】。在模型树区域出现零件——法兰，左键点击【激活】。

为了绘制这个零件，选用 DTM_5 绘制新的基准面。绘制拉伸特征，鼠标左键点击【拉伸】—【放置】—【定义】，选择刚才所绘制的基准平面作为草绘平面，点击【投影】，选择【环】，绘制如图 4.65 所示图形，使用约束，标注并修改尺寸，点击【确定】。输入拉伸的高度为 2mm，点击【确定】。点击【保存】。完成法兰的绘制。

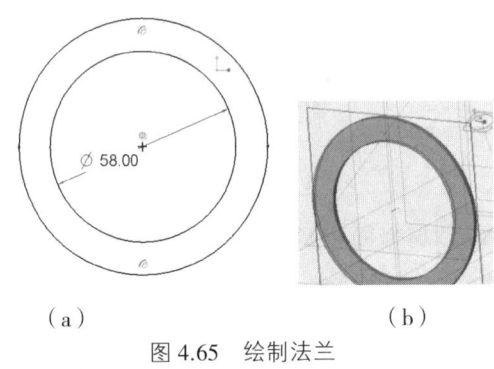

（a）　　　　　　　　（b）

图 4.65　绘制法兰

任务八　安装孔和标准件

 活动一：安装孔设计

本部分学习装配体中的孔的绘制。在一个装配体当中，需要安装很多标准件（如紧固件），每一个紧固件都对应有安装孔，当单个零件绘制安装孔，组装这些零件，零件和零件之间的孔容易发生错误，所以在装配体中绘制孔就显得必要。

在 Creo 软件中绘制孔。如图 4.66 所示，首先要绘制轴线，鼠标左键点击【轴】，在绘图区选择圆柱面，点击【确定】。完成与外圆柱面同轴线的绘制。

绘制孔特征。使用同轴孔绘制孔，鼠标左键点击【孔】，选择轴线，同时选择端面，孔的直径为 3mm，深度为到端面为止，选择【相交】—【高级相交】，选择将要生成孔的两个零件，点击【确定】。完成第一个孔的绘制。同样的方法绘制第二个孔（详细的绘制步骤读者可以参考项目二的相应内容）。

(a)

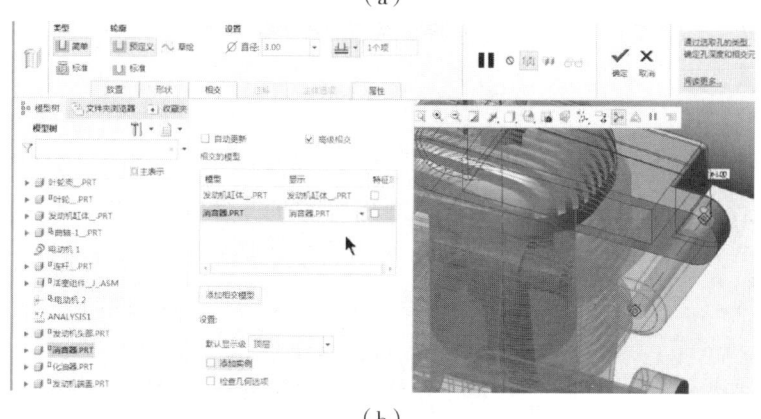

(b)

图 4.66 孔特征

绘制端盖上的一个直径为 3mm 的孔,然后对所绘制的孔进行阵列,如图 4.67 所示。

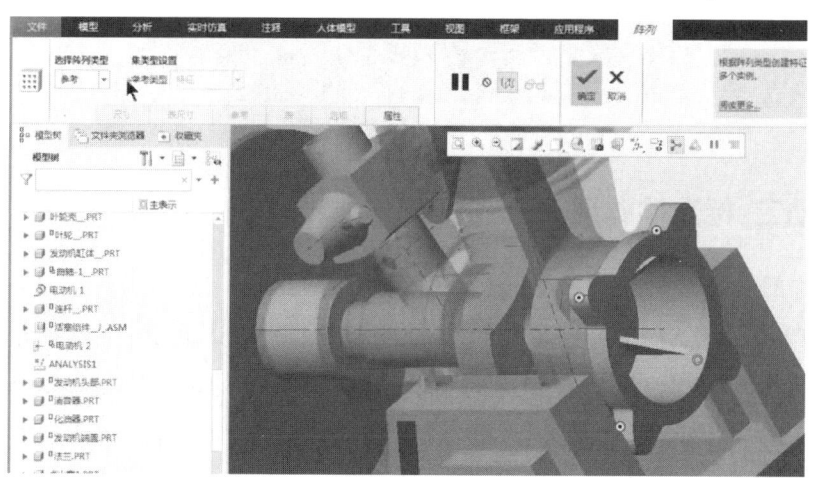

图 4.67 孔阵列

绘制法兰上的孔。如图 4.68 所示,首先绘制轴线,鼠标左键点【轴】,轴线垂直于法兰端面,在偏移参照中,选择水平的面,同时选择相应竖直的面,偏移的数值分别输入 0 和 36mm,点击【确定】。

绘制孔特征。绘制方法同发动机端盖上孔的绘制,先绘制一个直径 3mm 的孔,然后阵列 6 个,均匀布置。

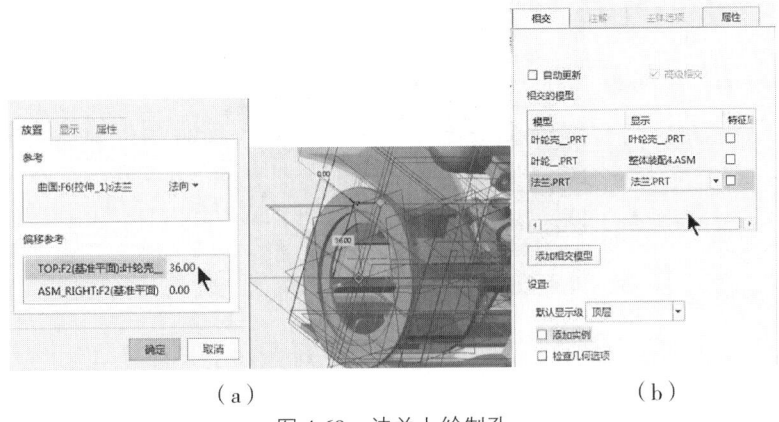

(a) (b)

图 4.68 法兰上绘制孔

在发动机头部和发动机缸体相连接的部位,也有四个安装孔,安装孔大端直径为 6mm,小端直径为 3mm,这 4 个安装孔的绘制与前述方法基本一致,绘制的结果如图 4.69 所示。

图 4.69 发动机头部安装孔

活动二:标准件调用

新版本的 Creo 软件也有一些标准件可供使用。如图 4.70 所示,在工具中,鼠标左键点【螺钉】,安装螺钉,选择安装孔的轴线,选择背面作为端面,继续选择相应面作为螺纹的起始面,点击【确定】,在弹出的菜单当中,选择 ISO4017-5.6,选择螺钉长度为 25mm,回车,点击【确定】。完成第一个螺钉的安装。同样的方法,在所有安装孔上绘制安装螺钉。

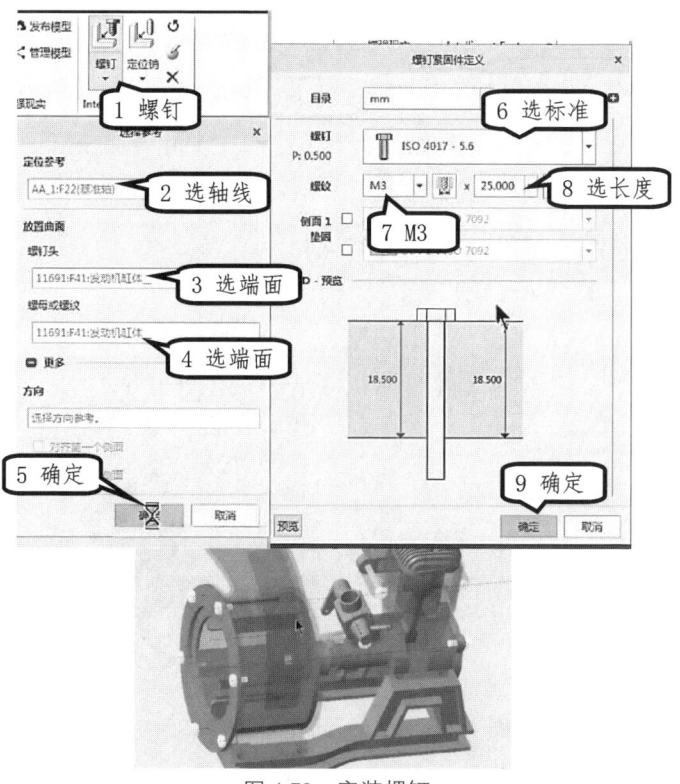

图 4.70 安装螺钉

任务九 简化表示

在很多复杂的装配中,零部件比较多,打开整个装配体非常的费时间,也没有必要把很多零部件都同时打开,通常使用简化表示解决这一问题。

本部分学习 Creo 软件中简化表示的方法。打开前期绘制的整体装配,可以看到装配中包含了很多零部件。打开【视图管理器】—【简化表示】—【新建】,使用默认的名称,第一个简化表示包含运动零部件的装配,如图 4.71 所示,只要在叶轮前面打上"√",曲轴前面打上"√",连杆前面打上"√",还有活塞组件前面也打上"√",在右边的绘图区,将相关的零部件展示出来,点击【应用】。完成第一个简化表示。

新建一个【简化表示】。鼠标左键点【新建】,使用默认的名称,第二个简化表示为不包含标准零部件的装配,在前面的框中选择框架、叶轮壳、叶轮、发动机缸体、曲轴、连杆、活塞组件、发动机头部、消音器、化油器、发动机端盖、法兰、点火塞,点击【应用】。完成第二个简化表示,如图 4.72 所示。

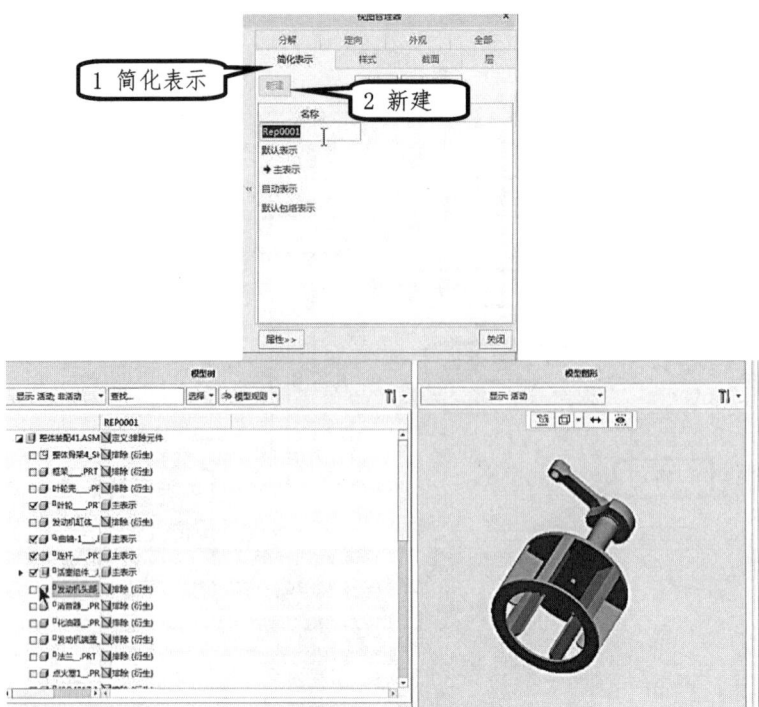

图 4.71　包含运动部件的简化表示

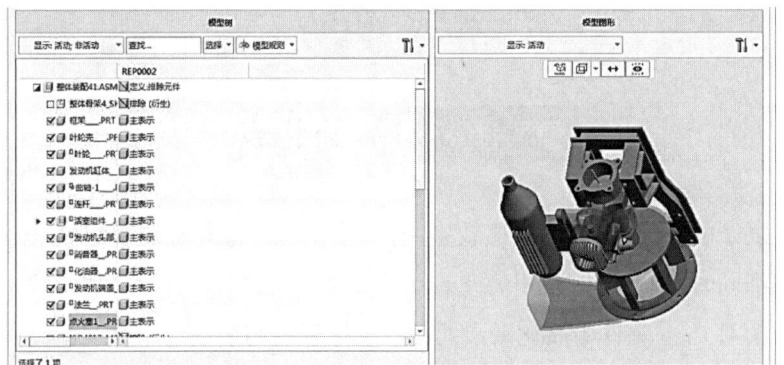

图 4.72　不包含标准件的简化表示

项目实战练习

图 4.73 为风扇的分解视图。风扇的零部件示意图见图 4.74，按照以下示意图尺寸完善设计相应零件。

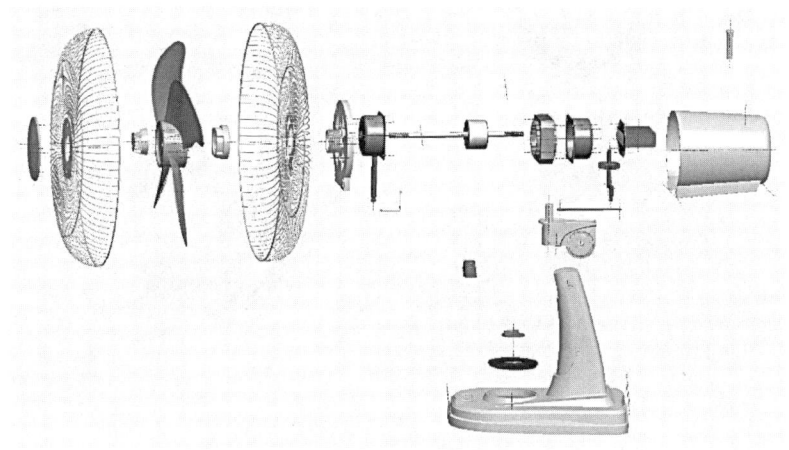

图 4.73　风扇分解视图

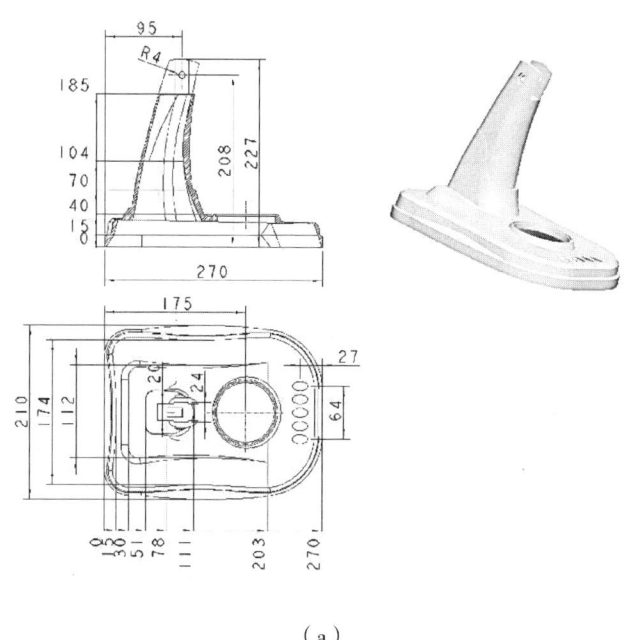

（a）

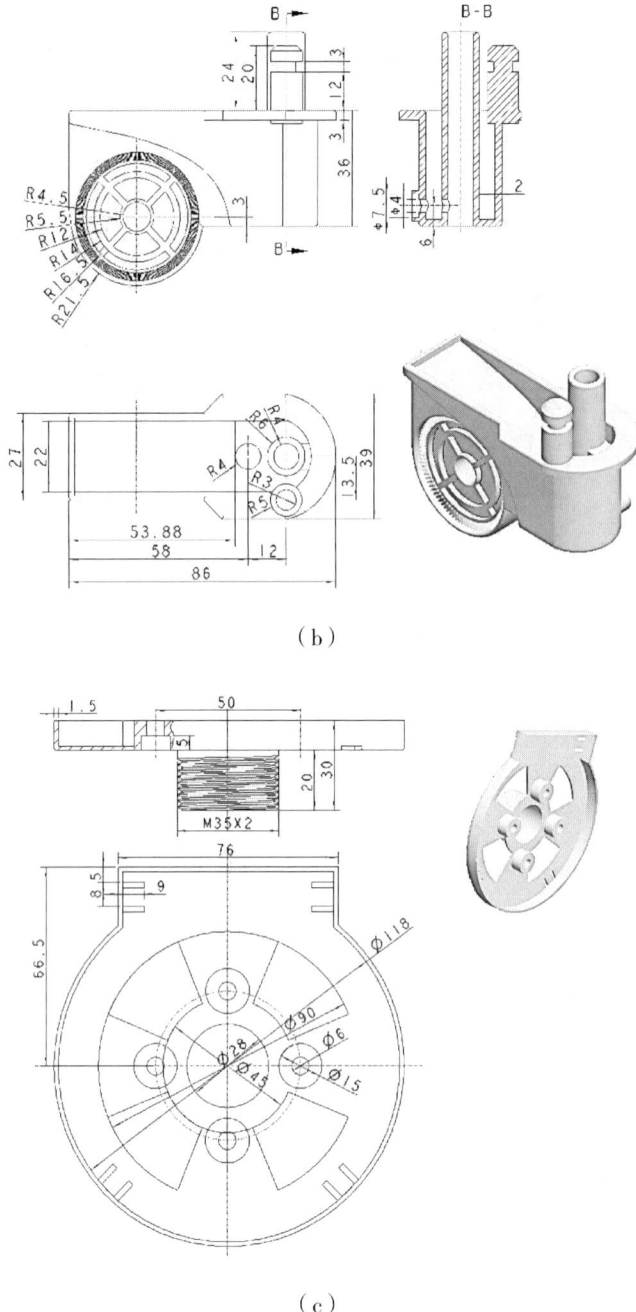

(b)

(c)

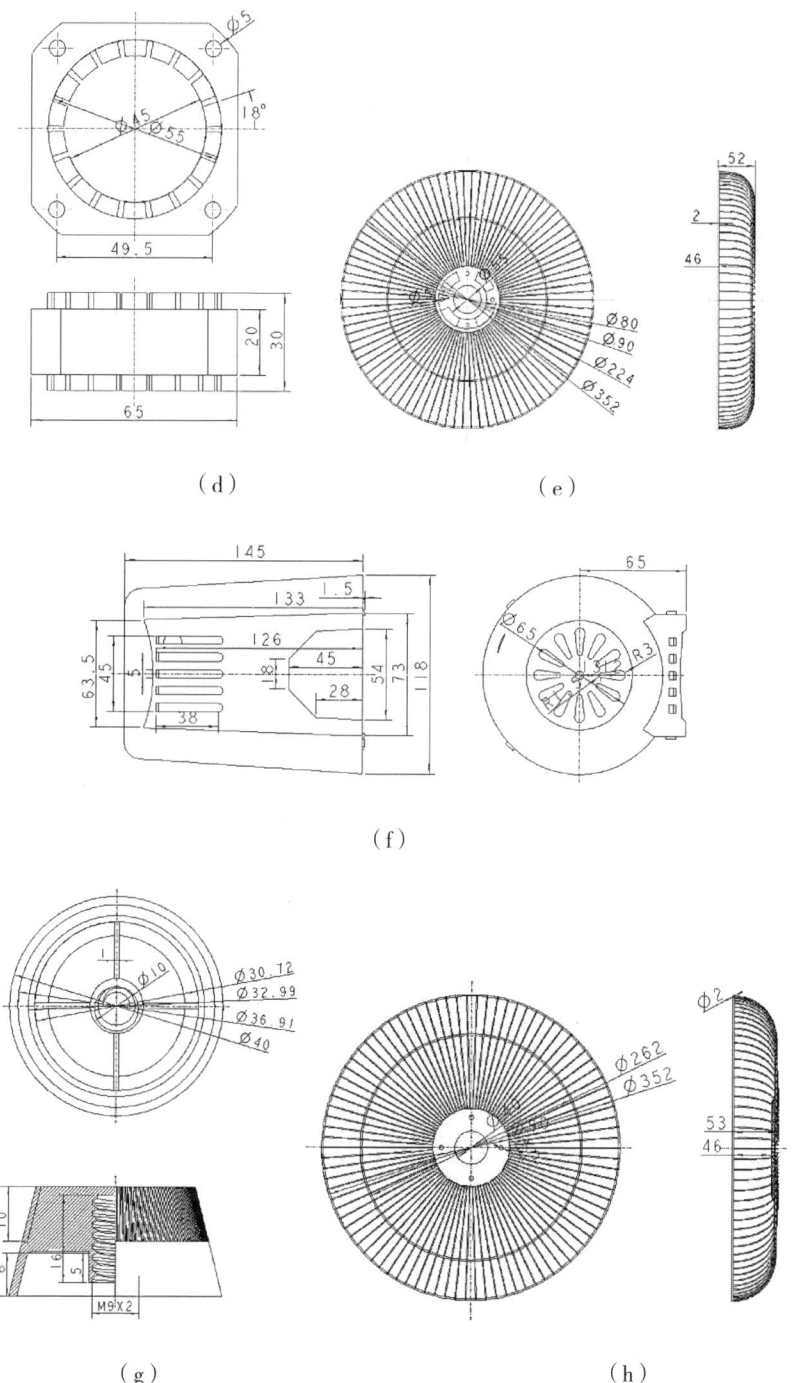

(d)　(e)

(f)

(g)　(h)

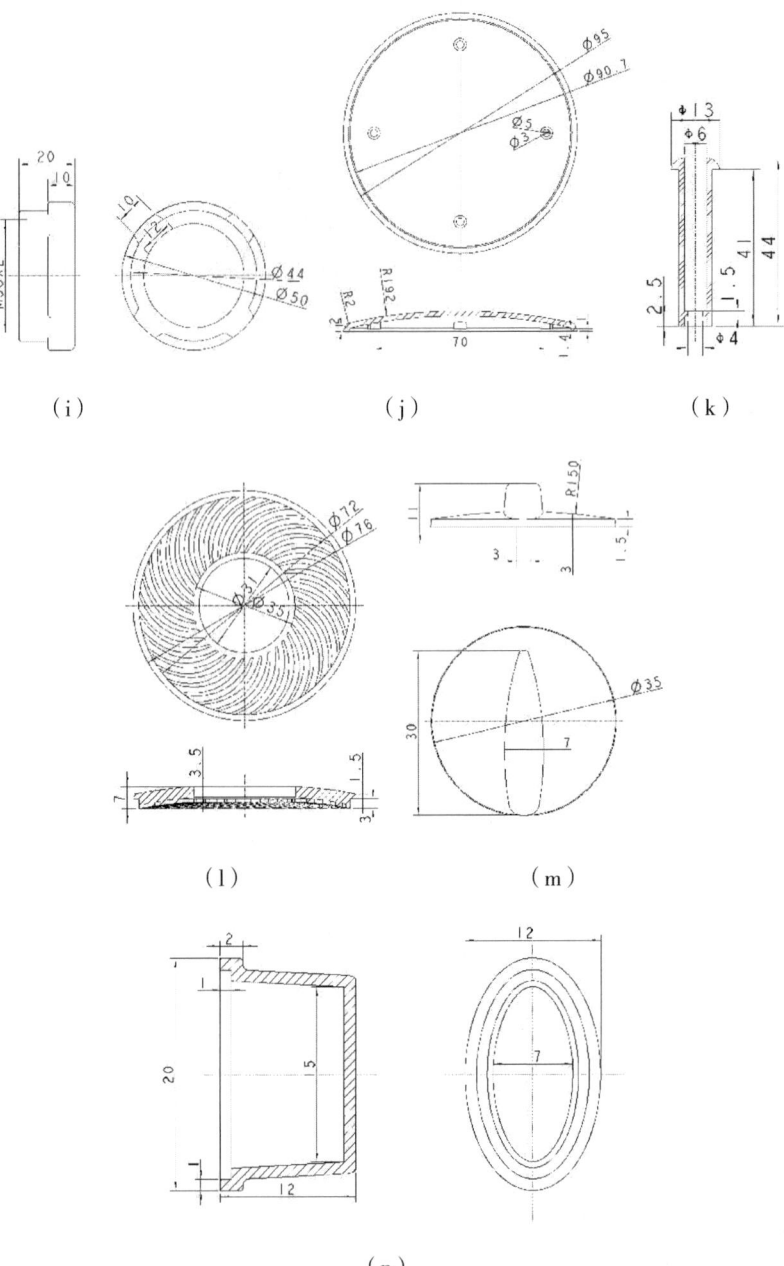

图 4.74 风扇零部件示意图

项目五 工程图

学习目标

课程思政目标
- 培养学生的团队合作精神和创新意识
- 提高学生的沟通能力
- 提高学生的文化素养和人文精神

知识目标
- 掌握工程图配置文件内容
- 掌握边框、标题栏、明细表的绘制
- 掌握零件视图、基准、尺寸的绘制
- 掌握装配工程视图、基准、尺寸、球标绘制
- 掌握 AutoCAD 基本设置的修改和图块的制作
- 掌握按图层将对象分类和图形常见错误的修改方法

能力目标
- 会调整配置文件的内容
- 能够设计格式文件
- 熟悉使用 Creo 软件生成零件视图、注释等
- 熟悉使用 Creo 软件生成装配视图、注释等
- 能够创建符合国标要求的机械类样板
- 能够将 Creo 软件生成图形修改成符合国标的图形

思维导图

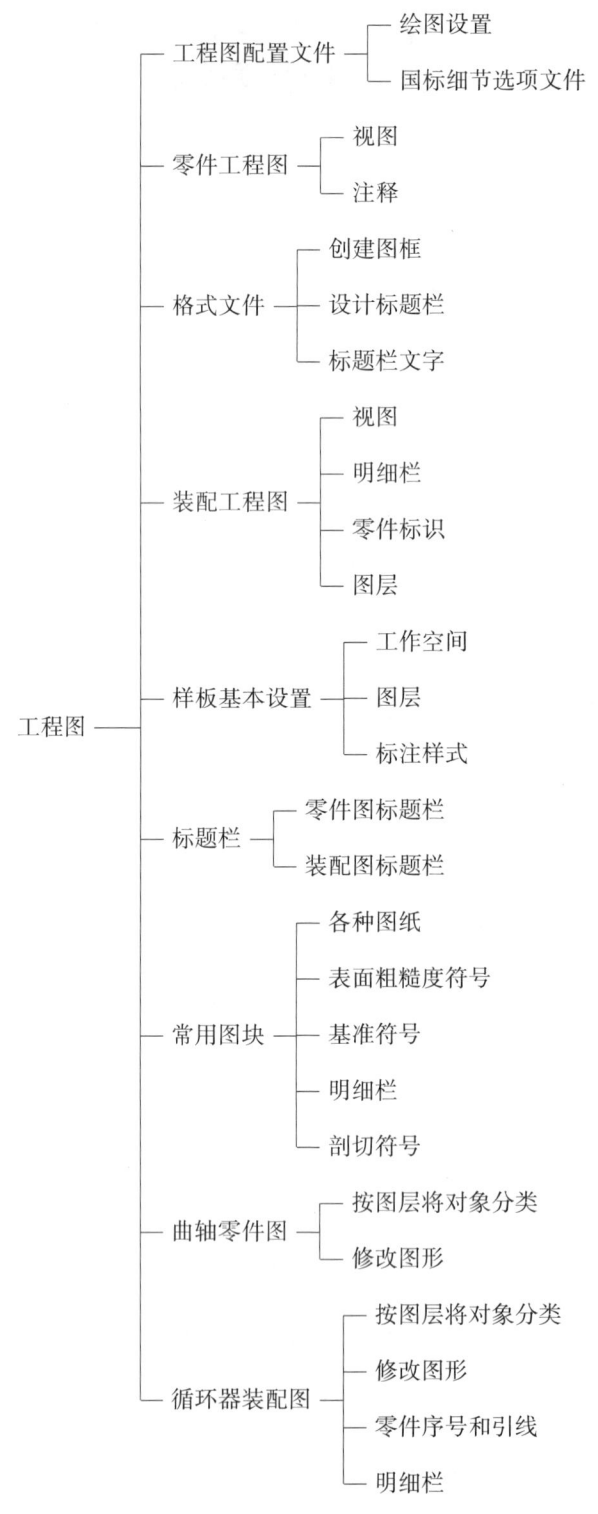

任务内容

本项目使用 Creo 软件生成零件工程图,用 AutoCAD 软件修改为符合国标出图标准的零件图;用 Creo 软件生成装配图工程图,用 AutoCAD 软件修改成符合国标出图标准的装配图。内容分别包含工程图配置文件、格式文件、零件工程图、AutoCAD 样板中基本设置、零件图标题栏和装配图标题栏、常用图块、曲轴零件图、循环器装配图。学习本项目后应该掌握 Creo 软件生成的零件工程图和装配图工程图的原则和步骤,用 AutoCAD 软件修改成符合国标中出图标准的零件图和装配图的基本思路和修改方法等。

任务一 工程图配置文件

活动一:绘图设置

为了工程图出图方便,需要设置绘图环境,可使用详细信息选项、配置选项、模板、格式等。

配置文件选项控制零件和装配的设计环境,而细节选项为细节设计环境添加附加控制。细节选项确定诸如尺寸和注解文本高度、文本方向、几何公差标准、字体属性、绘制标准、箭头长度等特性。

Creo 软件为绘图选项提供了默认值,可自定义并保存各种版本以在其他绘图中使用。在配置选项 drawing_setup_file 中所指定的文件是 Creo Parametric 会话中创建的所有绘图建立默认细节选项。若不设置此选项,Creo Parametric 将使用默认详细信息选项值。

"详细信息"选项设置与各个绘图文件一起保存。值保存在命名为 <filename>.dtl 的"详细信息"选项文件中。该文件的位置由 pro_dtl_setup_dir 配置文件选项确定。可指定到包含绘图选项文件目录的完整路径。若不用此配置文件选项指定路径名,则 Creo Parametric 进入默认的设置目录。

活动二:国标细节选项文件

学习工程图的配置文件。使用 Creo 软件绘制一个正确的工程图,首先要选择一个符合国标的,适合企标的配置文件。这个配置通常包括两个文件:一个是基本配置,即前期所说的 Config 文件,另外一个是工程图的配置文件,此文件的后缀是.dtl。

打开 Creo 软件。鼠标左键点击【新建】—【工程图】,进入一个工程图的绘制界面,查找默认的配置文件。鼠标左键点击【文件】—【选项】—【配置编辑器】,见图 5.1。在配置编辑器当中,需要注意这么几个问题:如果想要把 Creo 软件当中的工程图输出到 AutoCAD 中,在这里要选择 AutoCAD 的版本(比如选 2014);另外通常要对如图 5.1 所示的两项进行设置,设置的目的是选择合适的比例和合适的图层。

图 5.1　配置编辑器

使用记事本打开 Config 文件,编辑文件,在文件的末尾还需要添加一行:drawing_setup_file E:\ProE Drawing\config\活动绘图.dtl,路径为文件"活动绘图"所在的路径,该文件为后续工程图的配置文件。添加这一行的意思是,将工程绘图里面的配置,在 config 文件启动时一并启动。

在工程图中经常做一些适当的配置。工程图配置文件通常是以.dtl 结尾,不同的字母代表不同的意思,其中 CNS-CN 常常代表国家标准。Creo 软件的默认是英制的,所以在通常情况下,要将默认的改为符合国标的配置。鼠标左键点击【文件】—【准备】—【绘图属性】见图 5.2,详细信息选项中点击【更改】,打开配置文件,在 Creo 软件的默认安装目录当中,其中有一个符合国家标准的文件 CNS-CN.dtl,打开这个文件,并将其作为符合国标的配置文件。当然,在这里有很多选项可以更改,读者要根据国标、企标的详细情况进行配置。修改完成以后,可以将修改的文件保存在启动目录当中。这里将这一文件命名为"活动绘图.dtl",点击【确定】。同时编辑 Config 文件,并写入上段所述的文字。这就意味着每次软件启动的时候,会把所设定的符合国标的配置文件调入。

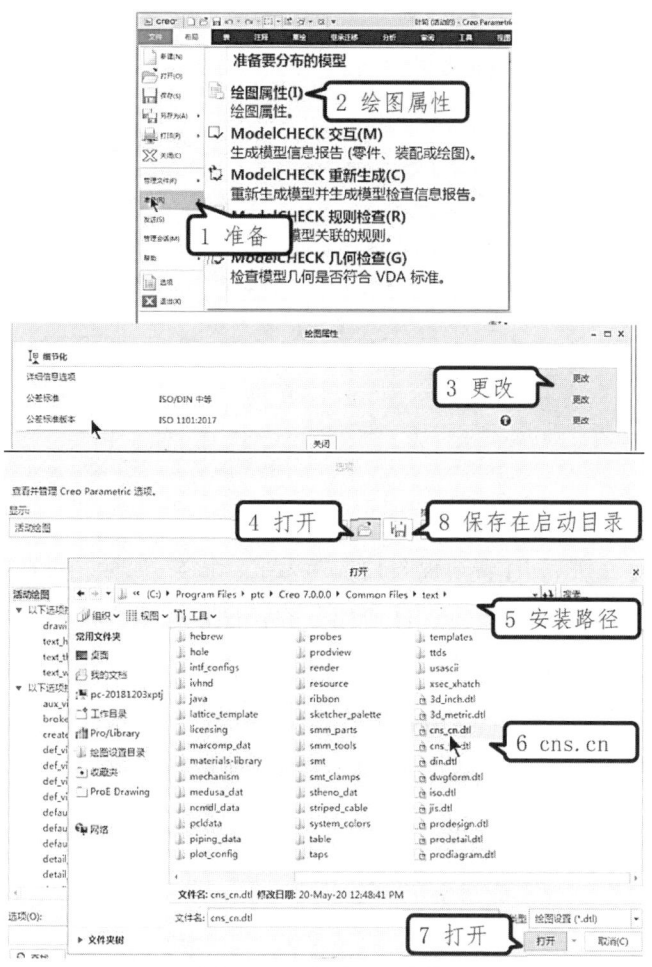

图 5.2　工程图配置文件

任务二　零件工程图

 活动一：视图

在 Creo 软件中将尺寸、注解、几何公差及其它详图项从 3D 模型直接传递到出图页面中的视图中，方便在设计工作流中前后传递信息。

本部分学习零件的工程图绘制，以曲轴为例。工程图绘制内容主要包括主视图、俯视图、局部视图、剖视图、尺寸和基准等。

打开 Creo 软件。如图 5.3，鼠标左键点击文件菜单【新建】—【绘图】，不要选择默认模板，文件名输入"曲轴"，点击【确定】，不要选择模板，也没有合适的格式可以使用，选择【空】—【横向】—【A3】，点击【确定】。进入工程图的绘制界面中。

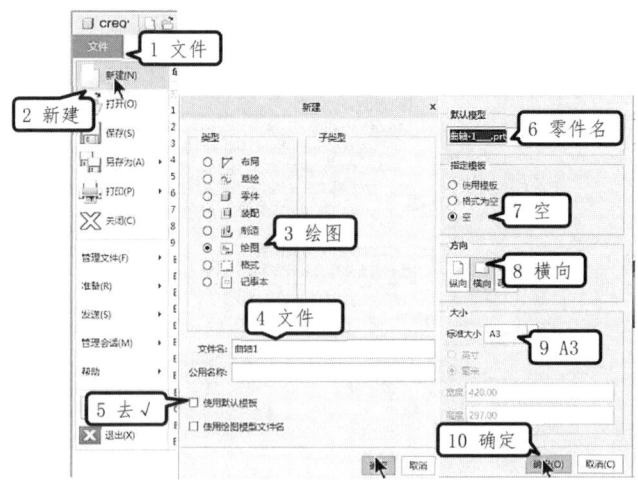

图 5.3　工程图选项

如图 5.4,鼠标左键点击【普通视图】,选择无组合状态,鼠标左键在绘图区点一下,在弹出的菜单中,选择合适的视图,点击【应用】,在绘图区显示主视图。鼠标左键点击【比例】,输入合适的比例,点击【应用】;如果要输出为 CAD 图形,在这里比例通常为 1∶1(或者在模板当中进行合适的设置,使得输出的 CAD 图形为 1∶1);【视图显示】中,选择【消隐线】,选择【无相切边】显示,点击【确定】。完成主视图的绘制。

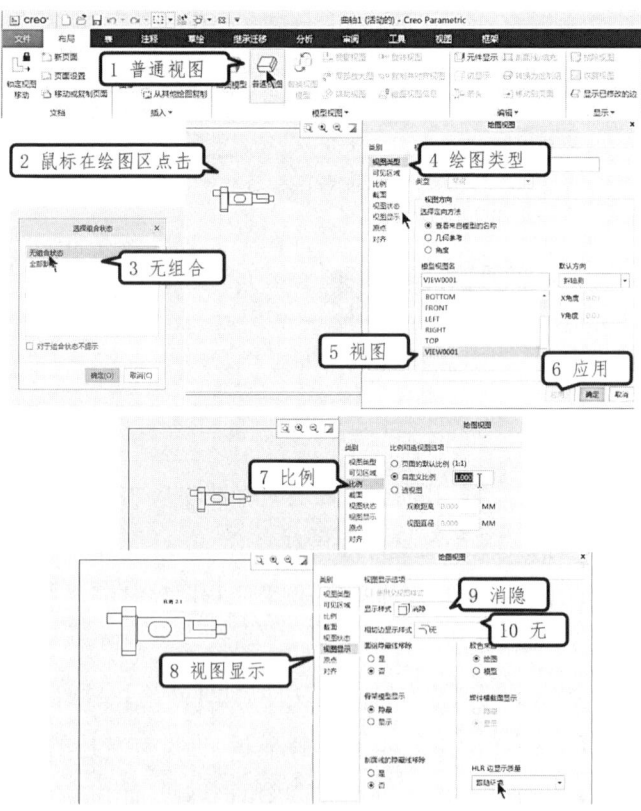

图 5.4　主视图

可以选择模型中已有的视图方向为主视图。如果不能满足要求,需要在曲轴零件的三维图中选择【视图管理器】,新建【定向】;或者在工程图的【绘图视图】—【视图类型】—【视图方向】中点击【几何参考】,选择合适的视图参考方向。

绘制俯视图。在绘图区选择主视图,鼠标左键点击【投影视图】,见图5.5。移动鼠标在俯视图的位置,鼠标左键再点一下,俯视图出现在绘图区;同样的道理,绘制右视图。完成三个基本视图的绘制。

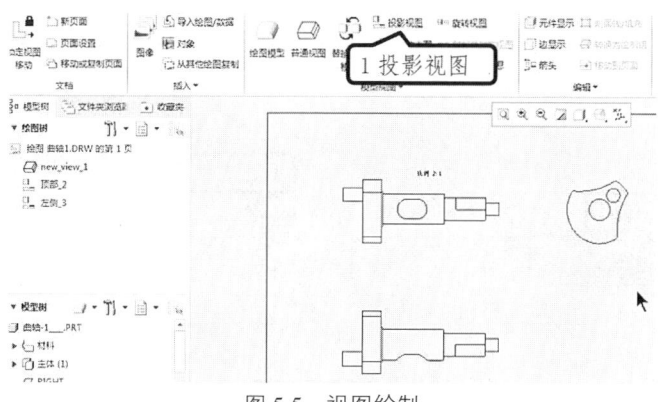

图 5.5　视图绘制

在绘图区,增加一个局部图。为了增加这个图,回到3D零件当中,首先需要在有平台的地方,绘制一个基准面(图5.6)。

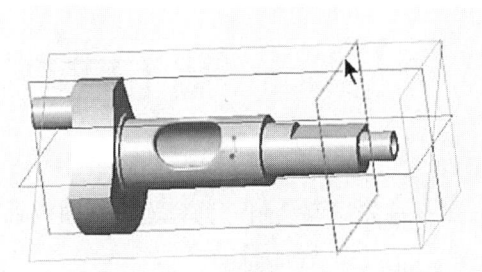

图 5.6　绘制基准面

回到工程图中,鼠标左键点【投影视图】(图5.7)。在主视图上点一下,移动鼠标,在主视图右边点击鼠标,出现新的右视图。这个视图不是想要的截面图,鼠标左键点【编辑定义】—【剖面】,选2D横截面,点击【+】,点击【新建】,在弹出的菜单当中选择【平面】—【单一】—【完成】,输入截面名称"A",按回车,在弹出的菜单当中选在3D图中绘制的基准平面,在绘图视图的菜单当中,有了一个绿色的对勾,选择进行【全剖】,点击【应用】,绘图区出现一个截面图,点击【确定】。如果需要移动一下这个视图的位置,点击【编辑定义】—【对齐】—【将此视图与其他视图对齐的勾去掉】,点击【确定】,然后就可以将它移动到合适的位置。

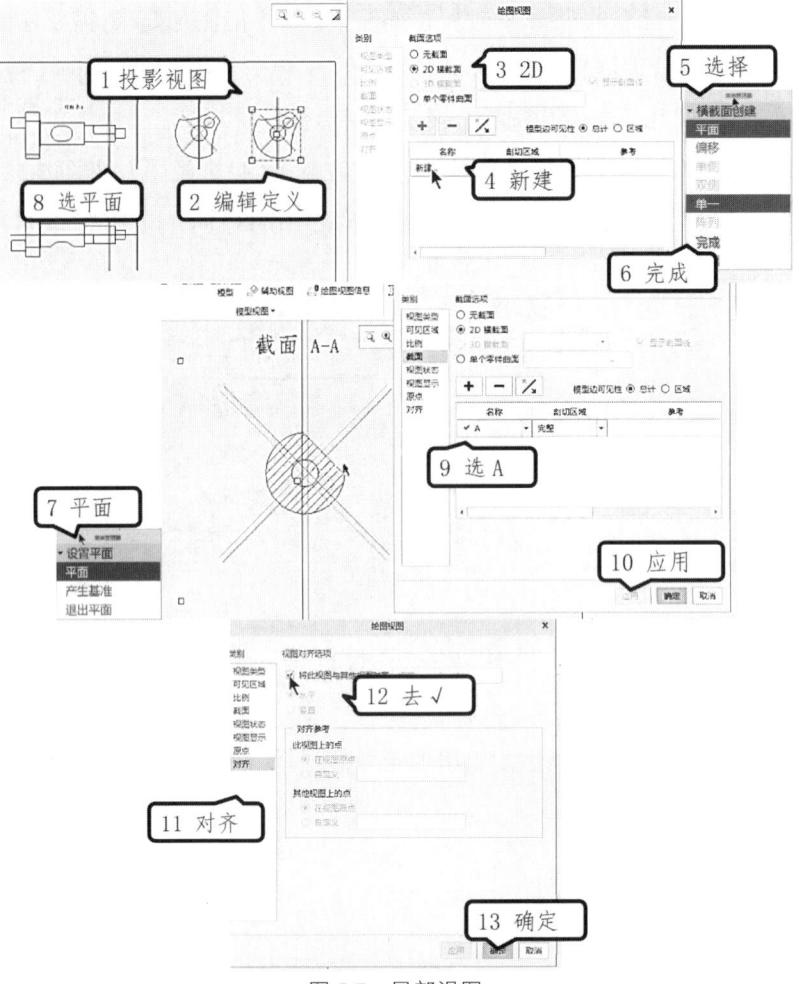

图 5.7 局部视图

绘制俯视图的剖面图。首先需要绘制一个合适的剖面位置,鼠标左键点平面,同时选择轴线和平面,绘制如图 5.8 所示的基准面。

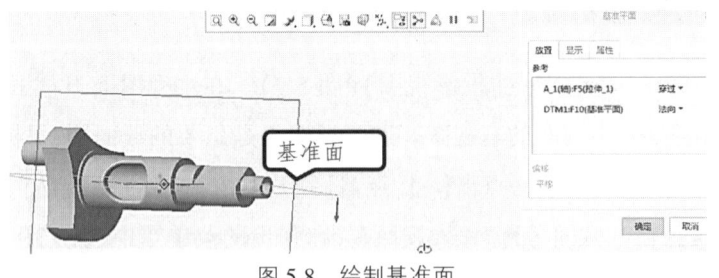

图 5.8 绘制基准面

回到工程图中,鼠标左键点【俯视图】—【编辑定义】(图 5.9),在剖面当中选择【2d 横截面】,点【+】,【新建】一个剖面,点击【平面】—【单一】—【完成】,输入 B,选择刚才所做的这个基准面进行剖面,在菜单中出来一个符号 B,点击【应用】,俯视图就变成剖面图了,点击【确定】。

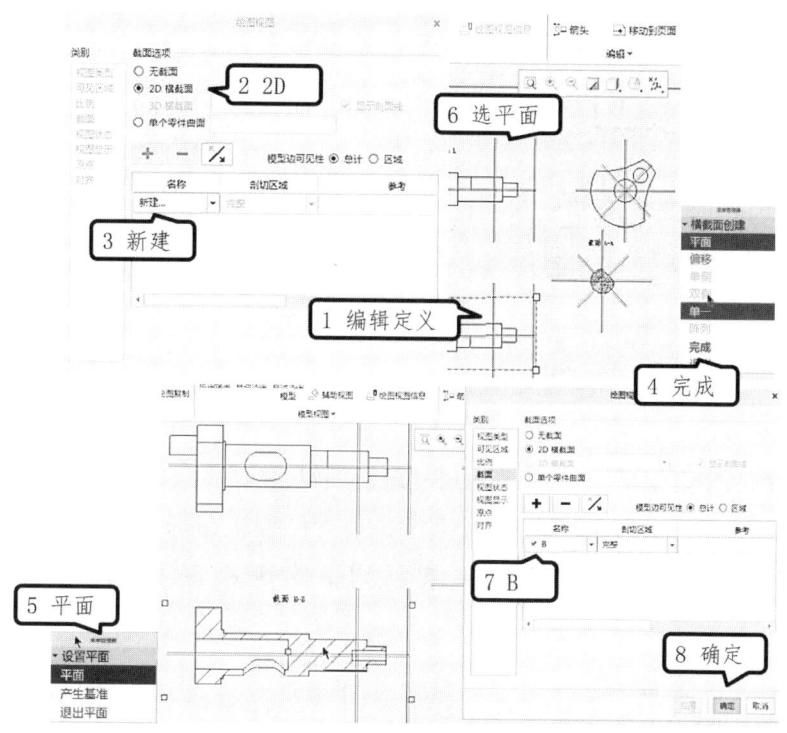

图 5.9　剖面图

工程图基准(图 5.10)。鼠标左键点击【注释】—【显示模型注释】,首先鼠标左键点击【基准】,在绘图区选择主视图,选菜单中的基准。同样的方法,在右视图和俯视图中绘制基准。鼠标选择基准,拖动可以调整线条的长度,使用右键也可以删除多余的基准。

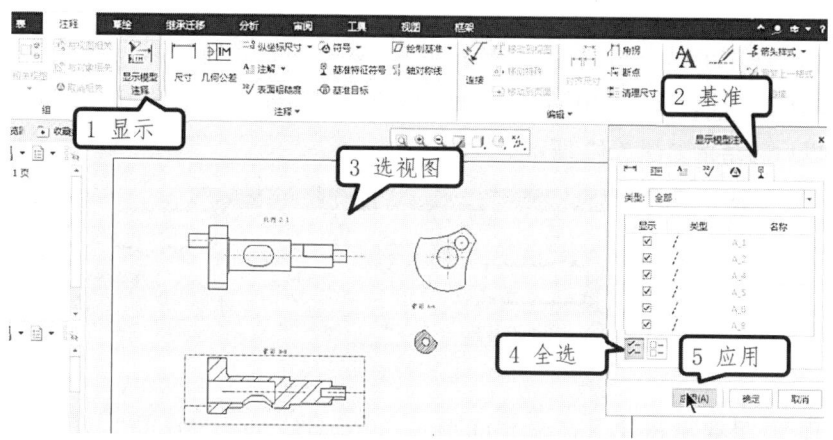

图 5.10　工程图基准

活动二:注释

工程图尺寸标注。如图 5.11 所示,鼠标左键点击【注释】—【显示模型注释】—【尺寸】,选择主视图,所有的尺寸在主视图当中展示出来,在菜单中全选,点击【应用】。【关闭】显示模型注释。

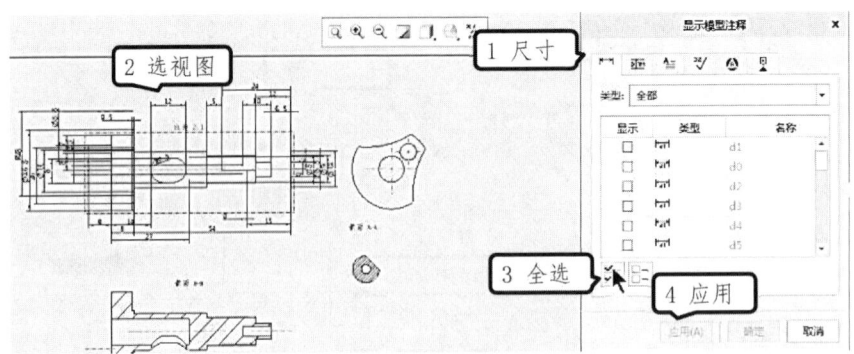

图 5.11　工程图尺寸

在主视图当中有很多尺寸,需要对尺寸进行编辑,删掉多余的尺寸,并让合适的尺寸出现在合适的视图当中。例如想让某个尺寸出现在右视图,鼠标左键选这个尺寸,右键菜单选择【将尺寸移动到】右视图当中,鼠标左键点击右视图(图 5.12)。完成尺寸标注的移动。

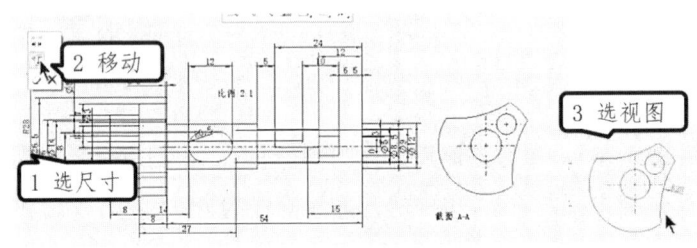

图 5.12　视图中移动尺寸

在局部视图中也可以标注尺寸。鼠标左键点【尺寸】,标注直线与圆心之间的距离,鼠标左键点这个线段,按住 Ctrl 键,点圆弧,视图中出现距离的尺寸,按滚轮结束当前操作。调整以后的结果如图 5.13 所示。

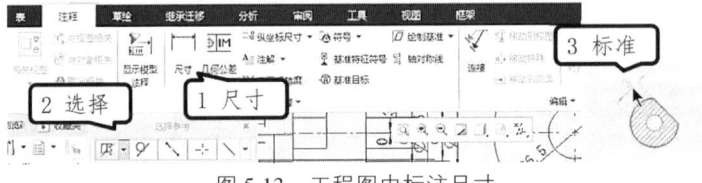

图 5.13　工程图中标注尺寸

将工程图【另存为】—【保存副本】(图 5.14),选择 Auto CAD 的 DWG 格式,输入名称,点击【确定】,在属性中,调整图层颜色,点击【确定】。将文件存为 DWG 格式后,在 CAD 中进行修改,补充一些尺寸精度、表面粗糙度,直到这个视图满足出图要求为止。

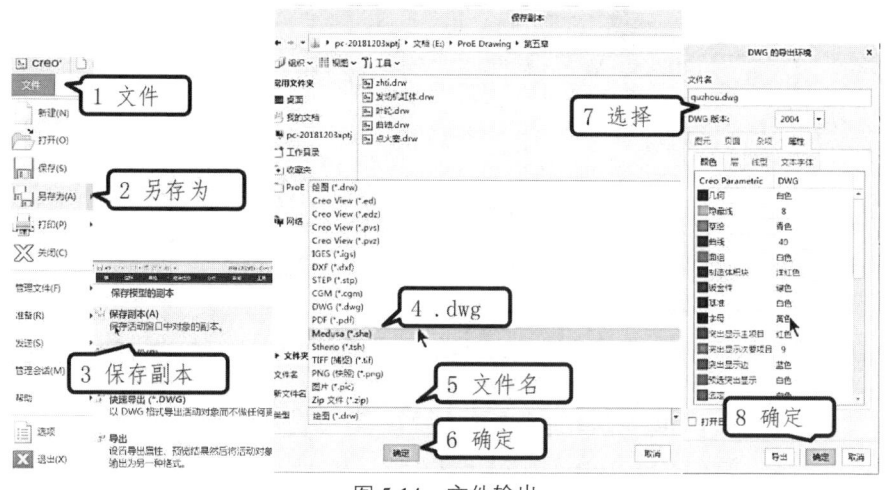

图 5.14 文件输出

任务三 格式文件

绘图格式是指边界线、参考标记和任何绘图元素在显示或添加前,每个页面中出现的图形元素。通常包括公司名称、设计员姓名、版本号和日期等表项。

启动新的绘图时,将提示用户给出与绘图关联的格式文件(.frm)。此文件带有所有格式图形信息,并且还可以带有一些可选的默认属性,如文本尺寸和绘制比例。对于多页面绘图,可以有两种默认格式,一种用于第一个页面而另一种用于其余页面。

Creo 软件有多种用于不同页面尺寸的标准绘图格式。也可以创建和保存自己的格式文件。

可以更改任何页面上的格式(包括第一个页面)而与其他页面格式无关,因此,能在绘图的各个页面上使用不同的格式。

 活动一:创建图框

学习工程图的格式文件绘制。格式主要指标题栏、图框、装配图的零件明细表等。在 Creo 软件中,格式文件的内容可以使用已有的三维图自动生成,例如零件名称、比例、日期等。

以装配图的格式文件为例,学习格式文件的绘制。打开 Creo 软件,鼠标左键点击【新建】—【格式】,输入文件名称"A2H",点击【确定】。选【空】—【横向】,大小选【A2】,点击【确定】(图 5.15)。

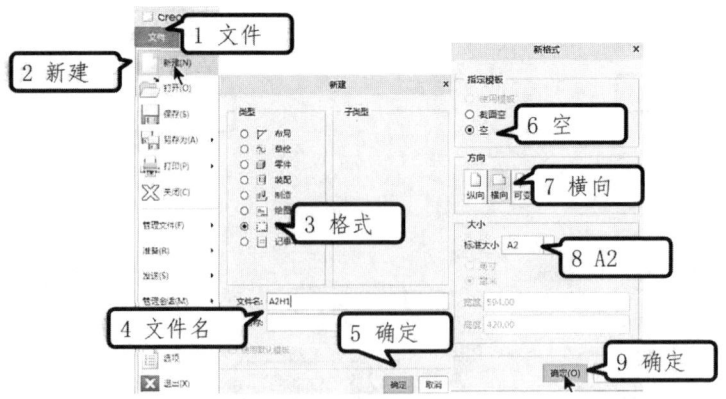

图 5.15　格式文件

如图 5.16 所示,鼠标左键点击【文件】—【准备】—【绘图属性】,在详细信息选项后边点【更改】,浏览并【打开】符合国标的配置文件"活动绘图.dtl",点【确定】。点【关闭】,关闭对话框。

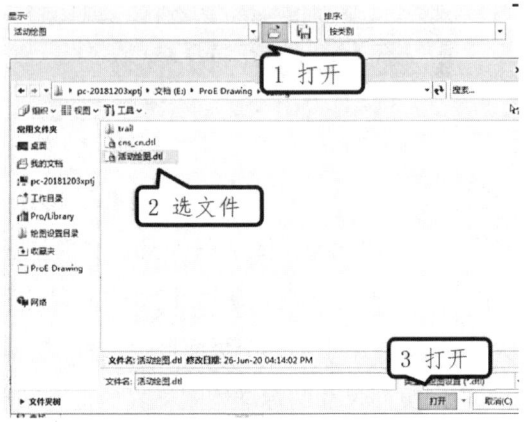

图 5.16　使用符合国标的配置文件

首先绘制一个 A2 图框。如图 5.17 所示,鼠标左键点击【草绘】—【线】,在绘图区点右键,选【绝对坐标】,输入 25 按回车,输入 10 按回车。点右键,选【绝对坐标】,输入 584 按回车,输入 10 按回车,前两个绝对坐标绘制一条线段;同样的道理,分别输入 6 个坐标,(584,10)、(584,410),(584,410)、(25,410),(25,410)、(25,10),绘制出 3 条线段。完成符合国标的图框的绘制。

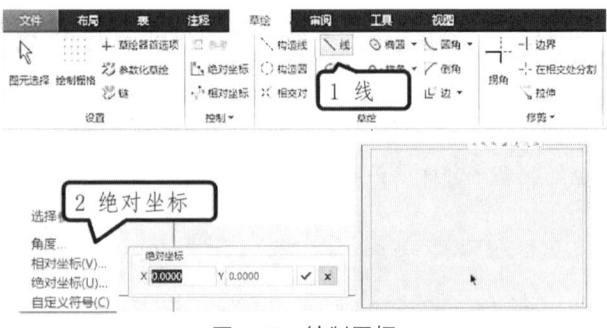

图 5.17　绘制图框

活动二：设计标题栏

绘制标题栏。如图 5.18 所示，鼠标左键在点【表】，选择【插入表】，从右下角往上生成表，选择最右边图标，输入 7 列 5 行，每一个单元格的【高度】输入 8mm，按回车，【宽度】输入 15mm，按回车，点【确定】。在弹出的对话框中选择【绝对坐标】，输入坐标(584,10)，点【确定】。完成右下角的表的初步绘制。

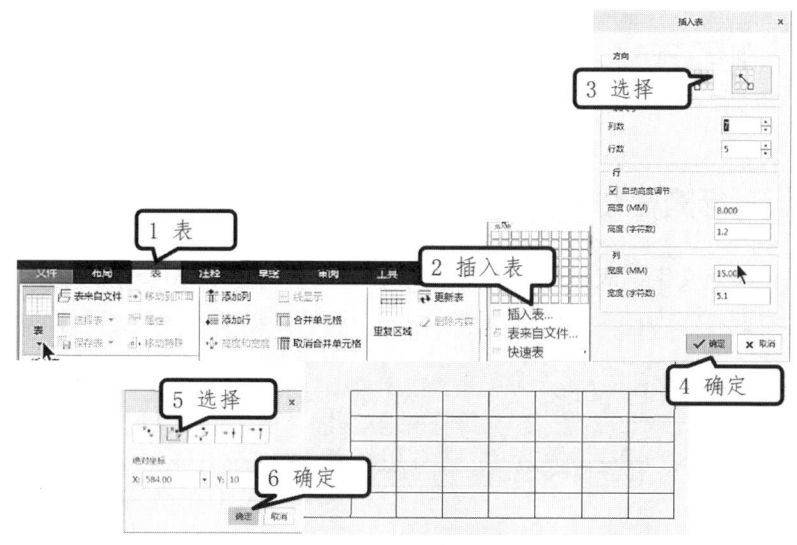

图 5.18　标题栏表格

对初步绘制的表中的一些单元格进行调整。同时选择四个单元格，合并单元格。同样的方法合并其他单元格，合并好之后的结果如图 5.19 所示。

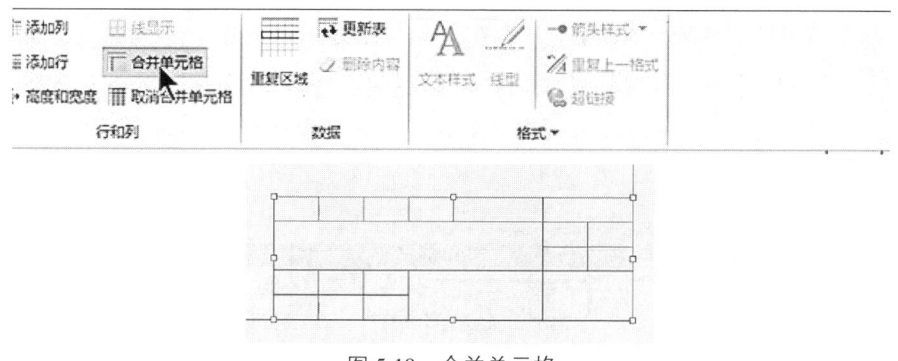

图 5.19　合并单元格

调整单元格的大小。鼠标左键选择【单元格】，按住鼠标右键，选择【高度和宽度】，在弹出的对话当中，【宽度】输入 30mm，预览之后点击【确定】。同样的方法，调整其他单元格的大小，结果如图 5.20 所示。

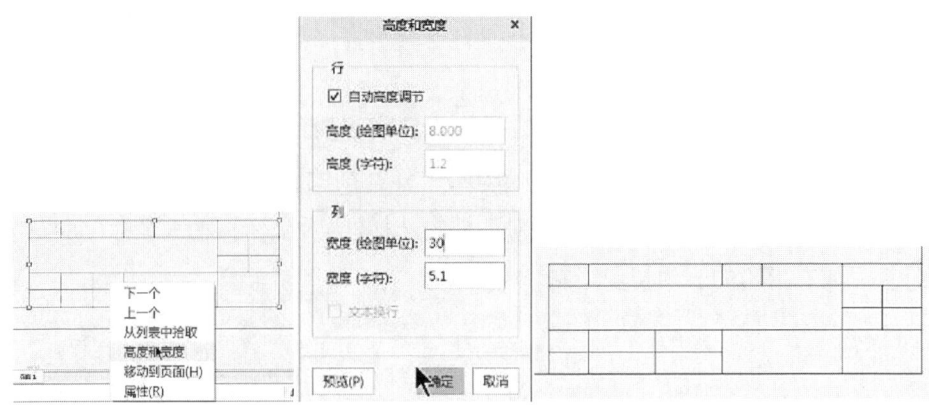

图 5.20　单元格大小调整

 活动三:标题栏文字

在表格中输入文字。双击待输入文字的表格,选择合适的字体和格式,在第一行分别输入序号、零件名称、数量、材料,最后输入附注。输入比例、共__张,第__张,输入制图、审核。结果如图 5.21 所示。

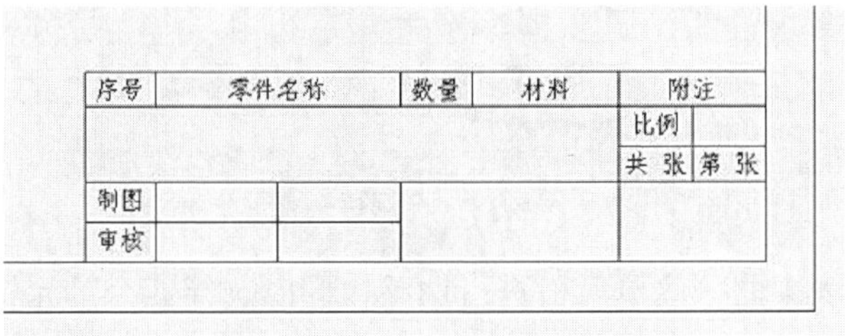

图 5.21　表格文字

自动生成零件明细表。绘制的步骤:在已有的表格上方添加一行,如图 5.22 所示,鼠标左键点击【表】—【重复区域】—【添加】,鼠标左键点序号上方的空格,然后点附注上边的空格,点击【完成】。最上边一行就成了重复的区域,也就意味着当调入装配图的时候,自动生成零件的明细表。

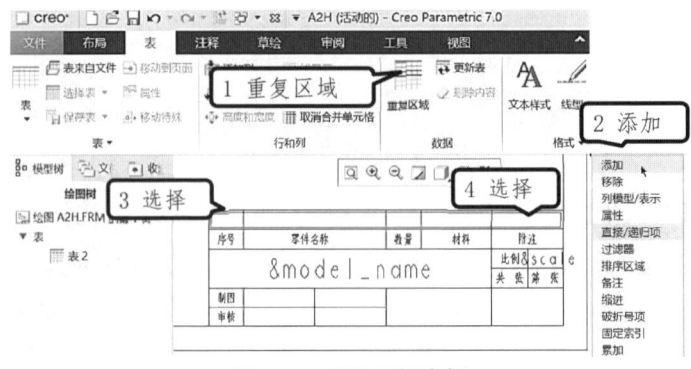

图 5.22　零件明细表框

使用装配图已有的信息填充表中内容,操作步骤如图 5.23 所示,鼠标左键双击【序号】,在弹出的菜单当中选择 rpt index,这样在自动生成的零件明细表中,序号就会自动生成;同样的,双击零件名称,选择 asm mbr name,零件的名称就会自动添加。按照这种办法,依次将数量 rpt qty、材料 asm mbr ptc_material_name 的相应代码填入。然后双击相应单元格,将装配图的名称(model_name)、比例(scale)、制图日期(today_date)和审核日期(today_date)的相应代码填入。完成格式文件绘制。点击【保存】。

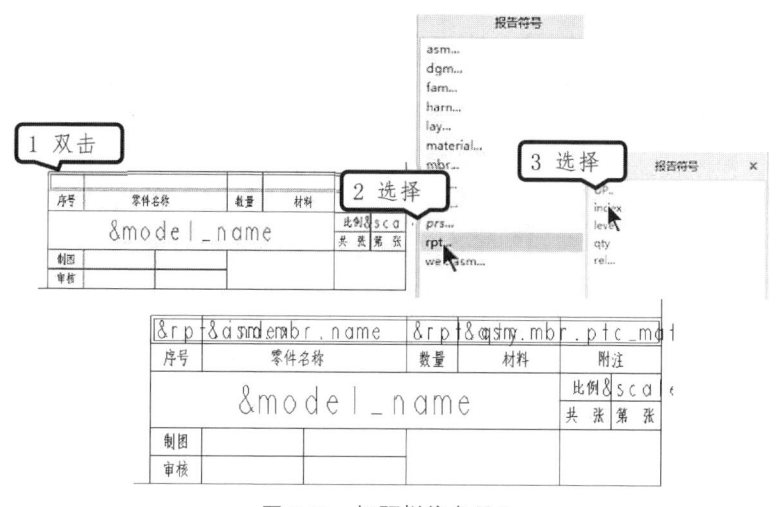

图 5.23 标题栏信息录入

任务四 装配工程图

活动一:视图

本部分学习装配的工程图。装配的工程图内容很多,主要包括的内容有视图、标题栏、零件明细表和技术要求等内容。

打开 Creo 软件,如图 5.24 所示,【选择工作目录】,将项目五作为工作目录,在工作目录中浏览并【打开】装配图—【整体装配】。鼠标左键点【文件】—【新建】,选择【绘图】输入绘图的名称"整体装配",点击【确定】。选择格式为【空】,在工作目录中浏览并【打开】前面所绘制的格式文件"A2H",点击【确定】,弹出的菜单中输入绘图日期 2020.6.26,不用输入审核日期,按回车。进入工程图的界面,在绘图区出现零件的明细表。

鼠标左键点击【普通视图】,如图 5.25 所示,选择【无组合状态】,点击【确定】。在绘图区点一下鼠标左键。在弹出的菜单选择一个合适的视角,当没有合适的视角的时候,在绘图区鼠标左键选择几何参照,参考 1 选择中间 ASM_RIGHT 平面,参考 2 选择最下面 ASM_FRONT 面,点击【应用】。【比例】选择 1∶1,完成第一个视图绘制,点击【确定】。解除【锁定视图移动】之后,鼠标左键可以移动主视图的位置。

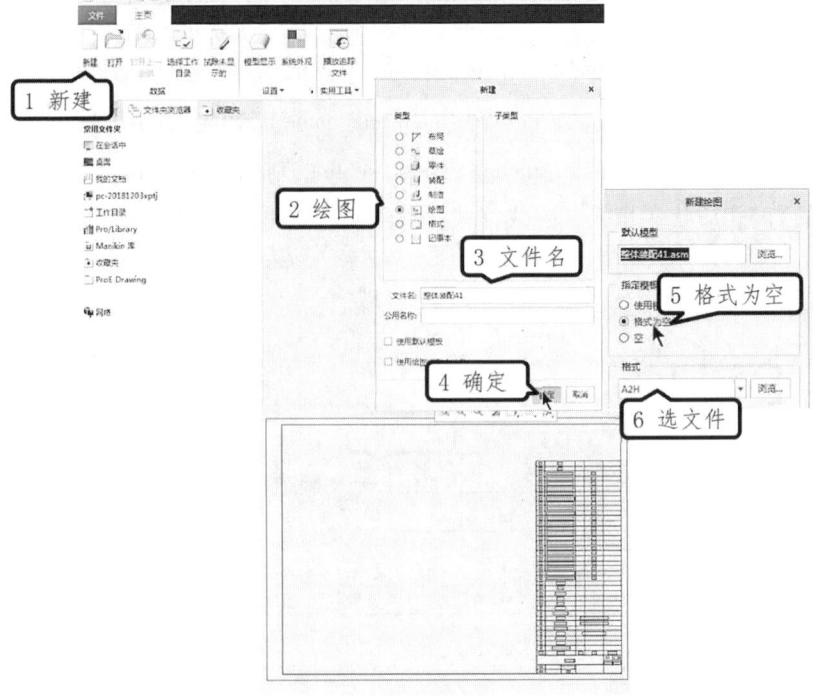

图 5.24 图纸设置

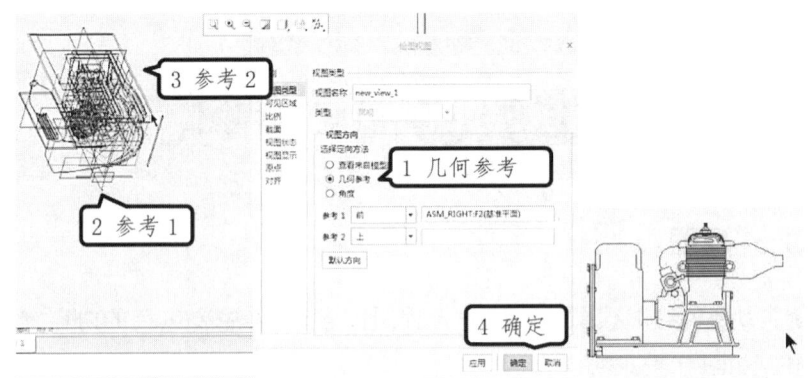

图 5.25 主视图

生成主视图的投影视图,鼠标左键点击【投影视图】,如图 5.26 所示,鼠标往下移,点左键生成俯视图。同样的方法,点主视图,再点击【投影视图】移动鼠标,绘制右视图。完成了 3 个视图绘制。

在主视图绘制剖面图。剖视图在俯视图的中间位置进行剖开,展示装配内部结构。要绘制剖面图,选择主视图,点击【编辑定义】,在界面中选择【2D 横截面】,点击【+】,有一个可以选择的 A 截面,点击【全剖】,点击【确定】。完成主视图的剖视图的绘制。

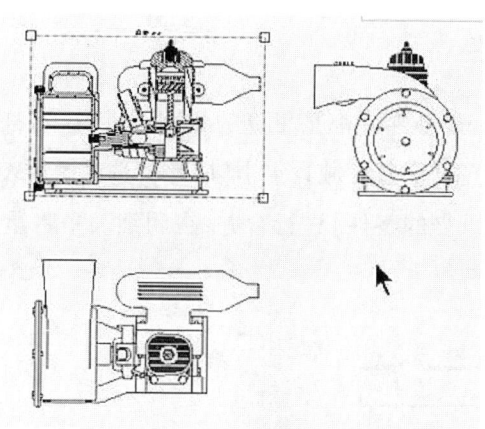

图 5.26　三视图

修改剖面图。在有剖面线的地方,如图 5.27 所示,选择【双击剖面线】,鼠标左键不断点击【下一个】,不同零件的剖面线就会加亮。当需要修改的剖面线加亮的时候,鼠标左键选中,调整一下剖面线的间距,半倍加密剖面线,完成剖面线的修改。

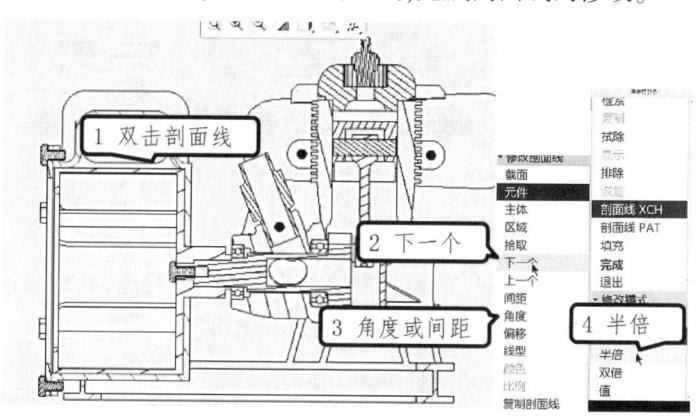

图 5.27　修改剖面线

装配中有些零件不需要剖切,比如螺钉、轴等,鼠标左键点击【下一个】,如图 5.28 所示,选择零件,点击【排除】,排除活塞销、螺钉等零件,排除完所有需要排除的零件之后,点击【完成】。

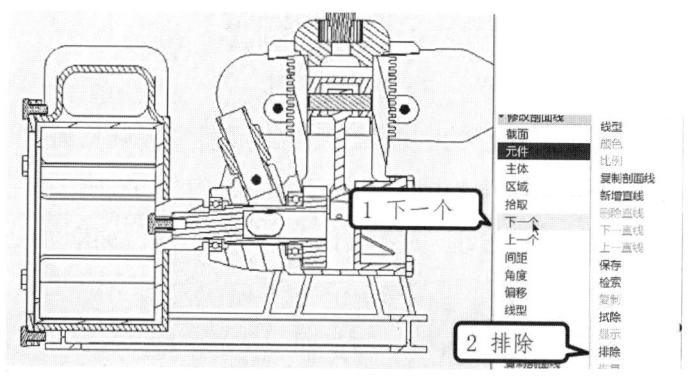

图 5.28　剖视图中排除零件剖切

活动二:明细栏

检查明细栏,在表中很多零件都是重复的相同零件,这不符合国标。鼠标左键点击【表】,如图 5.29 所示,点击【重复区域】,点击【属性】,选中这个表,在菜单中选【无多重记录】,点击【完成】。选【重复的零件】进行合并,在明细表中将重复的零件合并为 1 个零件,相应数量增加。

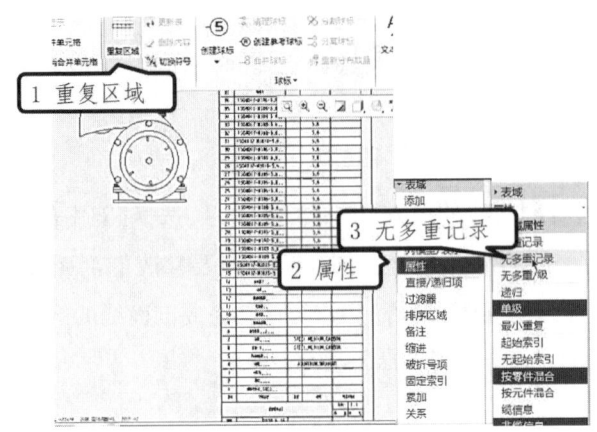

图 5.29 重复零件合并

在零件明细表中的活塞组件,是由两个零件组成的,出现在装配图明细表中是不合适的。鼠标左键点击【表】,如图 5.30 所示,点下边的【重复区域】,鼠标左键点击【直接递归项】,鼠标左键点一下表,提示选择当前区域中的记录并使他们递归,这时候鼠标左键点击活塞组件这一行,点击【确定】,活塞组件拆分成两个零件,一个是活塞,一个是活塞销;对于其他只显示组件而不显示零件的,做相同的处理。

图 5.30 拆分组件

明细表当中也不希望活塞组件出现,鼠标左键点【重复区域】,如图 5.31 所示,点击【过滤器】,选择明细表,鼠标左键点击【按项】,选择活塞组件,点击【排除】,点击【确定】,点击【完成】。排除明细表中的组件。对于其他不需要显示的,做相同的处理。

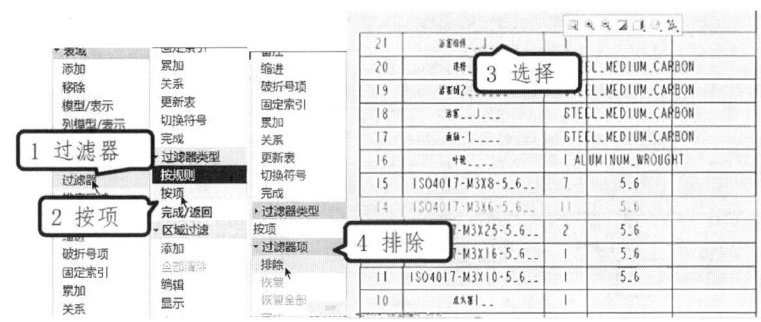

图 5.31　明细表中排除组件

装配图中需要标注总体尺寸、关键尺寸、配合尺寸和装配尺寸。在注释里面,鼠标左键点击【尺寸】,如图 5.32 所示,标注总的长度,鼠标左键点击最左边的图元,按住 Ctrl 键,鼠标左键再点最右边,在中间按滚轮,完成总长度的标注。同样的办法,标注总高度和总宽度等尺寸。当然还有一些配合尺寸需要标注,这些留在 AutoCAD 当中去完成设置。

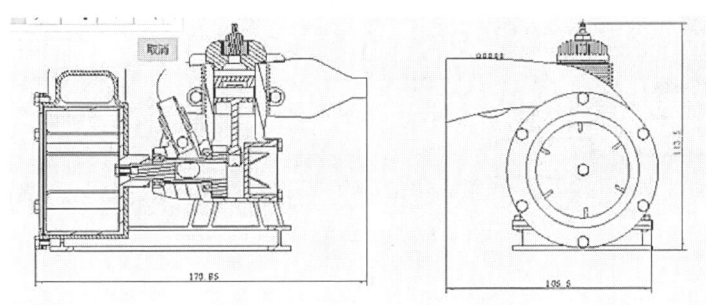

图 5.32　标注尺寸

软件默认的圆形球标是不符合国标的。需要改用横线表示,横线标识的制作方法:如图 5.33 所示,鼠标左键点击【注释】—【符号】—【符号库】—【定义】,输入符号名称"GB_QB",按回车。点击【草绘】,点击【线】,画一条线段,鼠标右键使用【绝对坐标】,输入(300,100),移动鼠标;另外一个端点,鼠标右键使用【绝对坐标】,输入(310,100),完成横线段绘制,点【关闭】。在线上插入文字:点【插入】—【注解】,选择【居中】,选择【进行注解】,鼠标左键在横线上点一下,输入\index\,按回车,点击【关闭】,点击【完成】。鼠标左键点击【属性】—【自由】—【拾取原点】,点击最后一个图标,鼠标左键拾取横线的中点,点击【确定】,点击【左引线】—【拾取原点】,鼠标左键点横线左端;点击【右引线】—【拾取原点】,鼠标左键点线段右端。属性当中选择【允许弯头】,允许文本反向,点击【确定】。调整一下文字位置,点击【完成】。将这个符号存入到程序的目录当中。

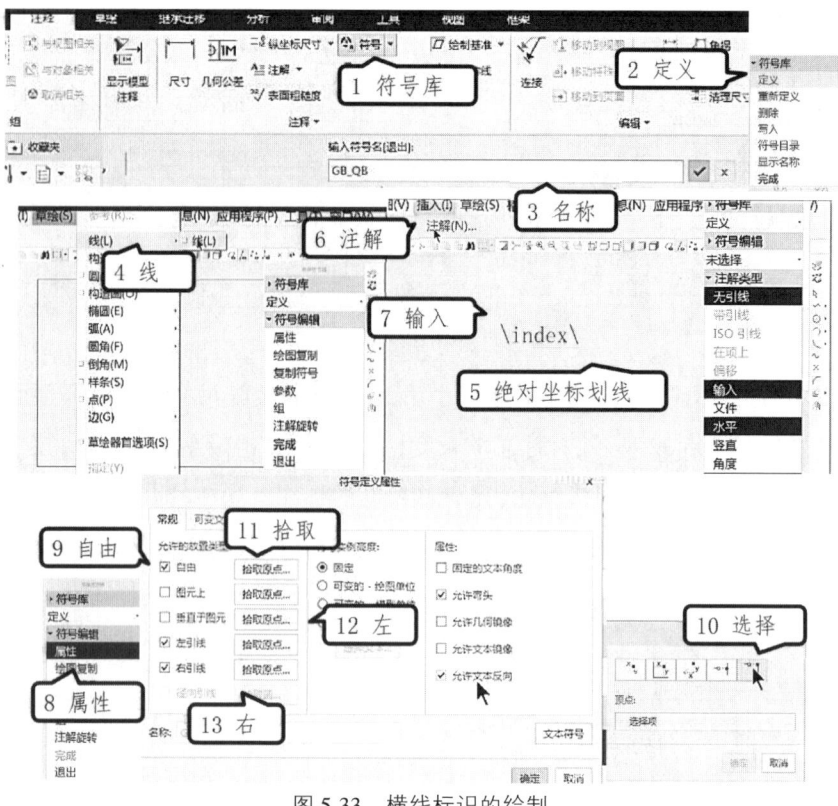

图 5.33　横线标识的绘制

活动三：零件标识

修改零件标识为横线。如图 5.34 所示，表 1 是标题栏，表 2 是零件明细表，表 3 是零件明细表中名称这一行。对表 2，点击【编辑定义】，选择【BOM 球标】，选择【自定义】，选择前面创建的横线符号"GB_QB"，点击【确定】，然后点击【创建球标】。这样符合国标的标注就创建出来了。

图 5.34　横线标识标注

指向零件的箭头标识不符合国标，需要进行修改。绘图区框选所有的图形，在【箭头样式】的下拉菜单中选择【实心点】，如图 5.35 所示，绘图区所有箭头变为实心点。另外实心点的位置在线上，不在零件内部，左键选择这条线，按右键点【编辑连接】，选择【面】。可以改变实心点的位置，如图 5.36 所示。

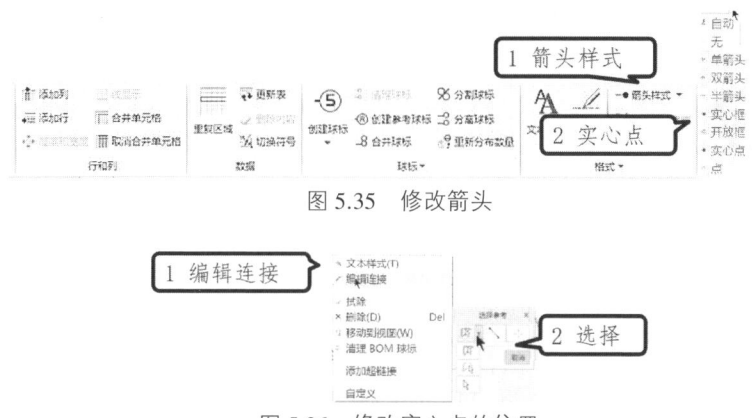

图 5.35　修改箭头

图 5.36　修改实心点的位置

横线标识符号不能互相相交，对这些符号进行排序。初调一下球标的位置，鼠标左键拖动。逆时针排序的方法如图 5.37 所示，鼠标左键点击【重复区域】—【固定索引】，选择明细表，目前这个零件序号是 15，想要把它换到 20，鼠标左键点 15，输入记录填写 20，按回车。可以看到这个零件就变成 20。同样的方法，想要把 4 变为 19，点【固定索引】—鼠标左键选择明细表，鼠标左键点 4，选择输入记录填写 19，按回车。可以看到这个零件序号就变为 20。其他序号更换方法同上，完成后的结果如图 5.37 所示。

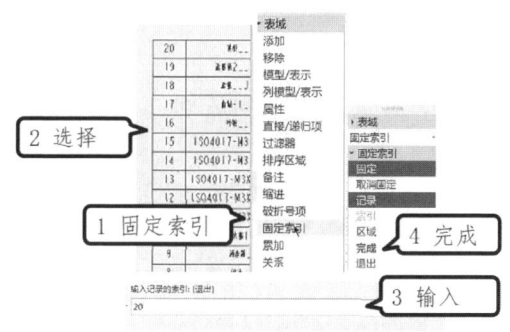

图 5.37　球标排序

活动四：图层

把目前的工程图导入 AutoCAD 当中，会出现很多图层，处理起来比较麻烦。实际上，在 AutoCAD 中，只需要必须的几个图层。新建几个图层，第一层希望选择前面所创建的符号。选择【新建层】，如图 5.38 所示，绘图区右下角选择【符号】，鼠标左键选择绘图区的所有符号，完成第一个图层绘制。接着【新建层】，选择尺寸，鼠标左键选择视图，点击【确定】。再选择【新建层】，希望选择所有的主体，鼠标左键选择所有图。这样，该层就包含这个装配图当中的所有主体。依此类推,完成必要图层的绘制。

图 5.38　图层处理

希望在 AutoCAD 中进一步的调整工程图。鼠标左键点击【文件】—【选项】—【配置编辑器】,按类别进行排序,在 2D 交换后边只要选择 none,不进行缩放,按照 1∶1 输出,点击【确定】,将完成的装配图输出。将文件【另存为】,点【保存副本】为.DWG 格式。输入新文件名,点击【确定】。输出的时候,要选择 AutoCAD 的版本,相应的参数也可以选择,确定,完成 DWG 文件的创建。创建后,进入 AutoCAD 中进行详细的修改。

任务五　样板基本设置

AutoCAD 知识点回顾

1.平移图形

鼠标左键单击实时平移按钮，按住鼠标左键在屏幕中拖动。注意:使用 Enter 或【ESC】键结束此操作。

2.缩放图形

(1)实时缩放

鼠标左键单击实时缩放按钮，按住鼠标左键向上拖动放大,向下拖动缩小。

注意：使用 Enter 或【ESC】键结束此操作。

(2)窗口缩放(Window)

鼠标左键单击【窗口缩放】按钮，在屏幕上拾取两个点,构造一个矩形窗口,窗口中的视图会满幅显示在绘图区域,如图 5.39 所示。

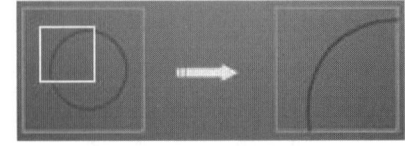

图 5.39　窗口缩放

(3)根据绘图范围或实际图形显示

鼠标左键单击(左击)【范围缩放】按钮,调整绘图区域的大小,以适应图形中所有可见对象的范围。

3.鼠标使用(见表 5.1)

表 5.1 鼠标使用

鼠标按键	作用
单击左键	选取对象
单击右键	弹出右键菜单
滚轮上下滚动	以光标为中心,向上滚动放大,反之缩小

4.选择对象(见表 5.2)

表 5.2 选择对象

选取方式	作用
点选	单击左键直接点取选择对象
窗口选择	从左向右单击左键,指定对角顶点的矩形窗口,选取位于其范围内的所有图形,与边界相交的对象不会被选中。
交叉窗口选择	从右向左单击左键,指定对角顶点的矩形窗口,选取位于其范围内的所有图形,也选中与边界相交的对象。
选择结束	单击右键

5.AutoCAD 中所有字母输入不分大小写

活动一:工作空间

打开 AutoCAD 2014,为了兼顾 AutoCAD 各种版本,把工作空间设置为 AutoCAD 经典,鼠标左键点击【工作空间】,选择【AutoCAD 经典】,如图 5.40 所示。

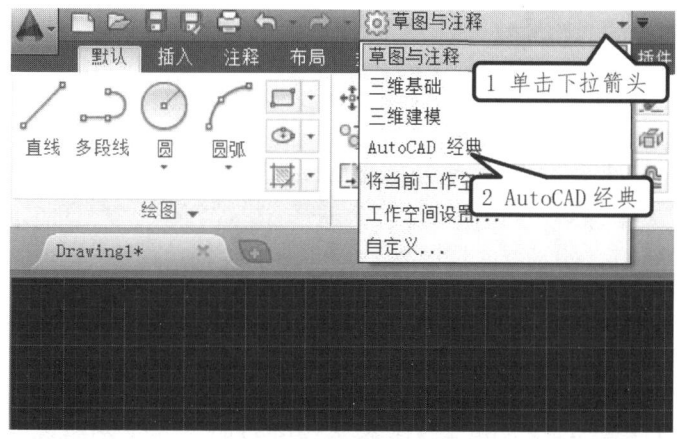

图 5.40 工作空间设置

关闭平滑网络工具栏和工具选项板,如图 5.41 所示。

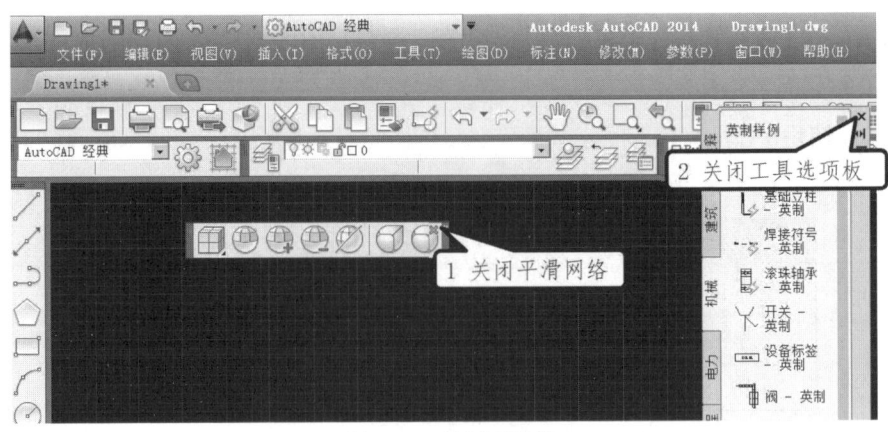

图 5.41　关闭工具栏

设置状态栏的功能按钮,鼠标左键单击图标进行模式启闭的切换,启动【正交模式】、【对象捕捉】、【对象捕捉追踪】和【线宽显示】,如图 5.42 所示。

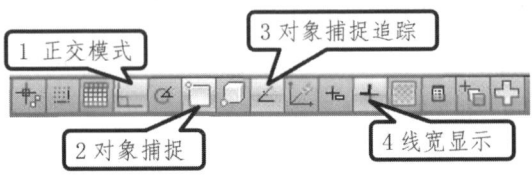

图 5.42　设置对象捕捉

设置【对象捕捉】,鼠标右键单击【对象捕捉】按钮,在弹出快捷菜单中选择【设置】命令,进行【对象捕捉】的设置,如图 5.43 所示。

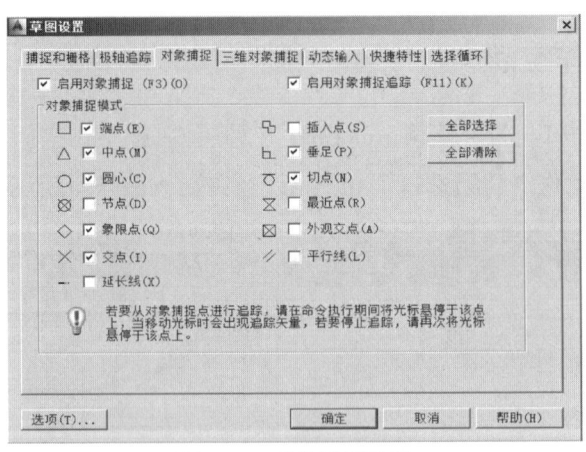

图 5.43　对象捕捉设置

活动二:图层

单击【图层特性管理器】按钮 ,图案出图层特性管理器,如图 5.44 所示。

【新建图层】,图层名称:粗实线,单击其后线宽,将线宽选为 0.5mm,点击【确定】;【新建图层】,图层名称:细实线,单击其后线宽,将线宽选为 0.25mm,点击【确定】;【新建图层】,图层名称:标注。如图 5.44 所示。

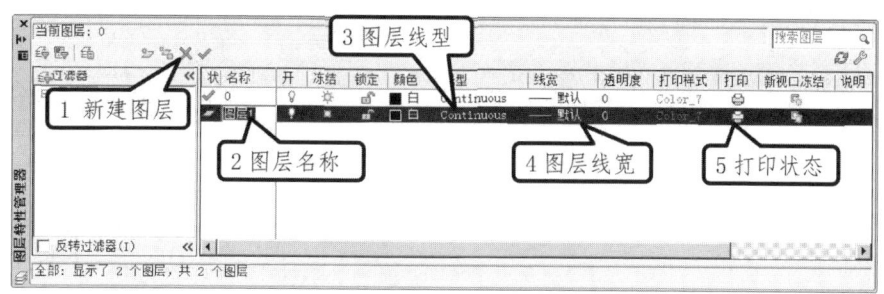

图 5.44　创建图层

【新建图层】,图层名称:细虚线,单击其后线型,弹出【选择线型】对话框,点击【加载】,弹出【加载或重载线型】对话框。细双点划线线型:【ACAD-ISO05W100】,点击【确定】;点击【加载】,点划线线型:【CENTER】,点击【确定】;点击【加载】,虚线线型:【HIDDEN】,【确定】。如图 5.45 所示。

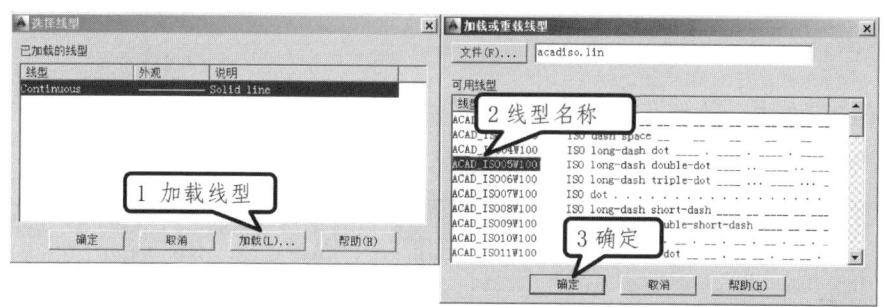

图 5.45　加载图层线型

修改图层线型。单击其后线型,弹出【选择线型】对话框,选择相应线型。

【新建图层】,图层名称:边界线,将其线型改为连续线型,单击其后【打印机】,使打印机关闭。所有图层创建完成,如图 5.46 所示。注意,边界线层打印设置为不打印。关闭【图层特性管理器】。

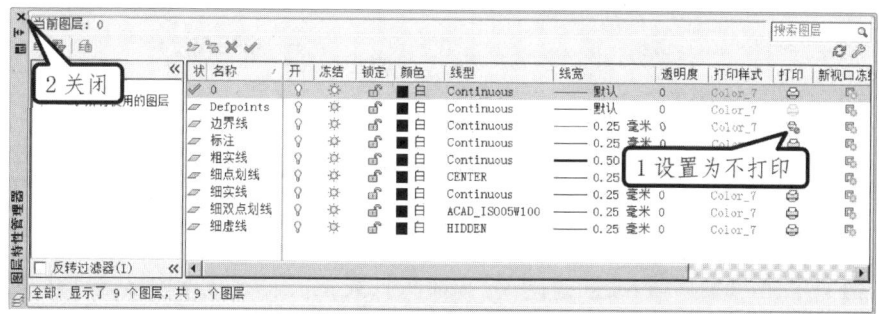

图 5.46　设置的所需所有图层

活动三:标注样式

设置文字样式。鼠标左键单击【文字样式】按钮。选择字体名:gbeitc.shx;选中【使用大字体】;选择【大字体】:gbcbig.shx,点击【应用】,点击【关闭】。如图 5.47 所示。

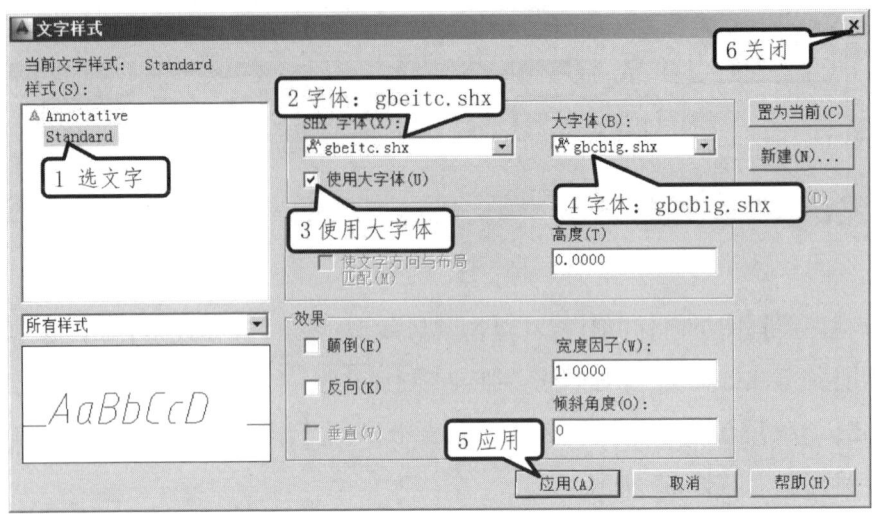

图 5.47　设置文字样式

修改标注样式。鼠标左键单击【样式按钮】　。打开标注样式管理器,选择【ISO-25】标注样式,点击【修改】,如图 5.48 所示。

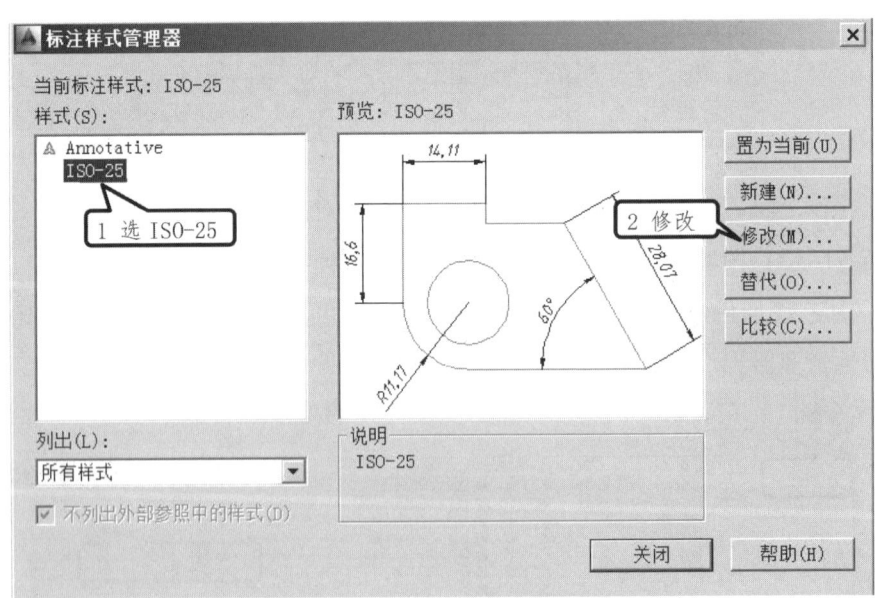

图 5.48　标注样式管理器

选择【线】,起点偏移量:0;选择【符号和箭头】,设置【箭头】大小:1.8;选择【主单位】,选择【小数分隔符】:句点,点击【确定】。如图 5.49 所示。

— 176 —

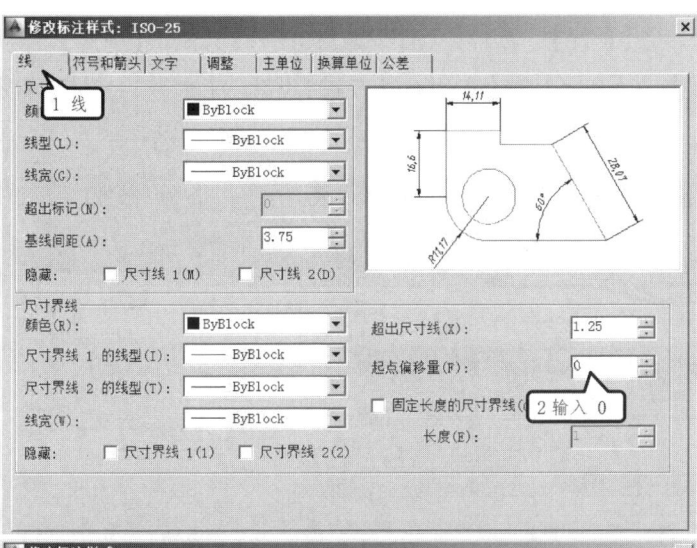

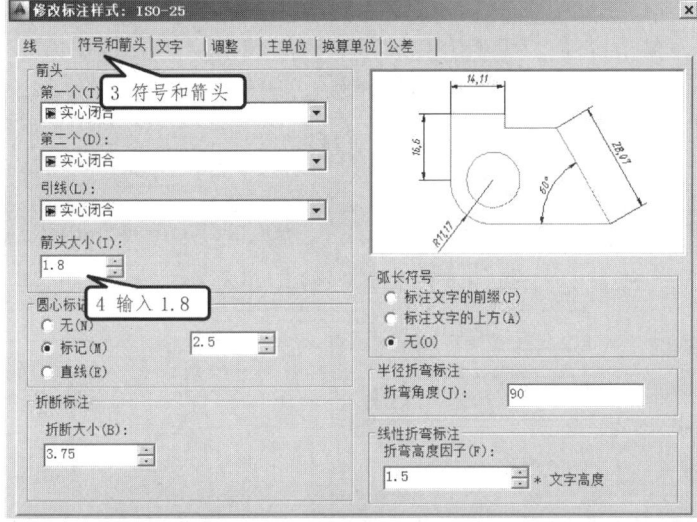

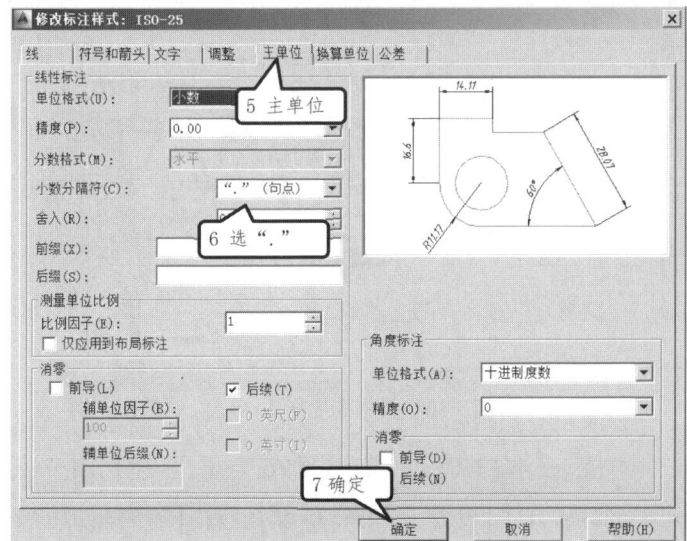

图 5.49　修改标注样式

新建标注样式:【新建】。选择【ISO-25】标注样式,点击【新建】,用于处选【角度标注】,点击【继续】,选【文字】,将【文字对齐方式】设置为【水平】,点击【确定】。如图 5.50 所示。

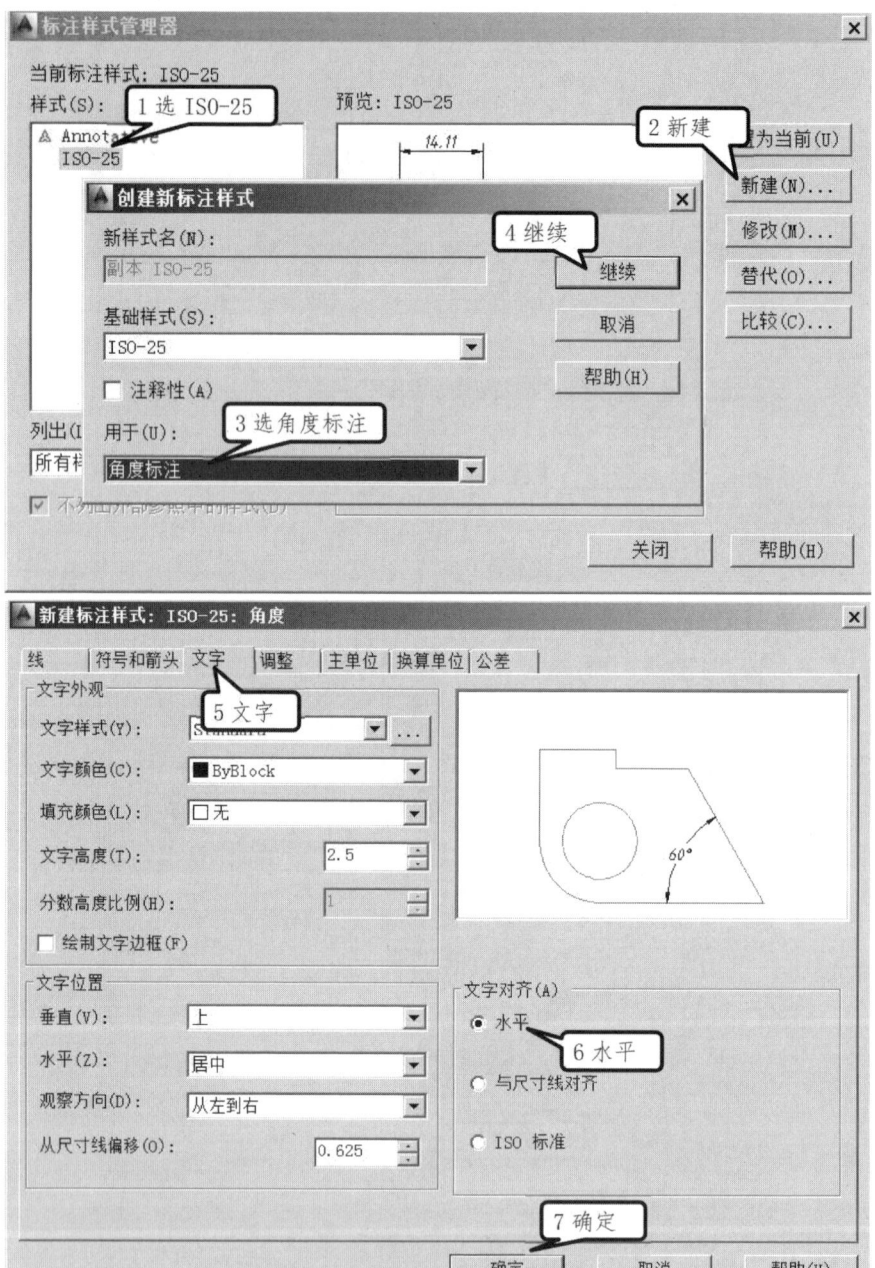

图 5.50 新建标注样式:角度

新建标注样式:半径。选择【ISO-25】标注样式,点击【新建】,用于处选【半径标注】,点击【继续】,将【文字对齐方式】设置为【ISO 标准】,点击【确定】。如图 5.51 所示。

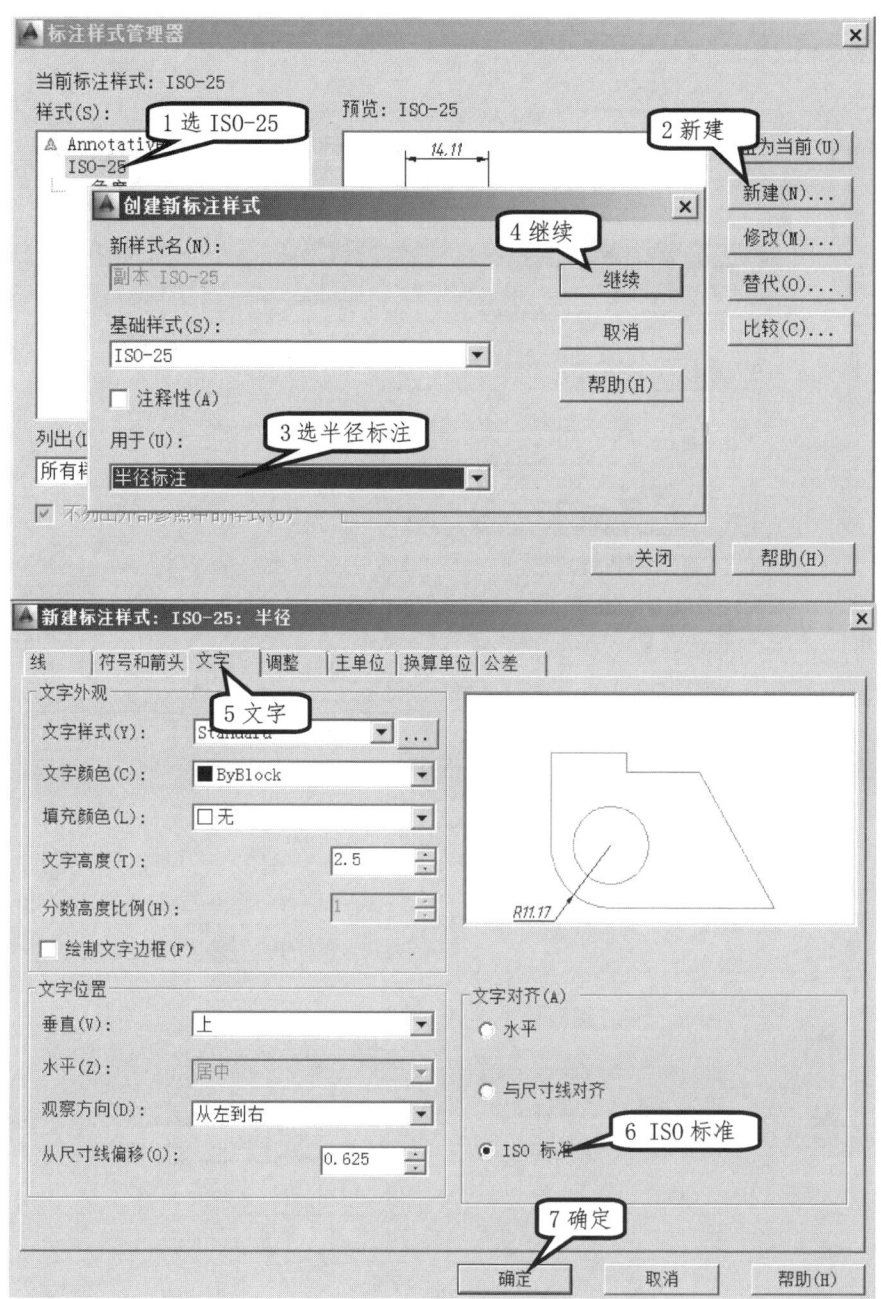

图 5.51 新建标注样式:半径

新建标注样式:直径。选中 ISO-25,点击【新建】,用于(U):【直径标注】,点击【继续】,将【文字对齐方式】设置为【ISO 标准】,点击【确定】,点击【关闭】。如图 5.52 所示。

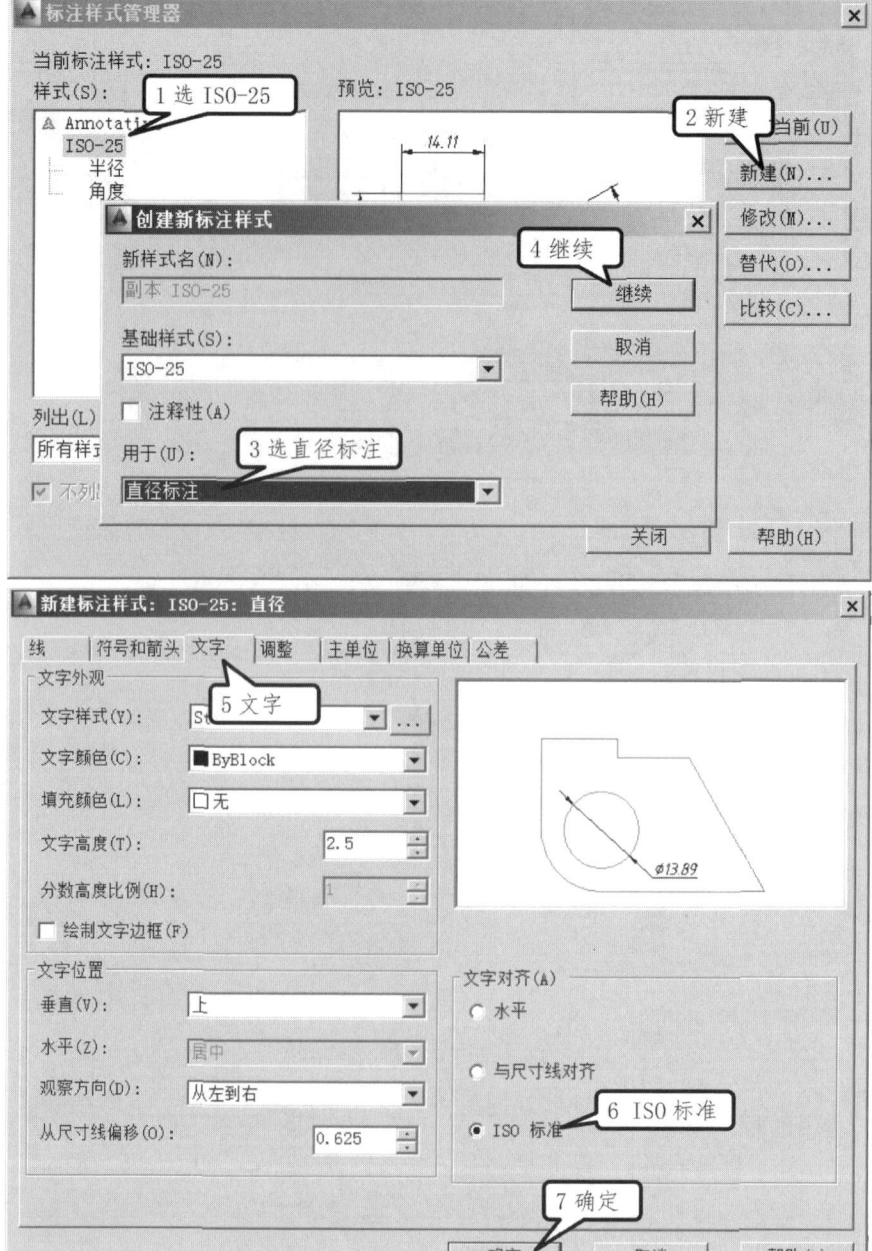

图 5.52 新建标注样式:直径

设置好的标注样式 ISO-25,如图 5.53 所示。包含有【角度】,其【文字对齐方式】为水平;【半径】和【直径】,【文字对齐方式】为 ISO 标准(当文字在尺寸界线内时,文字与尺寸线对齐;当文字在尺寸界线外时,文字水平排列)。

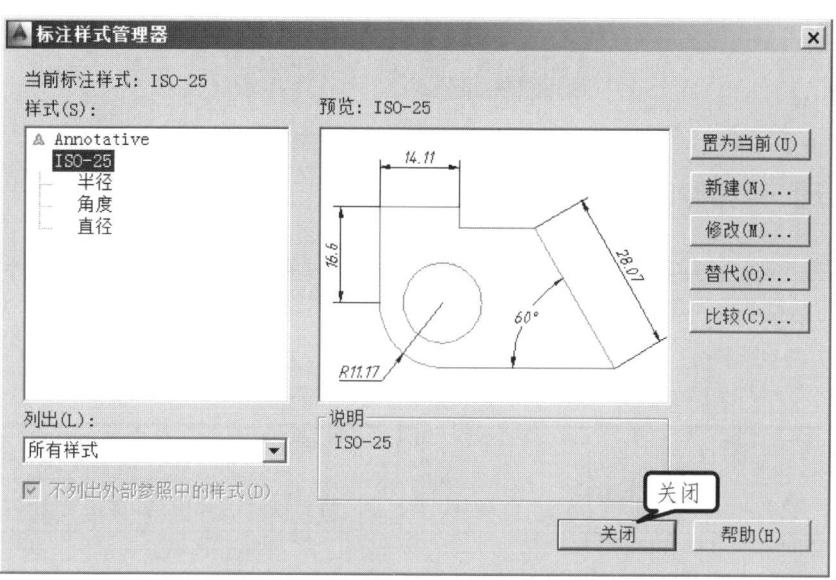

图 5.53 设置完成的 ISO-25 标注样式

保存样板。依次选择菜单—【文件】—【另存为】,选择【文件类型】—【图形样板】。选择图形样板保存的路径。输入样板【名称】:jx 样板,点击【保存】,点击【确定】,如图 5.54 所示。

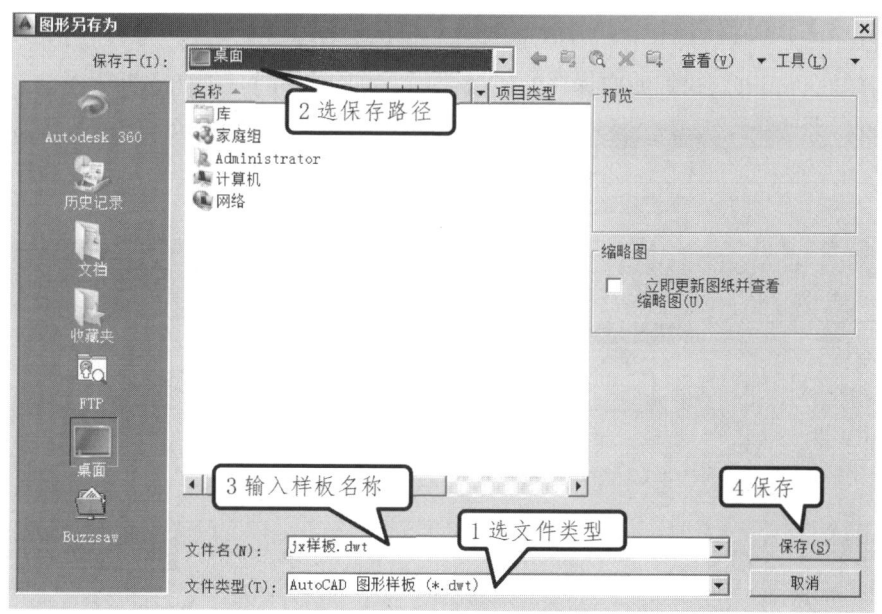

图 5.54 保存样板

任务六 标题栏

 活动一：零件图标题栏

下图 5.55 所示为零件图标题栏的形状和内容。带有小括号的部分为块属性，可以随时更改其内容；其余文字为文本，不可更改内容。

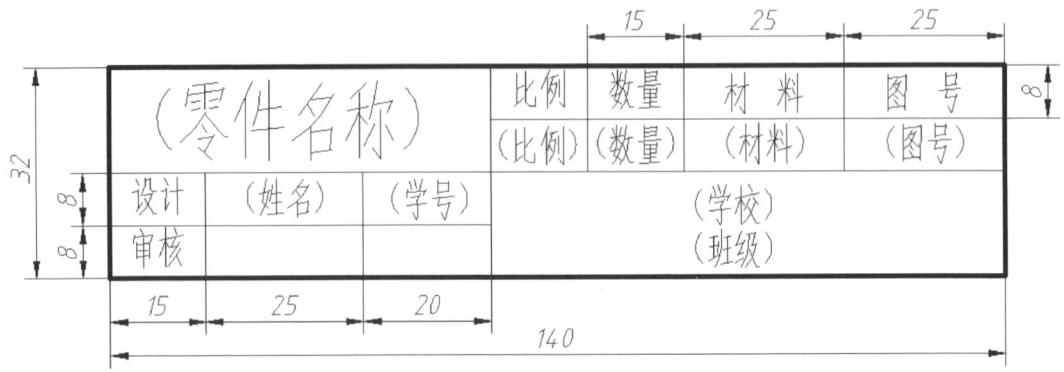

图 5.55 零件图标题栏

打开 AutoCAD，打开上节课所做 jx 样板。依次选择菜单【文件】—【打开】，文件类型选图形样板(＊.dwt)，找到前面保存的【jx 样板】，点击【打开】。如图 5.56 所示。

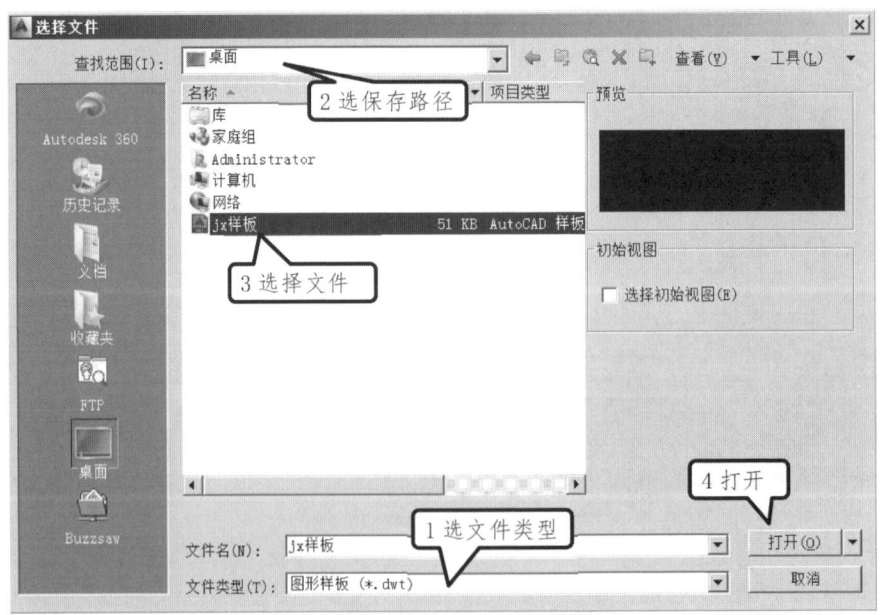

图 5.56 打开样板

切换到粗实线层，如图 5.57 所示。

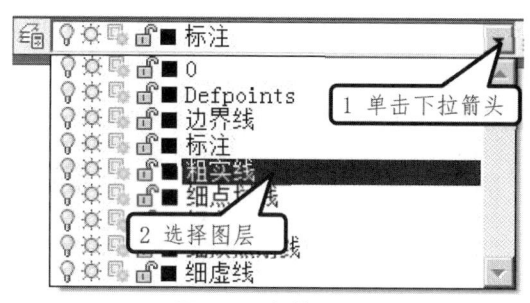

图 5.57　切换图层

做如下操作：

鼠标左键单击矩形图标 ▱，

指定第一个角点或［倒角(C)/标高(E)/圆角(F)/厚度(T)/宽度(W)］：（鼠标左键单击任意一点）

指定另一个角点或［面积(A)/尺寸(D)/旋转(R)］：@140,32(Enter) 鼠标左键单击窗口缩放图标 ▱，如图 5.58 所示，将矩形放大。

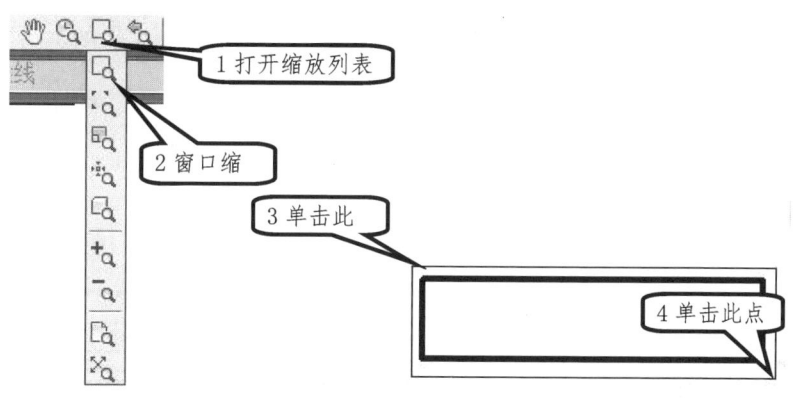

图 5.58　窗口缩放

分解矩形。鼠标左键单击分解图标 ▱，点选矩形，单击鼠标右键。

偏移横线。鼠标左键单击偏移图标 ▱，

指定偏移距离或［通过(T)/删除(E)/图层(L)］<0.0000>：8(Enter)

选择要偏移的对象，或［退出(E)/放弃(U)］<退出>：（鼠标左键单击下横线任意一点）

指定要偏移的那一侧上的点，或［退出(E)/多个(M)/放弃(U)］<退出>：

（鼠标左键单击下横线上方任意一点）

选择要偏移的对象，或［退出(E)/放弃(U)］<退出>：（鼠标左键单击最新生成的横线任意一点）

指定要偏移的那一侧上的点，或［退出(E)/多个(M)/放弃(U)］<退出>：

（鼠标左键单击下横线上方任意一点）

选择要偏移的对象,或［退出(E)/放弃(U)］<退出>:(鼠标左键单击最新生成的横线任意一点)

单击鼠标右键,弹出快捷菜单,选择【确认】,如图5.59所示。

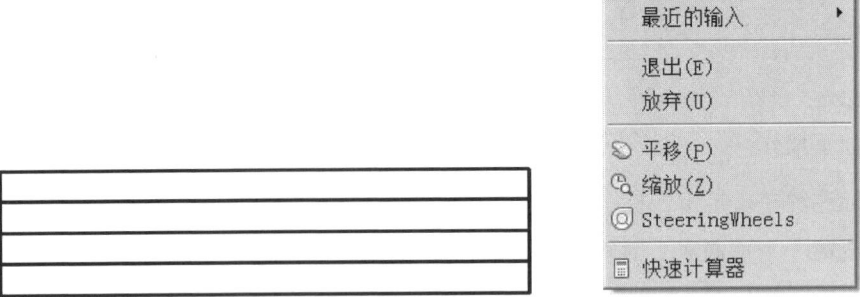

图5.59　偏移后图形及右键快捷菜单

偏移竖线。鼠标左键单击偏移图标 ,

指定偏移距离或［通过(T)/删除(E)/图层(L)］<0.0000>：15(Enter)

选择要偏移的对象,或［退出(E)/放弃(U)］<退出>:(鼠标左键单击左竖线任意一点)

指定要偏移的那一侧上的点,或［退出(E)/多个(M)/放弃(U)］<退出>:

(鼠标左键单击左竖线右方任意一点)

单击右键,弹出快捷菜单,选择【确认】。

按照零件图标题栏尺寸偏移完成竖线后,如图5.60所示。

图5.60　偏移完成后图形

用交叉窗口选择里面所有的直线,如图5.61所示,将它们放到细实线层,操作如前面图5.56所示,按【ESC】键退出。

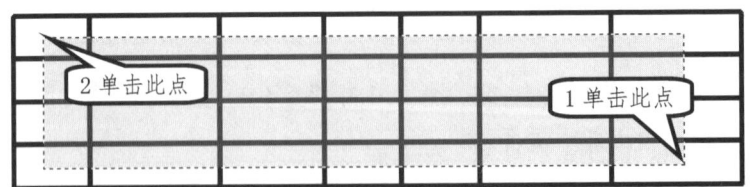

图5.61　交叉窗口选择

夹点操作,如图5.62所示。

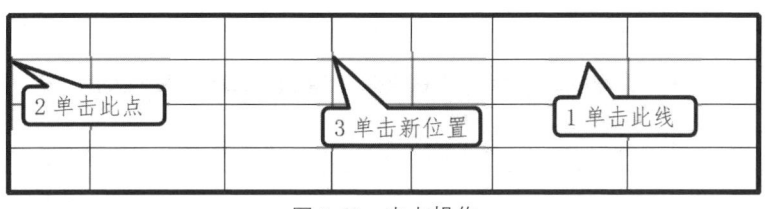

图 5.62 夹点操作

操作后效果如图 5.63 所示。

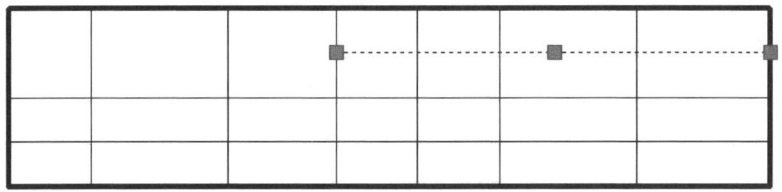

图 5.63 夹点操作后效果

用同样的方法,移动直线的端点,用【ESC】键退出,得到如图 5.64 所示的形状。

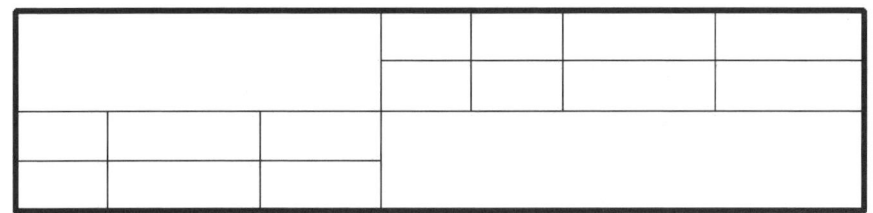

图 5.64 零件图标题栏形状

输入文本。切换图层到标注层,操作如前面图 5.57 所示,鼠标左键单击【多行文字】图标 **A**,做如下操作:

指定第一角点:(点选单元格一个角点)

指定对角点或 [高度(H)/对正(J)/行距(L)/旋转(R)/样式(S)/宽度(W)/栏(C)]: j

输入对正方式 [左上(TL)/中上(TC)/右上(TR)/左中(ML)/正中(MC)/右中(MR)/左下(BL)/中下(BC)/右下(BR)] <左上(TL)>: mc

指定对角点或 [高度(H)/对正(J)/行距(L)/旋转(R)/样式(S)/宽度(W)/栏(C)]: (点选单元格对角点)

操作如图 5.65 所示。

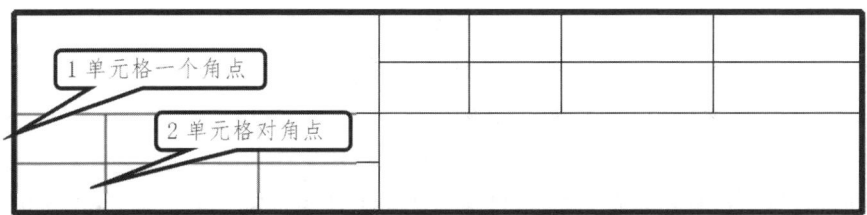

图 5.65 零件图标题栏形状

弹出文字格式对话框,输入多行文字,如图 5.66 所示。

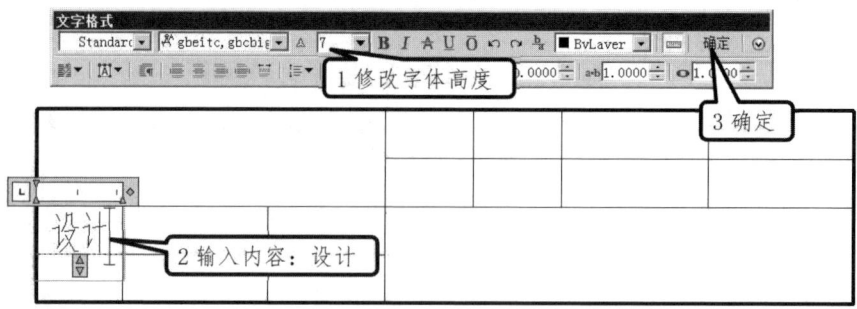

图 5.66　输入多行文字

用同样的方式输入文本:审核、比例、数量、材料、图号,效果如图 5.67 所示。

图 5.67　零件图标题栏文本

定义块属性。依次选择菜单【绘图】—【块】,定义【属性】,弹出属性定义对话框,如图 5.68 所示。

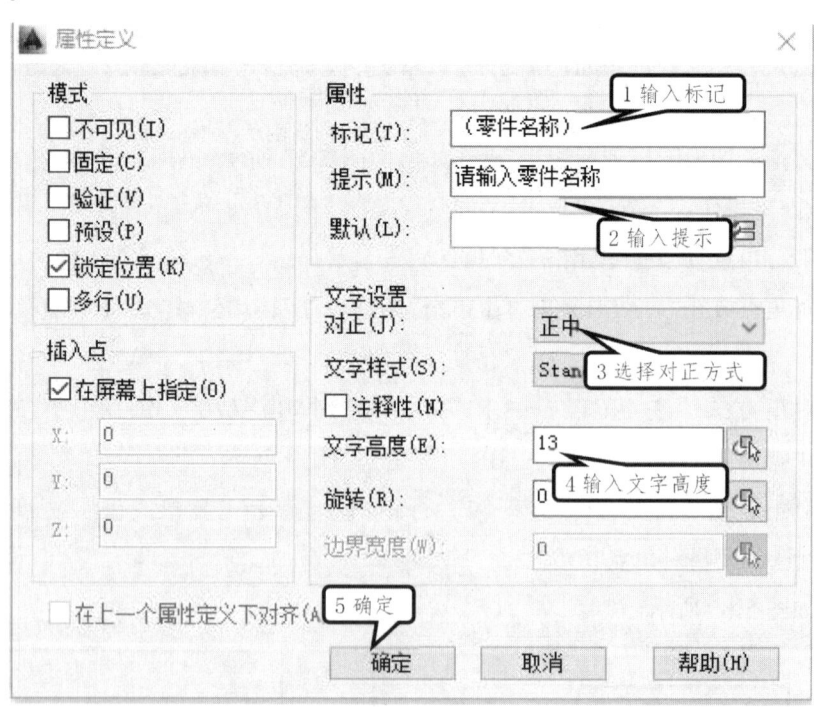

图 5.68　定义块属性

放到合适位置,按【ESC】键退出。

移动块属性。鼠标左键单击【移动】图标 ✥,将块属性移动到单元格正中,如图 5.69 所示。

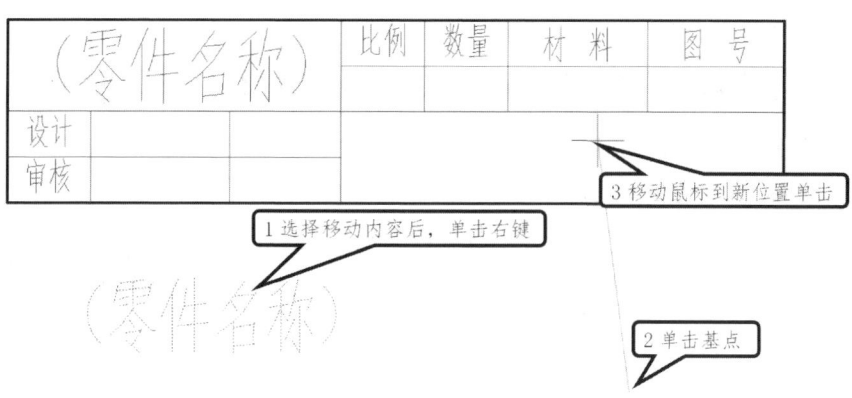

图 5.69　移动块属性

同样的方式,定义块属性姓名、学号、比例、数量、材料、图号、学校和班级,它们的文字高度均为 7。定义完如图 5.70 所示。

注意:虽然学校和班级的信息都位于同一个单元格内,但它们被视为两个不同的属性。

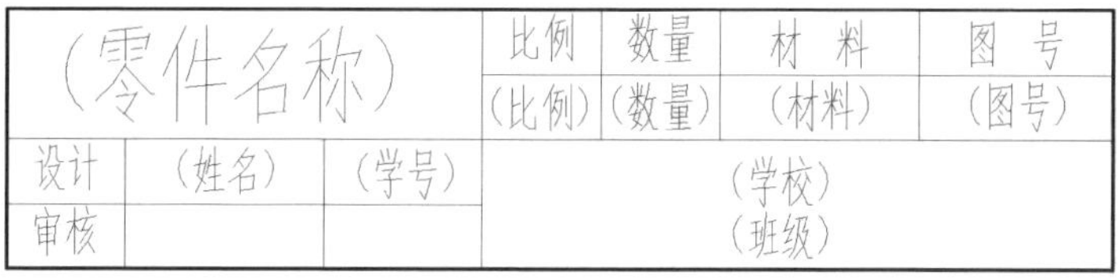

图 5.70　零件图标题栏文本(黑色)和块属性(蓝色)

创建块。鼠标左键单击【创建块】图标 ,弹出块定义对话框,在这个对话框中,需要输入块名称,选择【拾取点】—【选择对象】,点击【确定】,如图 5.71 所示。

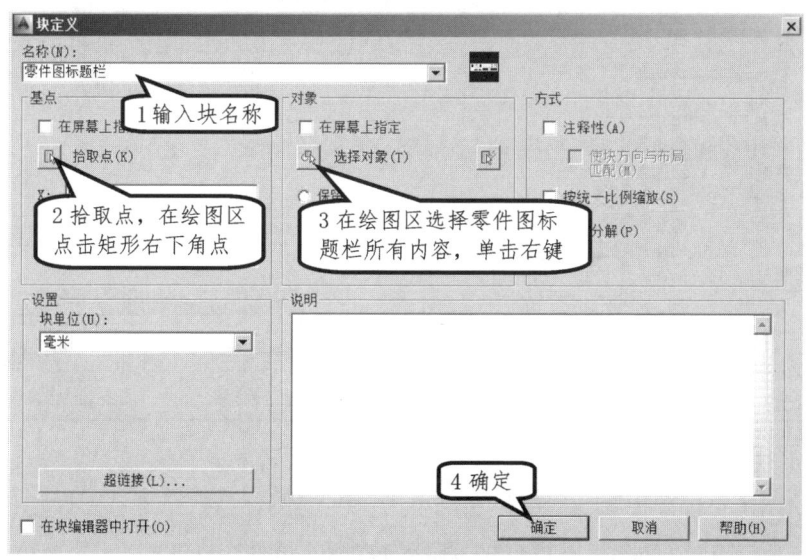

图 5.71　块定义对话框

弹出【编辑属性】对话框,如图5.72所示。

图5.72 编辑属性对话框

如何随时输入块属性的内容呢?很简单,只需在零件图标题栏上鼠标左键双击,便会弹出【增强属性编辑器】,然后按照如图5.73所示操作。使用同样的方法随时改变其他块属性的内容。

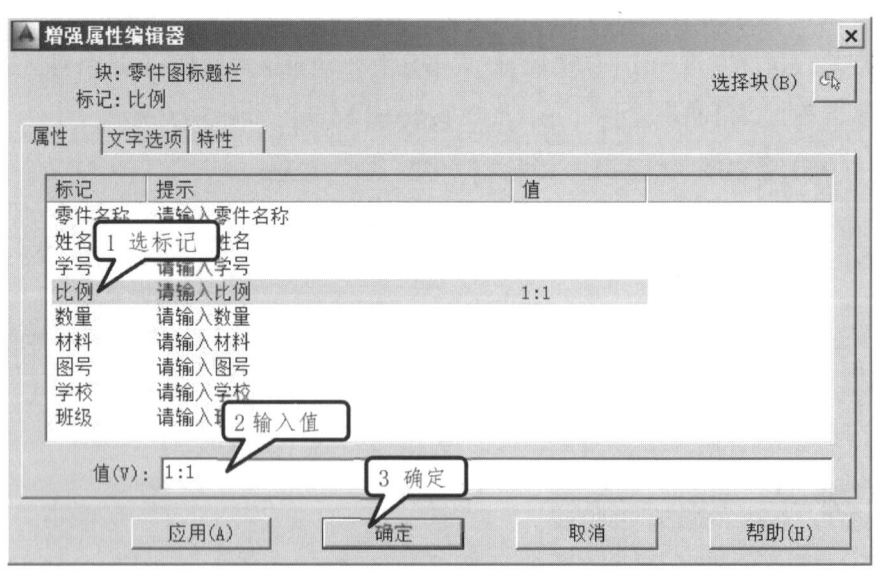

图5.73 增强属性编辑器

删除绘图区零件图标题栏。鼠标左键单击【删除】图标 ,在零件图标题栏任意处鼠标左键单击后,选中零件图标题栏,单击鼠标右键删除零件图标题栏。

活动二：装配图标题栏

图 5.74 所示为装配图标题栏的形状和内容。带有小括号的部分为块属性，可以随时更改其内容；其余文字为文本，不可更改内容。

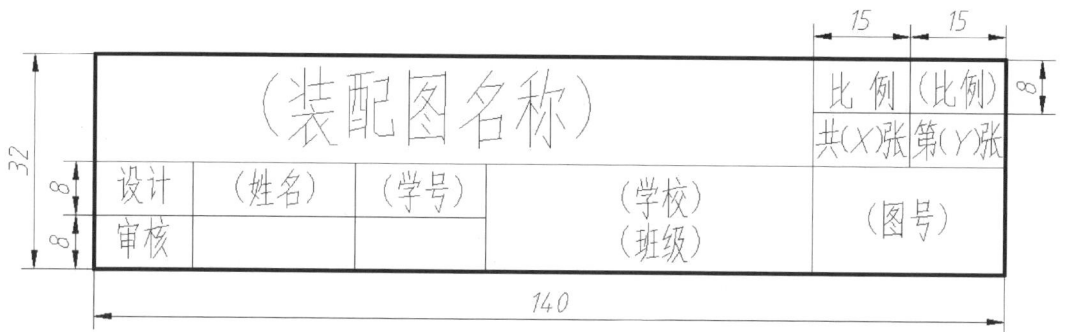

图 5.74　装配图标题栏

用同样的方法建立装配图标题栏的文本和块属性。如图 5.75 所示。

图 5.75　装配图标题栏文本和块属性(带有小括号部分)

鼠标左键单击【创建块】图标 ，弹出块属性对话框如图 5.76 所示。

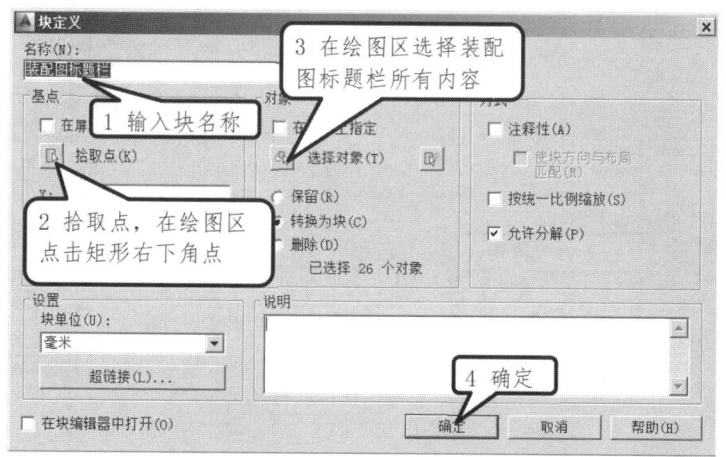

图 5.76　块定义对话框

弹出【编辑属性】对话框，如图 5.77 所示。

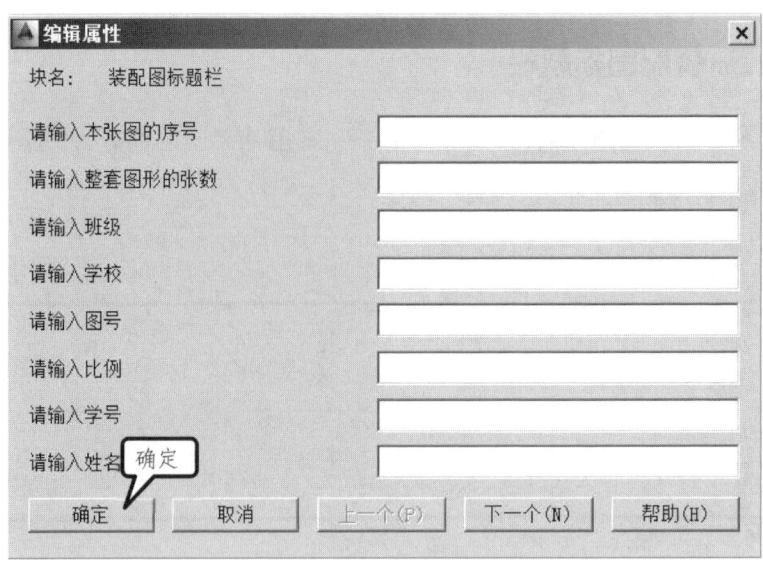

图 5.77 编辑属性对话框

删除绘图区装配图标题栏。鼠标左键单击删除图标，在装配图标题栏任意处鼠标左键单击，选中装配图标题栏，单击鼠标右键，删除装配图标题栏。

保存样板。依次选择菜单，【文件】—【另存为】，选择【文件类型】—【图形样板】。选择图形样板保存的路径。输入样板【名称】：jx 样板，点击【保存】，点击【确定】，如图 5.78 所示。

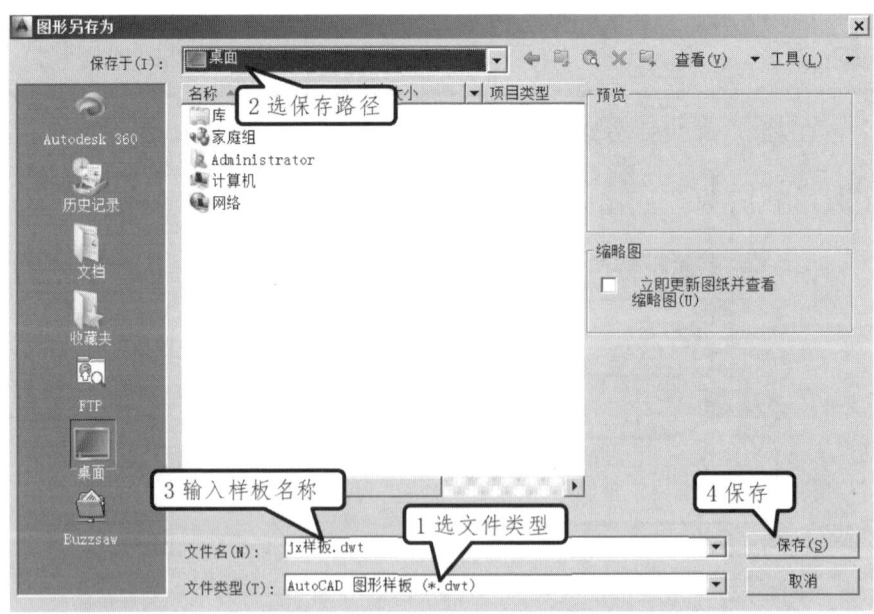

图 5.78 保存样板

任务七　常用图块

活动一：各种图纸

表5.3为国标规定的幅面及图框尺寸。

表5.3　幅面及图框尺寸

幅面代号 尺寸代号	A0	A1	A2	A3	A4
B×L	841×1189	594×841	420×594	297×420	210×297
a	25				
c	10			5	
e	20		10		

在图纸上必须用粗实线画出图框,图5.79所示为留有装订边的图框格式。不留装订边的四个图纸边界距图框均为表5.3里的e行所示。

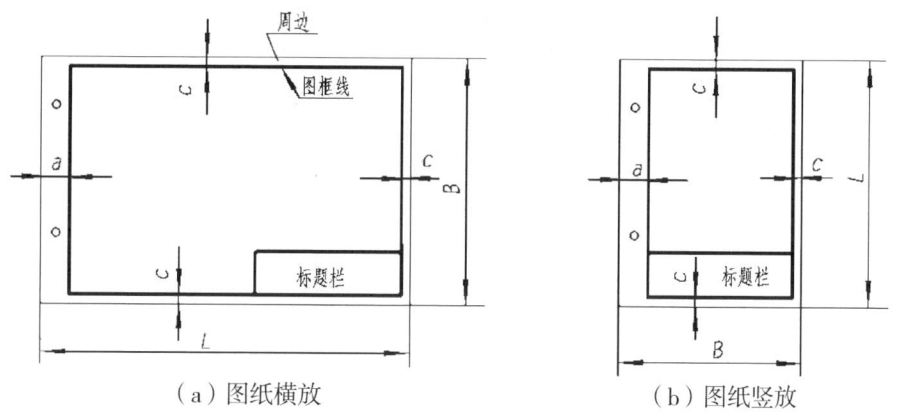

（a）图纸横放　　　　　　　　　（b）图纸竖放

图5.79　留有装订边的图框格式

打开AutoCAD,打开上节课所做"jx样板"。依次选择菜单—【文件】—【打开】,文件类型选图形样板（*.dwt）,找到上保存的"jx样板",点击【打开】。如图5.80所示。

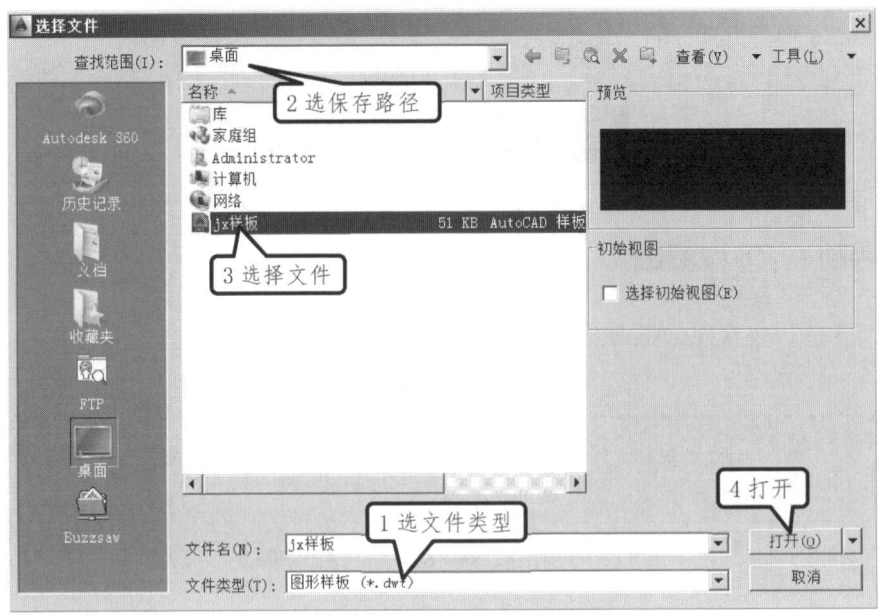

图 5.80 打开样板

切换到边界层,如图 5.81 所示。

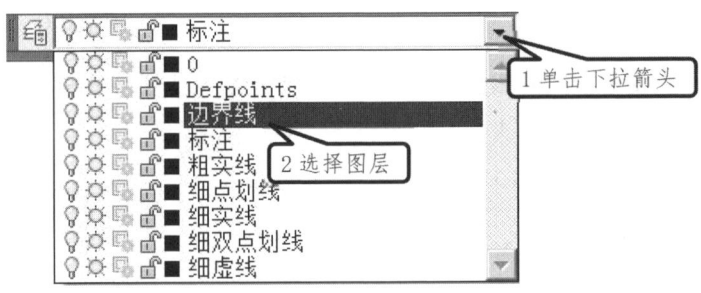

图 5.81 切换图层

做如下操作:

鼠标左键单击【矩形】图标 ▭,

指定第一个角点或 [倒角(C)/标高(E)/圆角(F)/厚度(T)/宽度(W)]:(鼠标左键单击任意一点)

指定另一个角点或 [面积(A)/尺寸(D)/旋转(R)]: @297,210(Enter)

鼠标左键单击【实时缩放】图标 ,鼠标向下拖动缩小(鼠标向上拖动放大),鼠标左键单击实时平移图标 ,拖动鼠标到合适位置,使整个矩形完全显示在绘图区,用【ESC】键退出。

鼠标左键单击【偏移】图标 ,

指定偏移距离或 [通过(T)/删除(E)/图层(L)] <5.0000>: 5(enter)

选择要偏移的对象,或［退出(E)/放弃(U)］<退出>:(鼠标左键单击矩形任意一点)

指定要偏移的那一侧上的点,或［退出(E)/多个(M)/放弃(U)］<退出>:(鼠标左键单击矩形内任意一点)

选择要偏移的对象,或［退出(E)/放弃(U)］<退出>:enter

如图5.82所示。

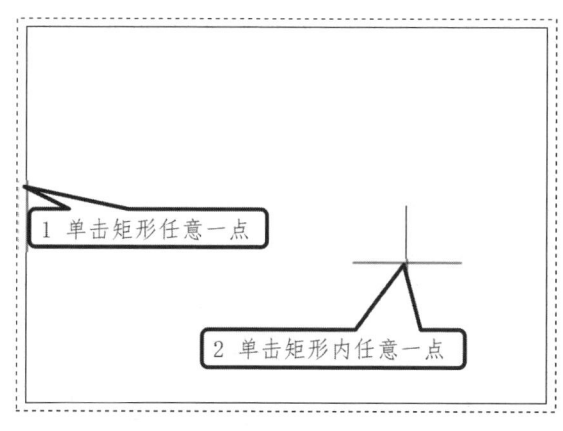

图5.82 偏移矩形

鼠标左键单击【拉伸】图标,选择对象:(从右向左,只能选中里面矩形左面两个端点,如图5.83所示,选完对象单击右键)。

指定基点或［位移(D)］<位移>:(任选一点)指定第二个点或<使用第一个点作为位移>:(鼠标向正右方移动)20(enter)

如图5.84所示。

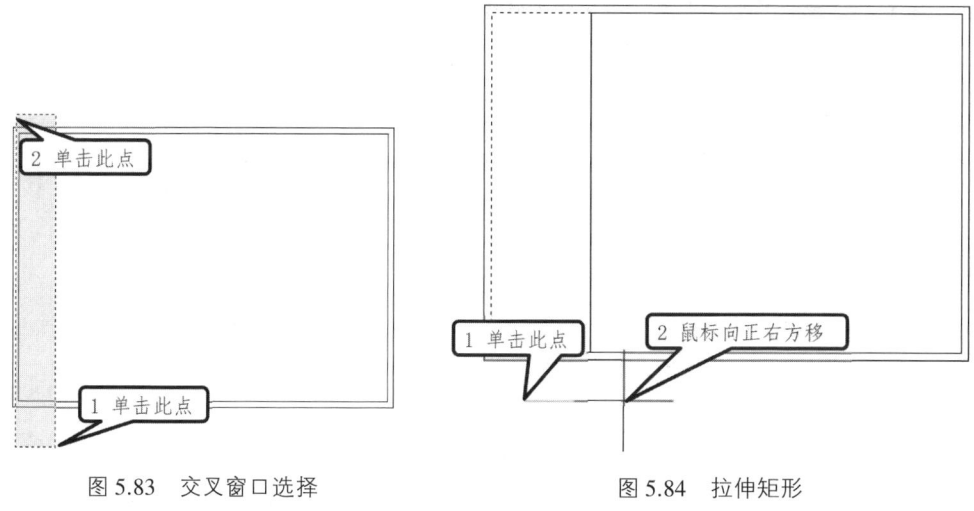

图5.83 交叉窗口选择　　　　图5.84 拉伸矩形

鼠标左键单击里面矩形的任一点,将其放到粗实线层,如图5.85所示,用【ESC】键退出。

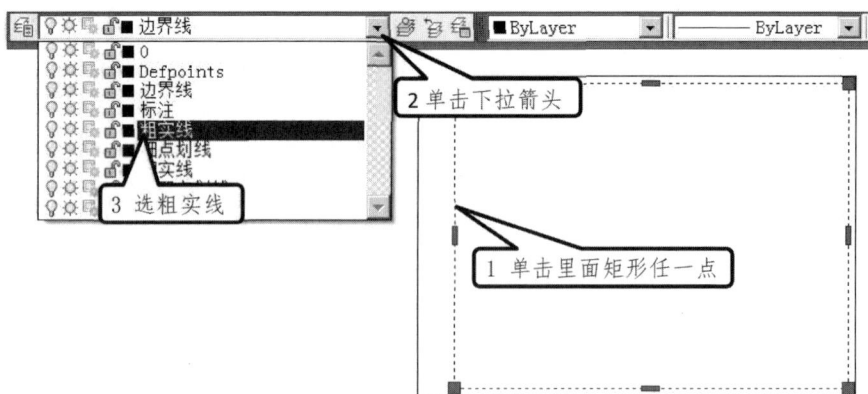

图 5.85 设置矩形图层

效果如图 5.86 所示。

图 5.86 A4 横幅图框

创建块。鼠标左键单击【创建块】图标，弹出块属性对话框如图 5.87 所示。

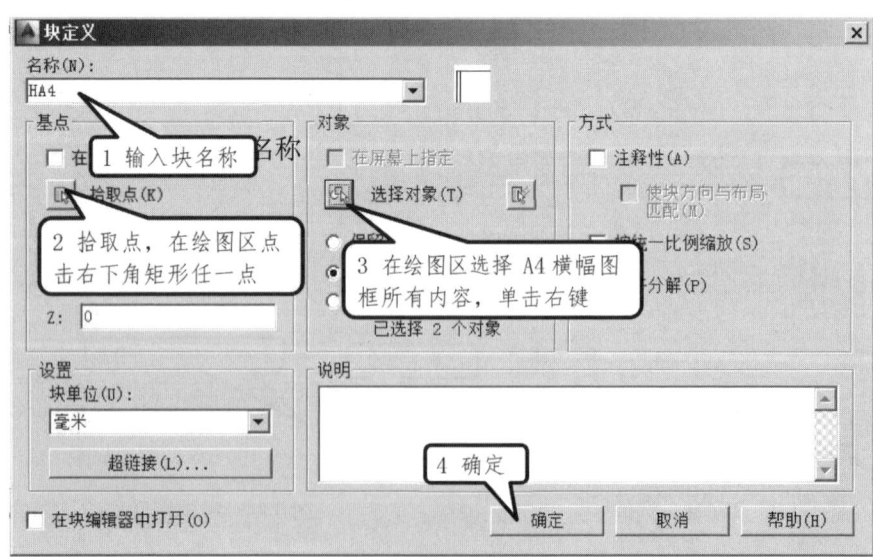

图 5.87 块定义对话框

鼠标左键单击【删除】图标,鼠标左键单击 HA4 块任意处,单击右键,删除 HA4 块。用同样的方式创建横幅图框 HA3、HA2、HA1、HA0,以及竖副图框 SA4、SA3、SA2、SA1、SA0。

活动二:表面粗糙度符号

把图层切换到标注层,打开极轴追踪,单击右键,选中 30°,如图 5.88 所示。

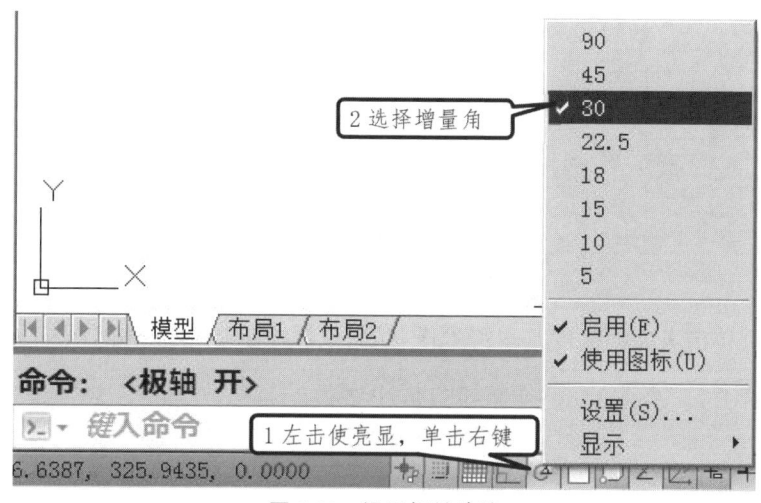

图 5.88 设置极轴追踪

鼠标左键单击【直线】图标,任选一点,移动鼠标有 300°方向线,输入长度:5,按回车(线段如果太短,滚轮向上滚动,放大到合适大小),移动鼠标有 60°方向线,输入长度:12,按回车。如图 5.89 所示。

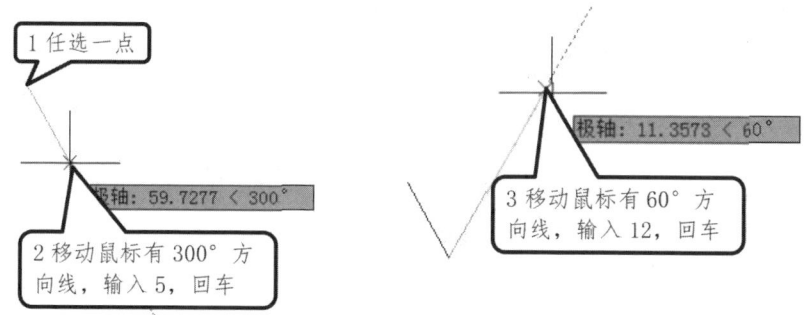

图 5.89 绘制表面粗糙度基本符号

鼠标左键单击创建块图标,弹出块属性对话框,如图 5.90 所示。

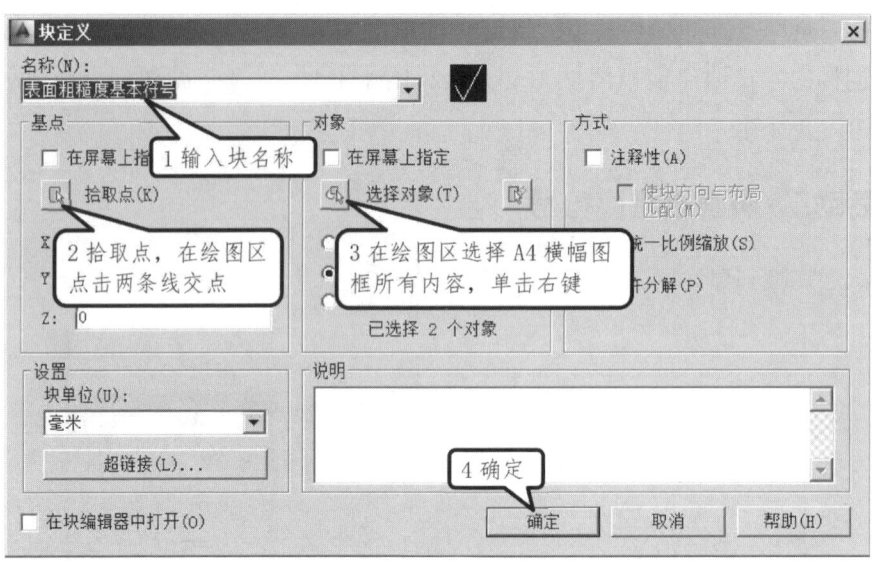

图 5.90 块定义对话框

鼠标左键单击表面粗糙度基本符号任意处,鼠标左键单击【分解】图标,鼠标左键单击【直线】图标,绘制直线,操作如图 5.91 所示。

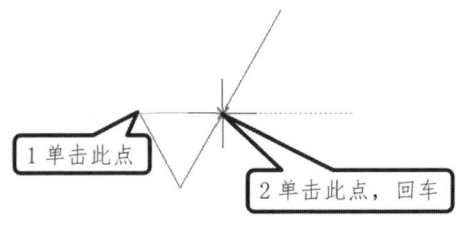

图 5.91 绘制直线

鼠标左键单击直线图标 直线命令,操作如图 5.92 所示。

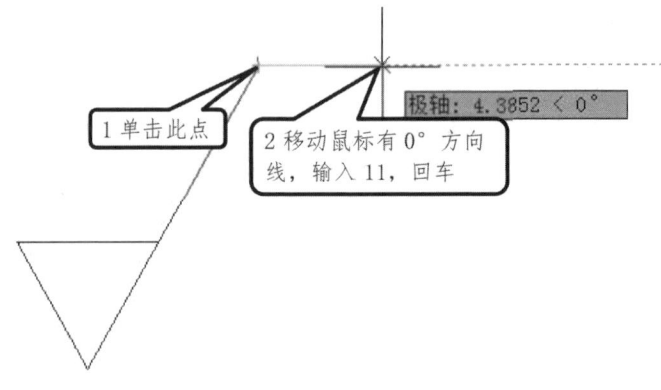

图 5.92 捕捉方向画直线

输入块属性。依次选择菜单【绘图】—【块】—【定义属性】,弹出【属性定义】对话框,操作如图 5.93 所示。

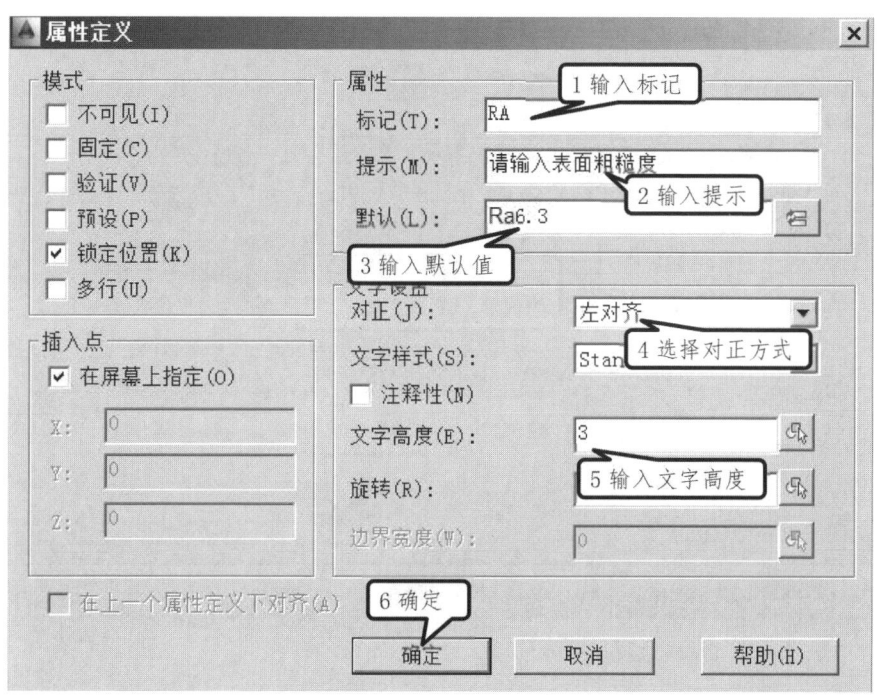

图 5.93 定义块属性

放到合适位置,用【ESC】键退出。

鼠标左键单击【移动】图标 ✥,将块属性移动到合适位置,如图 5.94 所示。

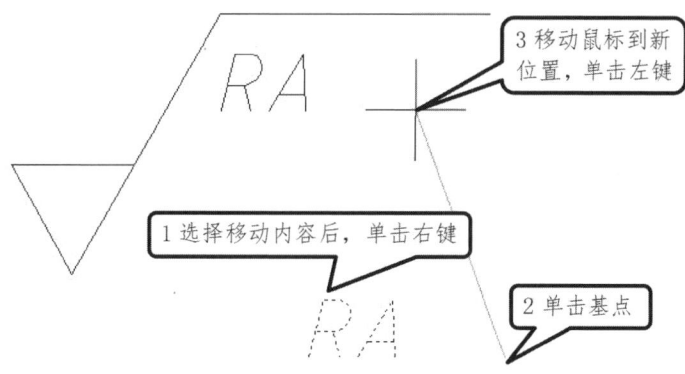

图 5.94 移动块属性

鼠标左键单击【创建块】图标 ,弹出【块定义】对话框,操作如图 5.95 所示。

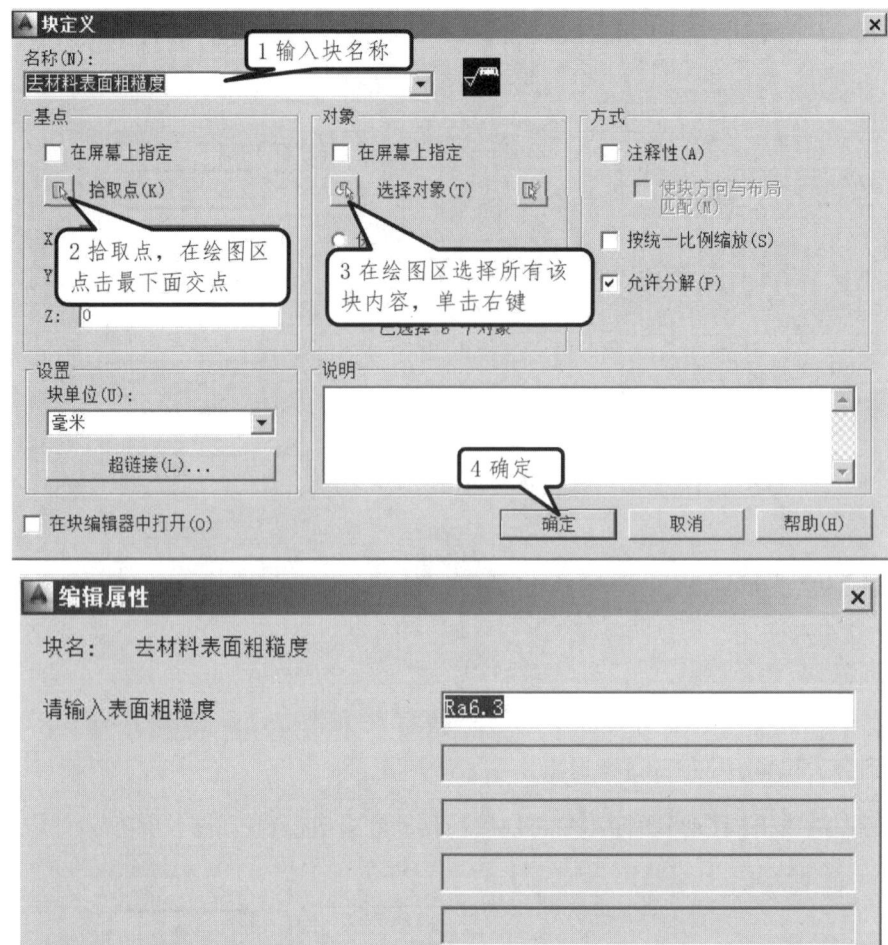

图 5.95　块定义对话框

效果如图 5.96 所示。

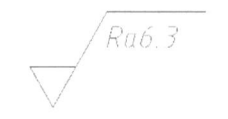

图 5.96　块:去材料表面粗糙度

鼠标左键单击去材料表面粗糙度任意处，鼠标左键单击【分解】图标　，做如图 5.97 操作，鼠标左键单击【删除】图标　。

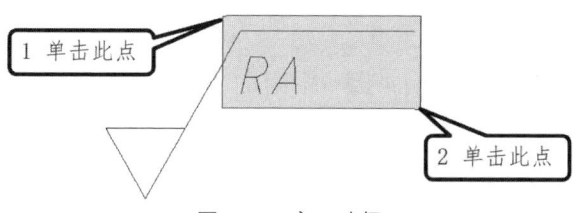

图 5.97 窗口选择

依次选择菜单【绘图】—【圆】—【相切、相切、相切】,作如图 5.98 所示操作。
删除上面直线,效果如图 5.99 所示。

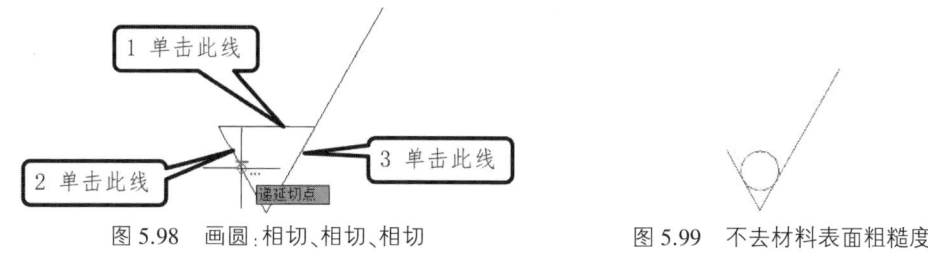

图 5.98 画圆:相切、相切、相切　　　　图 5.99 不去材料表面粗糙度

鼠标左键单击【创建块】图标 ,弹出【块定义】对话框,如图 5.100 所示。

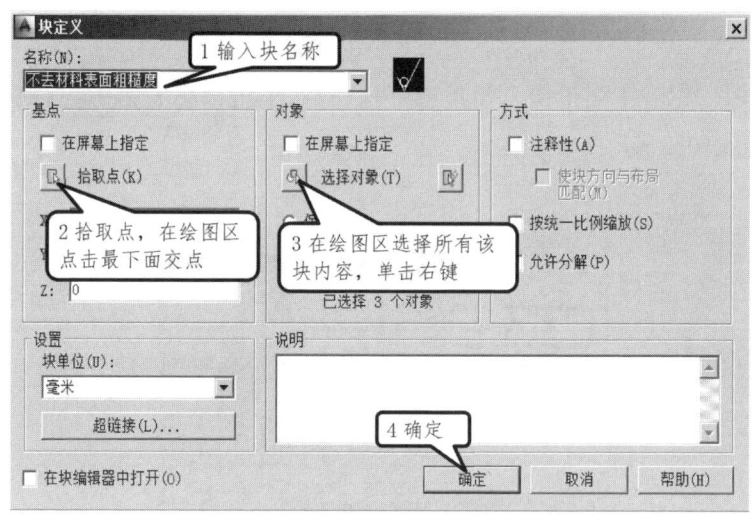

图 5.100 块定义:不去材料表面粗糙度

鼠标左键单击做好的块,点击【删除】。

活动三:基准符号

做如下操作:

鼠标左键单击【多边形】图标 ,

polygon 输入侧面数 <4>：3(enter)

指定正多边形的中心点或［边(E)］：鼠标左键单击任意点

输入选项［内接于圆(I)/外切于圆(C)］<I>：(enter)

— 199 —

指定圆的半径：3(enter)

鼠标左键单击【图案填充】图标 ，弹出的【图案填充和渐变色】对话框，操作如图5.101所示。

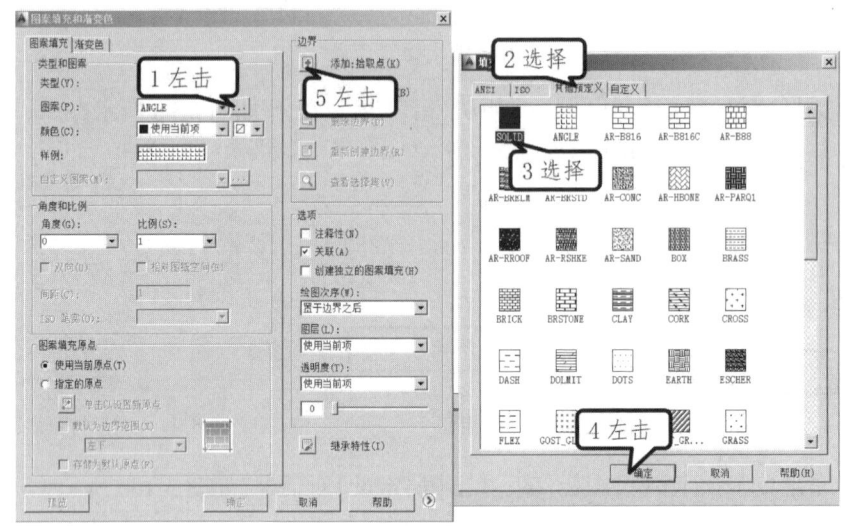

图5.101 块定义：不去材料表面粗糙度

回到绘图区，鼠标左键单击三角形内部任一点，单击鼠标右键弹出快捷菜单，点击【确认】，如图5.102所示。

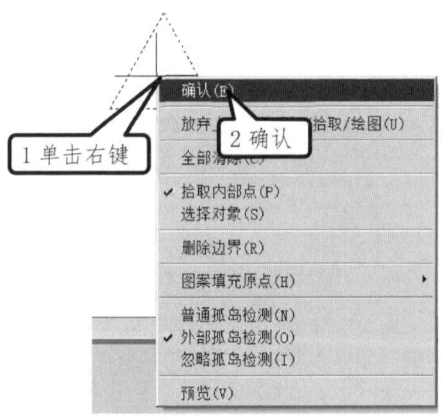

图5.102 快捷菜单

鼠标左键单击【缩放】图标 ，

选择对象：（鼠标左键单击三角形任意处，单击鼠标右键）

指定基点：（鼠标左键单击下横线中点）

指定比例因子或［复制(C)/参照(R)］：R

指定参照长度 <1.0000>:指定第二点：（鼠标左键单击下横线中点，鼠标左键单击上顶点）

指定新的长度或［点(P)］<1.0000>：2.5(enter)

鼠标左键单击【直线】图标 ，

指定第一个点：(鼠标左键单击下横线中点,鼠标左键单击上顶点)

指定下一点或［放弃(U)］：(鼠标向上移动,输入)2.5(enter) 指定下一点或［放弃(U)］：(enter)

鼠标左键单击【矩形】图标 ，

指定第一个角点或［倒角(C)/标高(E)/圆角(F)/厚度(T)/宽度(W)］：(鼠标左键单击任意处)

指定另一个角点或［面积(A)/尺寸(D)/旋转(R)］：@5,5(enter)

鼠标左键单击【移动】图标 ，

选择对象：(鼠标左键单击矩形)

指定基点或［位移(D)］<位移>：(鼠标左键单击矩形下横线中点)

指定第二个点或<使用第一个点作为位移>：(鼠标左键单击直线上顶点) 输入块属性。依次选择菜单【绘图】—【块】—【定义属性】，弹出如图 5.103 所示【属性定义】对话框。

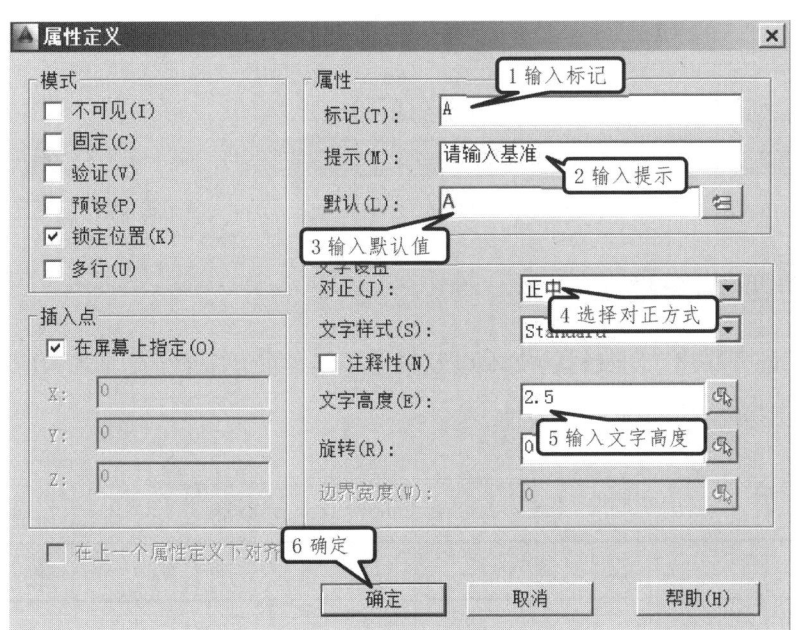

图 5.103 定义块属性

放到合适位置,用【ESC】键退出。将块属性移动矩形的正中。

创建块。鼠标左键单击【创建块】图标 ，弹出块属性对话框,如图 5.104 所示。

效果如图 5.105 所示。

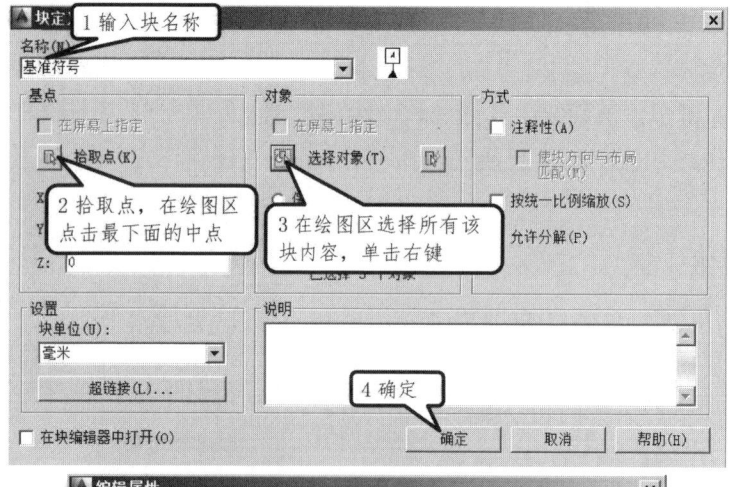

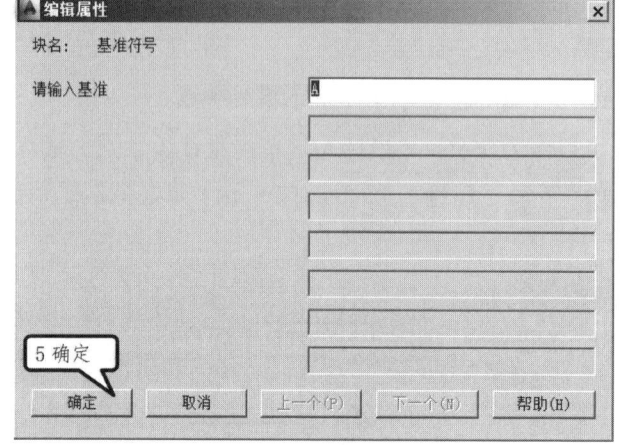 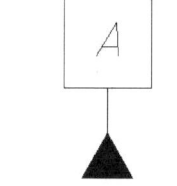

图 5.104 块定义对话框　　　　　　图 5.105 块:基准符号

活动四:明细栏

用前面的方法建立明细栏的文本以及第一个零件的块属性,尺寸和内容如图 5.106 所示,带小括号的部分依然为块属性。

8	1	(零件1名称)	(数量1)	(材料1)	(附注及标准1)
8	序号	零件名称	数量	材料	附注及标准
	15	50	15	30	

140

图 5.106 明细栏尺寸

鼠标左键单击【复制】图标 ,作如图 5.107 所示的操作,确保上横线和第 1 个零件的内容均在蓝色矩形里面。

— 202 —

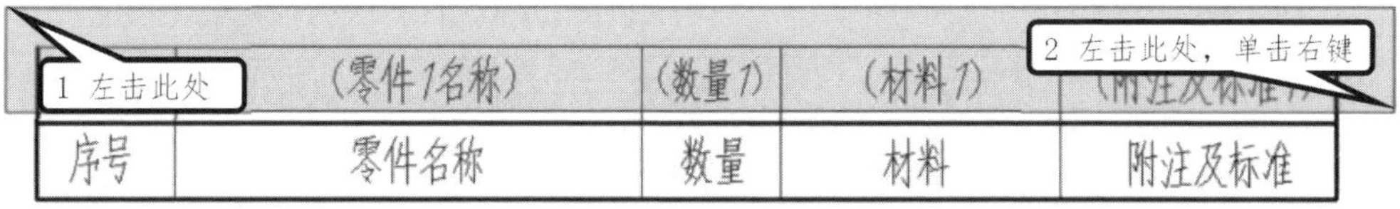

图 5.107 选择复制对象

做如下操作：

指定基点或［位移(D)/模式(O)］<位移>:(鼠标左键单击任意点,鼠标向正上方移动,如图 5.108 所示)

 指定第二个点或［阵列(A)］<使用第一个点作为位移>：8(enter)
 指定第二个点或［阵列(A)/退出(E)/放弃(U)］<退出>：16(enter)
 指定第二个点或［阵列(A)/退出(E)/放弃(U)］<退出>：24(enter)
 ……
 指定第二个点或［阵列(A)/退出(E)/放弃(U)］<退出>：160(enter)
 指定第二个点或［阵列(A)/退出(E)/放弃(U)］<退出>：(enter)

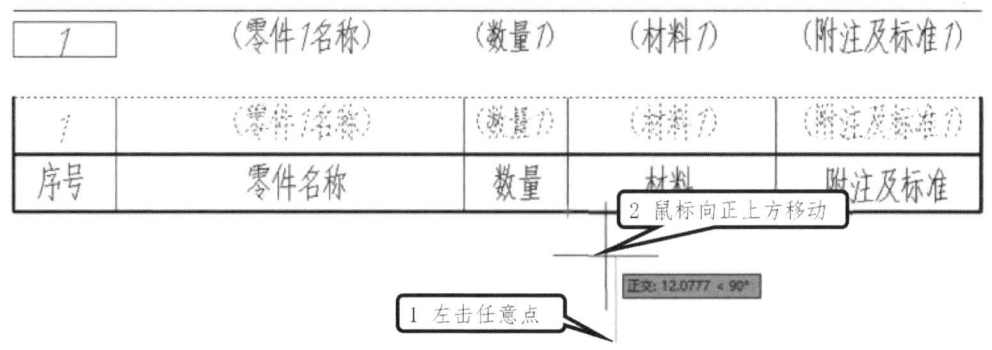

图 5.108 复制零件信息

鼠标左键双击零件 2 的序号,将内容改为 2,点击【确定】。如图 5.109 所示。

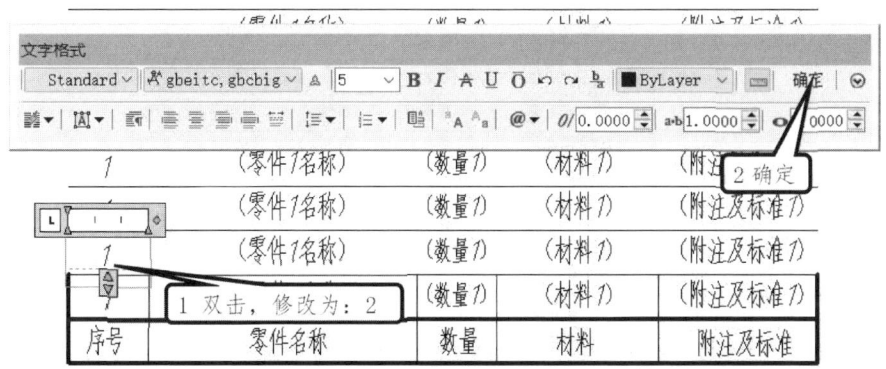

图 5.109 修改文本信息

鼠标左键双击零件 2 名称处,弹出编辑属性定义对话框,如图 5.110 所示。

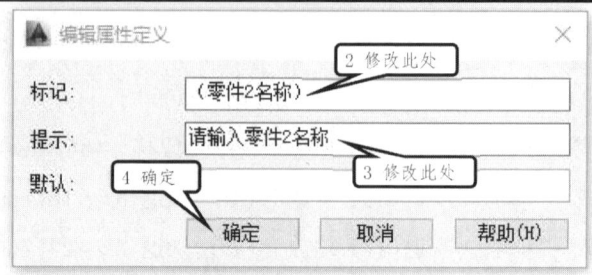

图 5.110　修改块属性信息

用同样的方法修改完 20 个零件明细栏的内容。

鼠标左键单击【延长】图标 ,选择最上面直线,单击鼠标右键,从右向左选择所有竖线的上端点,如图 5.111 所示。按【ESC】键退出。

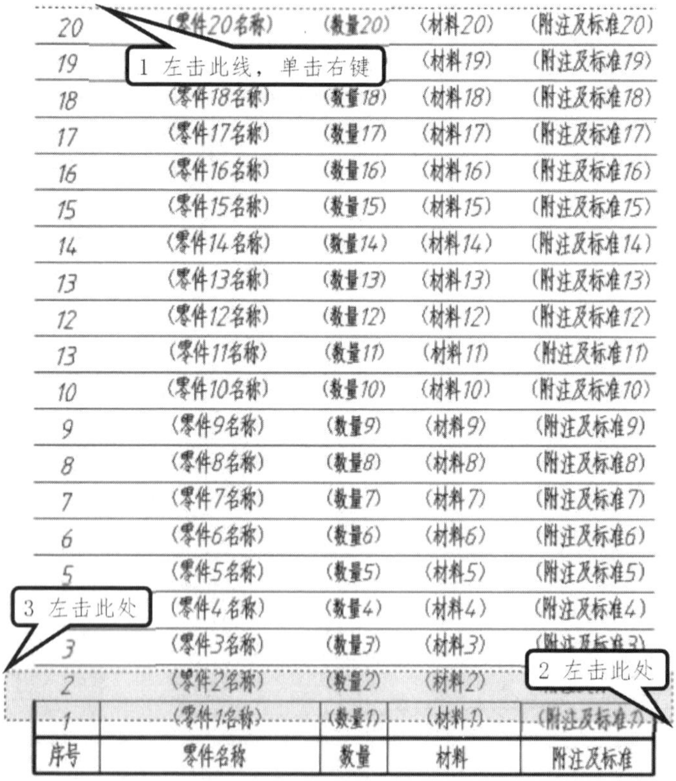

图 5.111　延长线段

创建块。鼠标左键单击【创建块】图标 ，弹出【块定义】属性对话框，如图 5.112 所示。

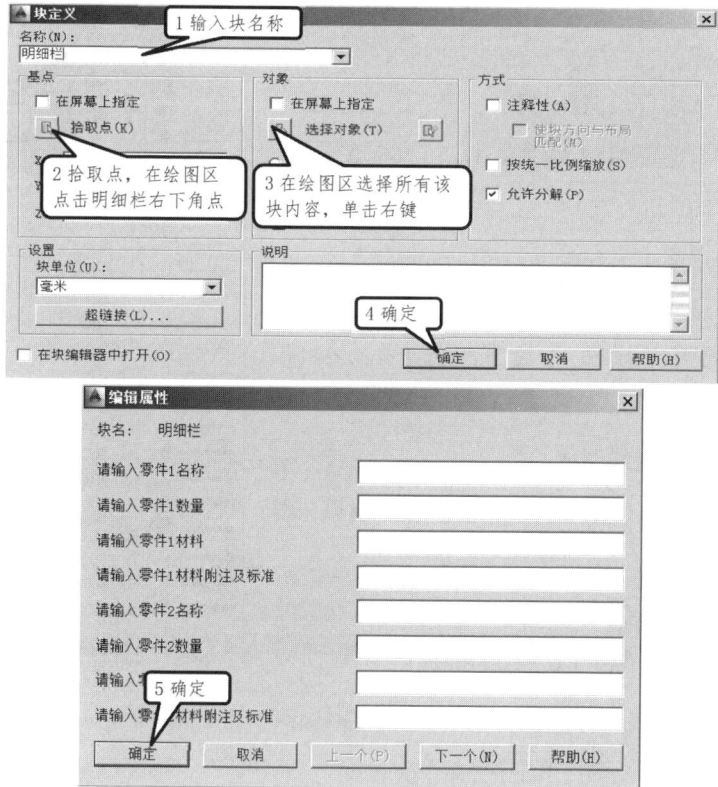

图 5.112 块定义对话框

效果如图 5.113 所示。

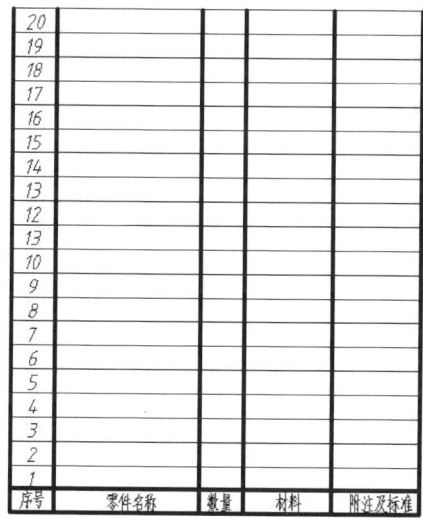

图 5.113 块：明细栏

鼠标左键单击明细栏任意处，鼠标左键单击【删除】图标 。

活动五：剖切符号

首先把线宽改为 0.7mm，如图 5.114 所示。

做如下操作：

鼠标左键单击直线图标 。

指定第一个点：(鼠标左键单击任一点，鼠标向正右方移动，有 0°轨迹线)

指定下一点或［放弃(U)］：4(enter)

指定下一点或［放弃(U)］：(enter)

按图 5.113 所示操作，把线宽改为 ByLayer(随层)。

鼠标左键单击直线图标 。

指定第一个点：(鼠标左键单击直线右端点，鼠标向正下方移动，有 270°轨迹线)

指定下一点或［放弃(U)］：3(enter)

指定下一点或［放弃(U)］：(enter)

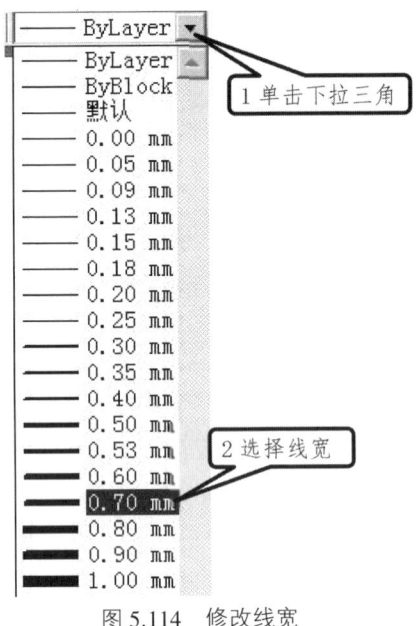

图 5.114　修改线宽

依次选择菜单【标注】—【线性标注】，标注任选两点竖直距离。

鼠标左键单击该标注，单击【分解】 。

选择对象：(鼠标左键单击标注对象，单击鼠标右键)

鼠标左键单击移动图标 ，作如图 5.115 所示操作。

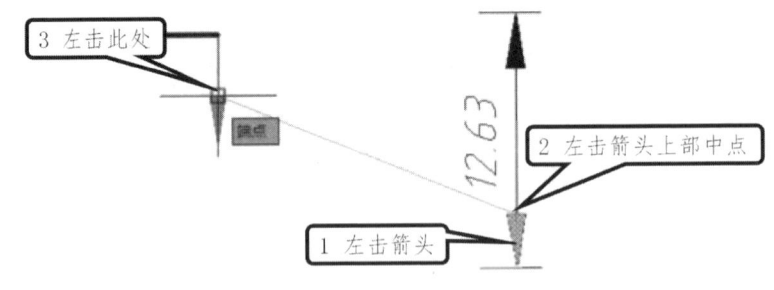

图 5.115　移动箭头

选择对象：(鼠标左键单击下箭头，单击鼠标右键)

指定基点或［位移(D)］＜位移＞：(鼠标左键单击下箭头上部中心，单击鼠标右键)

指定第二个点或＜使用第一个点作为位移＞：(鼠标左键单击竖线下端点)

输入块属性。依次选择菜单【绘图】—【块】—【定义属性】，弹出如图 5.116 所示【属性定义】对话框。

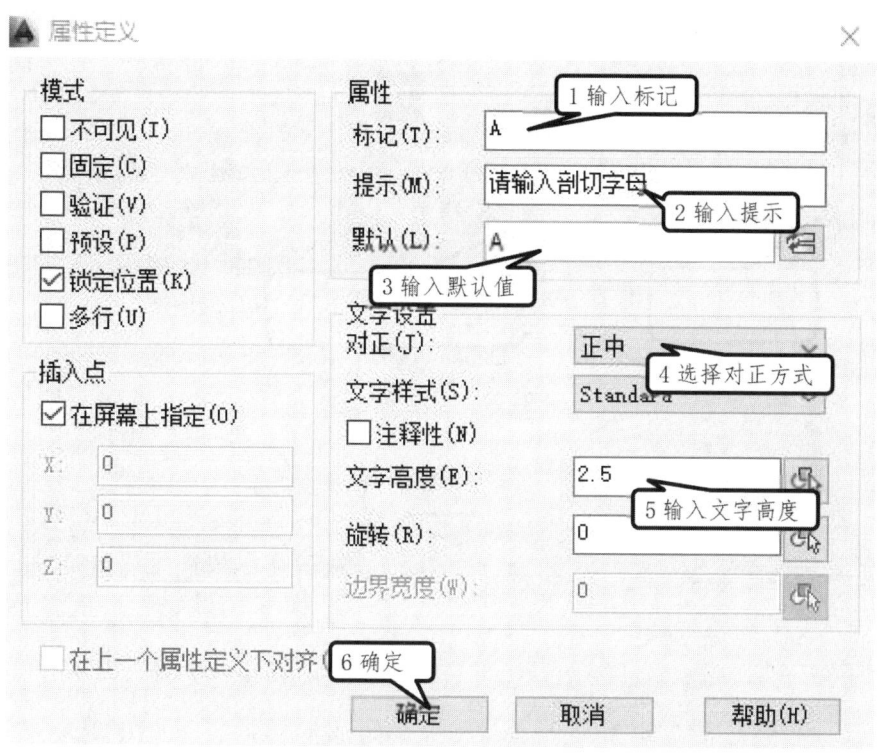

图 5.116 定义块属性

放到合适位置,按【ESC】键退出。

移动块属性。鼠标左键单击【移动】图标 ,将块属性移动到合适位置,如图 5.117 所示。

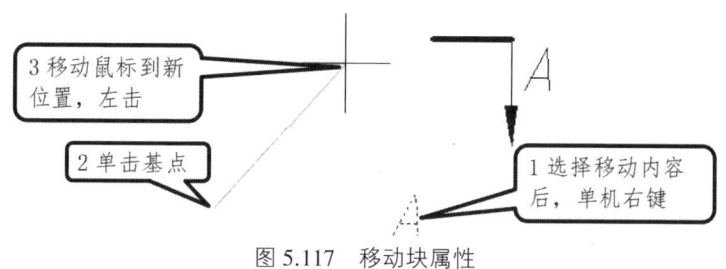

图 5.117 移动块属性

【创建块】 ,弹出【块定义】对话框,输入名称:剖切符号,拾取点:两直线交点,将【对象】全部选中,单击鼠标右键,点击【确定】—【块定义】,点击【确定】属性框。如图 5.118 所示。

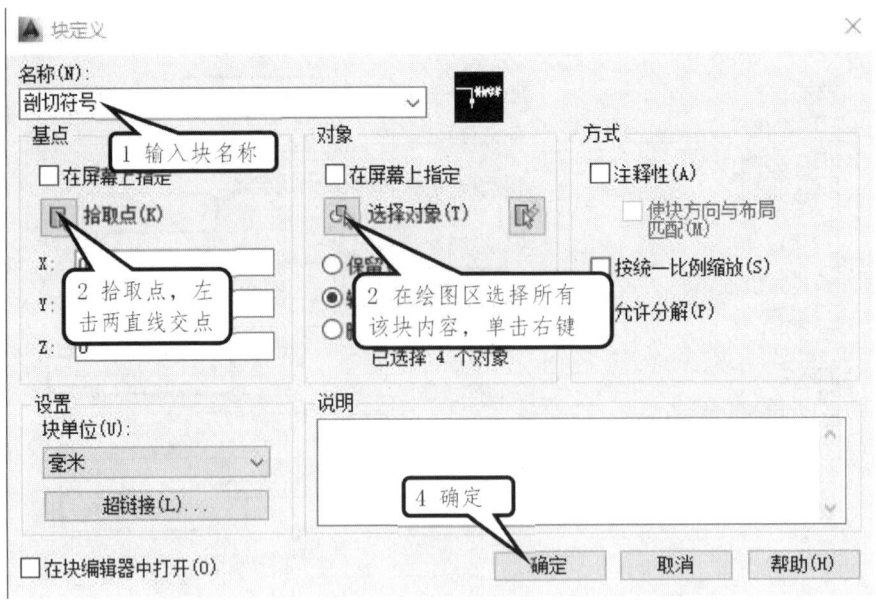

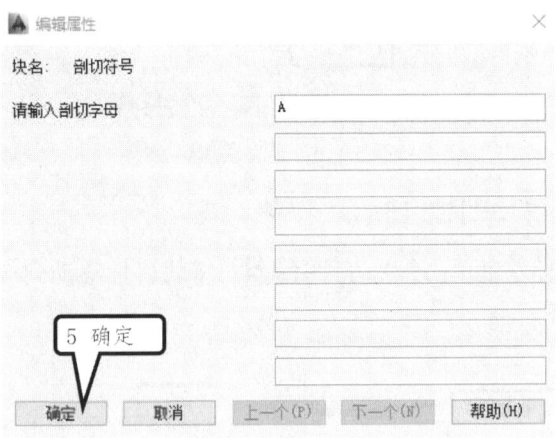

图 5.118 块定义对话框

效果如图 5.119 所示。

图 5.119 块:剖切符号

将所有的对象全选中,鼠标左键单击【删除】,鼠标左键单击【保存】。

依次选择菜单【插入】—【块】,找到 jx 样板中所有的块:HA0、HA1、HA2、HA3、HA4、SA0、SA1、SA2、SA3、SA4、表面粗糙度基本符号、不去材料表面粗糙度符号、基准符号、零件图标题栏、明细栏、剖切符号、去材料表面粗糙度、装配图标题栏。如图 5.120 所示。

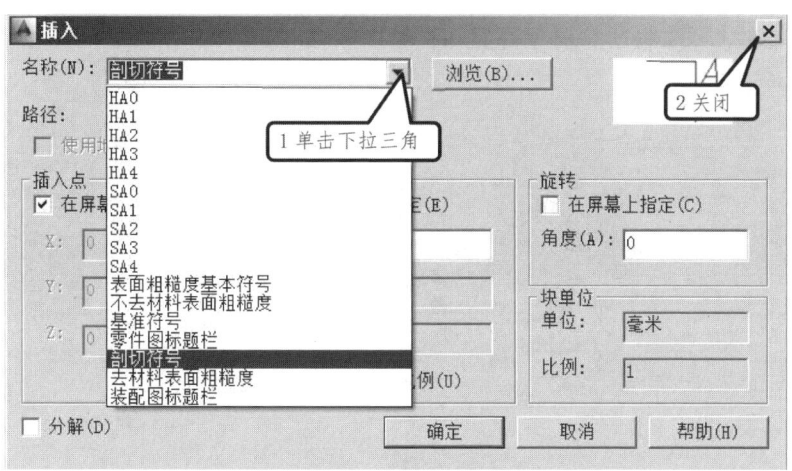

图 5.120 插入块对话框

任务八 曲轴零件图

知识点回顾

零件图的内容:(1)一组视图:清楚表达零件的结构形状;(2)完整的尺寸:确定各部分的大小和位置;(3)技术要求:加工、检测应达到的技术指标;(4)标题栏:零件名称、数量、材料及必要签署。

活动一:按图层将对象分类

打开 AutoCAD,打开 Creo 软件生成的曲轴工程图。选择菜单【文件】—【打开】,【文件类型】选图形(*.dwg),找到 Creo 软件生成的曲轴工程图,单击【打开】。如图 5.121 所示。

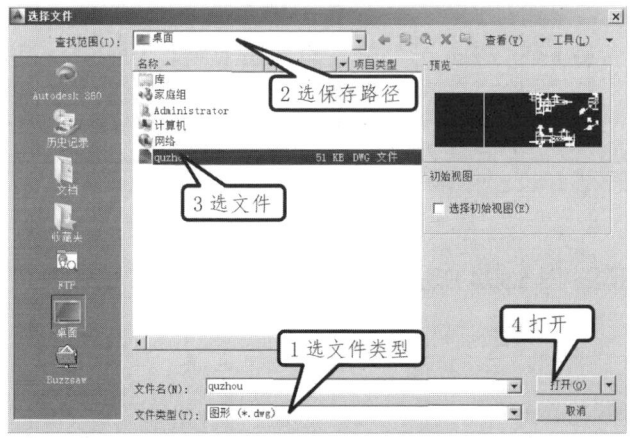

图 5.121 打开曲轴工程图

【范围缩放】 ![icon],将所有对象都显示在绘图区,如图 5.122 所示。

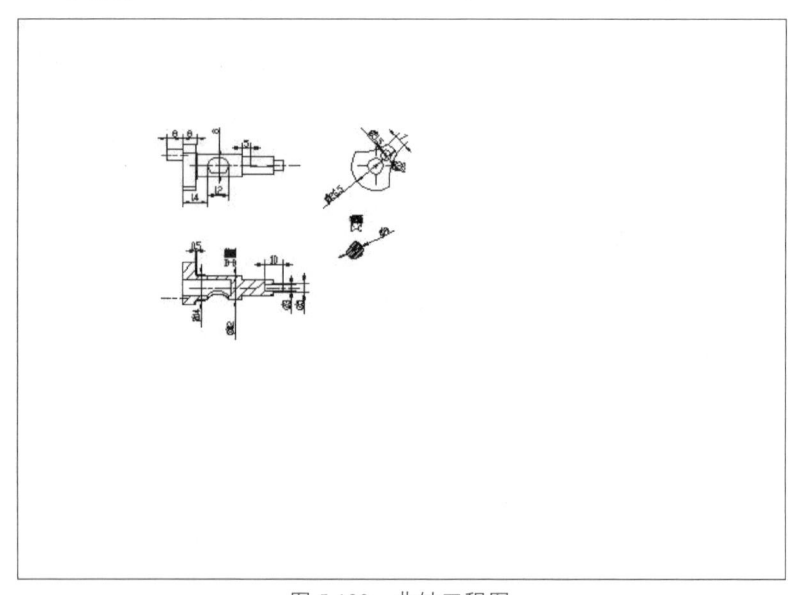

图 5.122　曲轴工程图

打开图层特性管理器,删除没有对象的图层(有对象的图层不可能被删除),如图 5.123 所示。重复步骤 2 和 3,删除所有没有对象的图层。

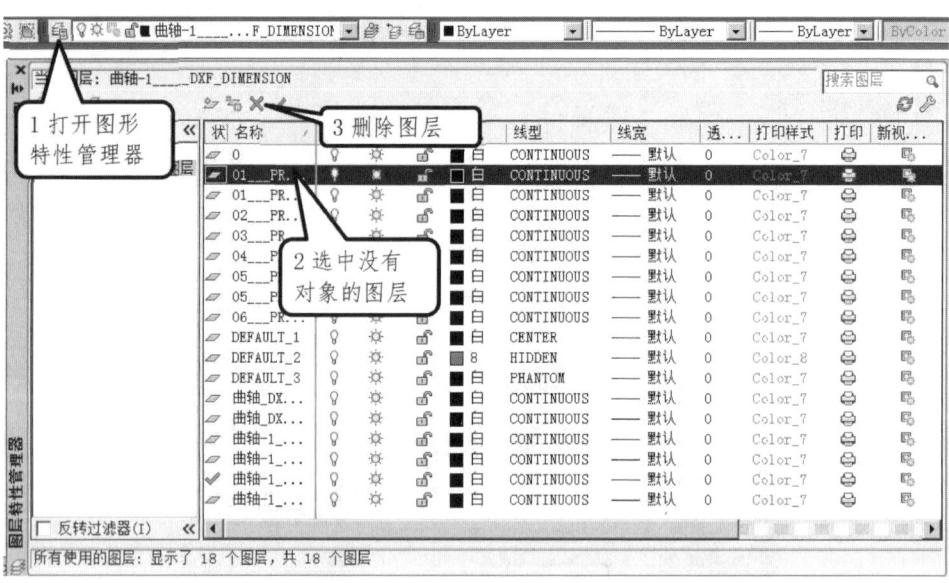

图 5.123　删除没有对象的图层

最终留下的图层如图 5.124 所示。

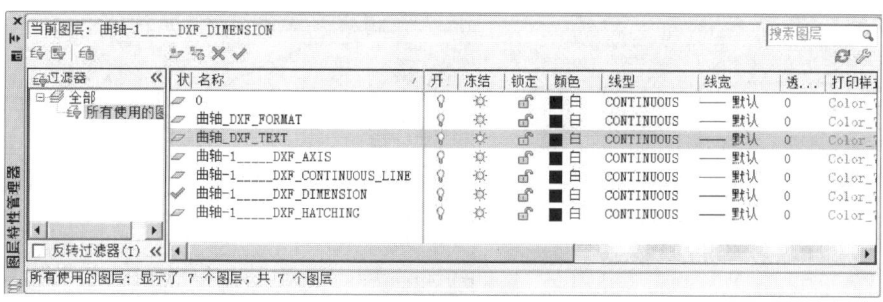

图 5.124　有对象的图层

将图层名称和 jx 样板中的图层名称对应。如图 5.125 所示,重复步骤 1~3,将"曲轴-1__DXF_AXIS"重命名为细点划线;将"曲轴-1__DXF_CONTINUOUS_LINE"重命名为粗实线;"曲轴-1__DXF_DIMENSION"层重命名为标注;将"曲轴-1__DXF_HATCHING"重命名为细实线。

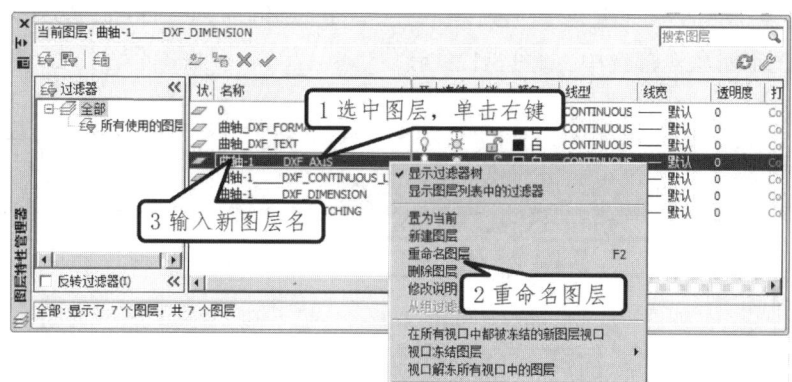

图 5.125　重命名图层

修改好的效果如图 5.126 所示,关闭图形特征特性管理器。

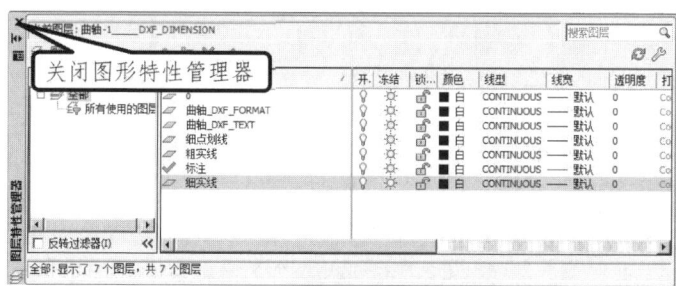

图 5.126　关闭图形特征特性管理器

选择菜单【文件】—【新建】,选择以前做的 jx 样板,单击【打开】,如图 5.127 所示。

选择菜单【文件】—【另存为】,选择保存路径,输入文件名"曲轴",点【保存】,如图 5.128所示。

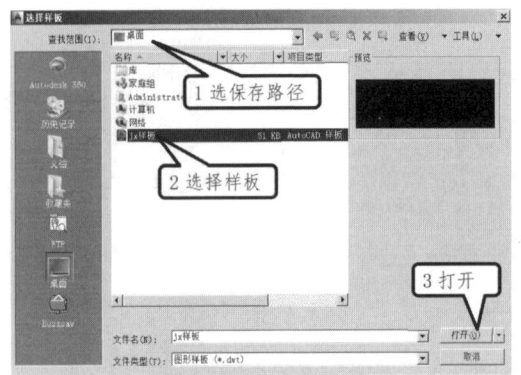
图 5.127　选择样板

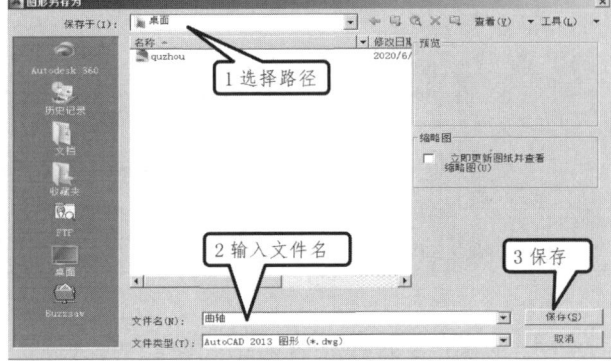
图 5.128　保存文件

活动二:修改图形

目前有 2 个文件,1 个是曲轴工程图,1 个是刚建立的曲轴零件图。切换到曲轴工程图,将所有图形对象全部选中,如图 5.129 示。

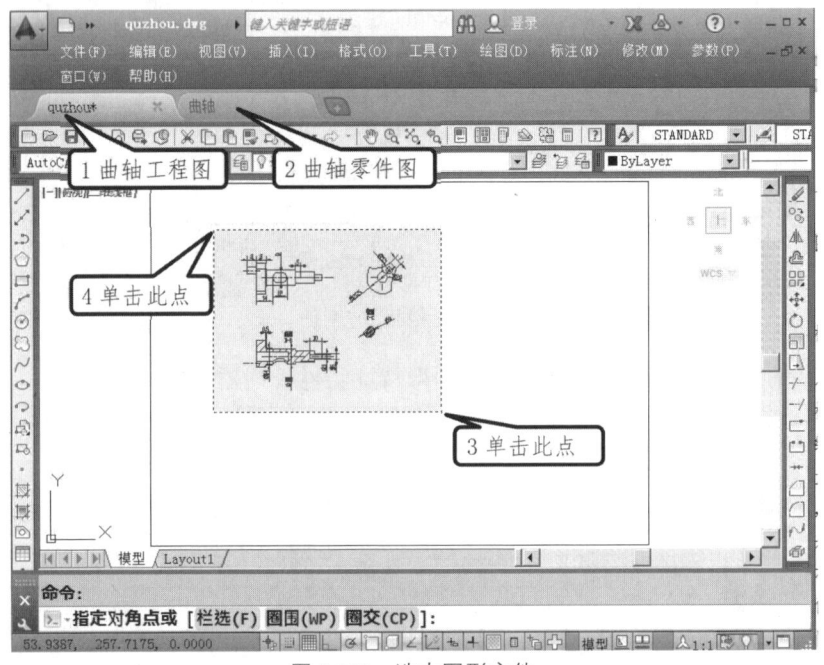
图 5.129　选中图形文件

按【CTRL+C】,复制。切换到曲轴零件图,按【CTRL+V】,在绘图区单击鼠标左键,粘贴。【范围缩放】,将所有图形显示到绘图区,如图 5.130 所示。

项目五 工程图

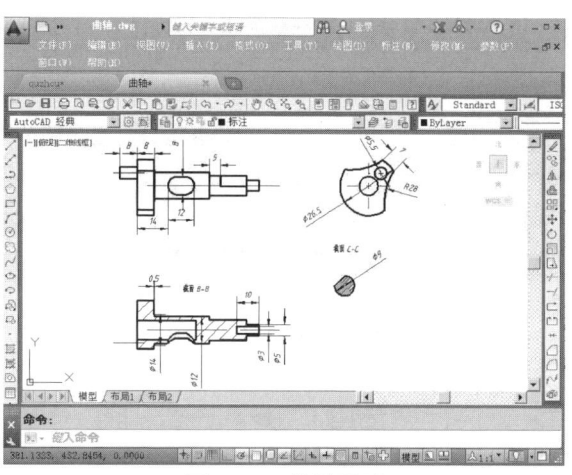

图 5.130 粘贴图形

鼠标滚轮向下滚动,缩小。单击【插入】—【块】,弹出【插入】对话框,选择 HA4,点击【确定】,将图框放到合适位置。如图 5.131 所示。

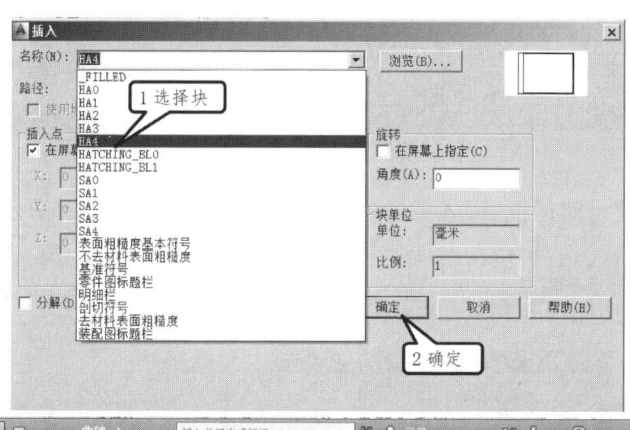

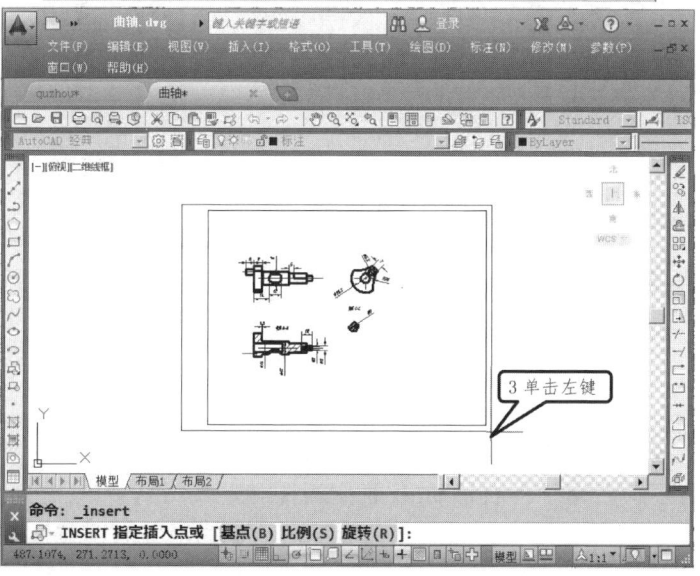

图 5.131 放置 HA4 块

— 213 —

单击【插入】—【块】,选择零件图标题栏,点击【确定】。将右下角点和粗实线矩形右下角点对齐,如图 5.132 所示。

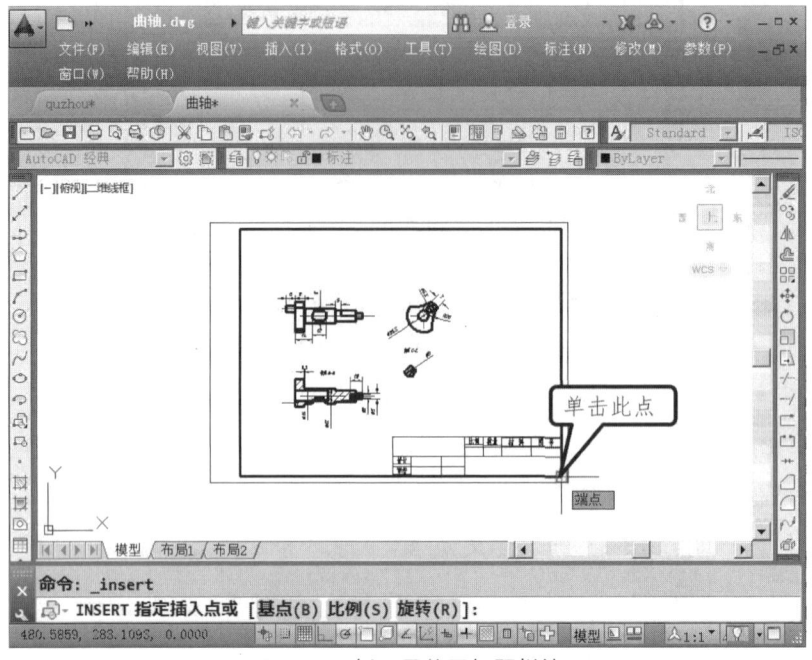

图 5.132　插入零件图标题栏块

弹出【编辑属性】对话框,输入标题栏信息,班级:18 机制 1 班;学校:西安思源学院,图号:XHQ-02;材料:45;数量:1;比例:1∶1;学号：123;姓名:张华;零件名称:曲轴。鼠标左键单击【确定】,如图 5.133 所示。

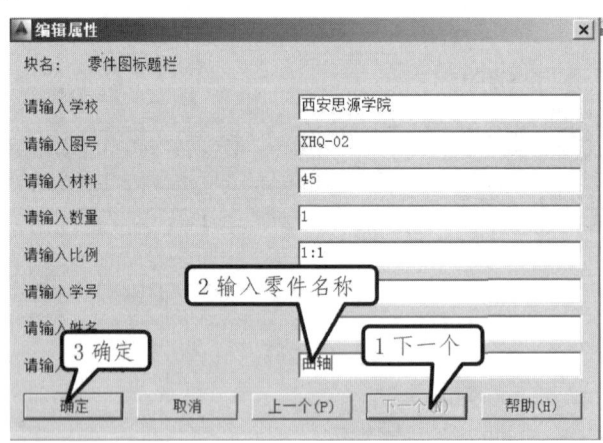

图 5.133　输入编辑属性对话框

视图位置不是很合理,打开【正交】—【移动】,选择左视图和移出断面图,选完对象单击鼠标右键,选基点,鼠标向右移动,保证主视图和左视图高平齐,放到合适位置,如图 5.134所示。

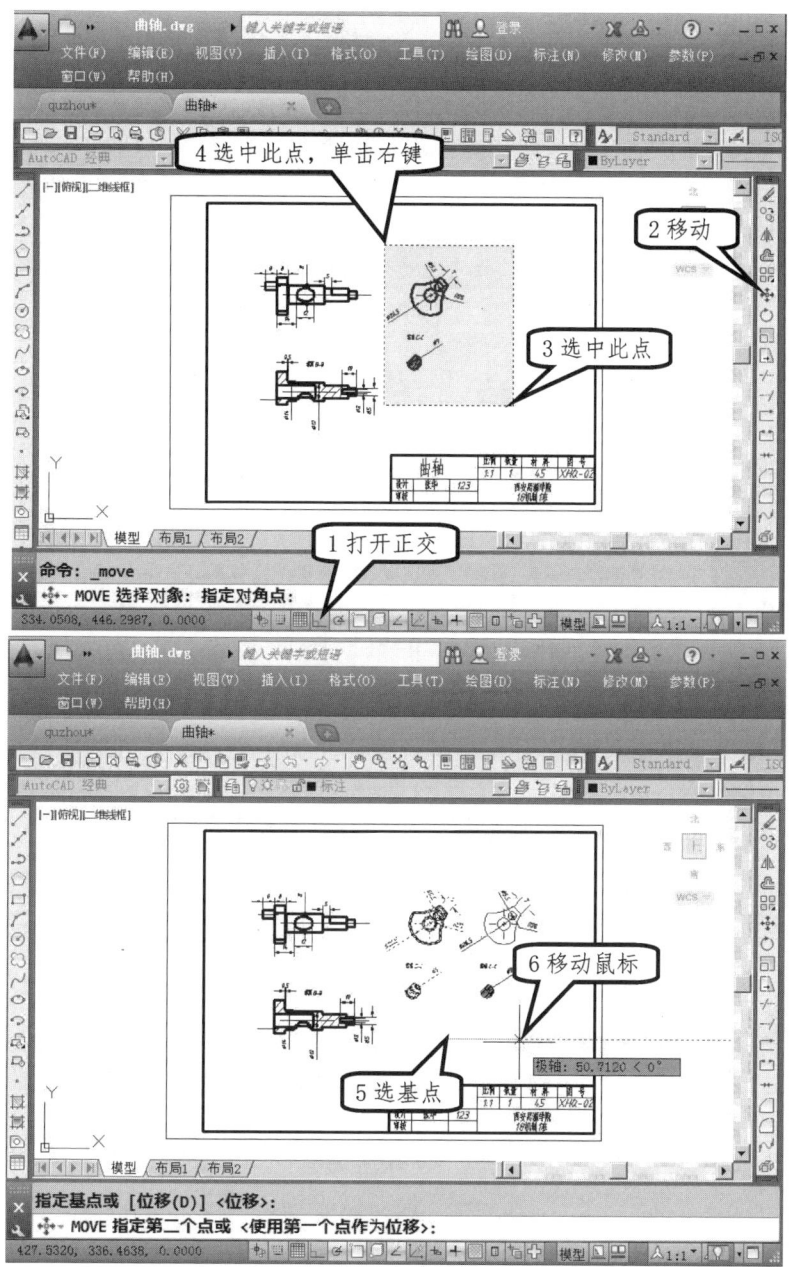

图 5.134 移动对象

输入技术要求。鼠标滚轮向上滚动放大,单击【多行文字】,用鼠标画出合适的矩形框,如图 5.135 所示。

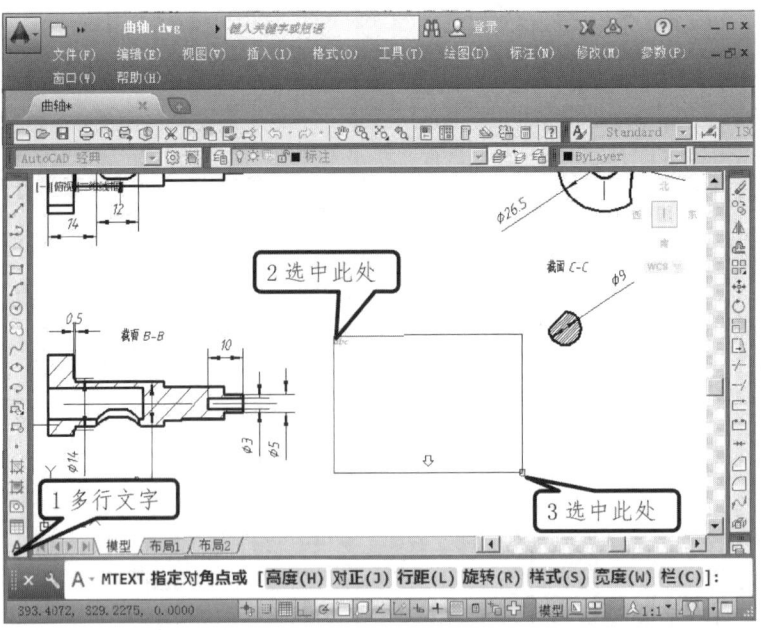

图 5.135　启动多行文字

文字高度输入 7,切换光标位置,输入"技术要求,1、锐角倒钝";按回车,输入"2、调制 HB230-260"。将"技术要求"用空格键调整到合适位置,如图 5.136 所示。

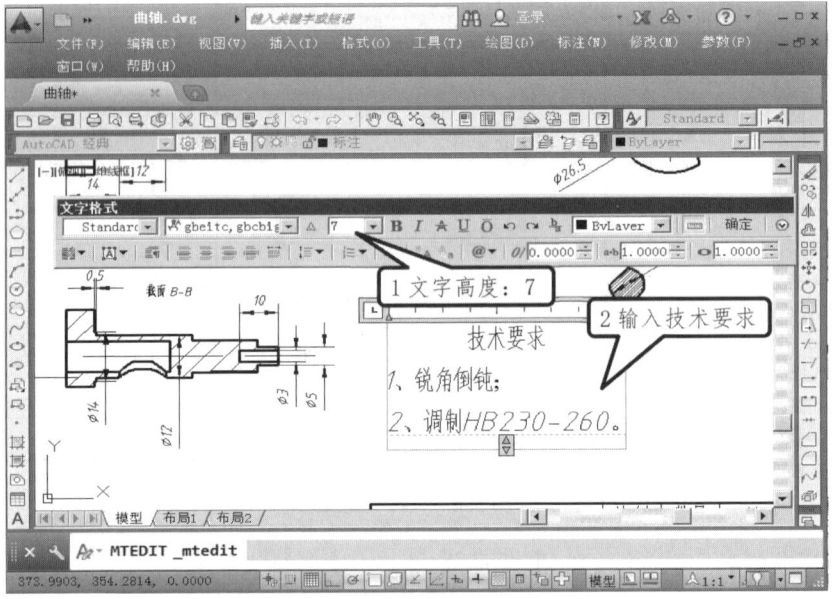

图 5.136　输入技术要求

单击【插入块】,选择:去材料表面粗糙度,点击【确定】,如图 5.137 所示。

项目五 工程图

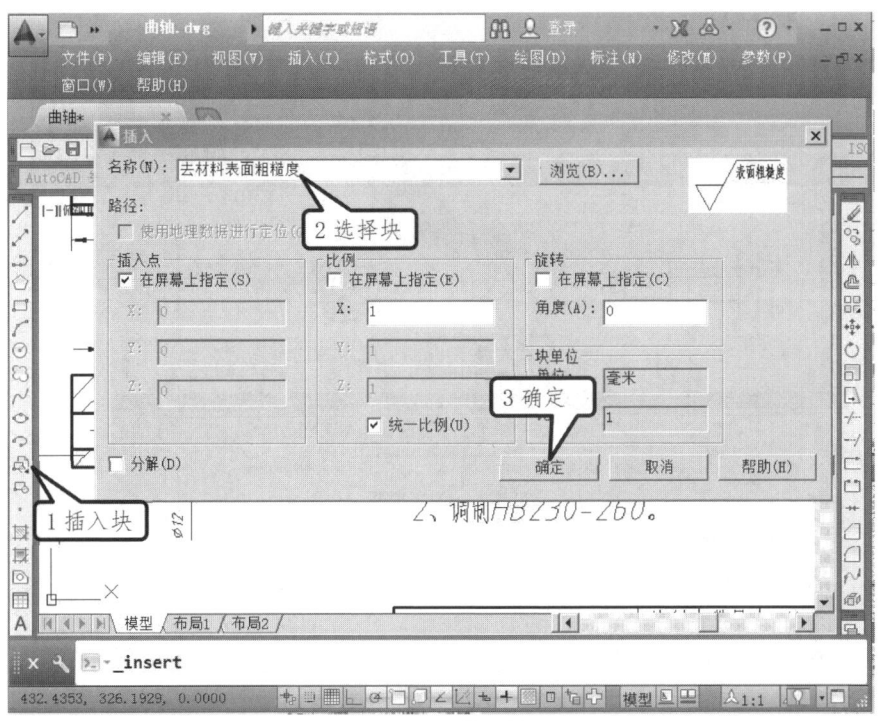

图 5.137 输入块

返回绘图区后在标题栏的附近单击鼠标左键,弹出【编辑属性】对话框,输入数值 Ra6.3,点击【确定】,如图 5.138 所示。

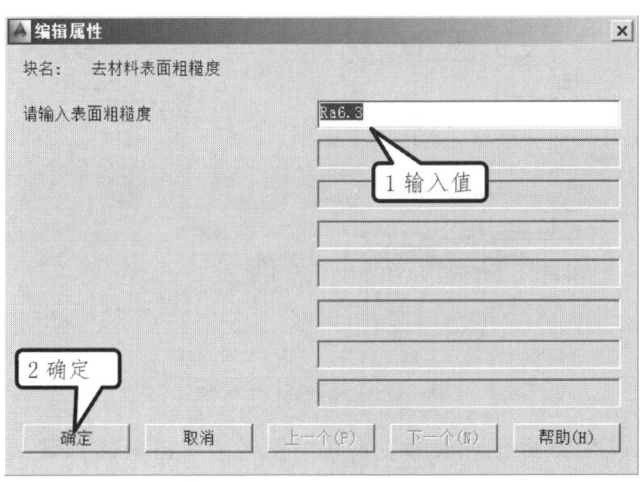

图 5.138 输入块属性

单击【多行文字】,在刚才的 Ra6.3 后用鼠标画出合适的矩形框,文字高度输入 7,切换光标位置,输入左括号,按 4 次空格键,输入右括号,点击【确定】,如图 5.139 所示。

— 217 —

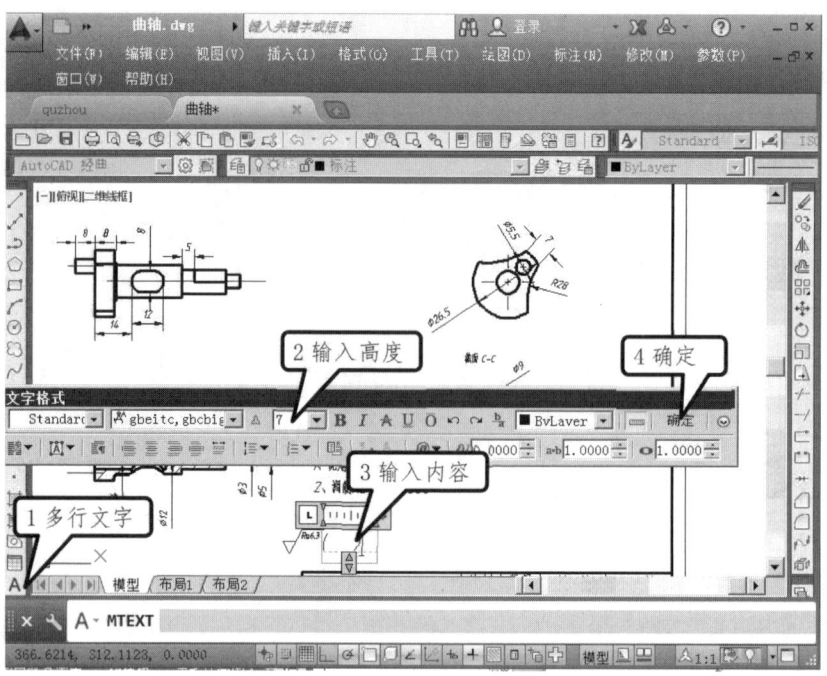

图 5.139 输入多行文字

选择【插入】—【块】,选择:表面粗糙度基本符号,点击【确定】,将其放到括号的中心,效果如图 5.140 所示。

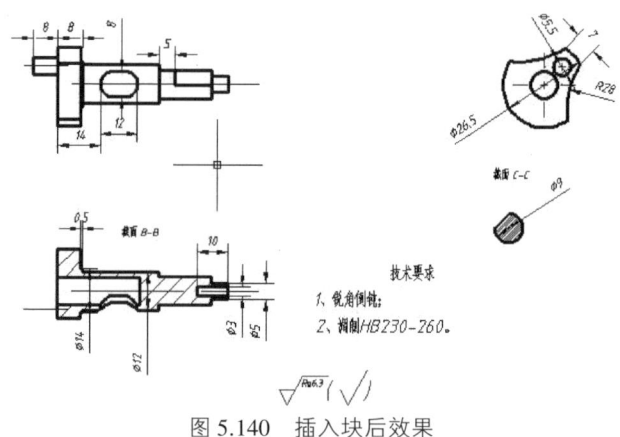

图 5.140 插入块后效果

单击【范围缩放】,将所有对象都显示在绘图区。单击鼠标右键,选择【快速选择】,设置特性:图层;值:标注,点击【确定】,如图 5.141 所示。

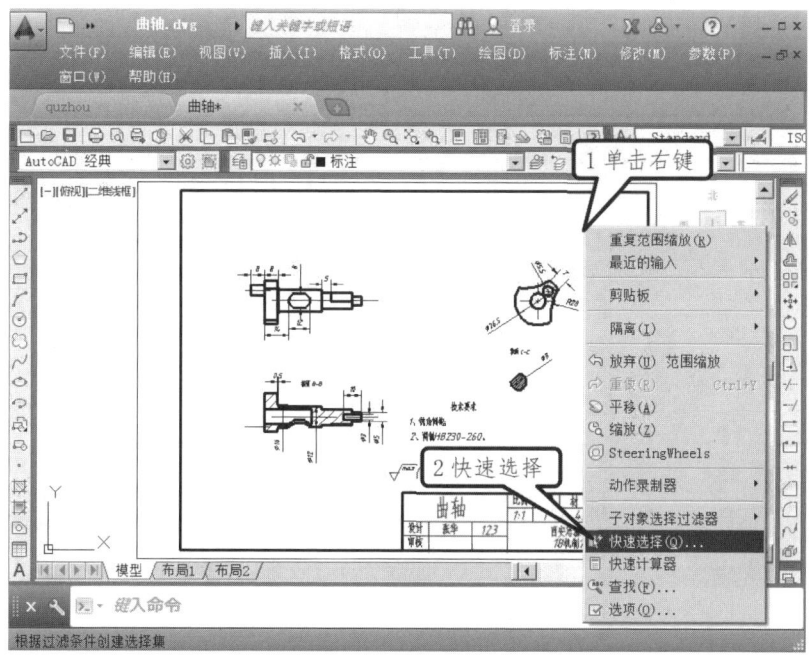

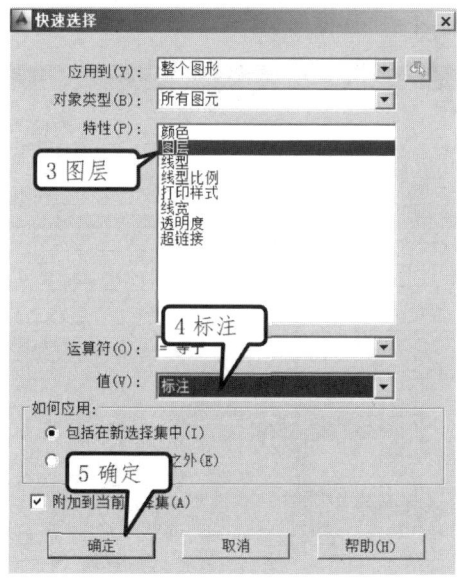

图 5.141 选中所有的标注

选中所有的标注后,将其标注样式改为 ISO-25,如图 5.142 所示。按【ESC】键退出。

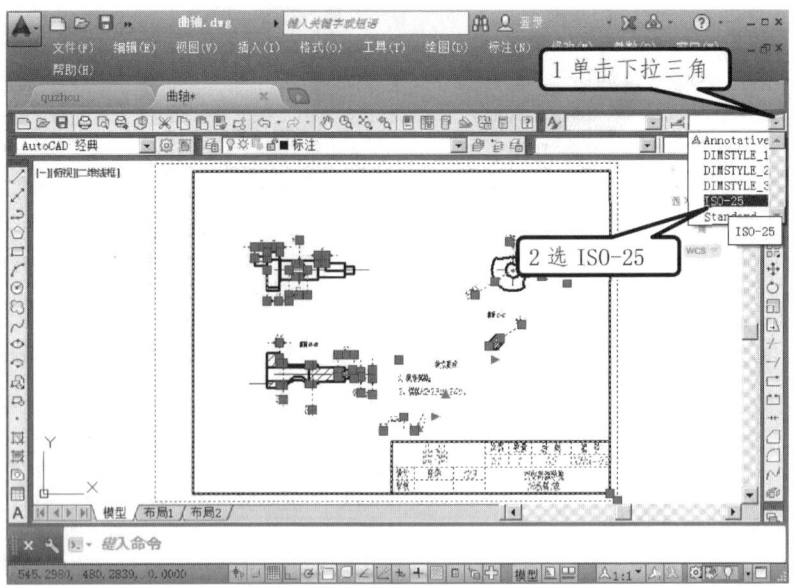

图 5.142　修改标注样式

修改线型比例。选择【格式】—【线型】,弹出【线型管理器】对话框,将全局比例因子改为0.2,点击【确定】。如图 5.143 所示。

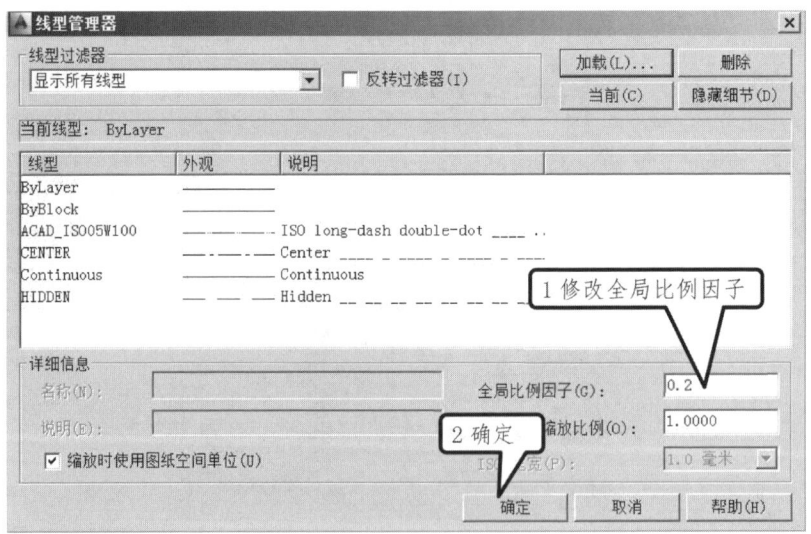

图 5.143　修改全局比例因子

使用【窗口缩放】将主视图放大,合并点划线。选中两条点划线,点击【合并】,变成一条点划线。如图 5.144 所示。

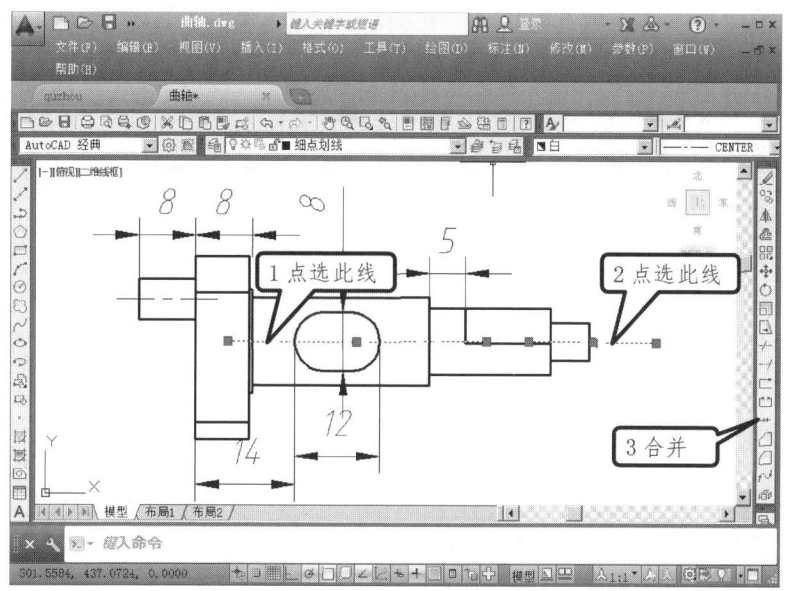

图 5.144 合并点划线

另外,国标规定点划线伸出轮廓线 3~5mm。用端点操作将点划线左端点其放到轮廓线外 3~5mm,按【ESC】键退出。如图 5.145 所示。

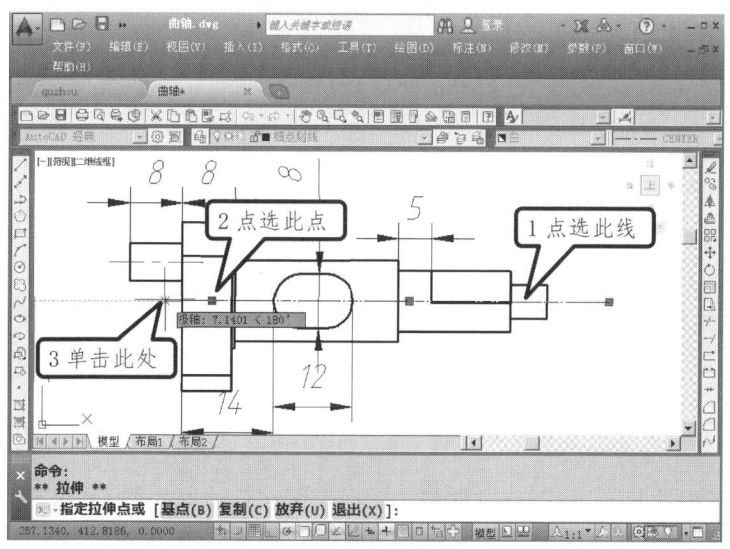

图 5.145 伸长点划线

此点划线右边伸出太多,打断,预留 3~5mm,单击鼠标左键,移动鼠标超过右端点,单击鼠标左键,打短点划线。如图 5.146 所示。

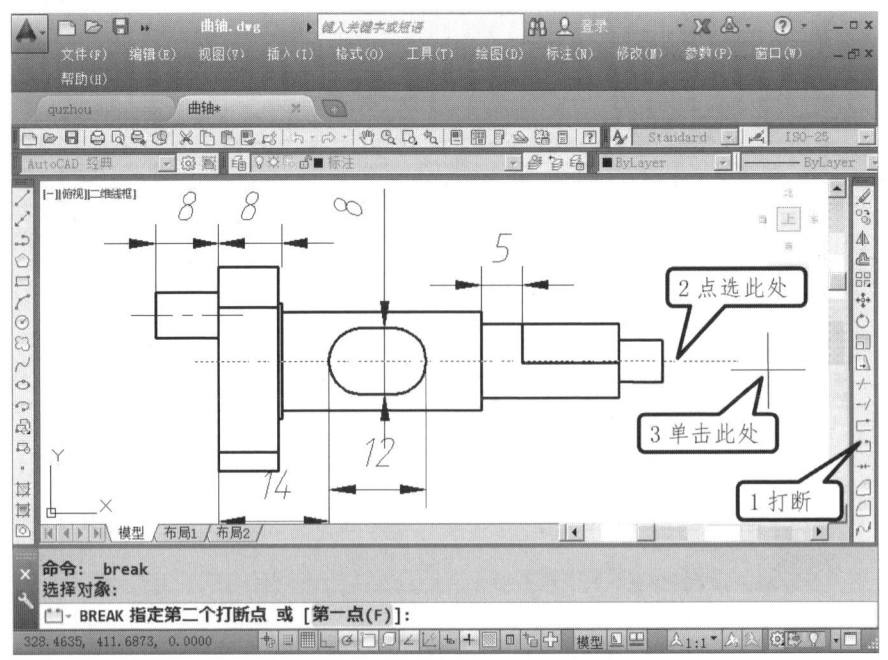

图 5.146 打短点划线

选择【实时平移】，鼠标向上拖动，将俯视图显示出来，再将下边多余的点划线删除。用同样的方法合并两条点划线，将点划线左端点移到轮廓线外 3~5mm，按【ESC】键退出。将右端点预留 3~5mm，打短点划线。效果如图 5.147 所示。

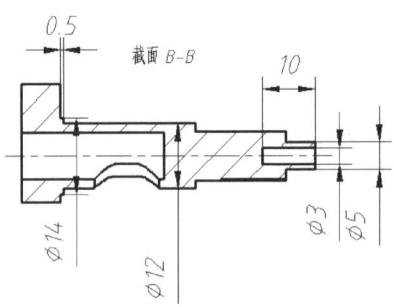

图 5.147 修改俯视图点划线

选择【范围缩放】，将所有对象都显示在绘图区。效果如图 5.148 所示。

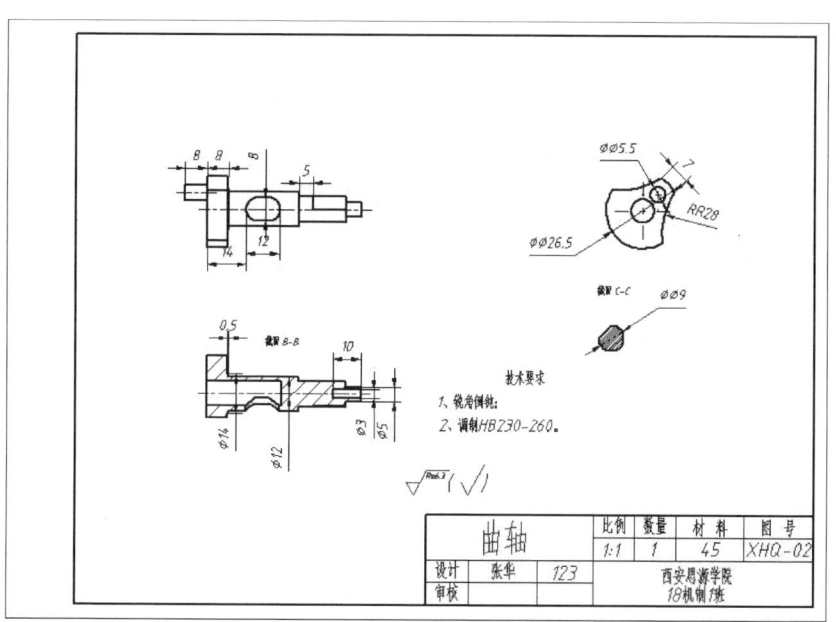

图 5.148　全部对象效果

选择【窗口缩放】,将俯视图右端放大。将右端孔修改为 M3 的螺纹孔。单击【偏移】,输入距离:0.6,按回车,将两条横线分别向内偏移 0.6mm,单击鼠标右键,点击【确认】。单击【偏移】,输入距离:14,按回车,将右端的竖线相左偏移 14,单击鼠标右键,点击【确认】。效果如图 5.149 所示。

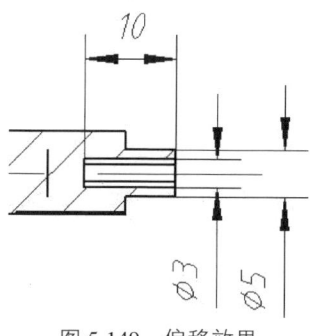

图 5.149　偏移效果

选择【圆角】,半径为 0 时(不为 0 时,输入 R,按回车,输入 0,按回车),选横线和竖线延长或修剪相交于一点,如图 5.150 所示。

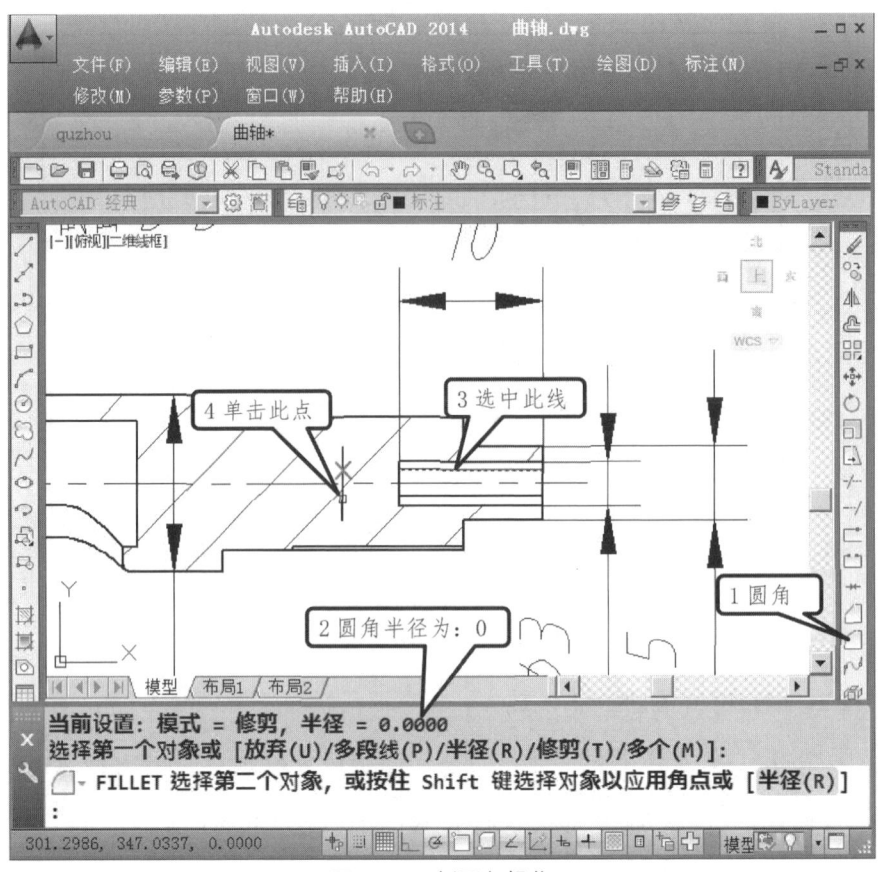

图 5.150　倒圆角操作

再使用一次圆角命令,使效果如图 5.151 所示。

做孔末端的锥形孔。打开极轴追踪,单击鼠标右键,设置为 30°,如图 5.152 所示。

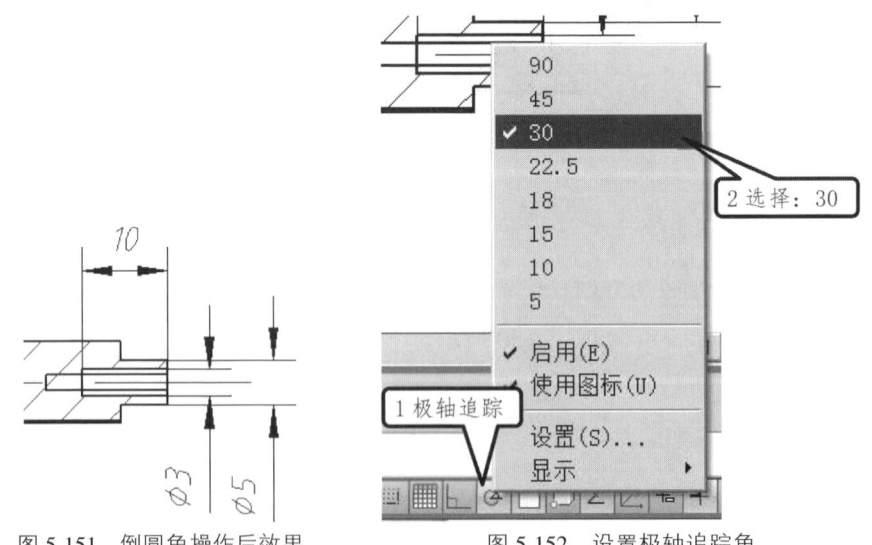

图 5.151　倒圆角操作后效果　　　　图 5.152　设置极轴追踪角

切换到粗实线层,单击【直线】,捕捉直线左端点,移动鼠标有 240°的方向线,单击画一条直线,单击鼠标右键,点击【确认】。操作如图 5.153 所示。

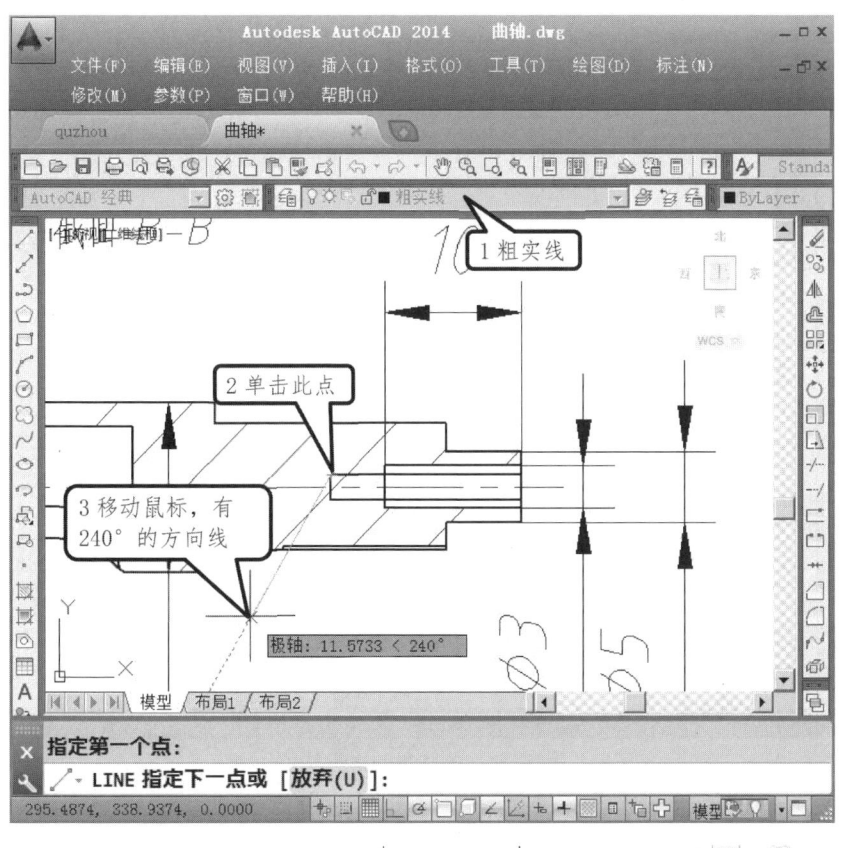

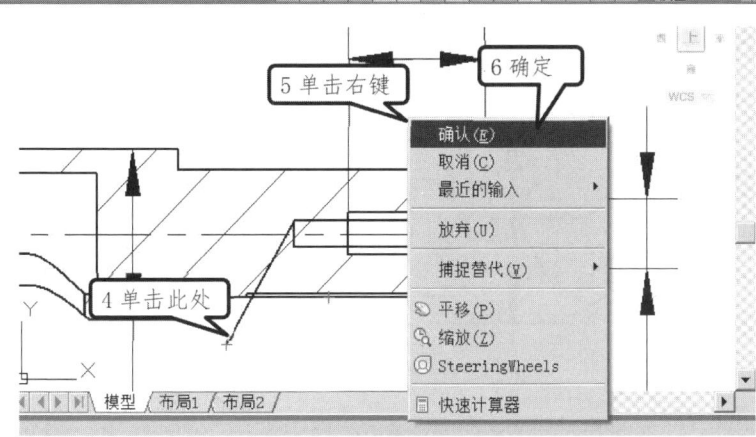

图 5.153　绘制 240°方向直线

选择【直线】,捕捉直线左端,移动鼠标有 120°的方向线,单击画一条直线,单击鼠标右键,点击【确认】。选择【圆角】,滚轮向上滚动放大,选择这两处,修剪相交于一点。如图 5.154 所示。

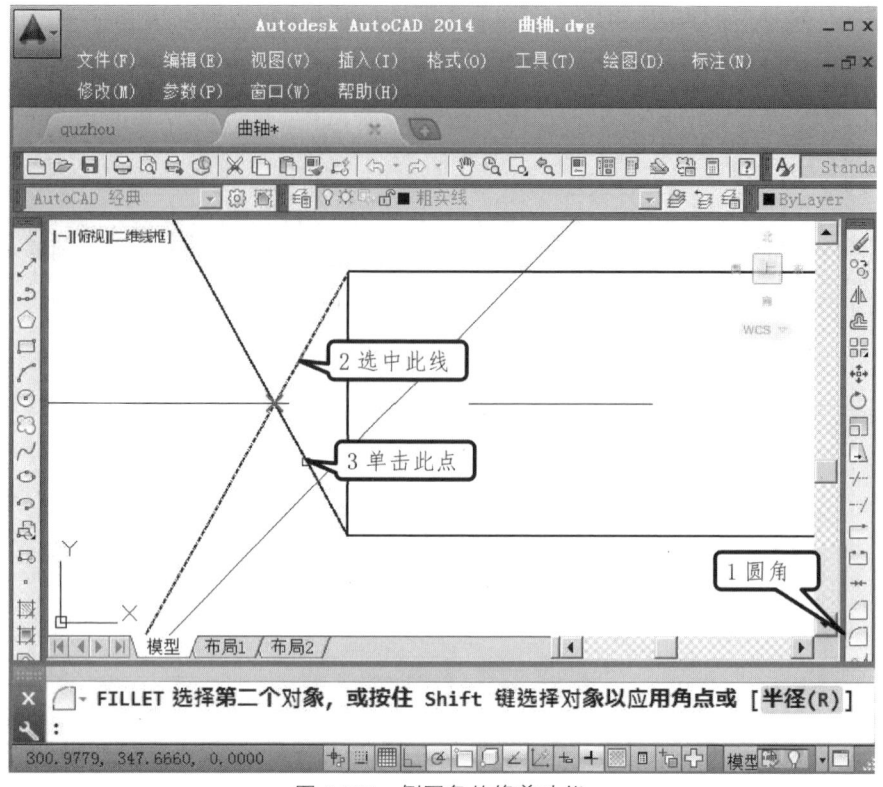

图 5.154　倒圆角的修剪功能

滚轮向下滚动缩小。用同样的方法把左面孔的末端的锥形孔做好，效果如图 5.155 所示。

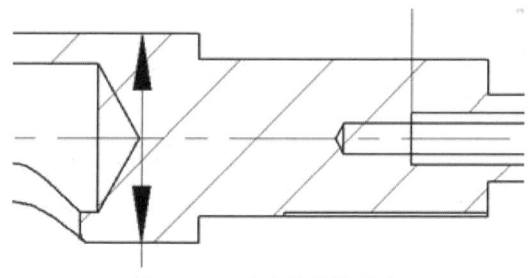

图 5.155　孔末端的锥形孔

选择俯视图中多余的尺寸标注，选中剖面线，选中文字"截面 B—B"，删除。如图5.156 所示。

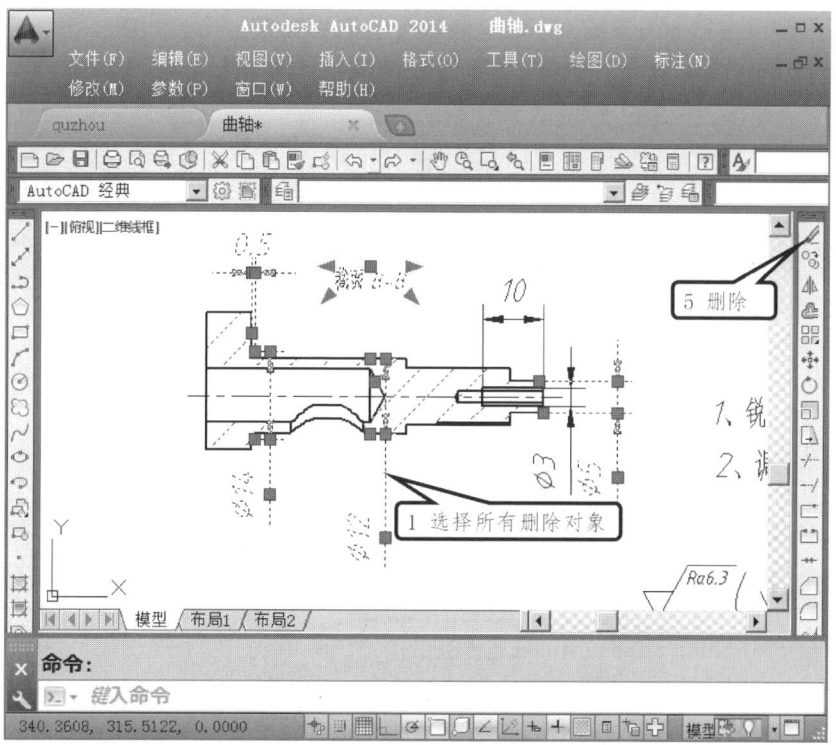

图 5.156 删除对象

双击标注 Φ3,将其改为 M3,点击【确定】。如图 5.157 所示。

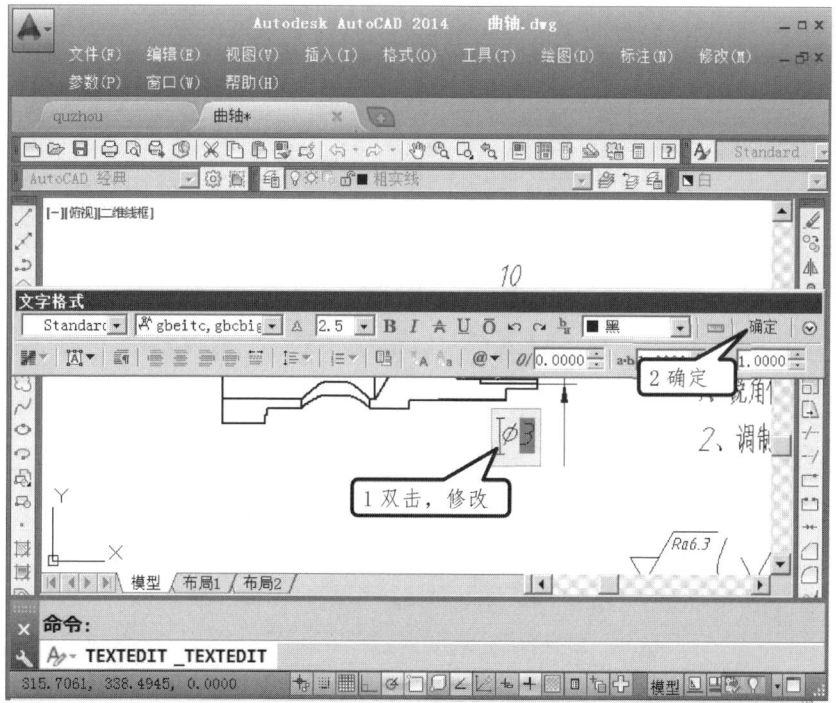

图 5.157 修改标注文字

选择内螺纹大径的两条线,放到细实线层,按【ESC】键退出。如图 5.158 所示。

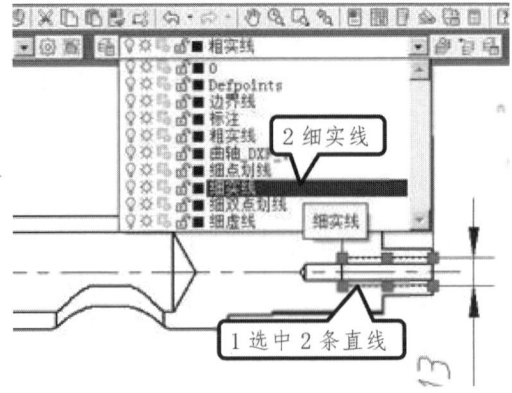

图 5.158　修改线型

切换到细实线层,选择【图案填充】,弹出【图案填充和渐变色】对话框,图案选 ANSI31,单击【添加:拾取点】,如图 5.159 所示。

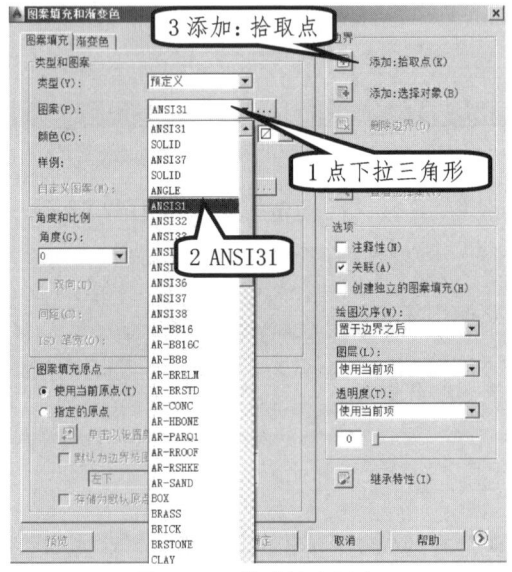

图 5.159　修改填充图案

分别选择所有的要填充的区域,选完对象单击鼠标右键,弹出快捷菜单,点击【确认】,如图 5.160 所示。

项目五 工程图

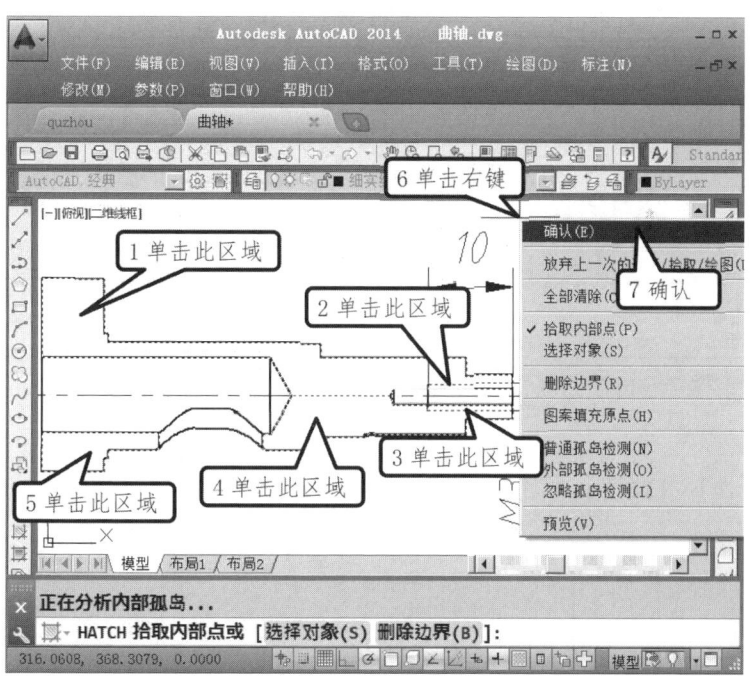

图 5.160 选中图案填充区域

输入比例 0.5,点击【确定】。如图 5.161 所示。

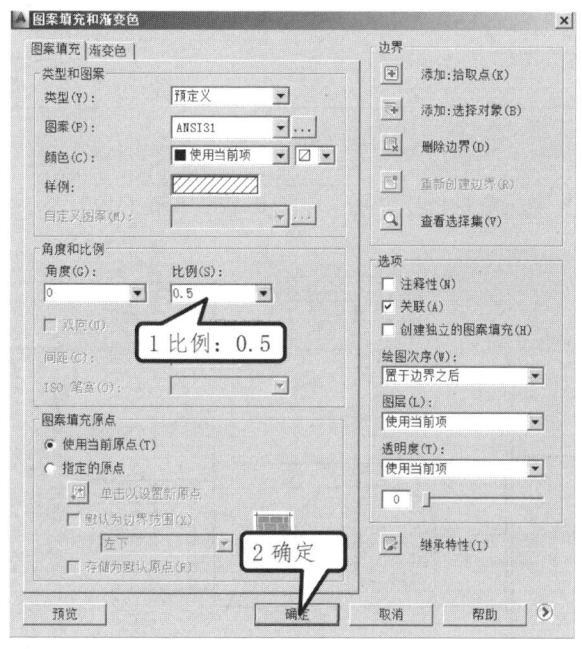

图 5.161 修改图案填充比例

选择【标注】—【线性】,选择两个端点,输入:m,按回车。将光标移至 8.5 之前,输入:%%c,点击【确定】,放到合适的位置。如图 5.162 所示。

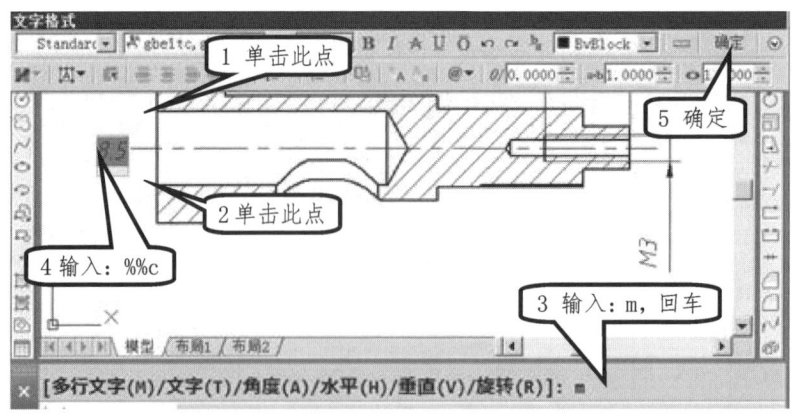

图 5.162　标注孔直径

选择【标注】—【线型】，标注孔深度。用同样的方式把其他标注标好。标注后效果如图5.163所示。

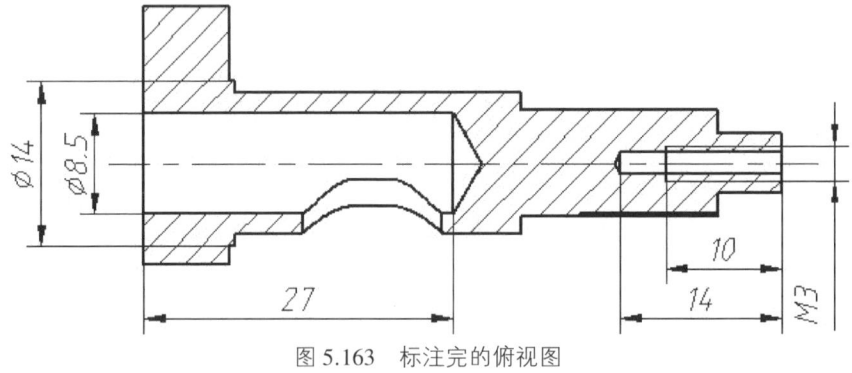

图 5.163　标注完的俯视图

选择【实时平移】，鼠标向下拖动，找到主视图，单击鼠标右键，弹出快捷菜单，点击【退出】。如图 5.164 所示。

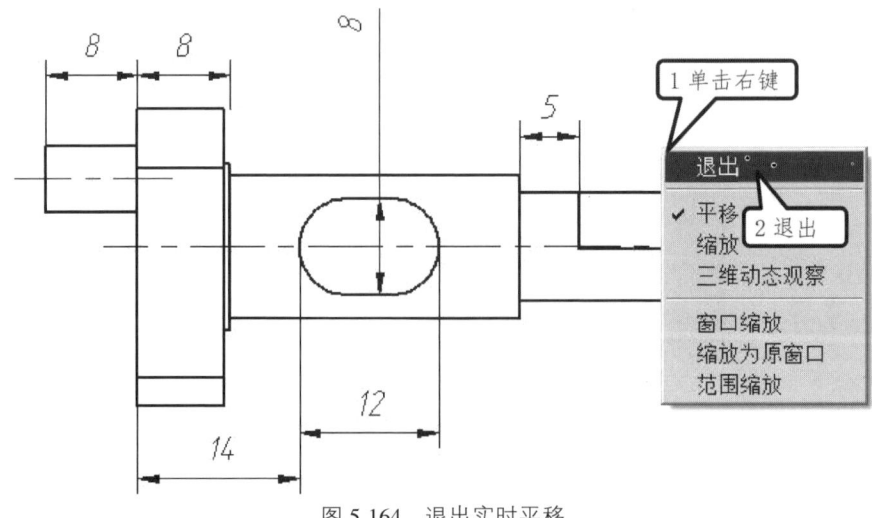

图 5.164　退出实时平移

滚轮向下滚动,缩小。

标注尺寸公差。切换图层,标注。标注,线性,选择这两个点,输入:m,按回车。输入%%c,光标向后移动,输入 f6,左括号,上偏差:-0.01,按下 SHIFT 键,按 6,下偏差:-0.018,右括号,单击鼠标左键拖动选中-0.01 到-0.018,点击【堆叠】,点击【确定】,放到合适的位置。如图 5.165 所示。

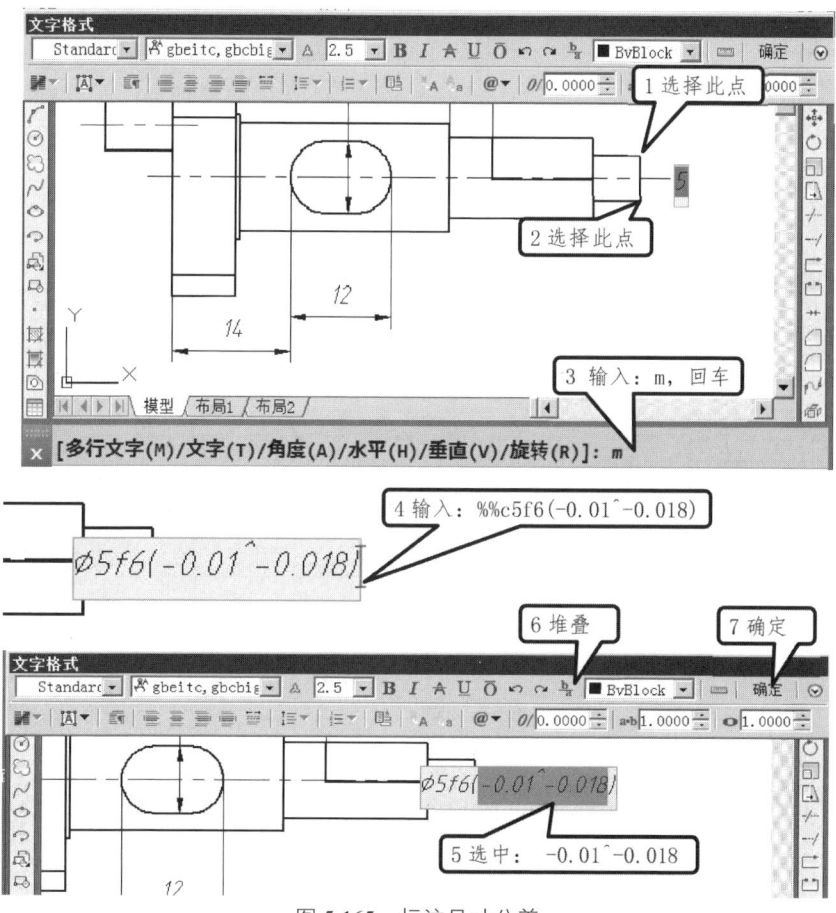

图 5.165　标注尺寸公差

用同样方式输入其余 3 个尺寸公差,效果如图 5.166 所示。

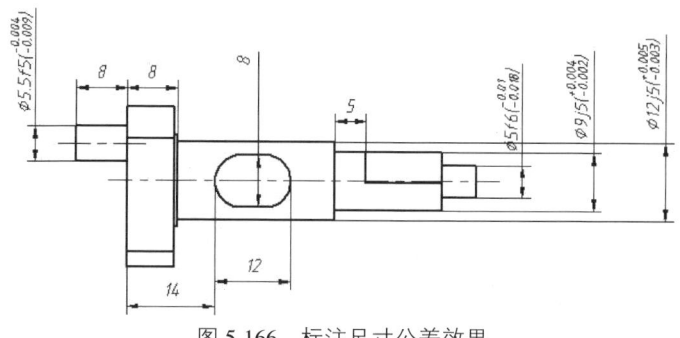

图 5.166　标注尺寸公差效果

选中标注,选中夹点,移动到合适的位置。如图 5.167 所示。

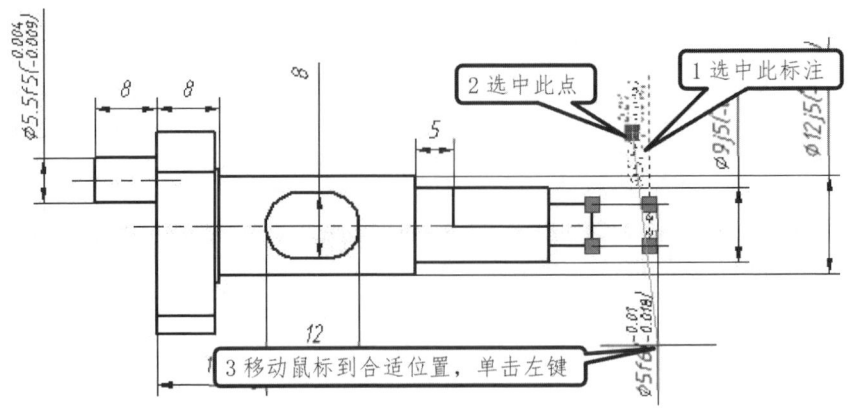

图 5.167　移动尺寸标注

删除多余标注,添加需要尺寸。效果如图 5.168 所示。

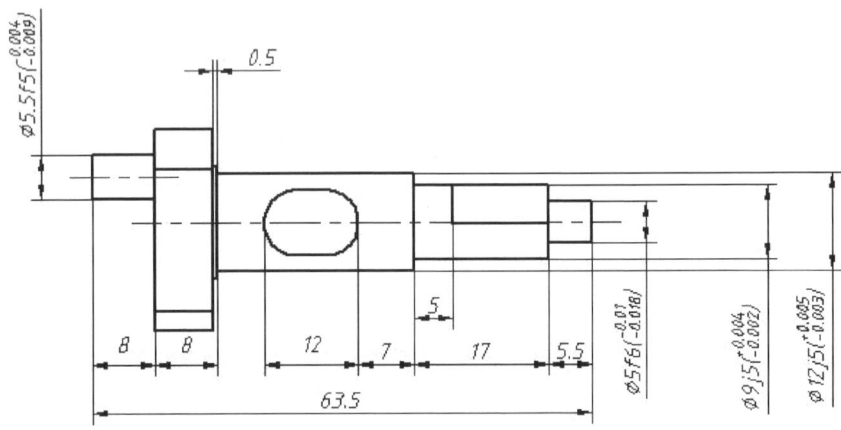

图 5.168　主视图尺寸标注完整后效果

插入 3 个去材料表面粗糙度和 1 个基准符号。选择【插入块】，弹出【插入对话框】，选择：去材料表面粗糙度(基准符号)，点击【确定】，如图 5.169 所示。

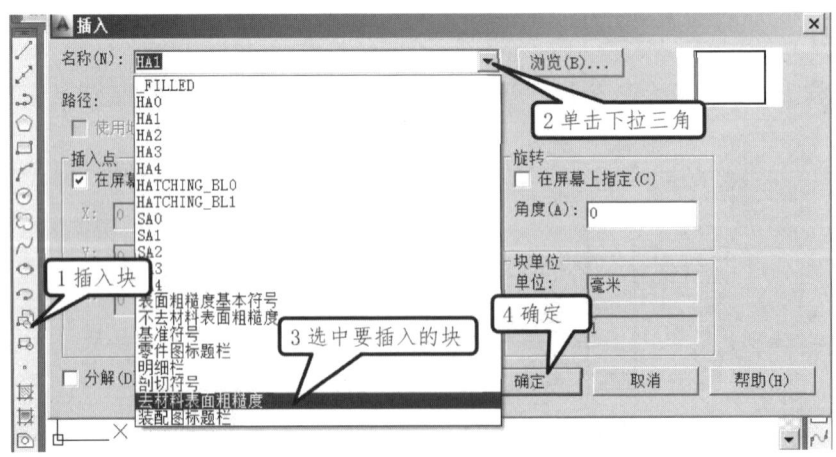

图 5.169　插入块

放到直线合适位置上,弹出【编辑属性】对话框,输入块属性值,点击【确定】。如图5.170所示。

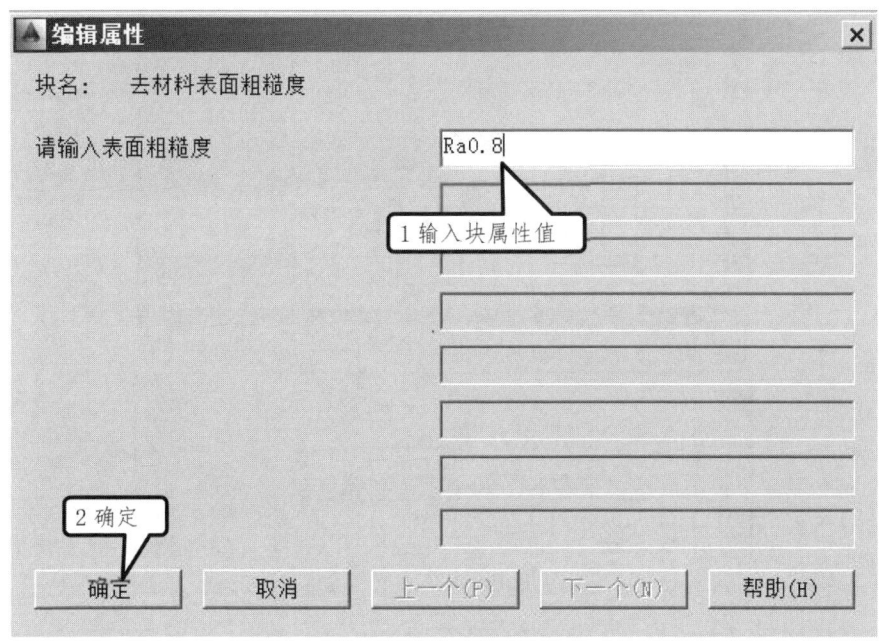

图 5.170　输入块属性值

插入 3 个去材料表面粗糙度和 1 个基准符号后,效果如图 5.171 所示。

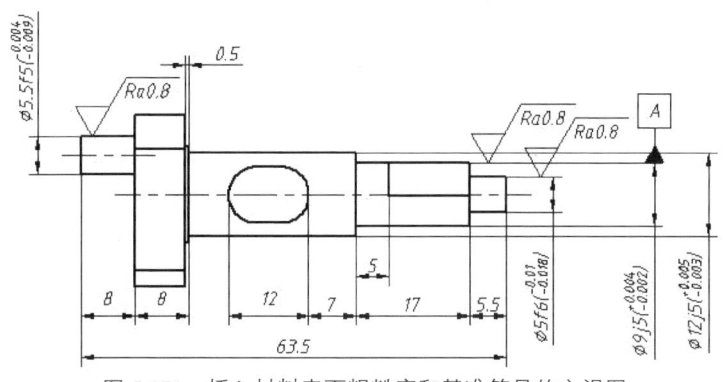

图 5.171　插入材料表面粗糙度和基准符号的主视图

选择【标注】—【多重引线】,选插入点,鼠标向上移动至合适位置单击鼠标左键,点【确定】。如图 5.172 所示。

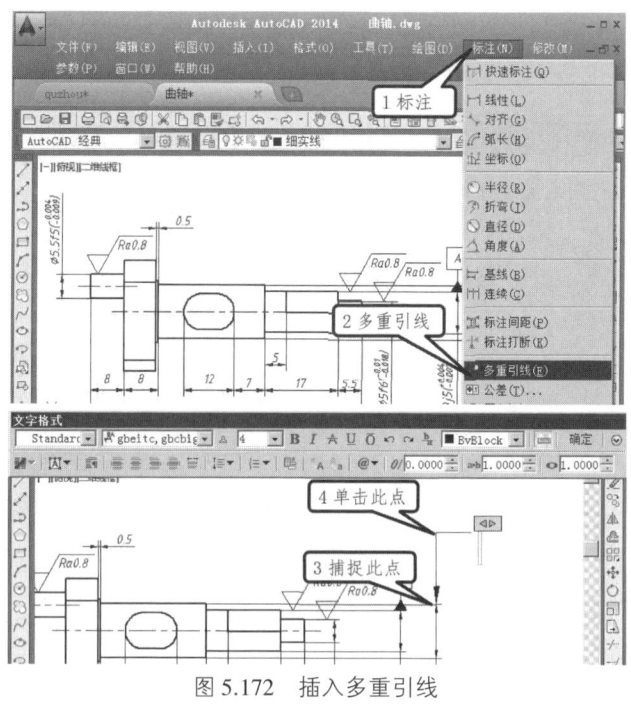

图 5.172　插入多重引线

选择【标注】—【公差标注】，弹出【形位公差】对话框，符号：同轴度，鼠标左键单击公差区域出现 Φ，公差值输入 0.01，基准输入 A，点击【确定】，放到下图 5.73 所示位置。

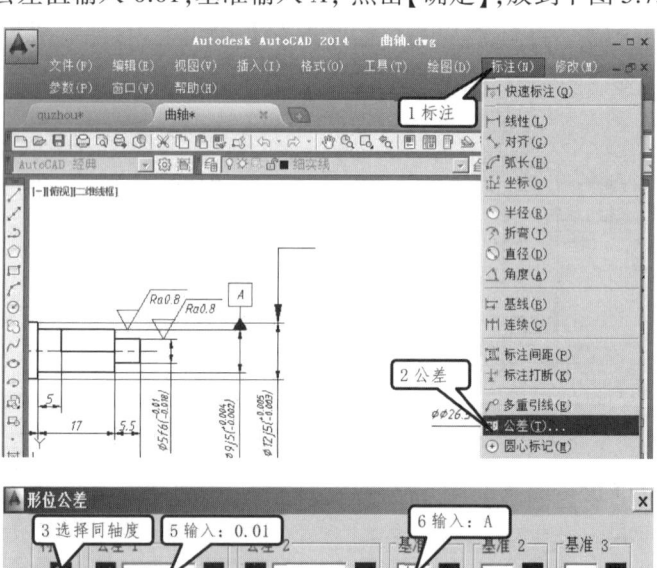

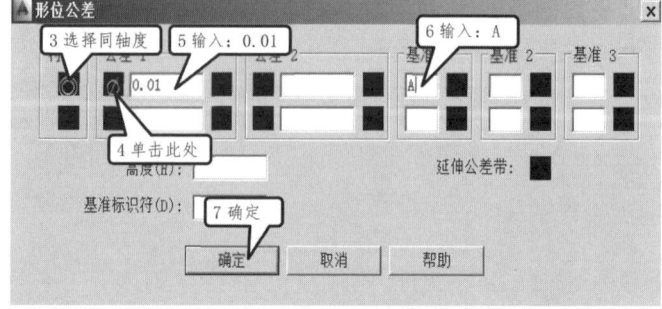

图 5.173　插入形位公差

选择【标注】—【半径标注】,选择圆弧,放到合适的位置。如图 5.174 所示。

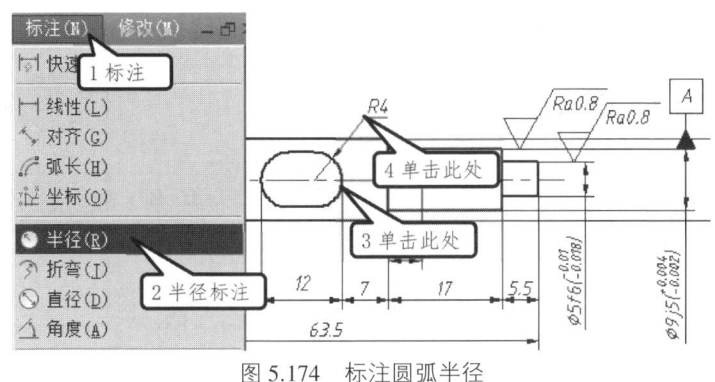

图 5.174　标注圆弧半径

选择【插入块】,弹出【插入】对话框,选择:剖切符号,点击【确定】,如图 5.175 所示。

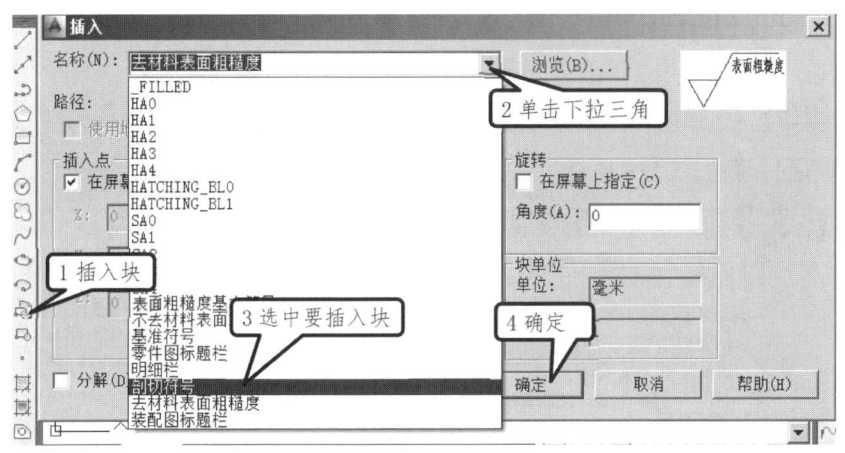

图 5.175　插入块:剖切符号

放到合适位置上,弹出【编辑属性】对话框,输入块属性值,点击【确定】。如图 5.176 所示。

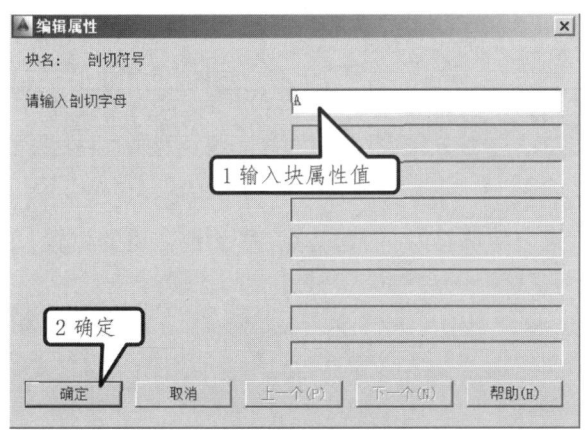

图 5.176　输入块属性值

选择【旋转】○,选中剖切符号,单击鼠标右键,选基点,输入:270,按回车。如图5.177所示。

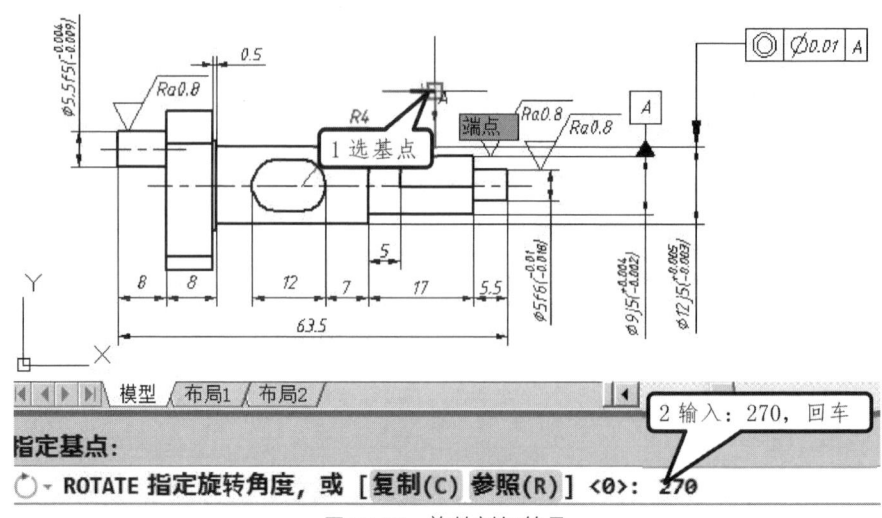

图 5.177　旋转剖切符号

双击剖切符号,弹出【增强属性编辑器】—【文字选项】,对齐方式:左上,旋转角度:0,点击【确定】。如图 5.178 所示。

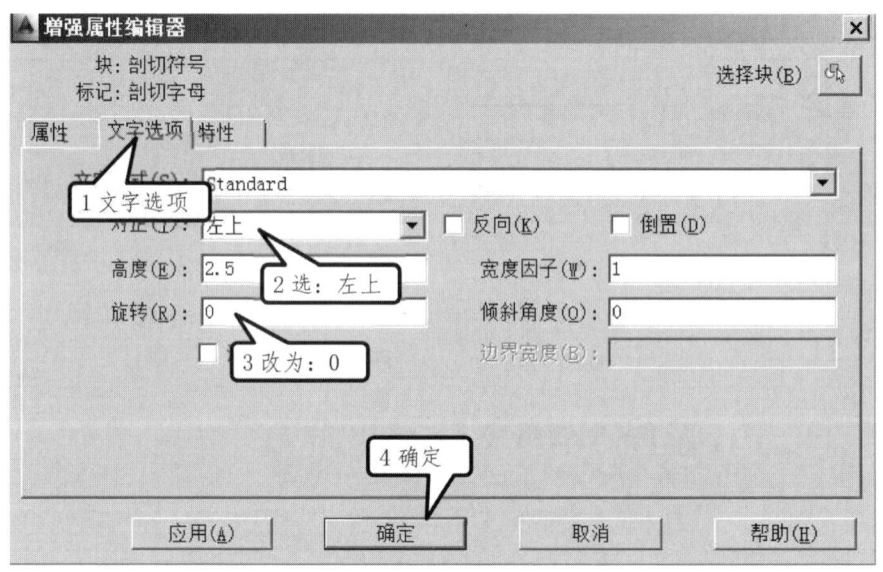

图 5.178　旋转

选择【移动】,选中剖切符号,任选基点,移动到合适的位置,单击鼠标左键。效果如图 5.179 所示。

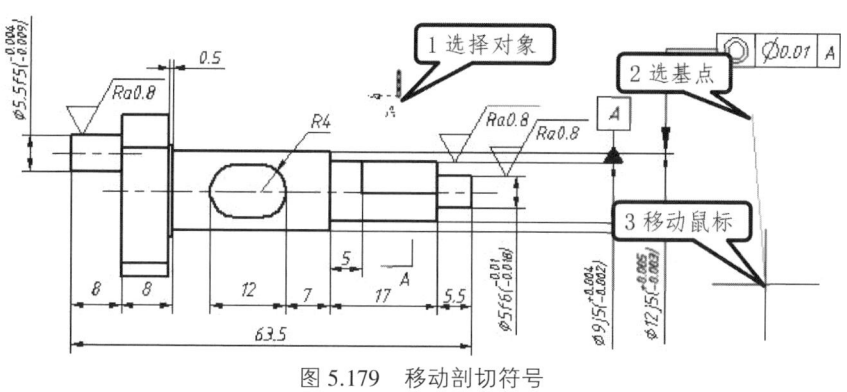

图 5.179　移动剖切符号

选择【镜像】 ，选中剖切符号，单击鼠标右键，以此点划线的两端点为镜像线，按回车。如图 5.180 所示。

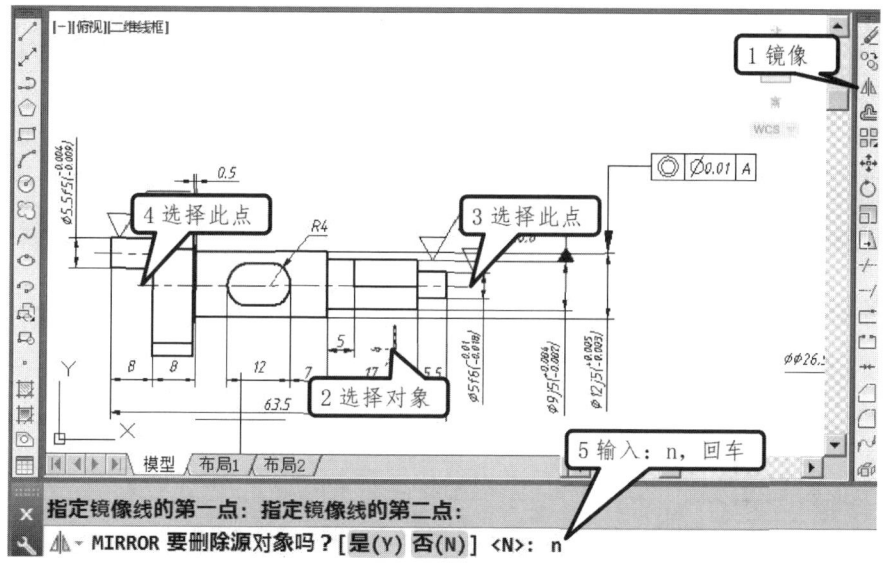

图 5.180　镜像剖切符号

镜像后效果如图 5.181 所示。

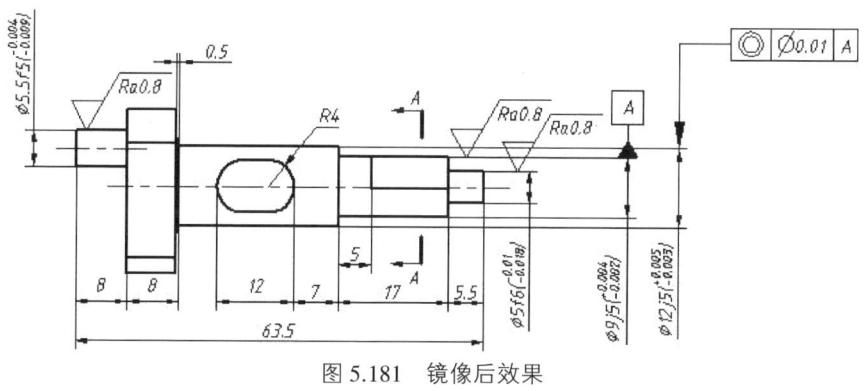

图 5.181　镜像后效果

选择【分解】 ，选中 2 个标注，单击鼠标右键。如图 5.182 所示。

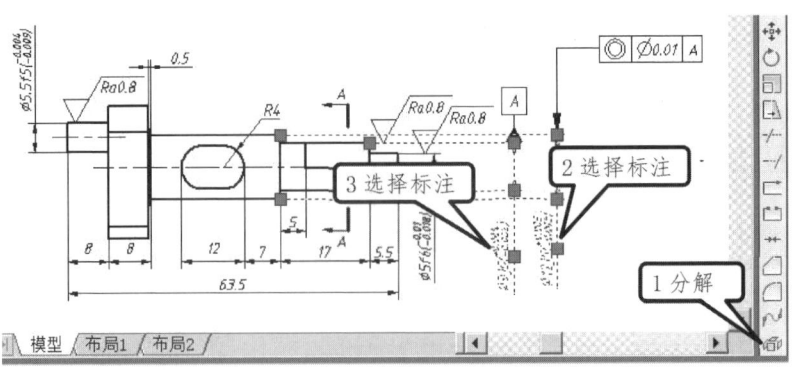

图 5.182　分解标注

选择【打断】 ，操作如图 5.183 所示,将穿过去表面粗糙度块 2 条直线打断。

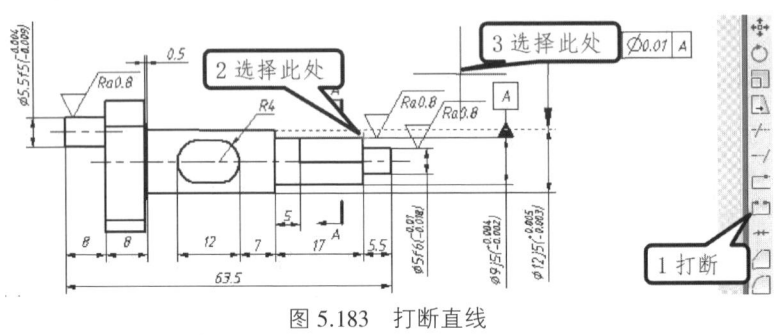

图 5.183　打断直线

用同样的方法打断另 1 条直线,使 2 个表面粗糙度符号完整显示。加上两条点划线,主视图就做好了。效果如图 5.184 所示。

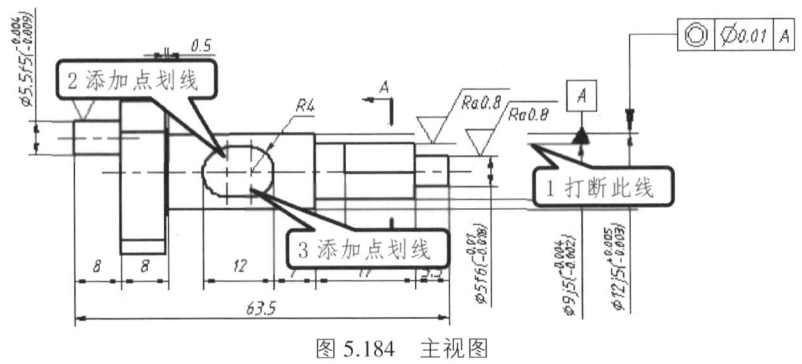

图 5.184　主视图

选择【范围缩放】 ,全部显示。选择【窗口缩放】 ,将左视图和移出断面图放大。由于更改了标注样式,这些标注多出一些符号,双击"ΦΦ5.5",把前面的 Φ 删除,点击【确定】。如图 5.185 所示。

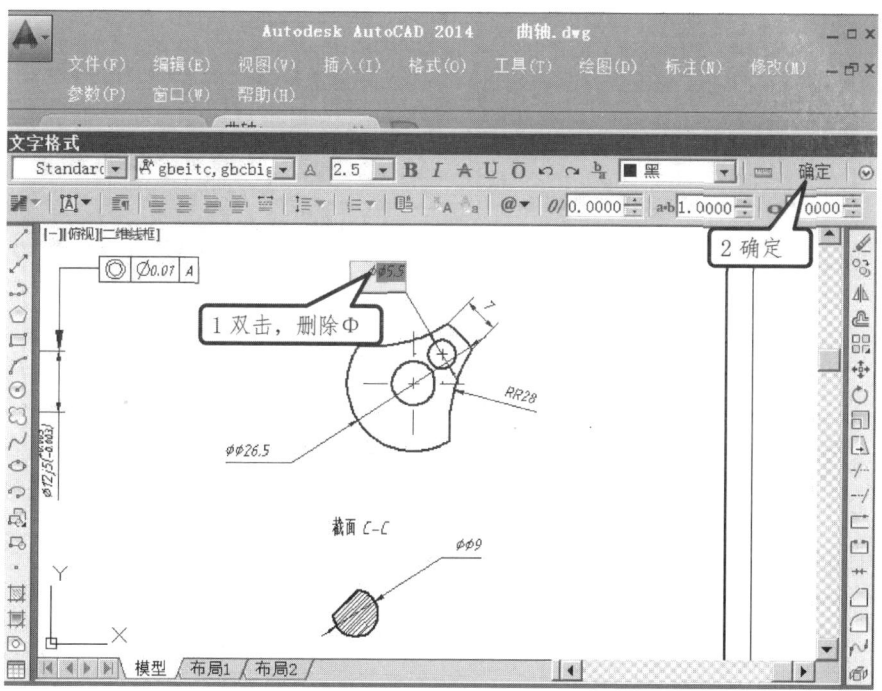

图 5.185 修改标注

用同样的方法修改其余 3 个标注,效果如图 5.186 所示。

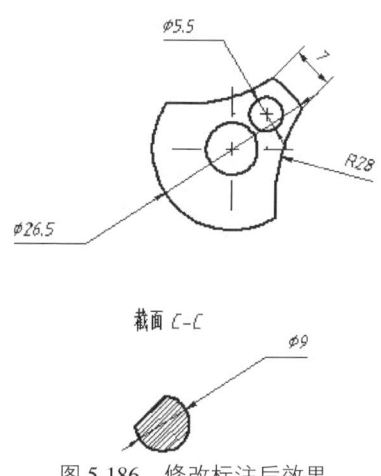

图 5.186 修改标注后效果

图层切换到标注。选择【标注】—【对齐标注】,选择两点,标注它们间的距离,放到合适的位置。如图 5.187 所示。

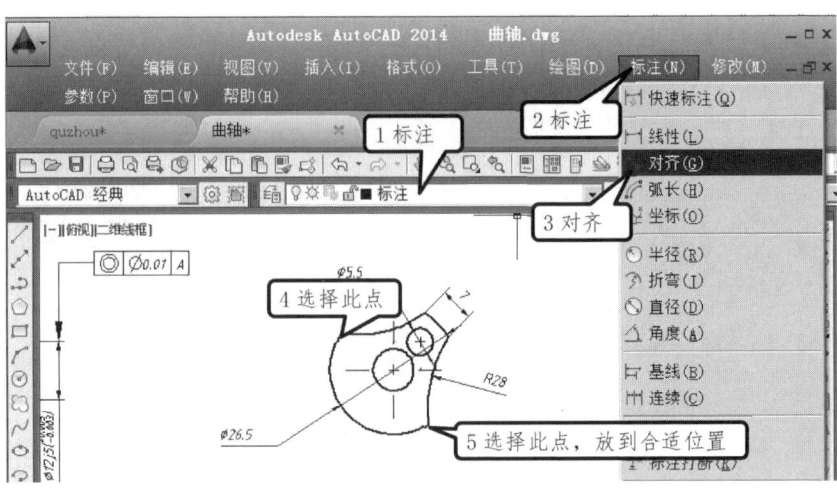

图 5.187 对齐标注

选中 Φ26.5,将其放到合适的位置,如图 5.188 所示。用【ESC】键退出。

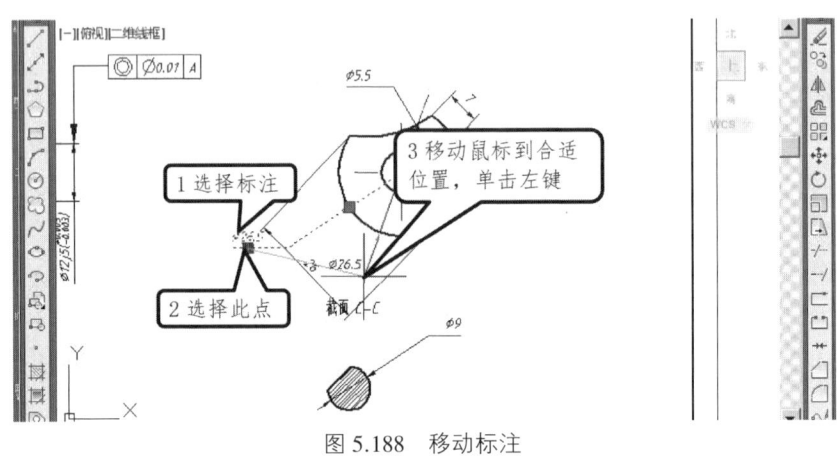

图 5.188 移动标注

选中移出断面图的剖面线,删除。如图 5.189 所示。

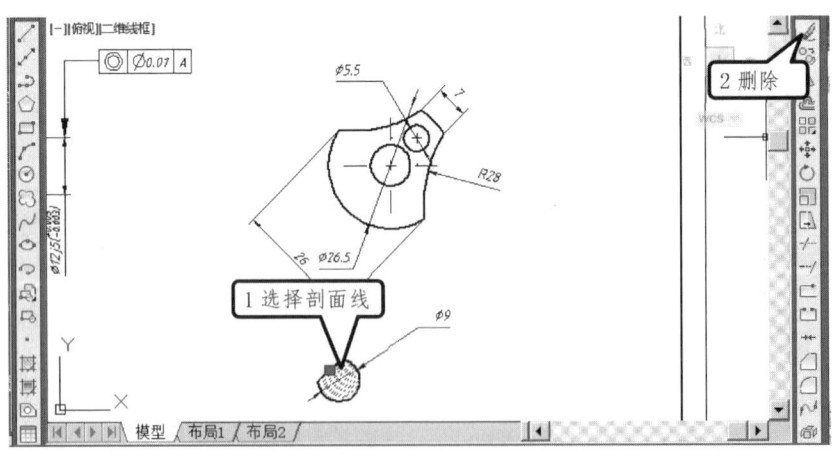

图 5.189 删除剖面线

选择【图案填充】,弹出【图案填充和渐变色】对话框,图案依然选 ANSI31,比例依然是 0.5,添加拾取点,如图 5.190 所示。回到绘图区,选择移出断面图内部,选完对象单击鼠标右键,弹出快捷菜单,【确认】,【确认】。如图 5.190 所示。

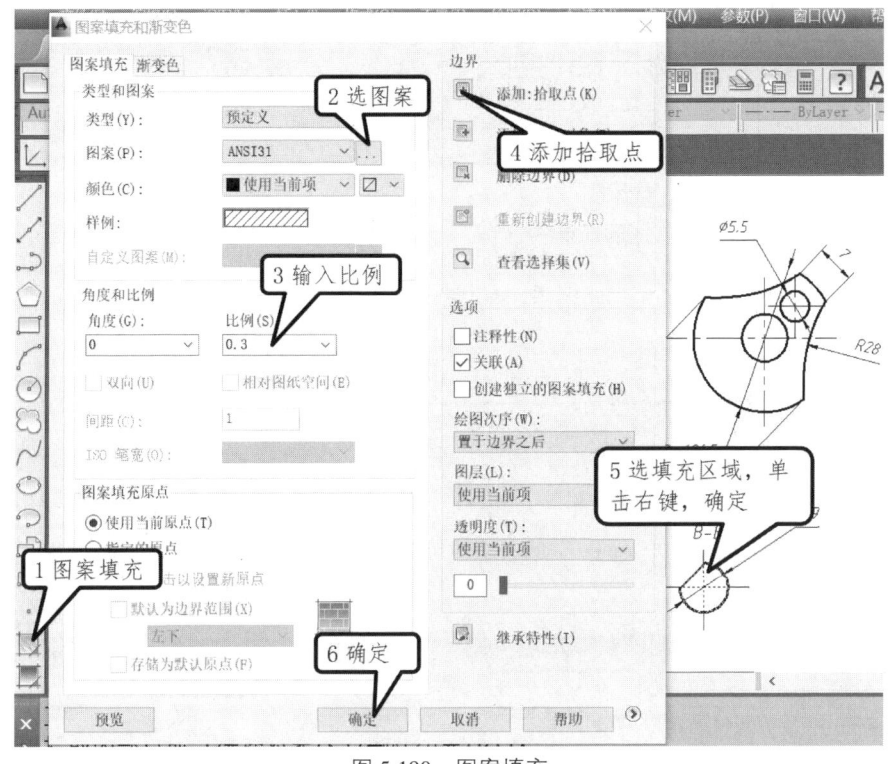

图 5.190 图案填充

选中"截面 C-C",选择【移动】,向下移动到合适位置。双击,将内容改为"B-B",点击【确定】。给三处加上细点划线,效果如图 5.191 所示。

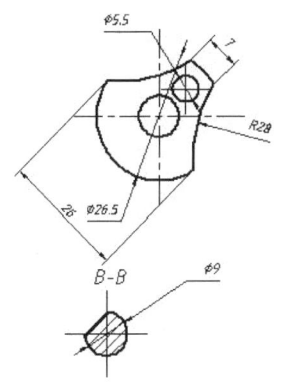

图 5.191 左视图和移出断面图

选择【范围缩放】 ,全部显示在绘图区。曲轴零件图效果如图 5.192 所示。

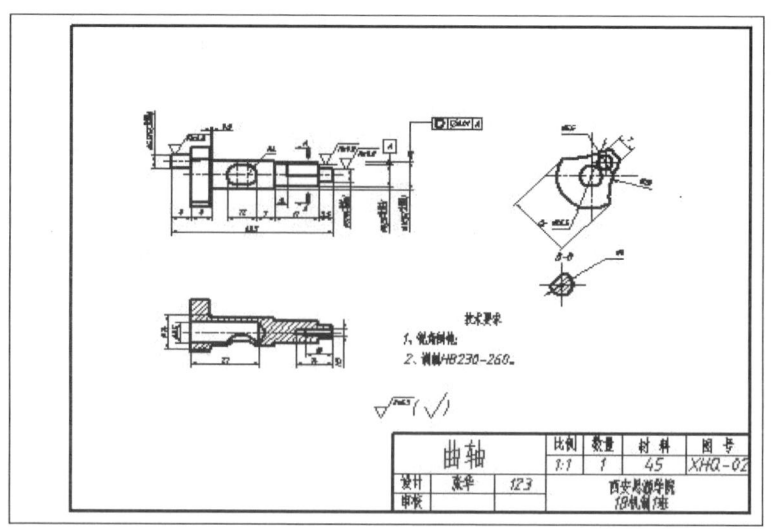

图 5.192 曲轴零件图

预览打印效果。选择菜单【文件】—【打印】,弹出【打印】对话框,选择打印机,A4 图纸,打印偏移量:0,0;图纸方向:横向;打印样式:monochrome.ctb,弹出问题窗口,点击【是】,如图 5.193 所示。

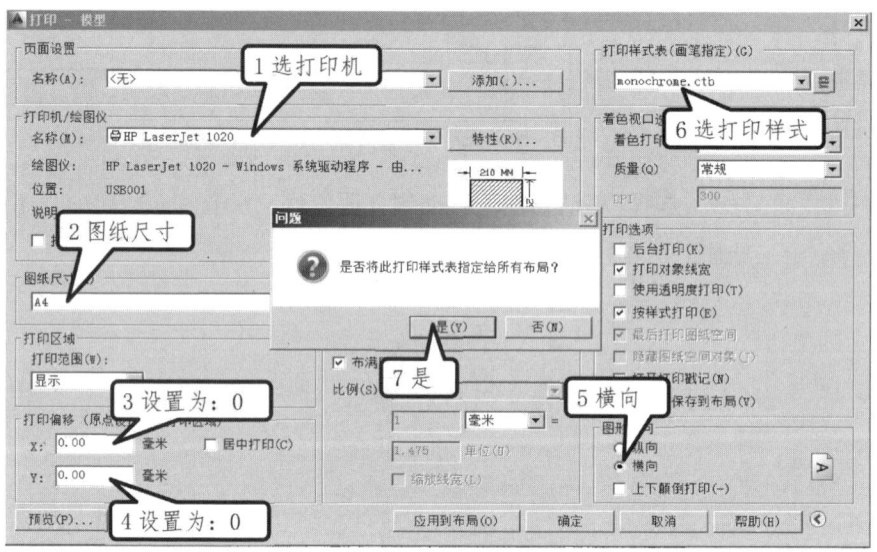

图 5.193 打印设置

打印范围:窗口,点击【窗口】。返回绘图区,用鼠标选择边界线层所绘制的图框对角点,返回【打印】对话框,点击【预览】。如图 5.194 所示。

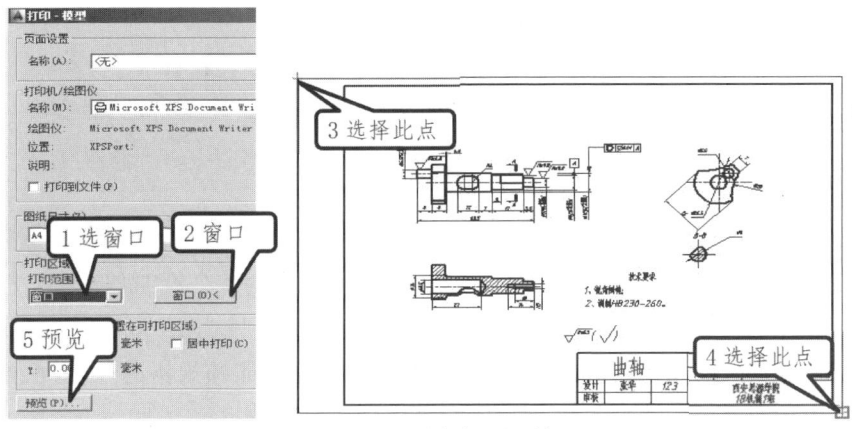

图 5.194　选择打印区域

打印效果如图 5.195 所示,装订边 25mm,其余 3 个边 5mm。

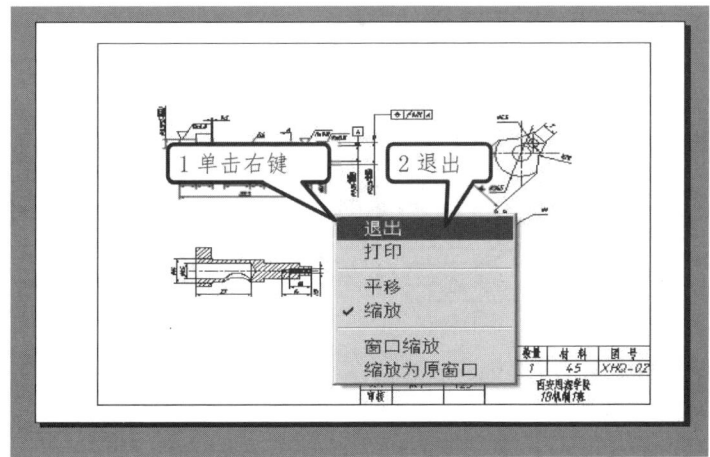

图 5.195　退出预览状态

单击鼠标右键,点击【退出】,弹出【打印】对话框,关闭打印窗口。如图 5.196 所示。

图 5.196　关闭打印窗口

点击【保存】。

任务九　循环器装配图

知识点回顾

装配图的内容:(1)一组视图;(2)必要的尺寸;(3)技术要求;(4)标题栏、零件序号及明细栏。

装配图尺寸标注:(1)性能(规格)尺寸,表示部件的性能和规格的尺寸;(2)装配尺寸,零件之间的配合尺寸及影响其性能的重要相对位置尺寸;(3)安装尺寸,将部件安装到机座上所需要的尺寸;(4)外形尺寸,部件在长、宽、高三个方向上的最大尺寸。

活动一:按图层将对象分类

选择菜单【文件】—【打开】,找到循环器工程图,点击【打开】。如图 5.197 所示。

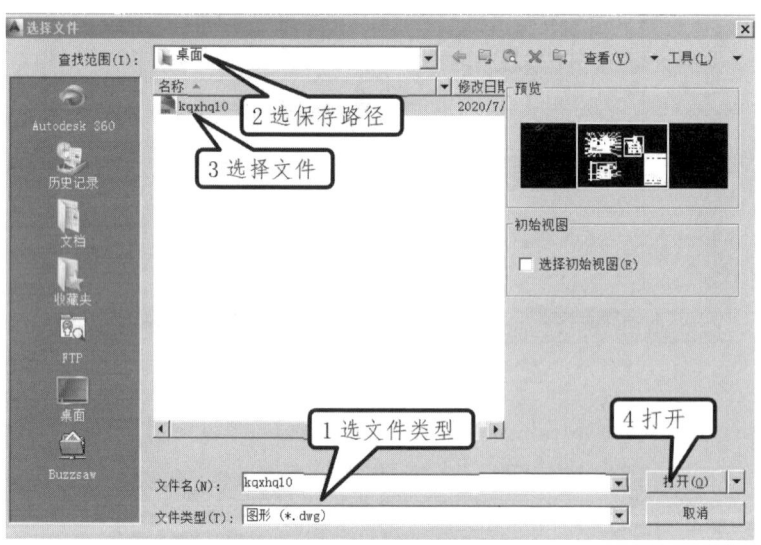

图 5.197　打开循环器工程图

打开图层特性管理器,现在有 37 个图层,很多图层里面是没有对象的,把它们删除。选中其中一个要删除图层,点击【删除】❌。现在灰色的图层都是没有对象的图层,重复选中图层,点击【删除】❌。如图 5.198 所示。

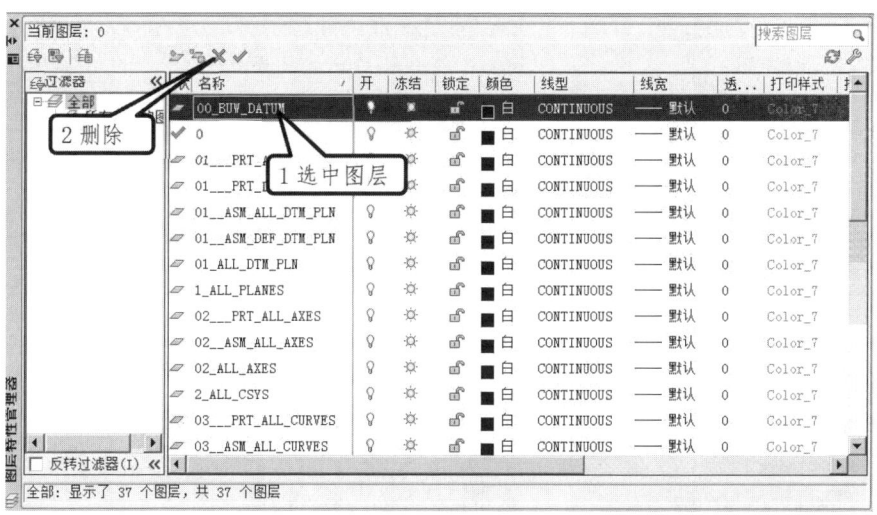

图 5.198　删除图层

删除完成后有 9 个图层,0 图层和定义点图层(Defpoints)是 AutoCAD 自带的图层。另外 7 个图层是有对象的,关闭图层性管理器。如图 5.199 所示。

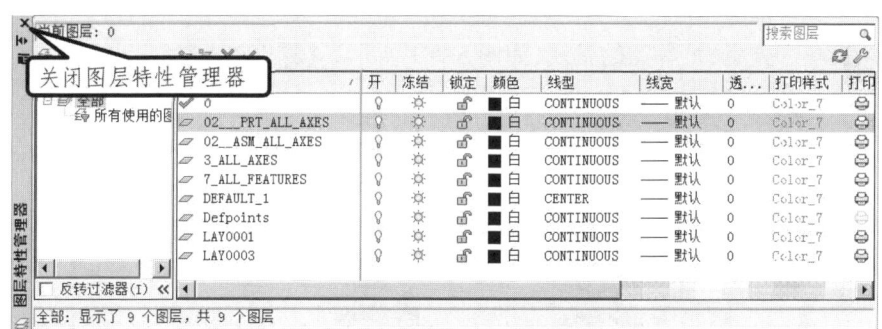

图 5.199　关闭图层性管理器

查阅一下除了 0 图层和定义点图层(Defpoints)以外的 7 个图层里面包含什么类型对象。

单击鼠标右键,弹出快捷菜单,选【快速选择】,弹出【快速选择】对话框,特性:图层;值:选择第一个图层(02___PRT_ALL_AXES),点击【确定】。如图 5.200 所示。

 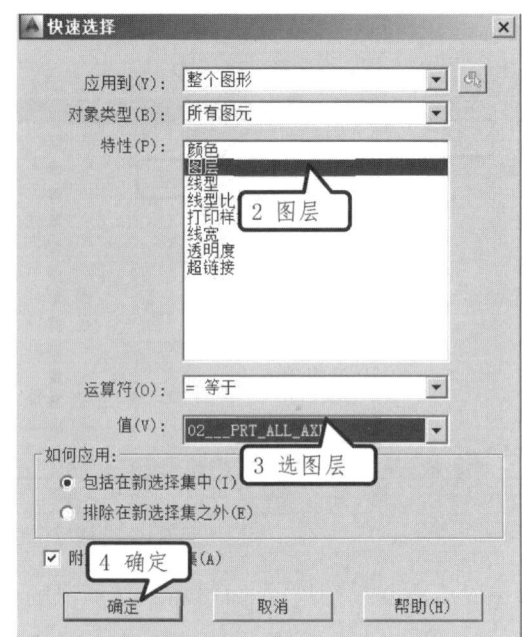

图 5.200　快速选择图层对象

回到绘图区查看,是各类的轴线,如图 5.201 所示。按【ESC】键退出。

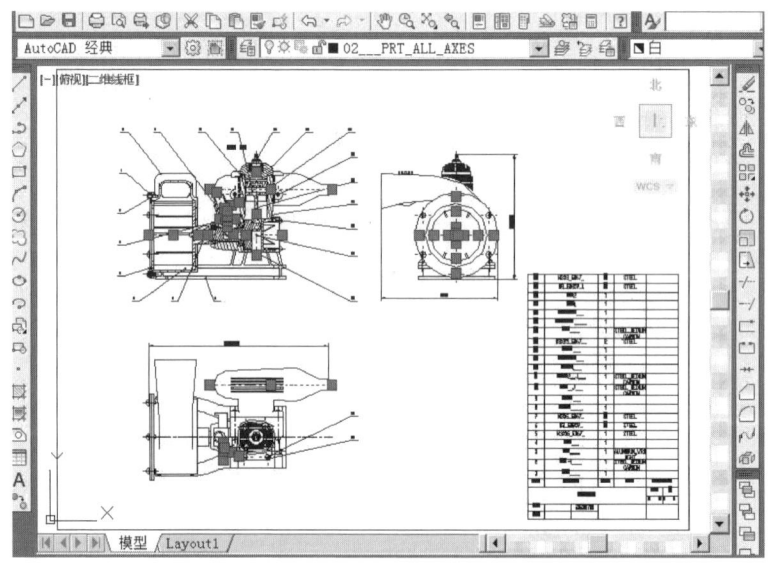

图 5.201　02___PRT_ALL_AXES 图层对象

单击鼠标右键,选【快速选择】,弹出快速选择对话框,特性:图层,值:02___ASM_ALL_AXES,点击【确定】,如图 5.202 所示。回到绘图区查看,是俯视图的轴线,如图 5.203 所示。按【ESC】键退出。

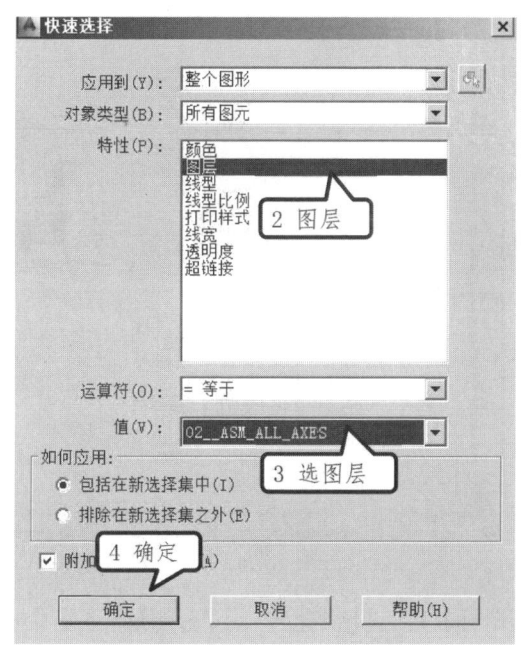

图 5.202　快速选择图层对象

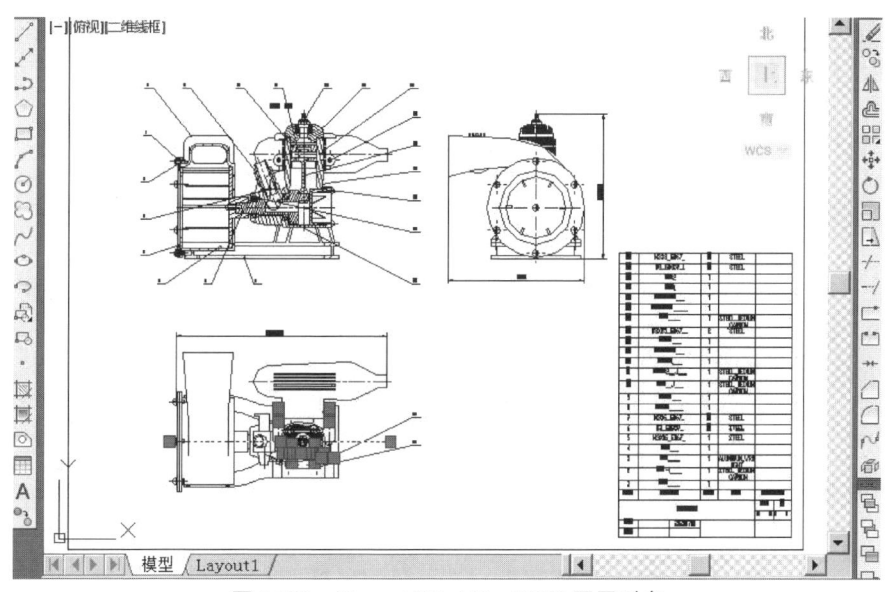

图 5.203　02___ASM_ALL_AXES 图层对象

如前面操作单击鼠标右键,选【快速选择】,选图层:下一个图层(3_ALL_AXES),回到绘图区查看,是各类轴线,按【ESC】键退出。如图 5.204 所示。

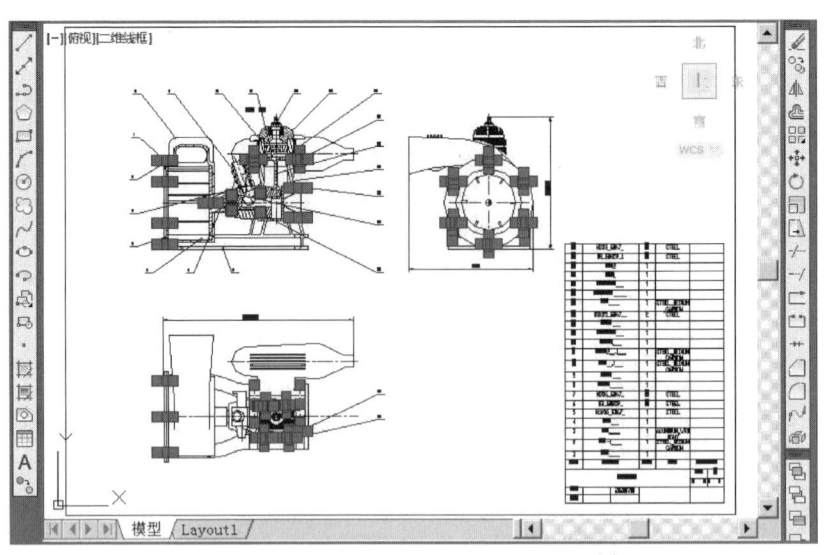

图 5.204　02___ASM_ALL_AXES 图层对象

单击鼠标右键,选【快速选择】,选图层:下一个图层(7_ALL_FEATURES),回到绘图区查看,鼠标滚轮向上滚动放大,是螺钉的轮廓线,如图 5.205 所示。按【ESC】键退出。

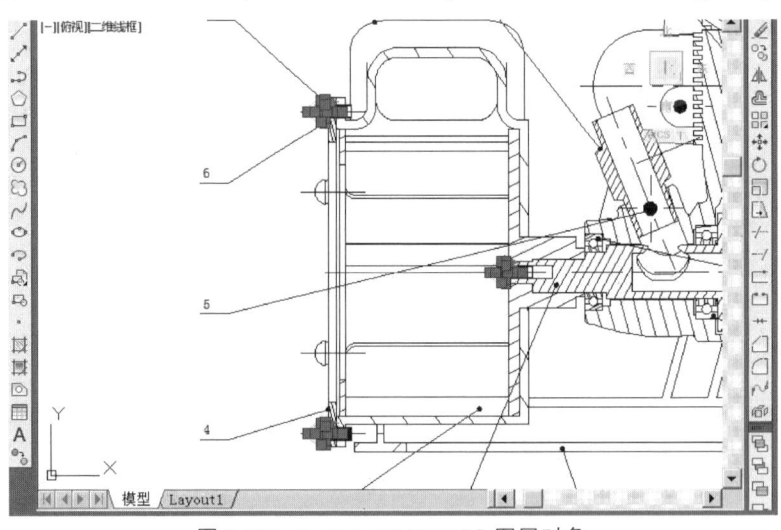

图 5.205　7_ALL_FEATURES 图层对象

选择范围缩放 ，全部显示。单击鼠标右键,选【快速选择】,选图层:下一个图层(DEFAULT_1),是两条轴线,如图 5.206 所示。按【ESC】键退出。

— 248 —

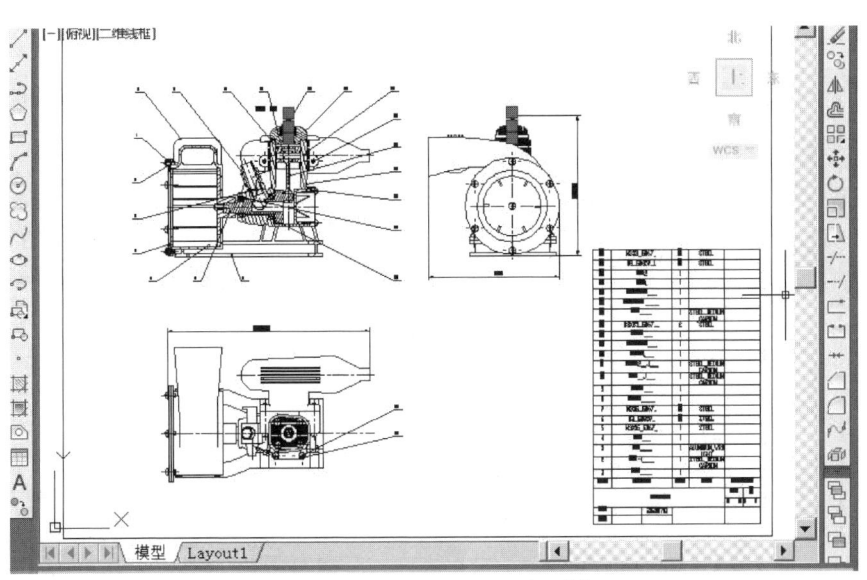

图 5.206　DEFAULT_1 图层对象

单击鼠标右键,选【快速选择】,选图层:下一个图层(LAY0001),是轮廓线如图 5.207 所示。按【ESC】键退出。

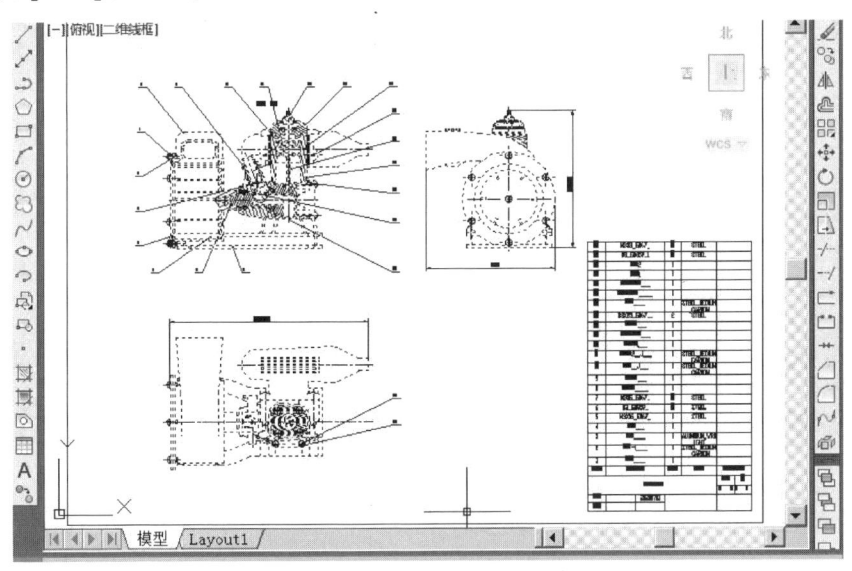

图 5.207　LAY0001 图层对象

单击鼠标右键,按【快速选择】,选图层:下一个图层 LAY0003,是零件的序号,还有标注,滚轮向上滚动放大,还有各个螺钉、弹簧垫圈的轮廓线。如图 5.208 所示。

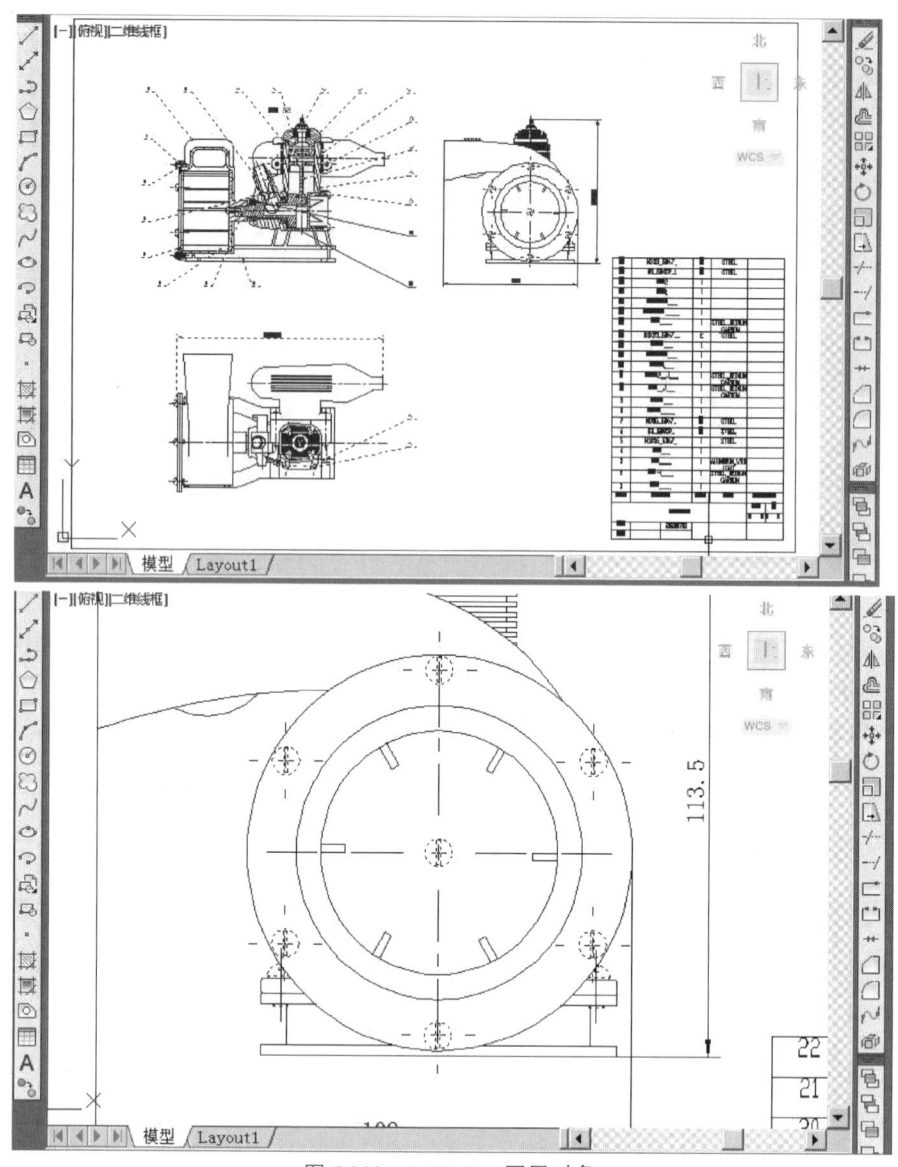

图 5.208　LAY0003 图层对象

这个图层包含对象比较复杂,一定要注意。

将图层按照机械类样板图层中的设置进行分类。

选择【范围缩放】,全部显示。现在把图层进行分类。点开图层特性管理器,将其中的一个轴线层(3_ALL_AXES),选中,单击鼠标右键,重命名图层,改为:细点划线;同样的方法将图层 LAY0001 改为:粗实线;图层 LAY0003 改为:细实线,关闭图层特性管理器。如图 5.209 所示。

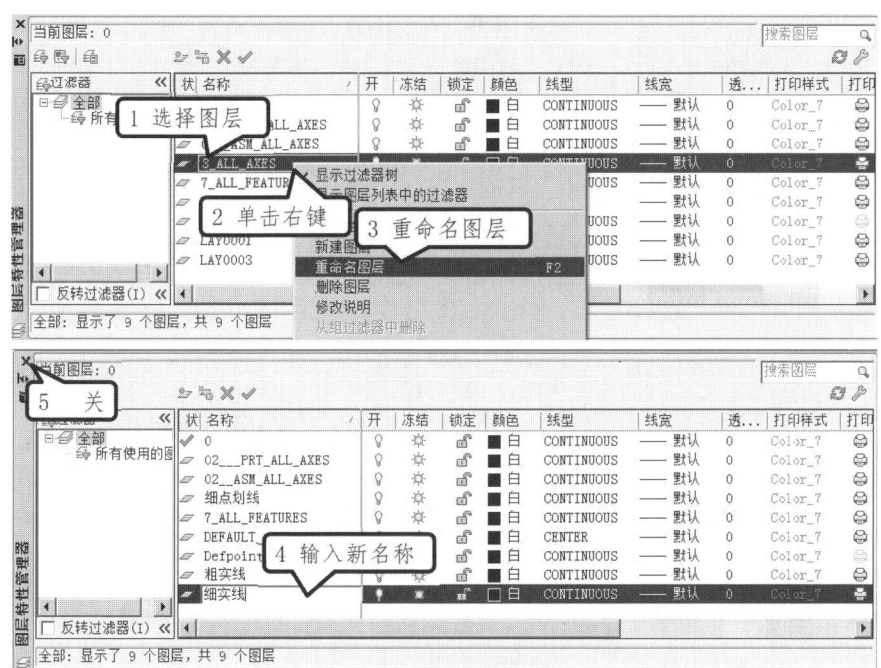

图 5.209 重命名图层

把其他轴线类图层的对象,全部放到细点划线层。单击鼠标右键,选【快速选择】,选图层:02___PRT_ALL_AXES,点击【确定】。选中对象如图 5.210 所示。

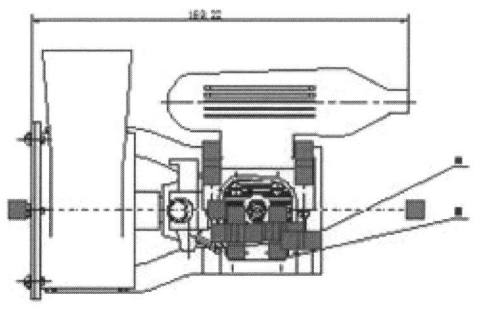

图 5.210 02___PRT_ALL_AXES 图层对象

注意,接着单击鼠标右键(不能按【ESC】键退出),弹出快捷菜单,选【快速选择】,选中【附加到当前选择集】,选图层:02__ASM_ALL_AXES,点击【确定】。如图 5.211 所示。

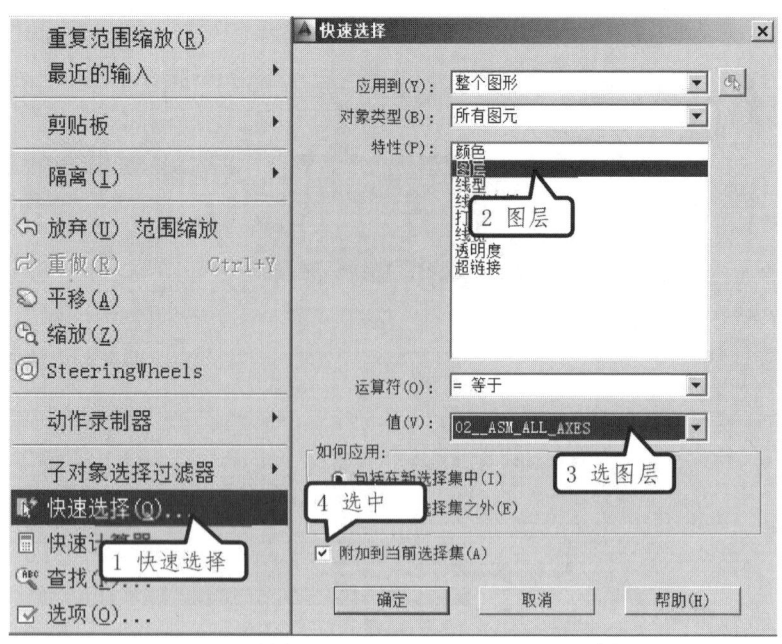

图 5.211　添加 02__ASM_ALL_AXES 图层对象

重复操作,添加图层 DEFAULT_的对象。将它们放到细点划线层,如图 5.212 所示。按【ESC】键退出。

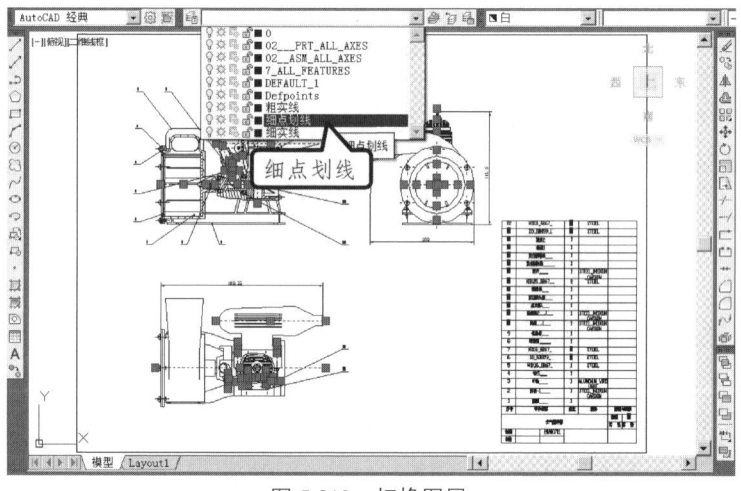

图 5.212　切换图层

重复操作,将轮廓线图层 7_ALL_FEATURES 的对象放到粗实线层,按【ESC】键退出。
打开图层特性管理器,再次删除没有对象的图层。留下了 5 个图层,如图 5.213 所示。关闭图层特性管理器。

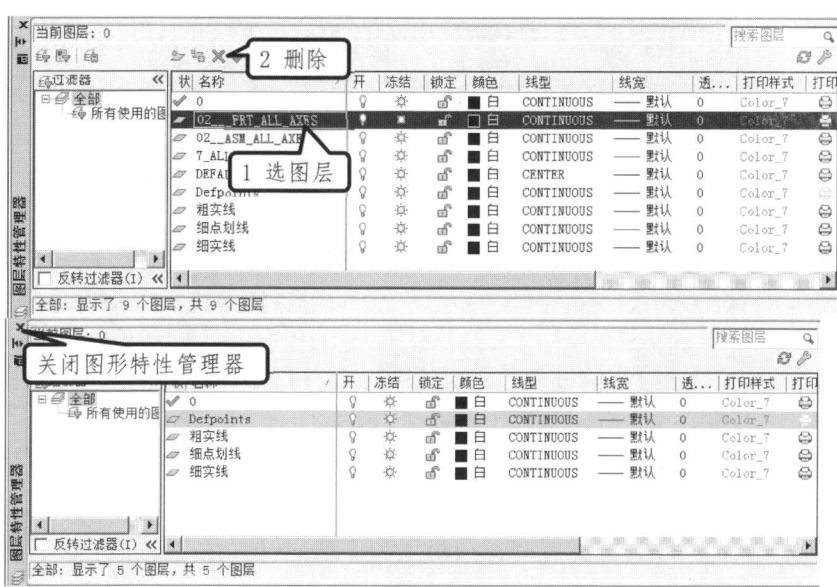

图 5.213　删除多余图层

选择菜单【文件】—【新建】,弹出【选择样板】对话框,找到以前做的 jx 样板,选择【打开】,如图 5.124 所示。

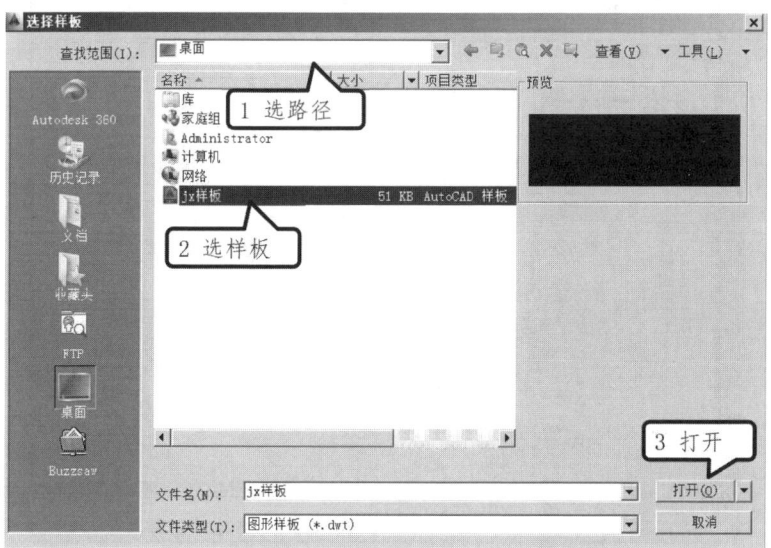

图 5.214　选择样板

点击【保存】,弹出【图像另存为】对话框,选保存路径,输入文件名"循环器装配图",点击【保存】。如图 5.215 所示。

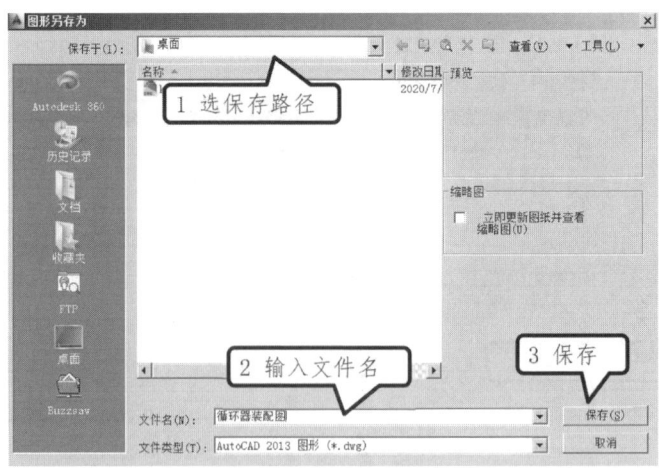

图 5.215　保存文件

切换到循环器工程图,选择所有视图对象和明细栏,按【Ctrl+C】,复制。如图 5.216 所示。

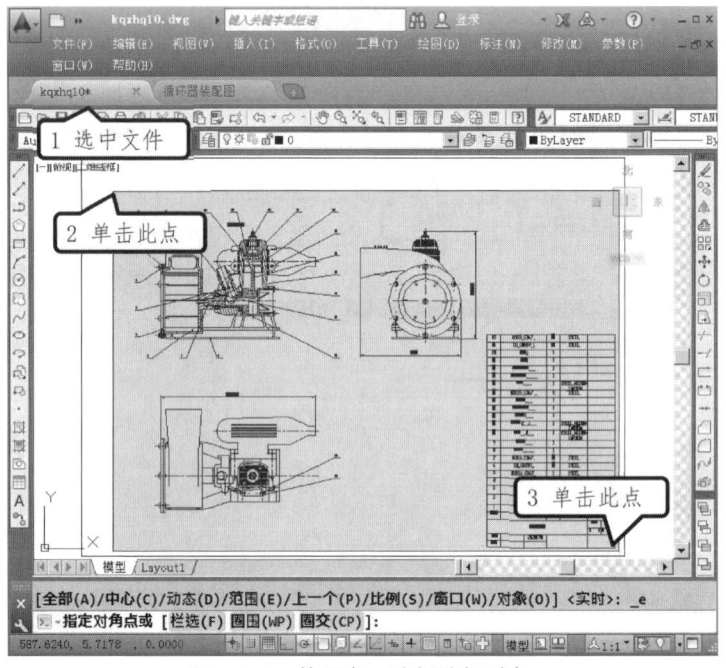

图 5.216　使用窗口选择选择对象

文件切换到循环器装配图,按【Ctrl+V】,单击鼠标左键,粘贴。如图 5.217 所示。

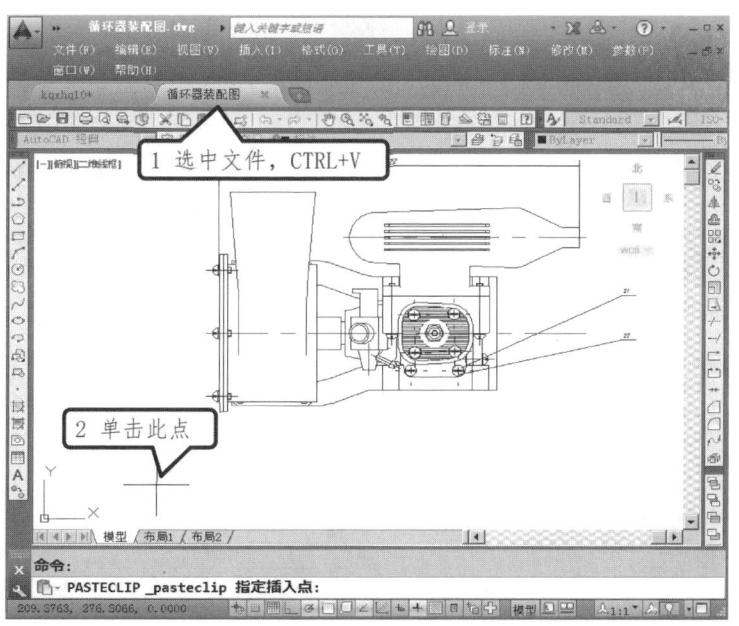

图 5.217 选择样板

选择【范围缩放】,全部显示。如图 5.218 所示。

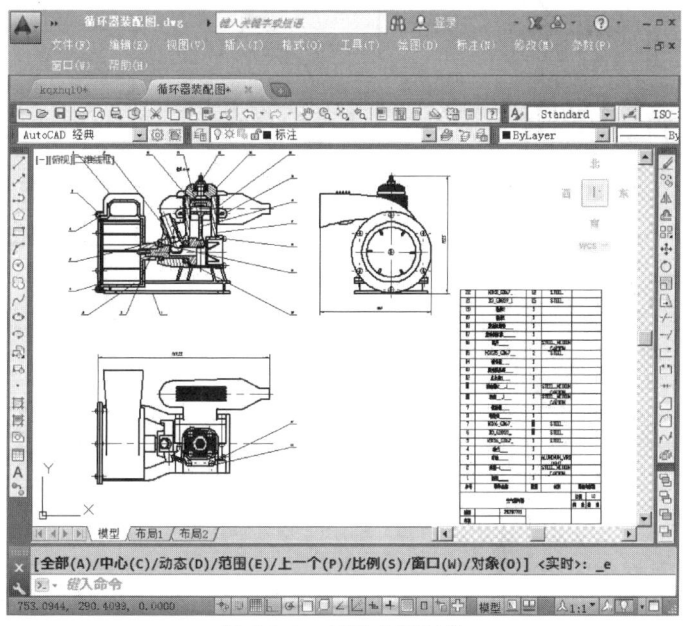

图 5.218 显示全部对象

前面在图层置换过程中,有一个非常复杂的图层——细实线。现在要将其对象分类。

单击鼠标右键,弹出快捷菜单,选择【快速选择】,弹出【快速选择】对话框,选择特性:图层;值:细实线,点击【确定】。如图 5.219 所示。

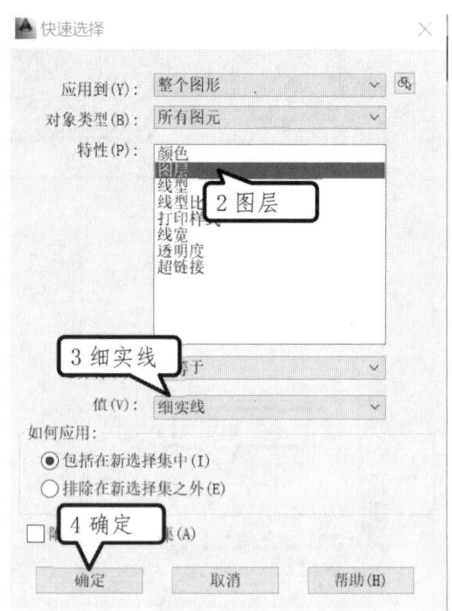
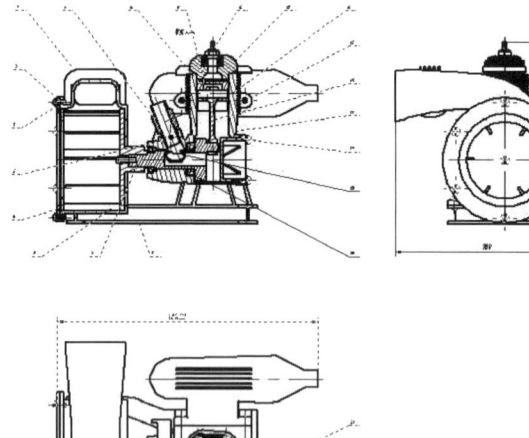
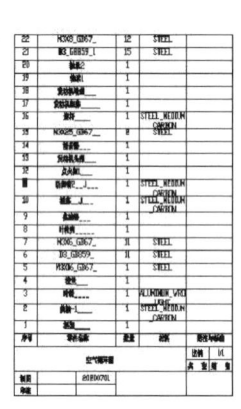

图 5.219　细实线图层对象

由上图可以看到细实线图层里面含有零件序号、一个标注,以及各个视图中分散各处的螺钉轮廓线。螺钉分布很散,很难选择。所以首先满足螺钉的轮廓线要求,将所有选中对象放到粗实线层,按【ESC】键退出。如图 5.220 所示。

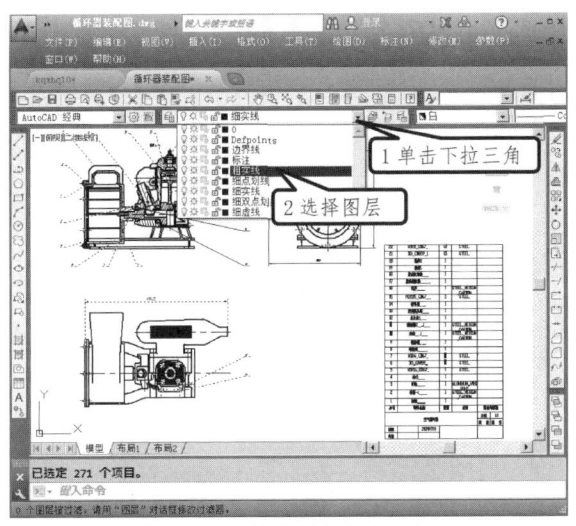

图 5.220 放置到粗实线图层

选择【范围缩放】 ,全部显示,选中所有零件的序号以及所有标注,将它们放到标注层,按【ESC】键退出。如图 5.221 所示。

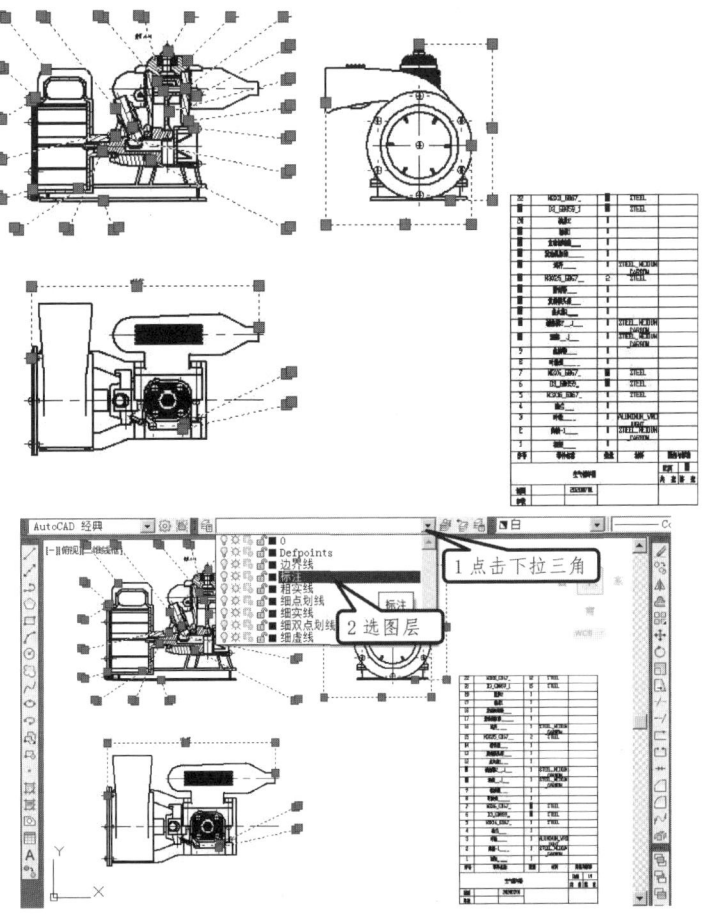

图 5.221 放置到标注图层

完成将图层按对象分类。

 活动二:修改图形

滚轮向下滚动,缩小。选择【移动】,选中图形里的明细栏和标题栏,单击鼠标右键,选基点,移到旁边,以后参照使用。操作如图 5.222 所示。

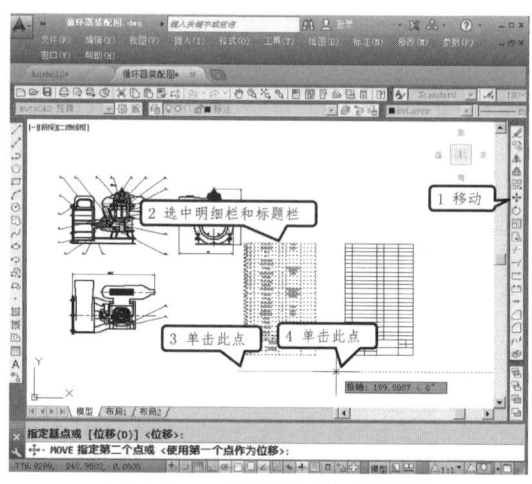

图 5.222　移动明细栏和标题栏

选择【插入块】,弹出【插入】对话框,输入名称"HA2",点击【确定】,回到绘图区放到合适的位置。如图 5.223 所示。

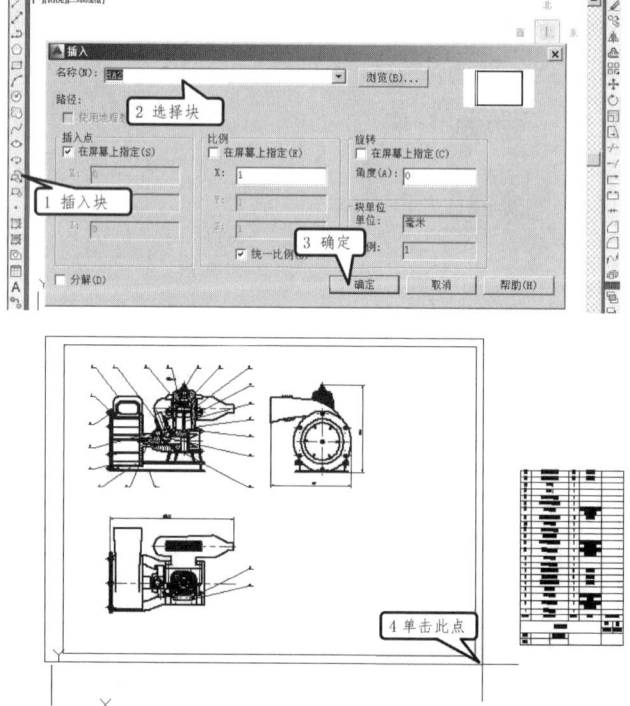

图 5.223　插入 HA2 图块

选择【插入块】,输入名称"装配图标题栏",点击【确定】。将鼠标移至与图框粗实线矩形右下角点对齐,单击鼠标左键。如图 5.224 所示。

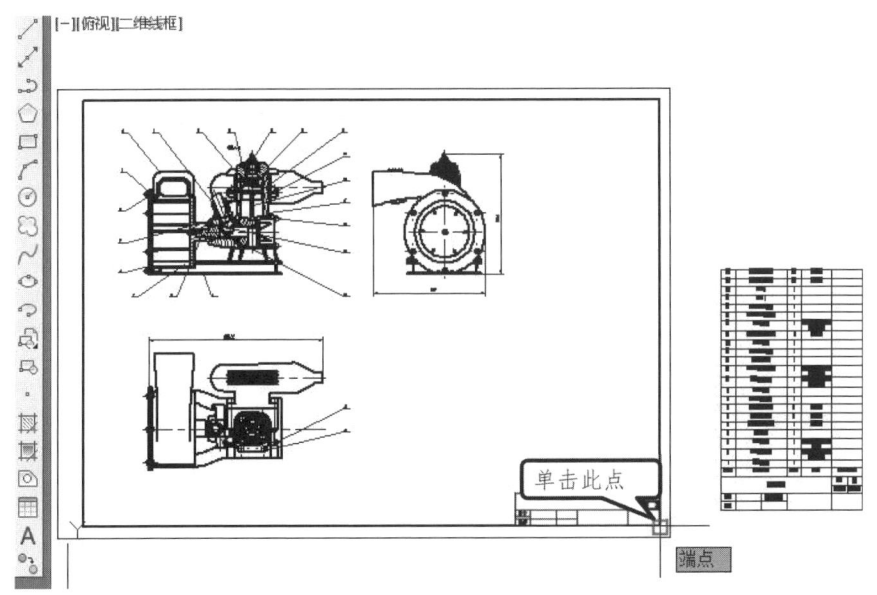

图 5.224　插入装配图标题栏

弹出【编辑属性】对话框,输入标题栏所有内容,效果如图 5.225 所示,点击【确定】。

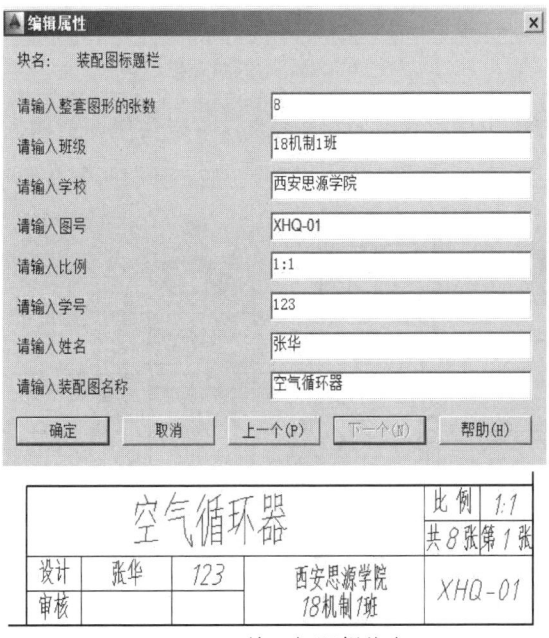

图 5.225　输入标题栏信息

选择【插入块】,输入名称"明细栏",点击【确定】。将鼠标移至与和标题栏右上角点对齐,单击鼠标左键。如图 5.226 所示。弹出【编辑属性】对话框,点击【确定】。

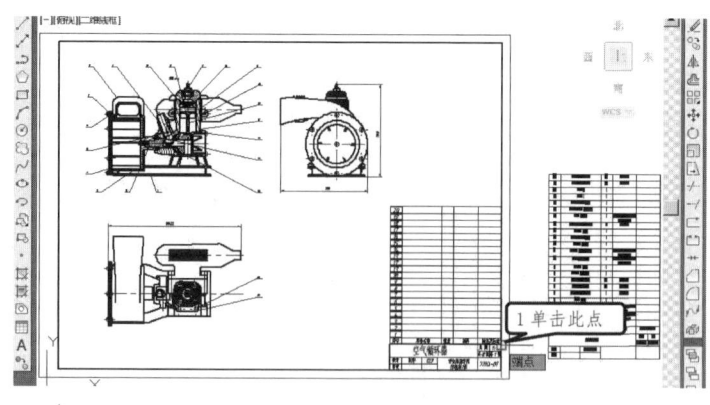

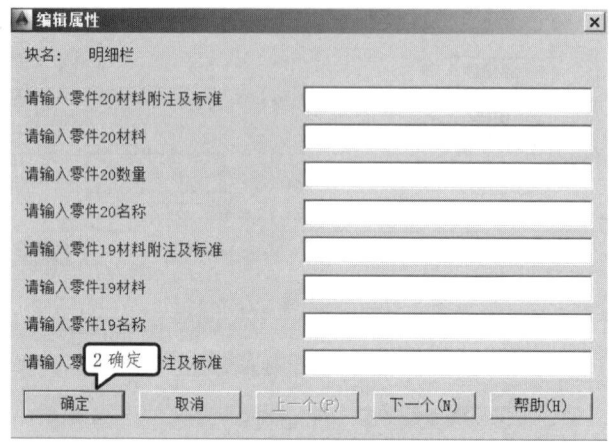

图 5.226　插入明细栏

后期若要改明细栏的内容,双击【编辑属性】,可以在里面就输入信息。

选择【窗口缩放】,把主视图放大。如图 5.227 所示两条线不应该伸出轮廓线。

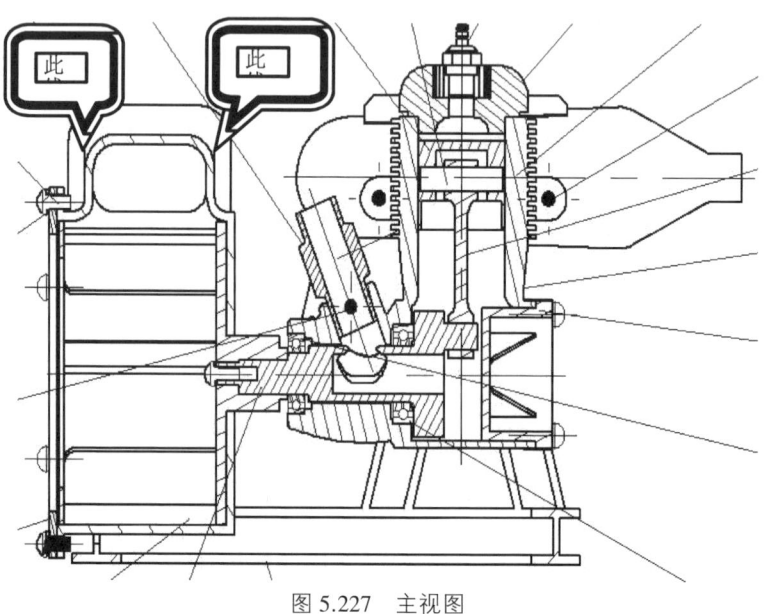

图 5.227　主视图

使用夹点操作缩短两条线,按【ESC】键退出。如图 5.228 所示。

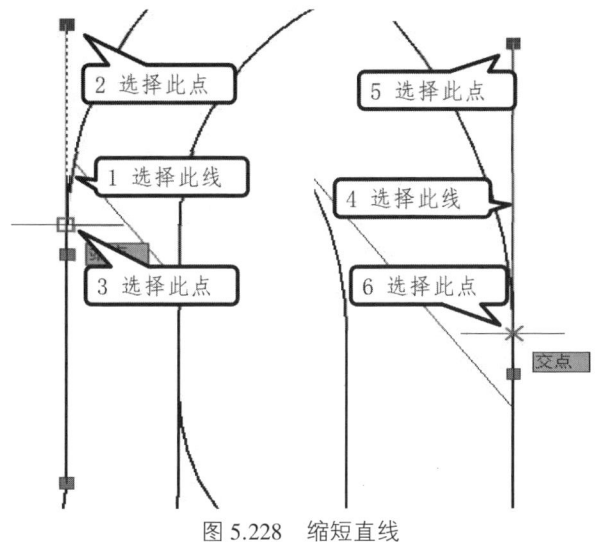

图 5.228　缩短直线

选择【窗口缩放】，将滚动轴承放大,如图 5.229 所示。

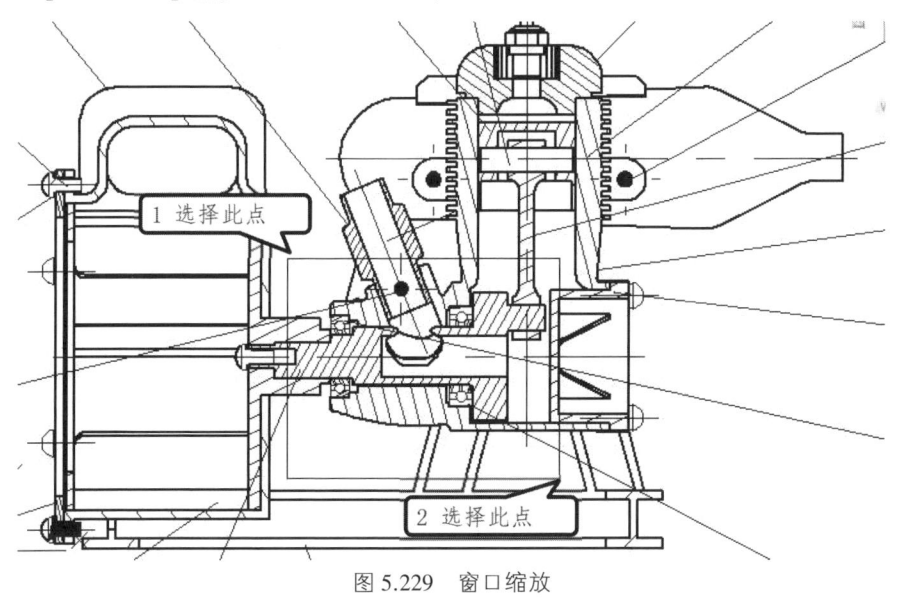

图 5.229　窗口缩放

滚动轴承的内圈和外圈的剖面线不符合国标,选中,点击【删除】。如图 5.230 所示。

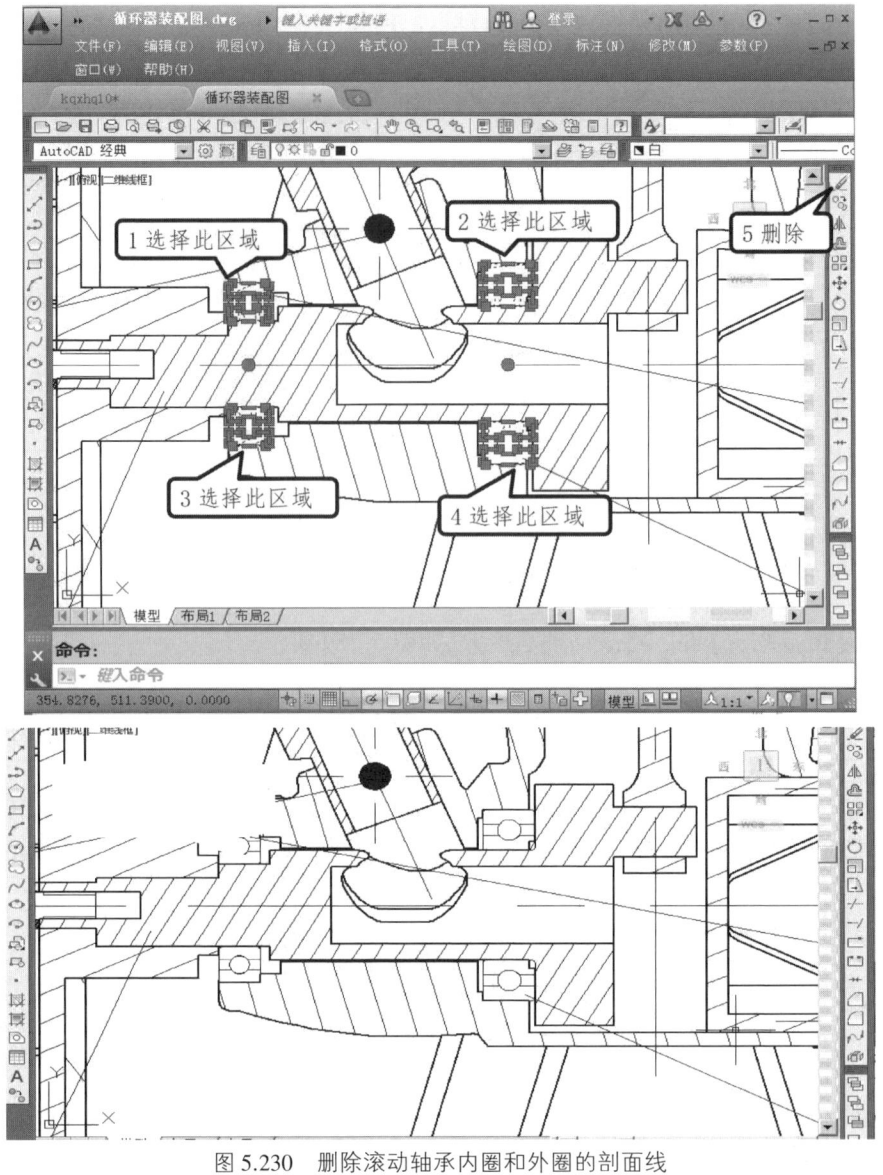

图 5.230 删除滚动轴承内圈和外圈的剖面线

另外,滚动轴承轮廓线不是粗实线,选中它们,放到粗实线层,如图 5.231 所示。按【ESC】键退出。

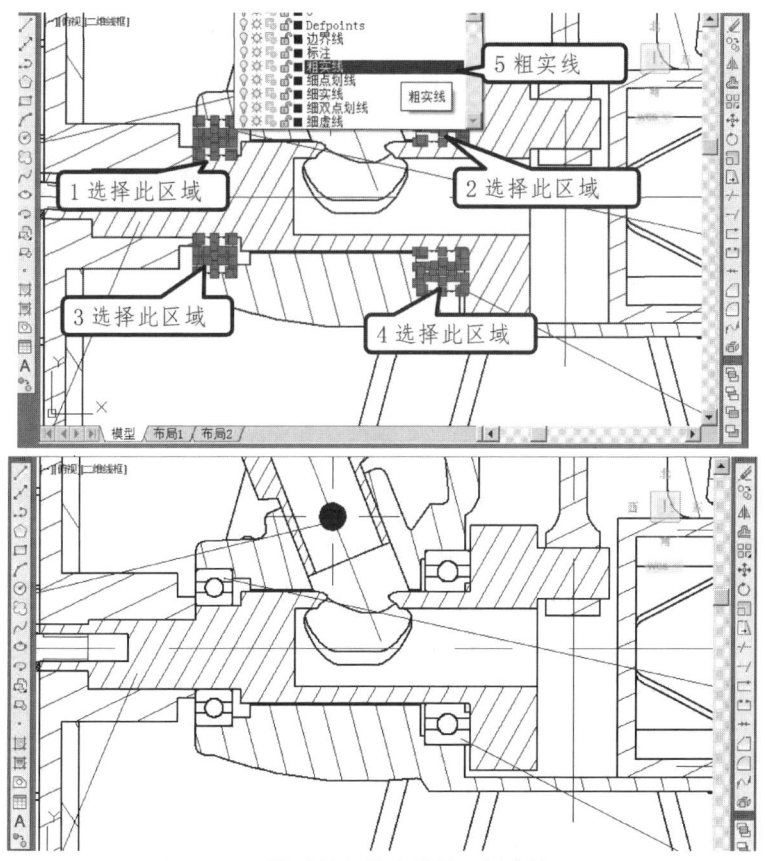

图 5.231　滚动轴承轮廓线放到粗实线图层

切换到细实线层,选择【图案填充】,弹出【图案填充和渐变色】对话框,选择图案:ANSI31,比例:0.3,点击【添加拾取点】。如图 5.232 所示。

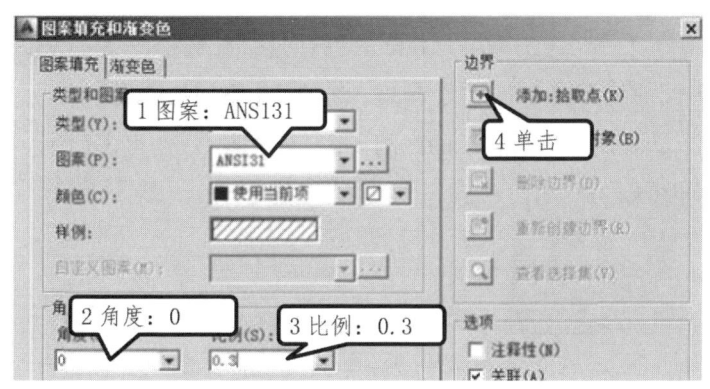

图 5.232　图案填充设置

回到绘图区,选择两个滚动轴承的外圈,选完对象单击鼠标右键,点击【确认】,如图 5.233 所示。弹出对话框,点击【确定】。

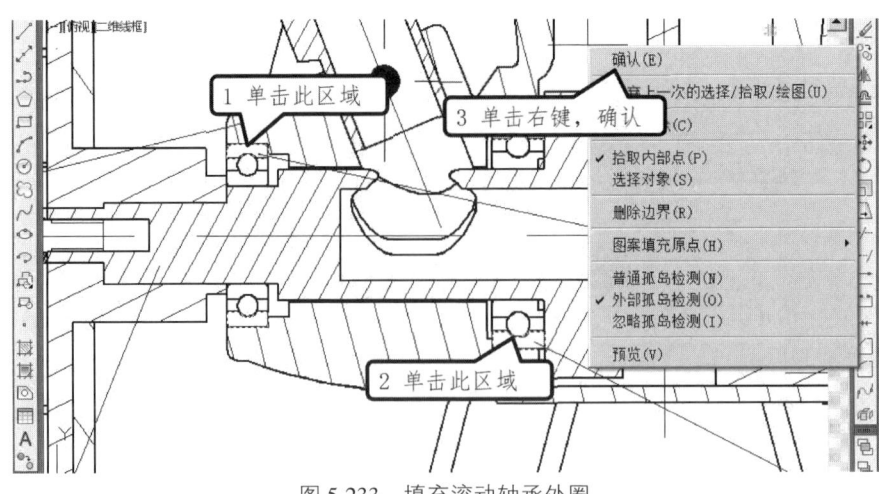

图 5.233 填充滚动轴承外圈

效果如图 5.234 所示。

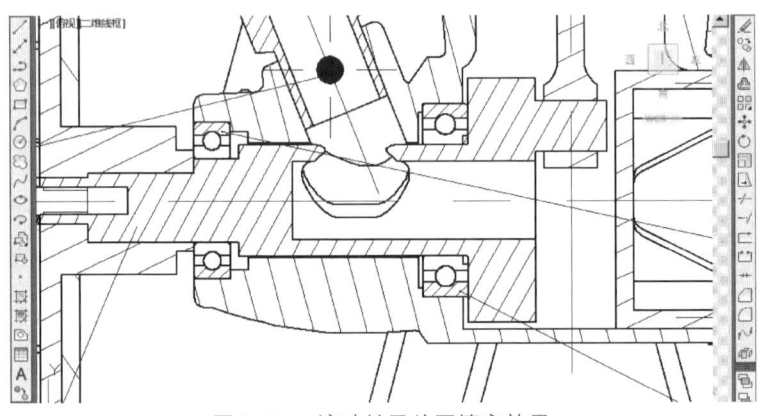

图 5.234 滚动轴承外圈填充效果

选择【图案填充】,弹出【图案填充和渐变色】对话框,选择图案:ANSI31,比例:0.3,内圈的剖面线与外圈的剖面线方向相反,角度:90,点击【添加拾取点】。

回到绘图区,选择两个滚动轴承的内圈,选完对象点右键,点击【确认】,弹出对话框,点击【确定】。如图 5.235 所示。

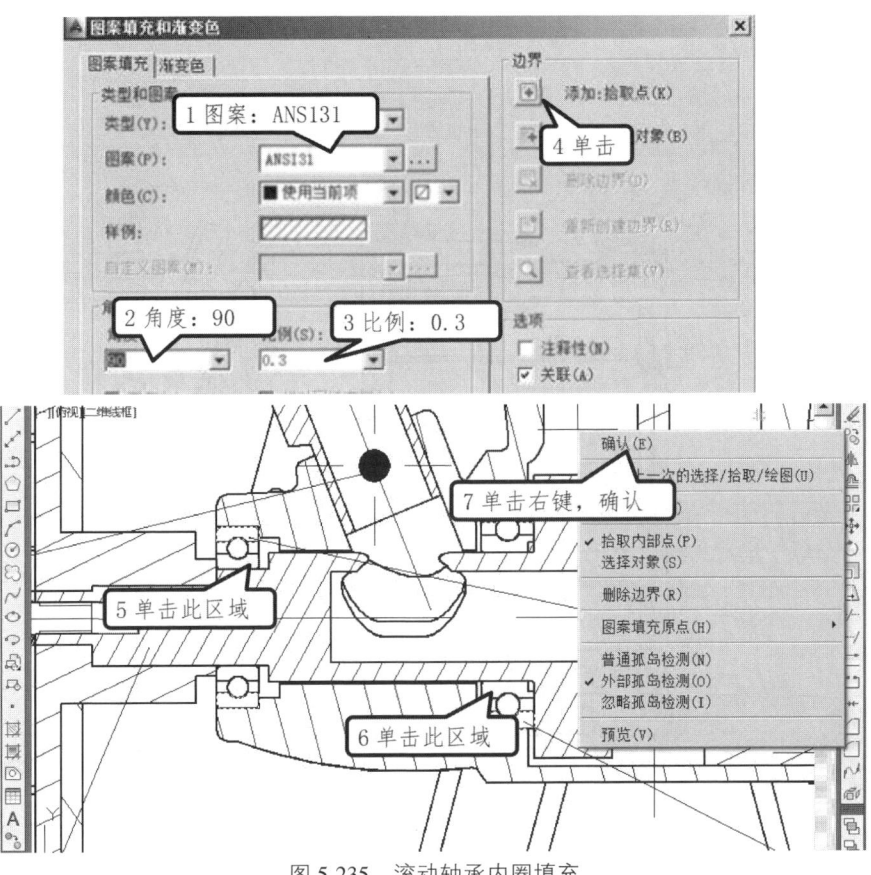

图 5.235 滚动轴承内圈填充

完成后的滚动轴承如图 5.236 所示。

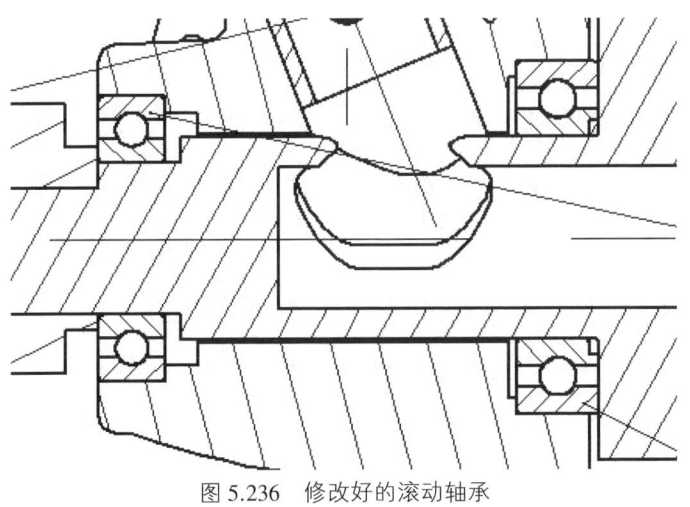

图 5.236 修改好的滚动轴承

修改螺钉和弹簧垫圈。国标规定弹簧垫圈是不剖的。螺钉和弹簧垫圈修改的效果如图 5.237 所示。

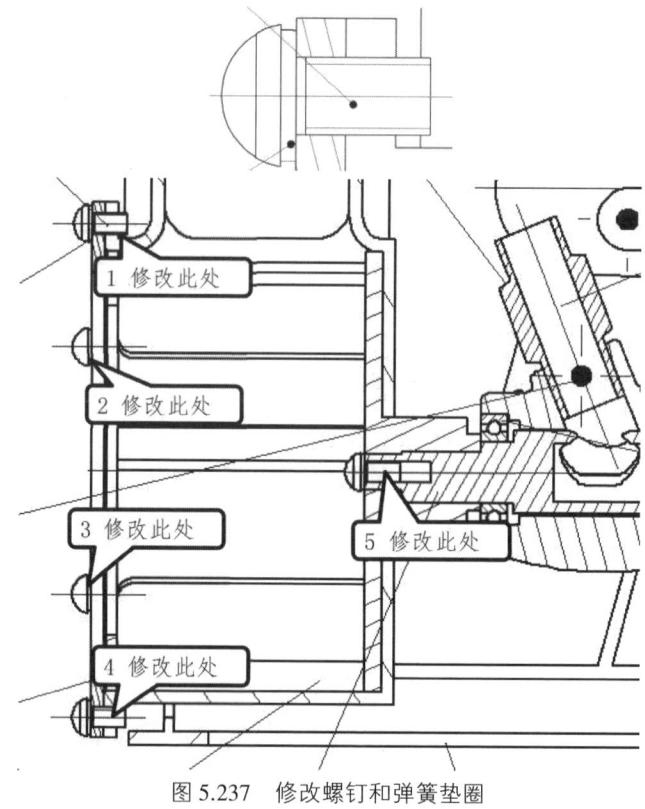

图 5.237 修改螺钉和弹簧垫圈

活动三：零件序号和引线

选择【范围缩放】—【窗口缩放】，把主视图左下部分放大，零件序号 1、2、3 的位置需要调整。选择【拉伸】，选择拉伸部分如图 5.238 所示部分。

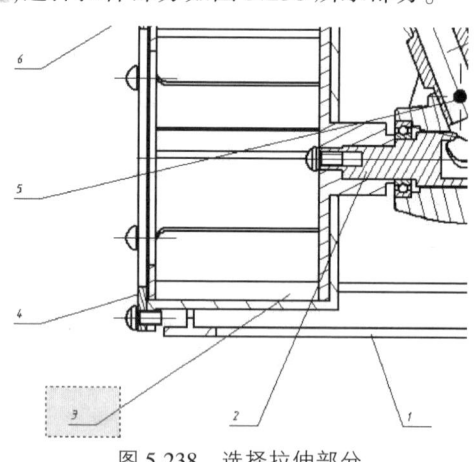

图 5.238 选择拉伸部分

单击鼠标右键，指基点，移动鼠标，将零件序号 3 放到零件序号 4 下面。如图 5.239 所示。

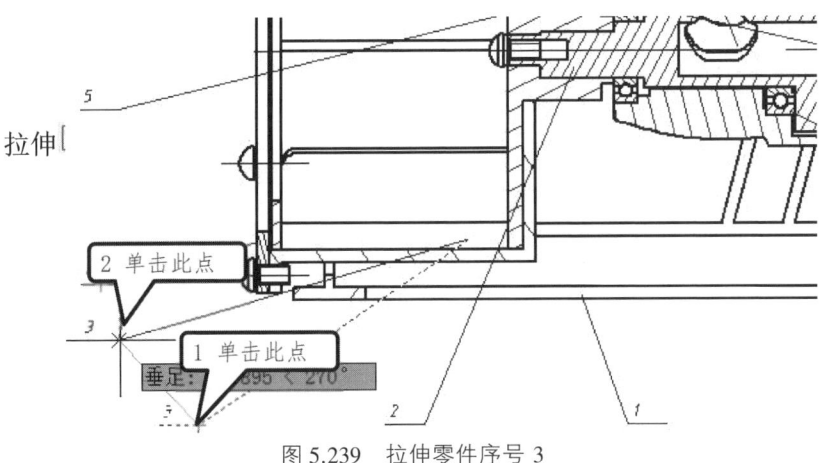

图 5.239　拉伸零件序号 3

选择【拉伸】，选择如图 5.240 所示部分。

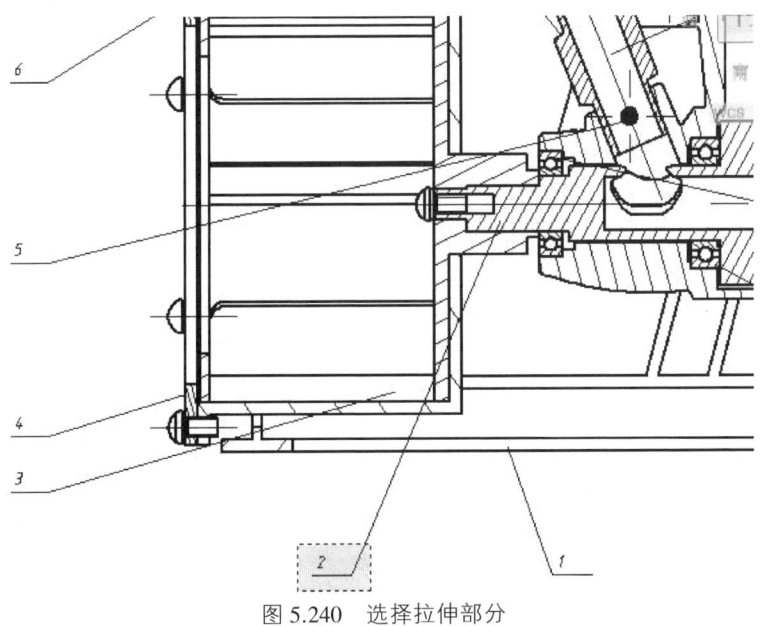

图 5.240　选择拉伸部分

指基点,移动鼠标发现放到零件序号 3 下面时,零件序号 3 和零件序号 2 的引线就相交了,国标规定不能相交,如图 5.241 所示。

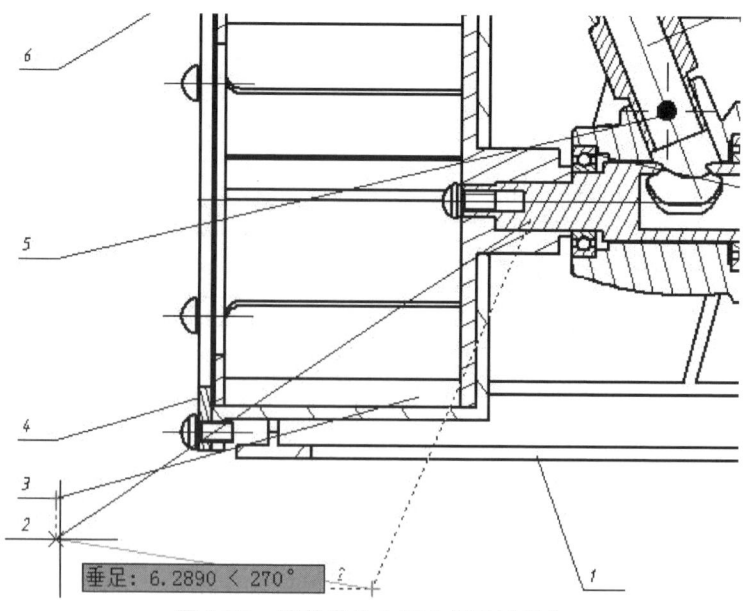

图 5.241　零件序号 2 和 3 指引线相交

为了避免指引线相交,把零件序号 2 放到零件序号 4 上面,如图 5.242 所示。

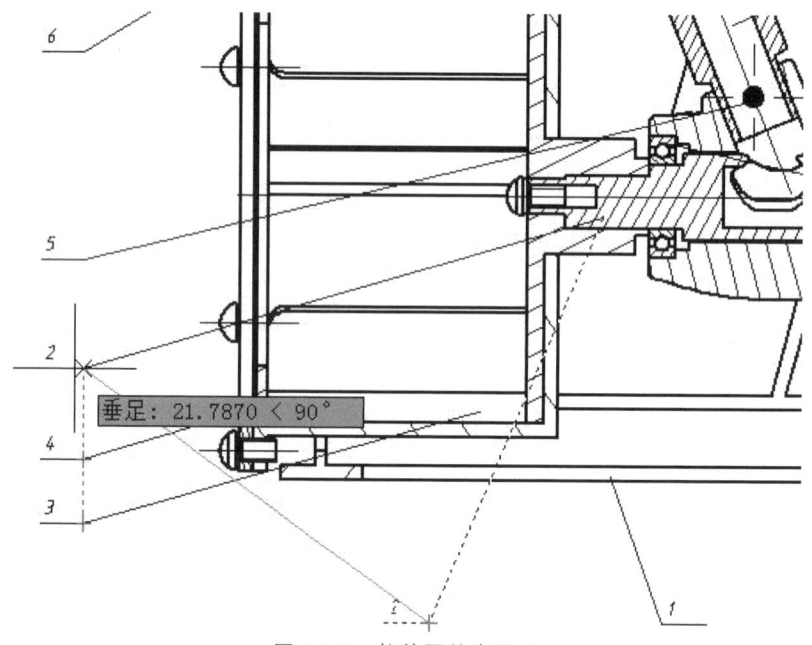

图 5.242　拉伸零件序号 2

零件序号 1 标注方向不对,选中如图 5.243 所示部分。

选择【移动】,将它们放到引线的左边。如图 5.244 所示。

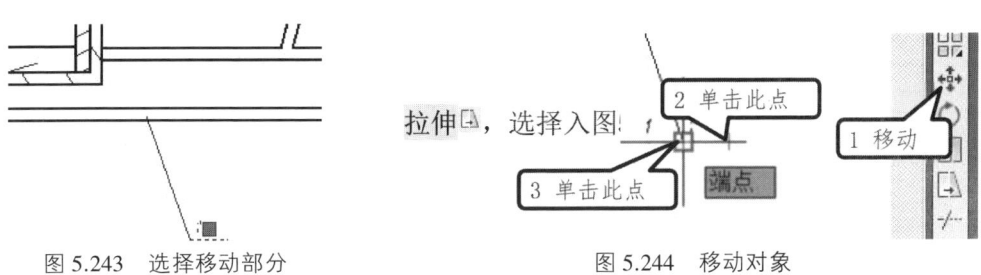

图 5.243 选择移动部分　　　　　图 5.244 移动对象

选择【拉伸】,选择如图 5.245 所示部分。

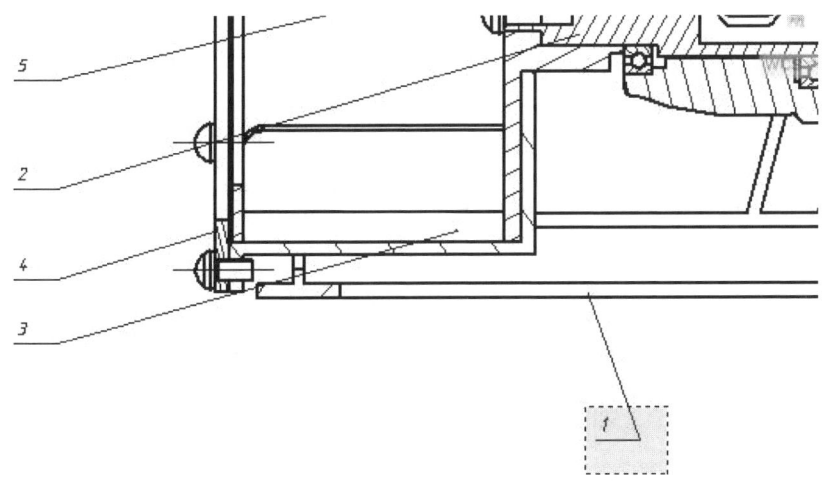

图 5.245 选择拉伸部分

单击鼠标右键,指基点,放到零件序号 3 的下面。如图 5.246 所示。

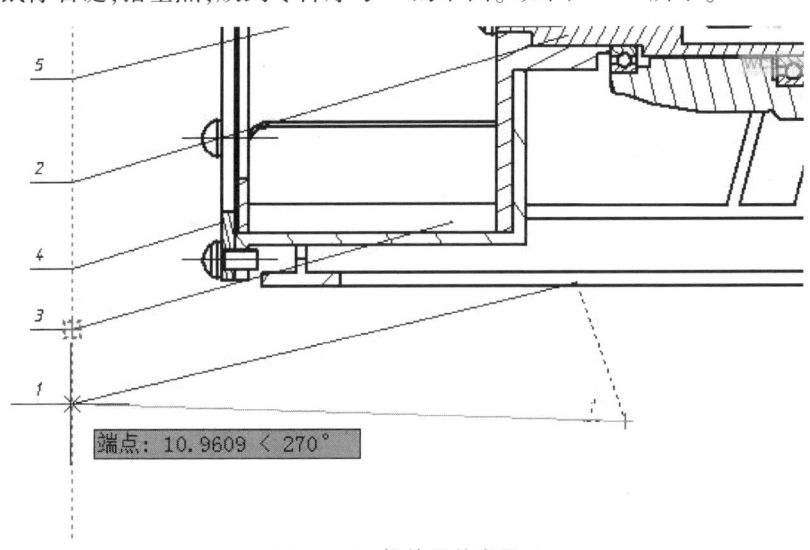

图 5.246 拉伸零件序号 1

下面修改零件序号的格式,选择【窗口缩放】,放大,零件序号 3 的引出点比较小,双击它,弹出对话框,把箭头的大小改成 1,关闭对话框,如图 5.247 所示。按【ESC】键退出。

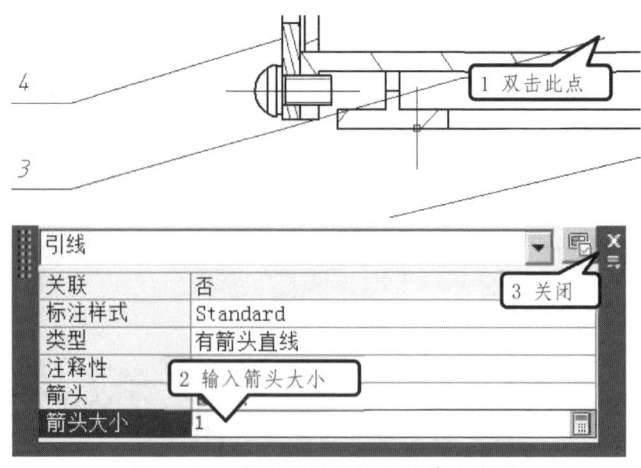

图 5.247　修改零件序号 3 引出点格式

零件序号 3 的数字比较小,选定如图 5.248 所示部分,分解 。

图 5.248　分解对象

选择【缩放】 ,选择数字 3,单击鼠标右键,指基点,横线左端点,输入放大比例:2,按回车,这样 3 就做好了。如图 5.249 所示。

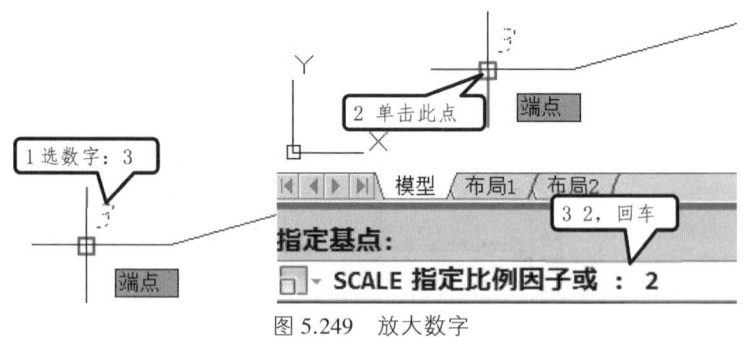

图 5.249　放大数字

零件序号 4 的引线没有指到零件内部,用夹点操作指到零件内部,如图 5.250 所示,按【ESC】键退出。

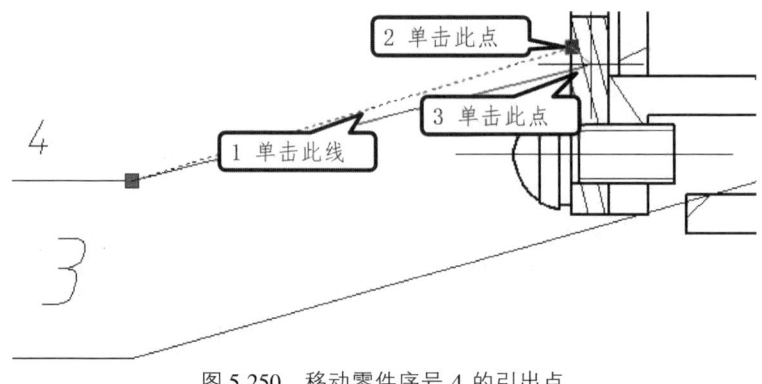

图 5.250　移动零件序号 4 的引出点

用上面的方法,将零件序号 4 的引出点大小改成 1,零件序号 4 的数字大小放大 2 倍。效果如图 5.251 所示。

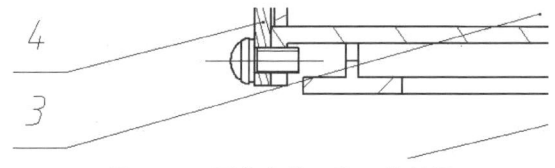

图 5.251　零件序号 3 和 4 的效果

用同样的方法把 22 个零件的序号格式调整以后,效果如图 5.252 所示。

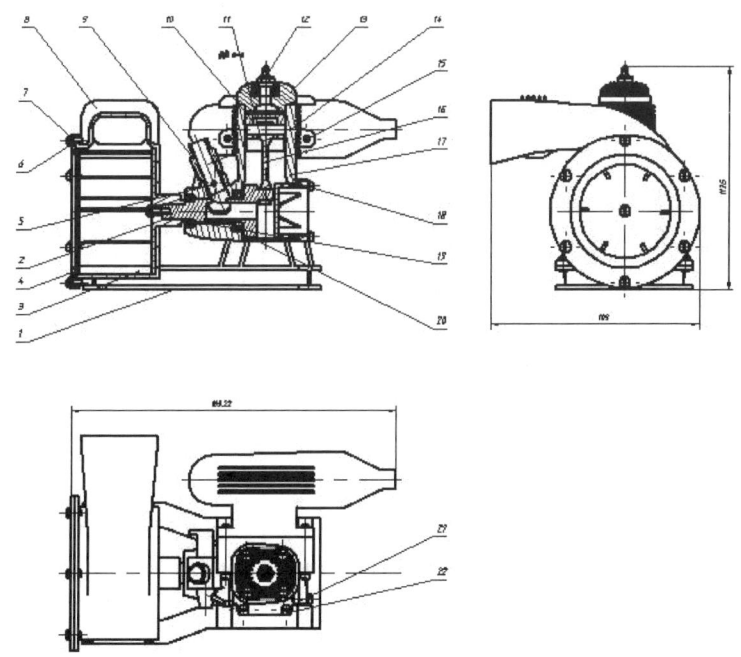

图 5.252　零件序号调整后效果

用窗口缩放查看主视图左下部分。零件序号没有按照顺时针 1、2、3、4 排列,目前是 1、3、4、2,后面要调整成 1、2、3、4。

　活动四:明细栏

在用【实时平移】，查看 Creo 软件带过来明细栏,如图 5.253 所示。单击鼠标右键,弹出快捷菜单,【退出】。

注意:在调整零件序号顺序时,也要同时将 Creo 软件设置过的明细栏序号按照各个零件新的序号进行相应修改。

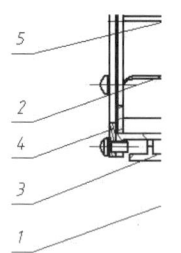

图 5.253 修改后零件序号和 Creo 软件带过来明细栏零件序号

仔细查看 Creo 软件设置过的明细栏,就会发现零件 21 和零件 6 是一种零件,这样就需要把零件 21 删除,将其数量加到零件 6 的数量里,把零件 21 删除,把零件 22 改成零件 21。调整后的效果如图 5.254 所示。

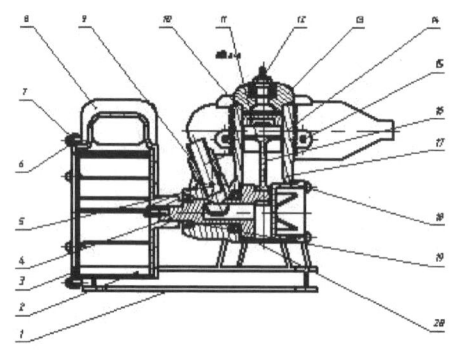

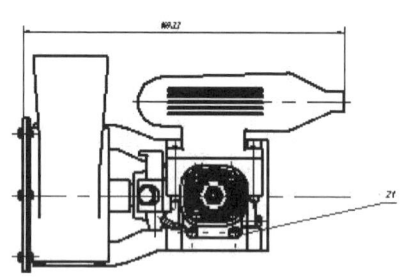

图 5.254 调整后的图形和 Creo 软件带过来明细栏

下面标注尺寸公差,首先把图层切换到标注。

选择【窗口缩放】将如图 5.255 所示部分放大。选择【标注】—【线性】,标注曲轴和叶轮之间的配合尺寸∅5H7/f6,选择两点,移动鼠标,输入文字:m,按回车,输入%%C(得到∅),光标移动到 5 之后,输入 H7/f6,如图 5.255 所示。

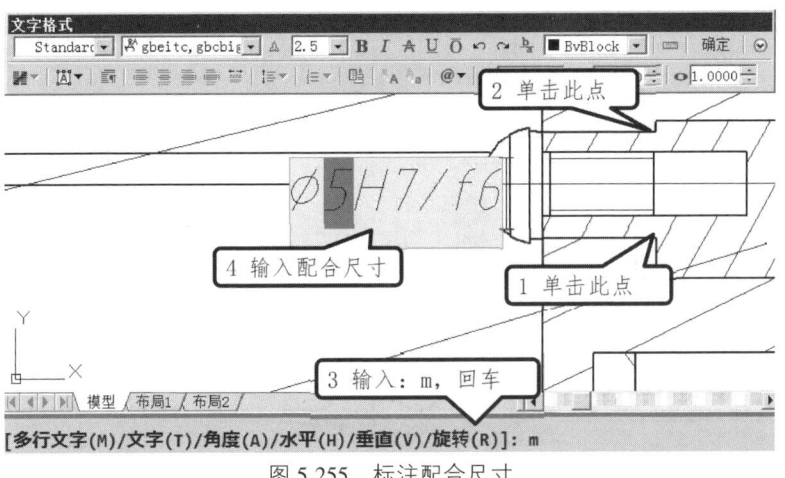

图 5.255　标注配合尺寸

按下鼠标左键拖动选中 H7/f6,点击【堆叠】,点击【确定】,放到合适的位置。如图 5.256 所示。

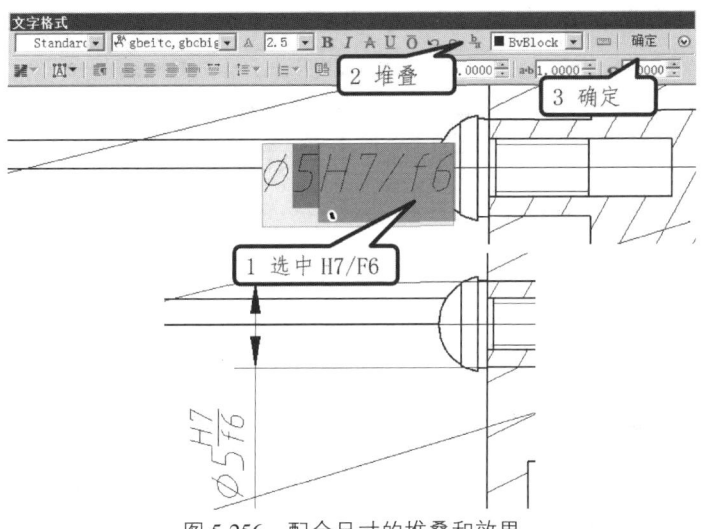

图 5.256　配合尺寸的堆叠和效果

滚动轴承是标准件,标注滚动轴承和曲轴之间的配合时只需标注曲轴的公差带 ⌀9j5。选择【标注】—【线性】,输入文字:m,按回车,输入%%C,光标移动到 9 之后,输入 j5,点击【确定】,放到合适的位置。如图 5.257 所示。

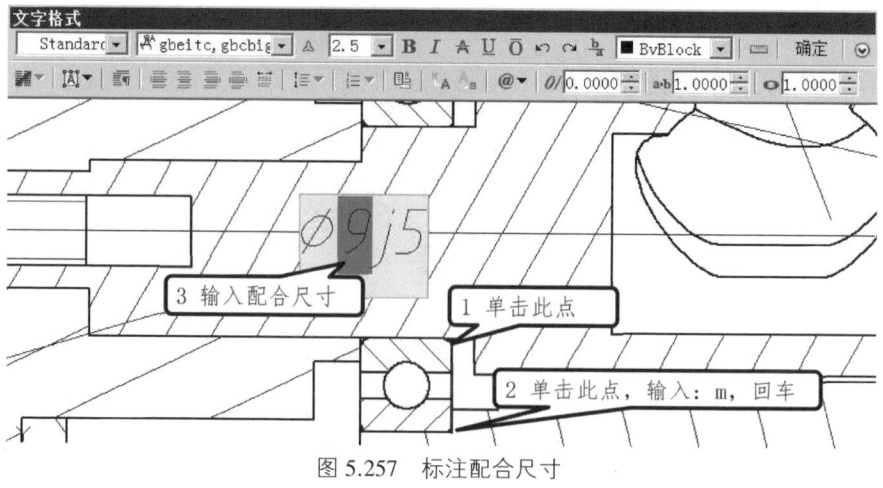

图 5.257 标注配合尺寸

国标规定标注的文字必须全部显示出来。在剖面线区域单击鼠标左键,选中剖面线,点击【分解】。如图 5.258 所示。

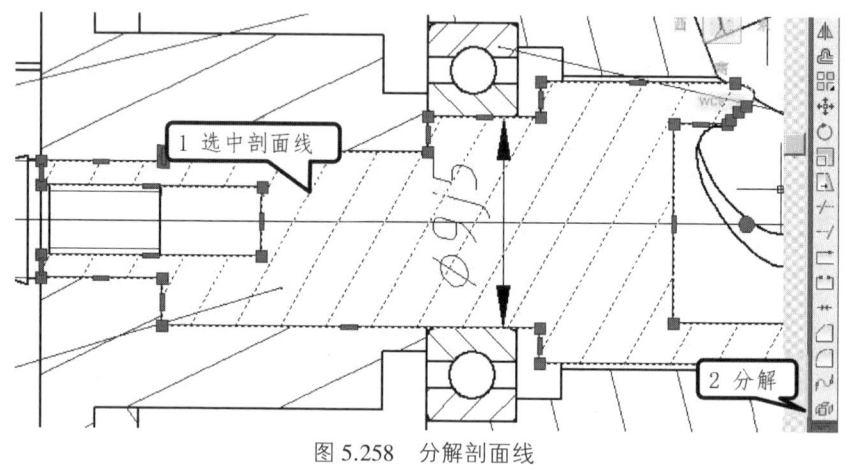

图 5.258 分解剖面线

选择【打断】,将穿过标注文字的 3 条剖面线打断,使标注文字全部显示出来。效果如图 5.259 所示。

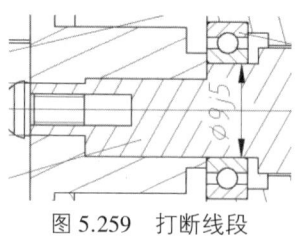

图 5.259 打断线段

用同样的方式标注 8 处配合尺寸。效果如图 5.260 所示。

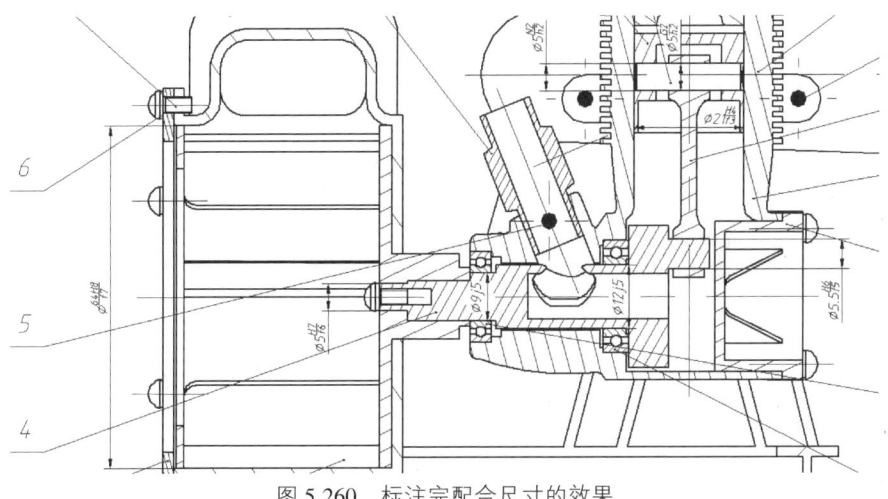

图 5.260　标注完配合尺寸的效果

仔细查看图形,图中有些点划线是不完整的,有些点划线的格式是不对的。选择【格式】—【线型】,弹出【线型管理器对话框】,将全局比例改为 0.3,点击【确定】。如图 5.261 所示。

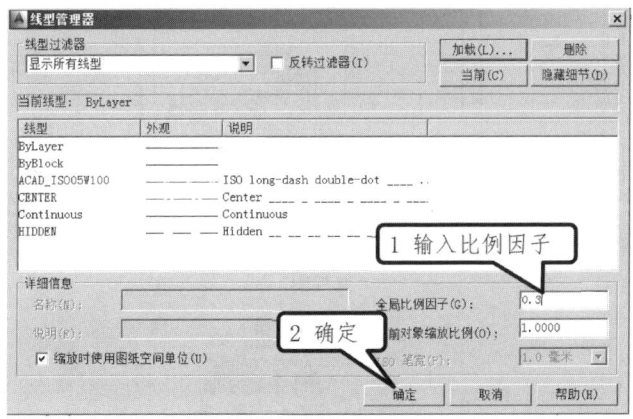

图 5.261　修改线型比例

修改各个视图的点划线,效果如图 5.262 所示。

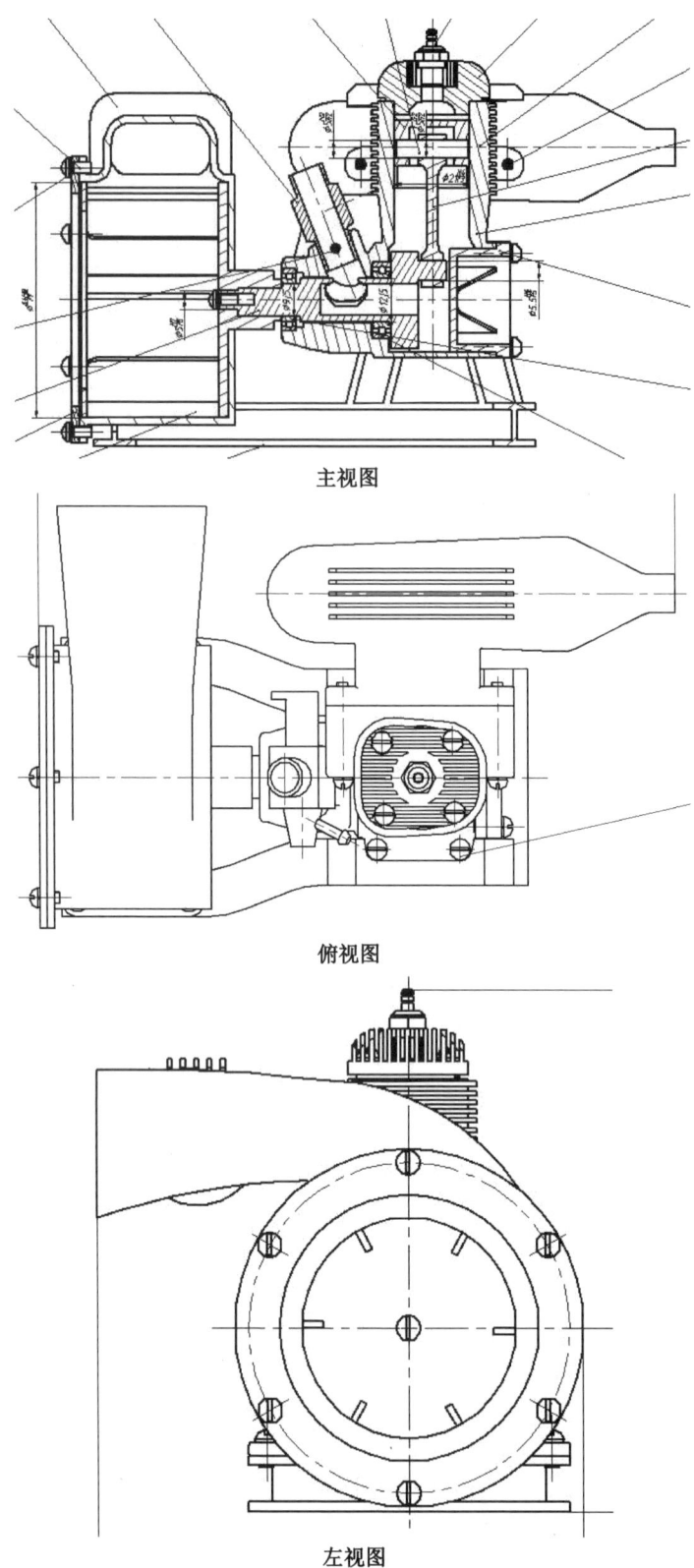

主视图

俯视图

左视图
图 5.262　各个视图的点划线

输入技术要求。选择【多行文字】**A**,用鼠标在合适位置得出一个矩形框,如图 5.263 所示。

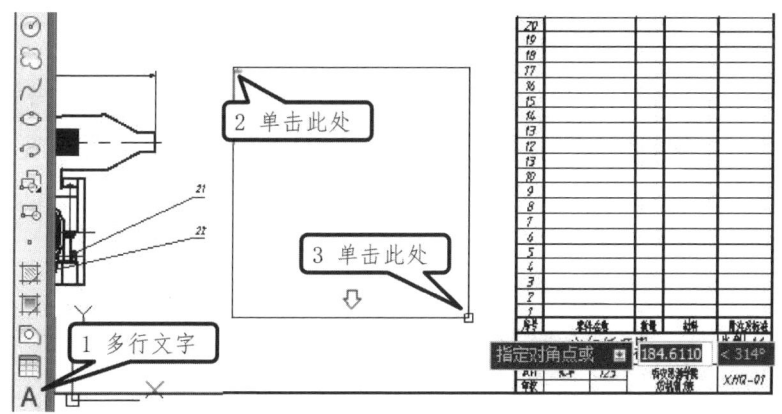

图 5.263　启动多行文字

弹出文字格式对话框,文字高度输入 7,切换光标位置,输入:"技术要求",居中,回车;左对齐,输入技术要求具体内容:"1、在装配前所有零件用煤油清洗。2、滚动轴承用汽油清洗。3、箱体内不许有杂物存在,内壁涂上不被机油浸蚀的涂料两次。4、调整轴承的轴向间隙为 0.05-0.1。"点击【确定】。如图 5.264 所示。

图 5.264　输入技术要求

技术要求输入完成后效果如图 5.265 所示。

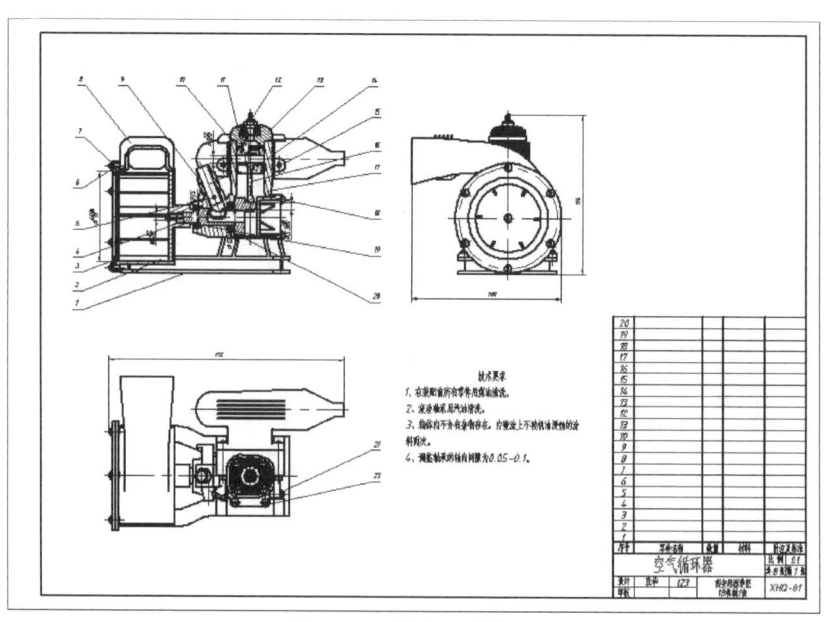

图 5.265　技术要求效果

鼠标滚轮向上滚动,放大,找到"截面 A-A",选中,点击【删除】。如图 5.266 所示。

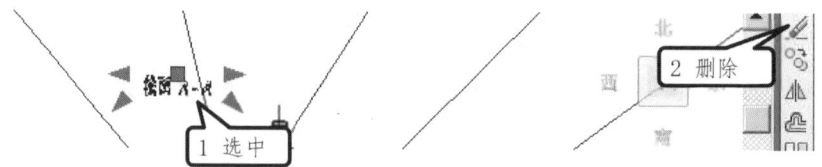

图 5.266　删除多余文本

总的高度标注是小数,双击它,改成整数 114,点击【确定】。如图 5.267 所示。

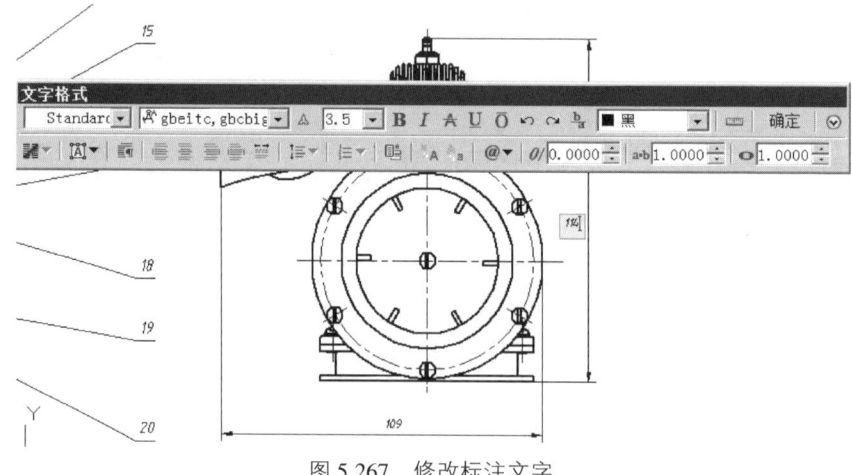

图 5.267　修改标注文字

总的长度标注左端点未从最左侧点(螺钉最左侧点),使用夹点操作将长度标注左端点移动到螺钉左侧点,如图 5.268 所示。

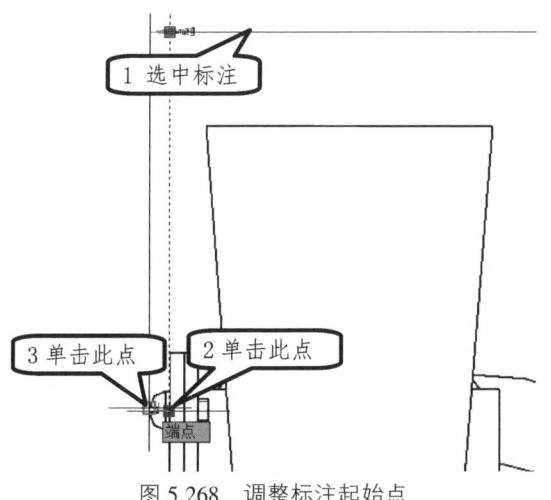

图 5.268　调整标注起始点

双击标注文字,改成整数 172,点击【确定】。如图 5.269 所示。

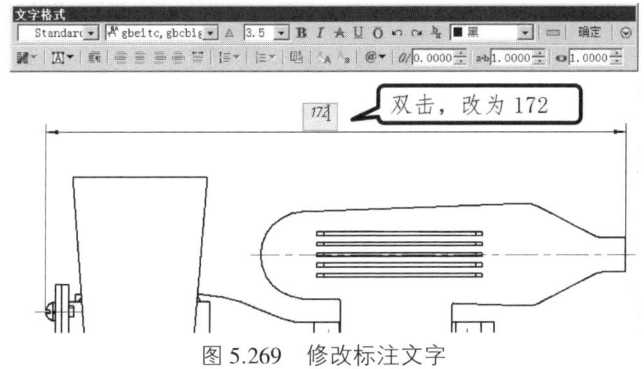

图 5.269　修改标注文字

填写明细栏。查看 Creo 软件设置过的明细栏,共有 21 个零件,但之前明细栏只做了 20 个零件的明细栏,需要添加。

单击明细栏任意处,点击【分解】 。

点击【复制】 ,选定零件 20 的所有内容,如图 5.270 所示。

图 5.270　选择零件 20 所有内容

选完单击鼠标右键,指基点,鼠标向上移动,输入 8,按回车,再按回车。如图 5.271 所示。

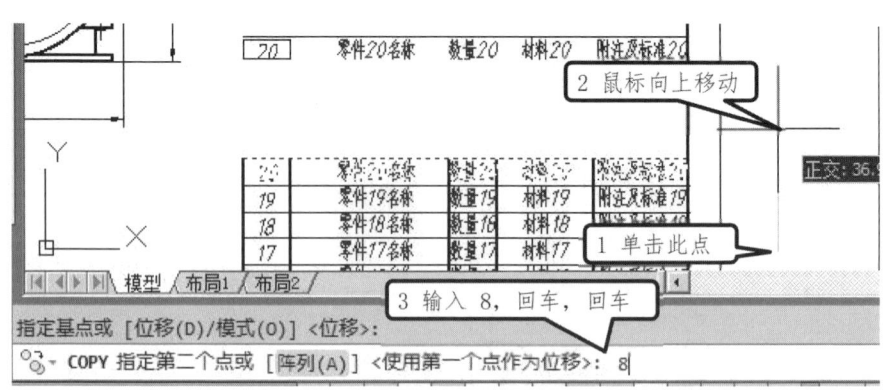

图 5.271 复制零件 20 及所有块属性

双击序号 20,改为 21,点击【确定】。如图 5.272 所示。

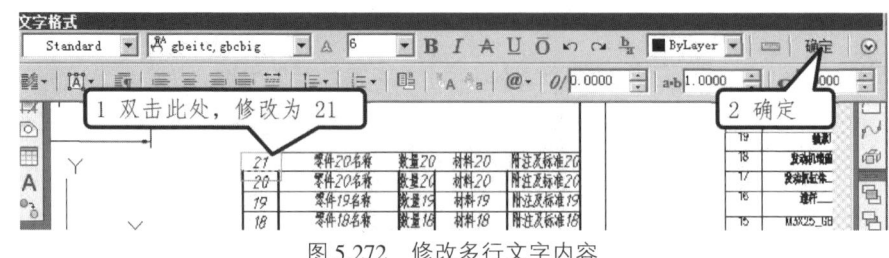

图 5.272 修改多行文字内容

单击新复制的块属性:零件 20 名称,弹出【编辑属性定义】对话框,将内容改为"零件 21 名称"和"请输入零件 21 名称",点击【确定】。如图 5.273 所示。

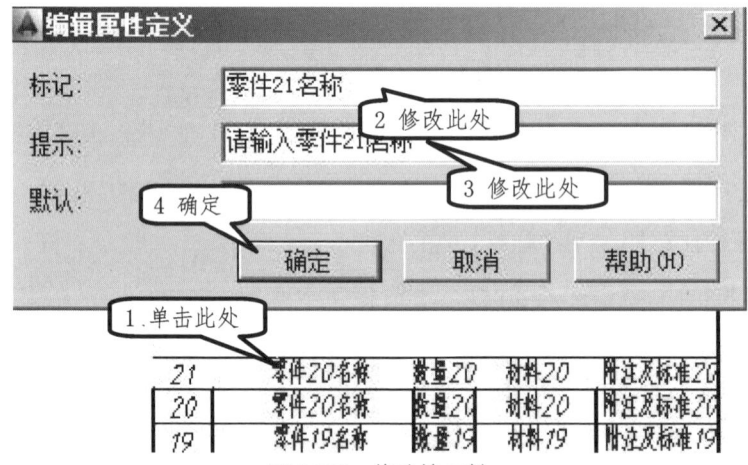

图 5.273 修改块属性

用同样的方法修改新复制的块属性:数量 20、材料 20、附注及标准 20,将 20 改为 21,修改完效果如图 5.274 所示。

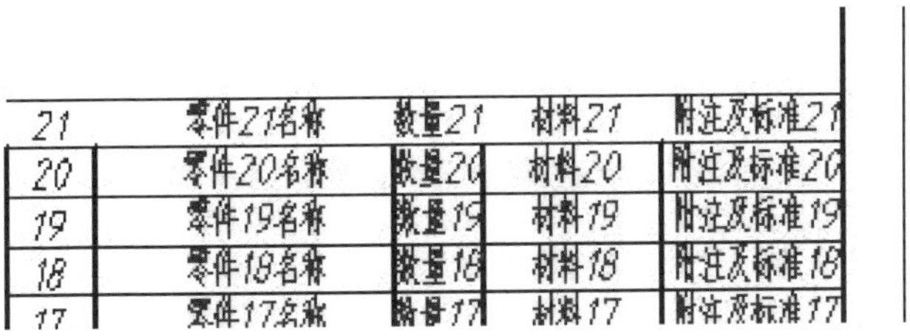

图 5.274　零件 21 内容修改后效果

选择【延伸】,选择最上面横线,单击鼠标右键,从右向左选择竖线的所有上端点,如图 5.275 所示。按【ESC】键退。

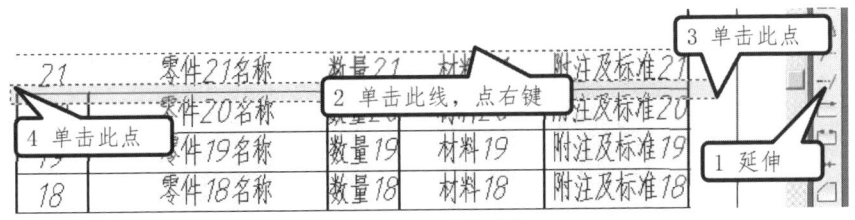

图 5.275　延长对象

选择【创建块】 ,弹出【块定义】对话框,选择名称:明细栏,拾取点,返回绘图区后,选择明细栏的右下角,弹出【块定义】对话框后点【选择对象】,返回绘图区后选中明细栏的所有内容,选完对象单击鼠标右键,点击【确定】。如图 5.276 所示。

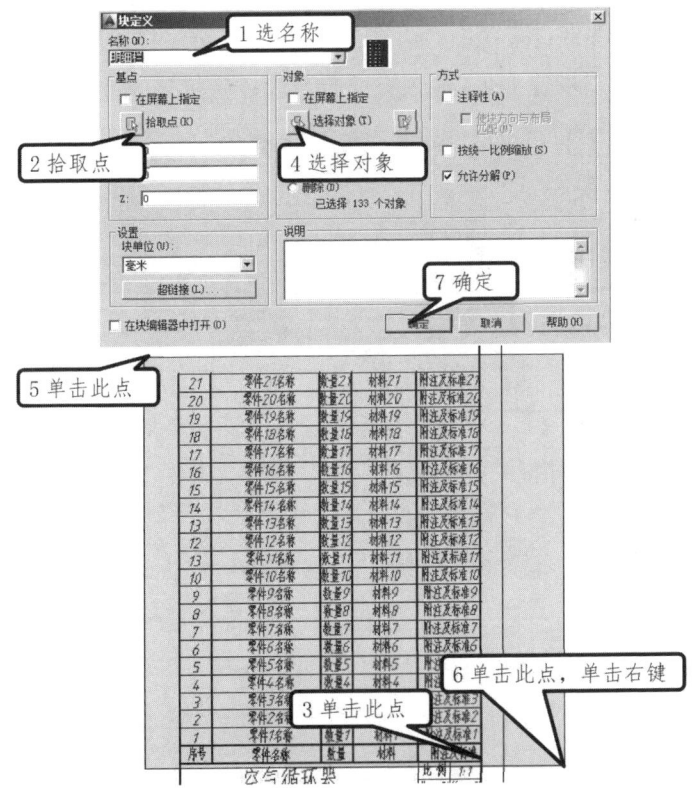

图 5.276　绘图区和定义块的对话框

弹出【块-重定义块】对话框,"块定义更改,是否要重新定义此块?",选【重定义】,弹出【编辑属性】对话框,点击【确定】。如图5.277所示。

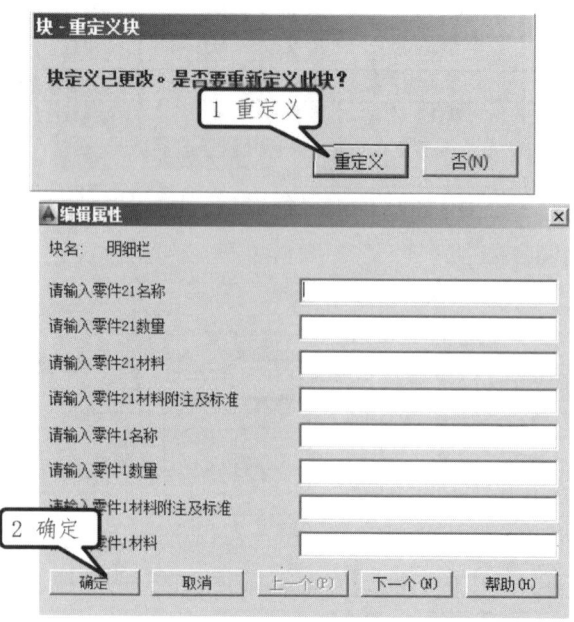

图5.277 块-重定义块对话框

注意:需要输入明细栏信息时的操作。双击明细栏任意处,弹出【增强属性编辑器】对话框,参照 Creo 软件带过来明细栏内容,依次选择各个零件的各个属性。输入各个零件的各个属性值时,重复步骤1、2。输入完成后,点击【确定】。如图5.278所示。

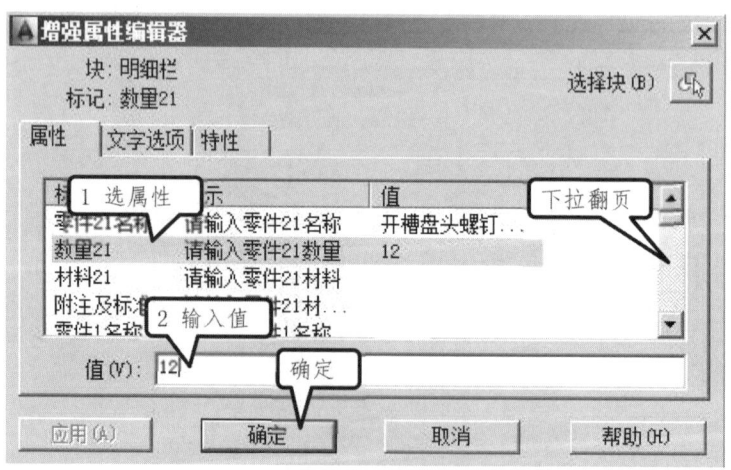

图5.278 输入明细栏信息

明细栏信息输入完成后,效果如图5.279所示。

21	开槽盘头螺钉M3×8	12		GB67
20	轴承2	1		
19	轴承1	1		
18	发动机端盖	1	ZL240-80	
17	发动机缸体	1	ZL240-80	
16	连杆	1	45	
15	开槽盘头螺钉M3×25	2		GB67
14	消音器	1		
13	发动机头部	1	ZL240-80	
12	点火塞	1		
13	活塞销	1	45	
10	活塞	1		
9	化油器	1		
8	叶轮壳	1	ZL240-80	
7	开槽盘头螺钉M3×6	11		GB67
6	轻型弹簧垫圈D3	26		GB859
5	开槽盘头螺钉M3×16	1		GB67
4	齿轴	1	45	
3	法兰	1	45	
2	叶轮	1	ZL240-80	
1	框架	1		
序号	零件名称	数量	材料	附注及标准

图 5.279　明细栏效果

滚轮向下滚动,缩小,选中 Creo 软件设置过的明细栏和标题栏,点击【删除】。选择【范围缩放】。空气循环器装配图最后的效果如图 5.280 所示,点击【保存】。

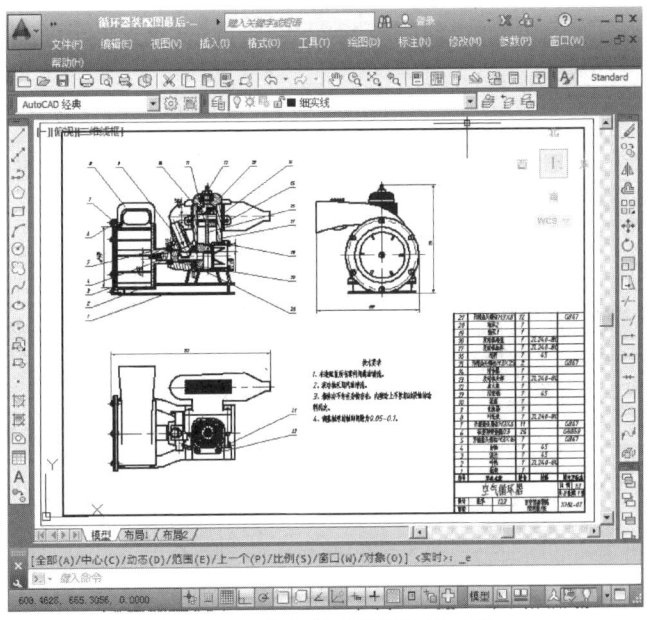

图 5.280　空气循环器装配图效果

预览打印效果。选择菜单【文件】—【打印】,弹出【打印-模型】对话框,选择打印机;图纸:A2;打印偏移量:0,0;图纸方向:横向;打印样式:monochrome.ctb,弹出问题窗口,选【是】,如图 5.281 所示。

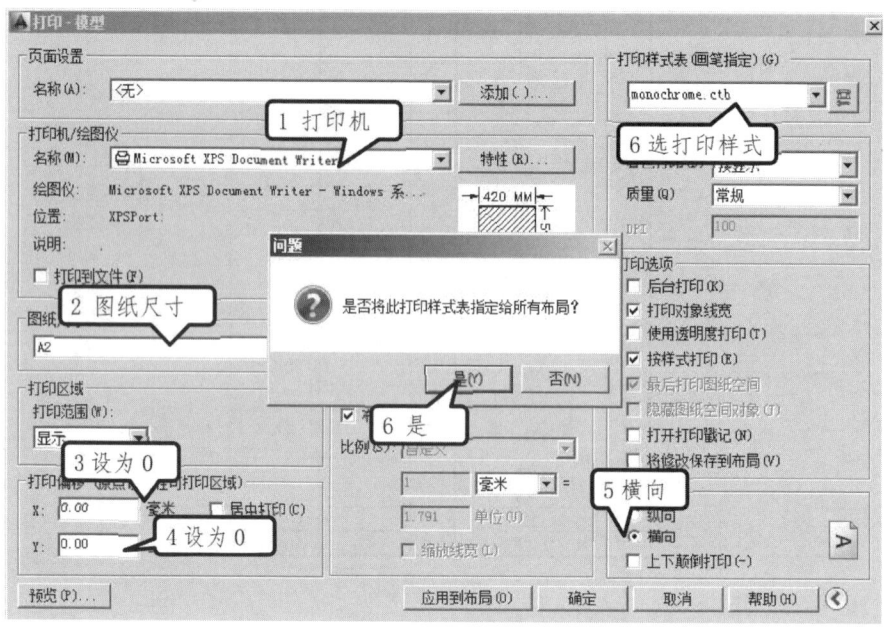

图 5.281 打印设置

在【打印-模型】对话框选择,打印范围:窗口,点击【窗口】。返回绘图区,用鼠标选择边界线层所绘制的图框对角点,返回【打印】对话框,点击【预览】,如图 5.282 所示。

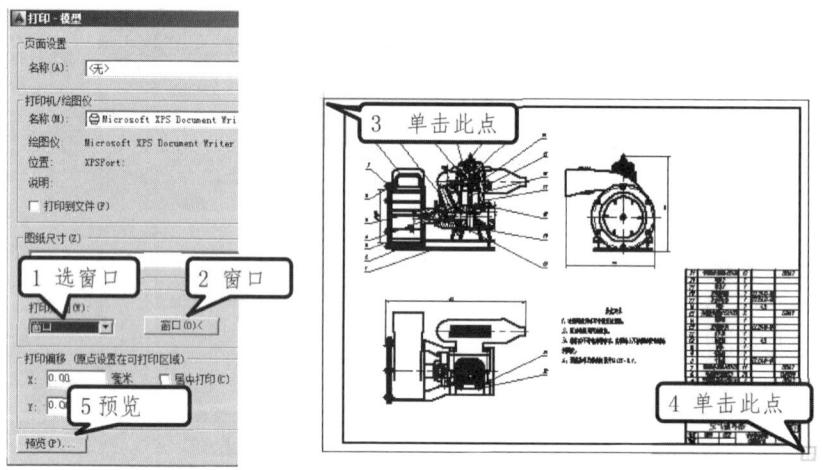

图 5.282 选择打印区域

打印效果如图 5.283 所示,装订边 25mm,其余 3 个边 10mm。单击鼠标右键,点击【退出】,关闭打印窗口,如图 5.283 所示。

项目五 工程图

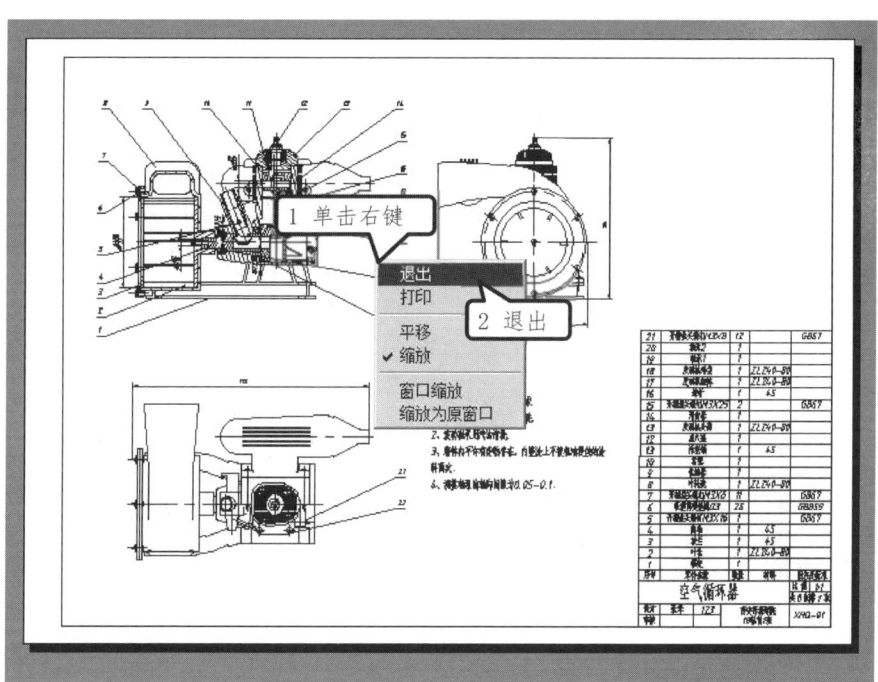

图 5.283　退出预览状态

弹出【打印】对话框,关闭打印窗口。如图 5.284 所示。点击【保存】 。

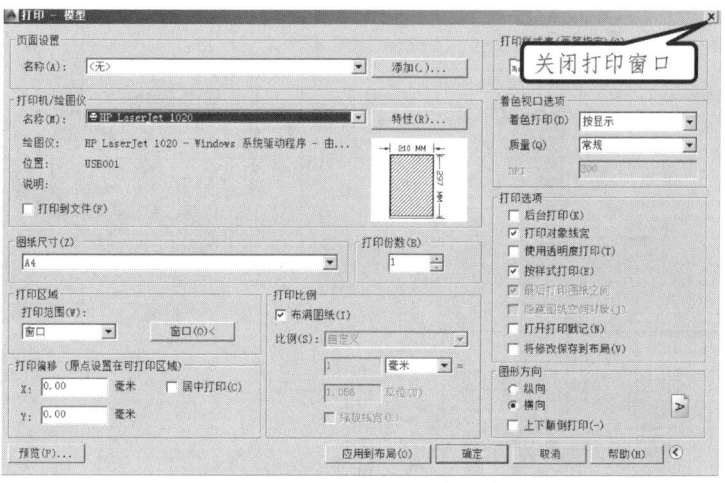

图 5.284　关闭打印窗口

项目实战练习

参照图 5.285(空气循环器装配图),由根据图 4.73 设计的风扇立体装配图,得出符合要求的风扇装配图;参照图 5.286(曲轴零件图),由根据图 4.73(a)、(b)设计的两个风扇立体零件图,得出相应符合要求的两个零件图。

— 285 —

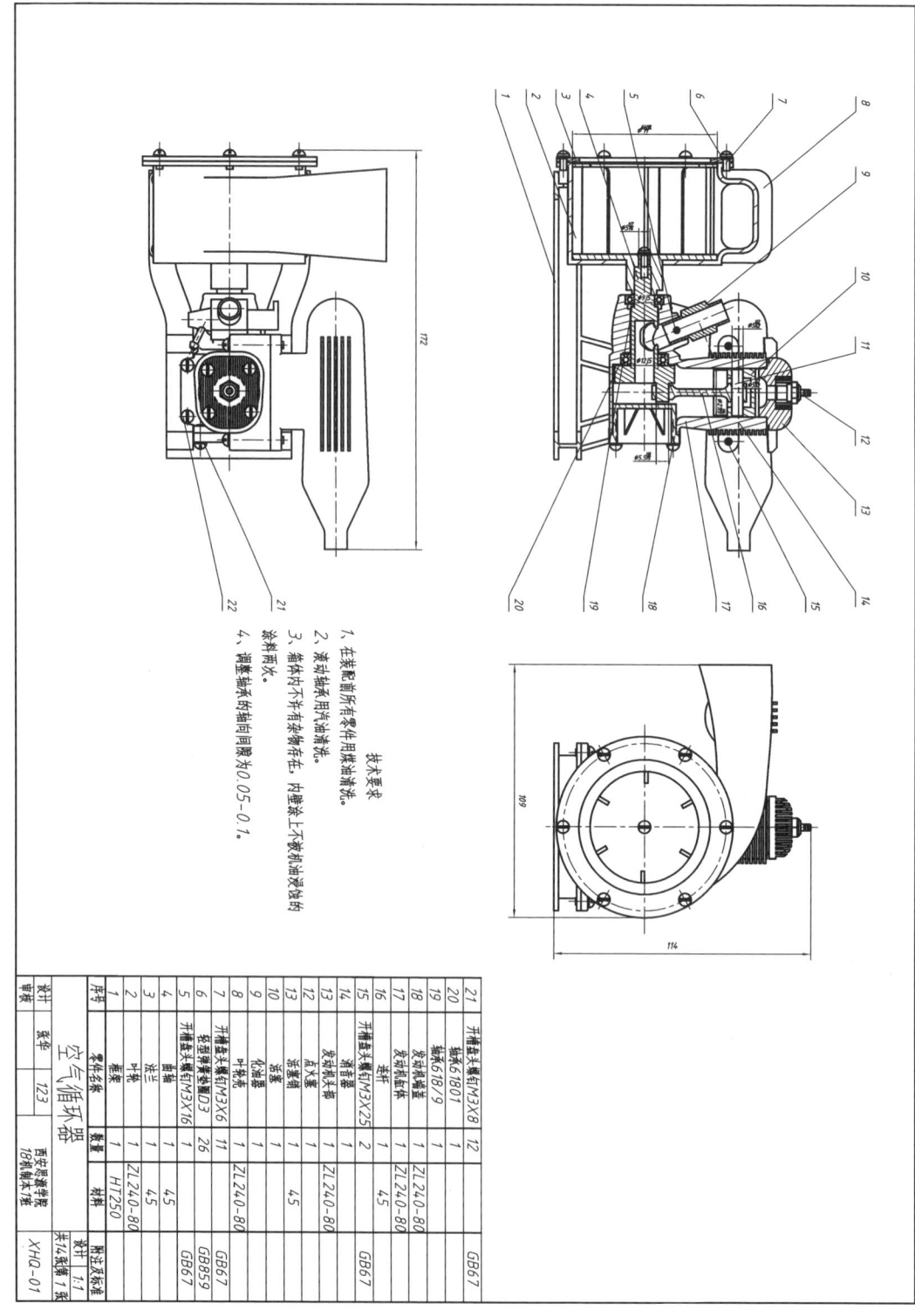

图 5.285 空气循环器装配图

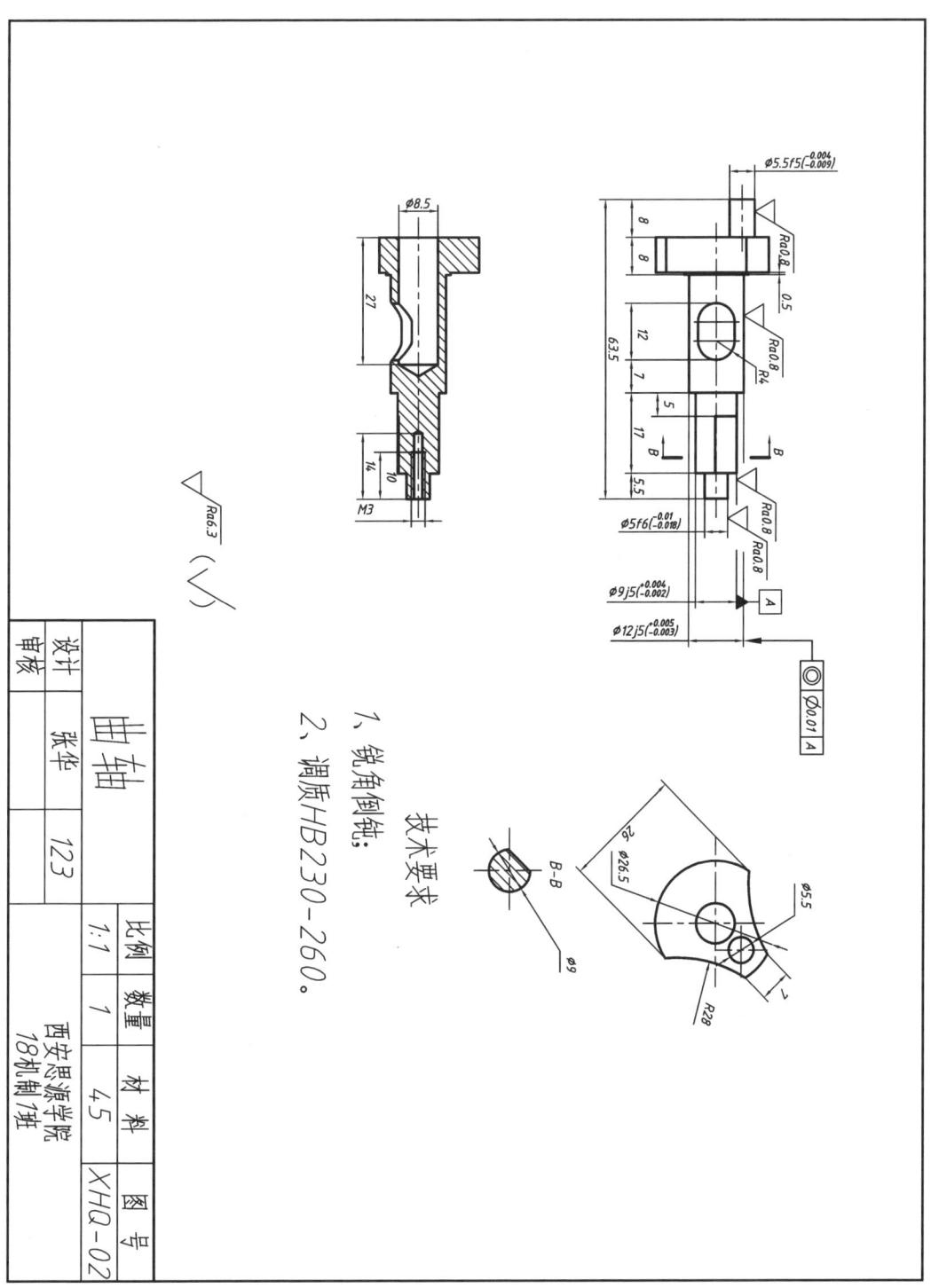

图 5.286 曲轴零件图